水泥混凝土路面设计与施工技术

孙廷选　武建民
蒋应军　刘根昌　主编

戴经梁　陈忠达　主审

黄河水利出版社

内容提要

本书系统介绍了水泥混凝土路面的设计方法与施工技术。全书共分11章,内容包括水泥混凝土路面的发展概况、水泥混凝土路面基层和面层的特点、水泥混凝土路面的结构设计、水泥混凝土路面基层和面层的施工技术与质量控制、路面混凝土的配合比设计,以及其他类型的混凝土路面和旧水泥混凝土路面加铺层设计。

本书可供公路与城市道路设计、施工和管理(监理)部门的工程技术人员在工作中参考使用,也可供高等院校相关专业的师生学习参考。

图书在版编目(CIP)数据

水泥混凝土路面设计与施工技术/孙廷选等主编.
郑州:黄河水利出版社,2005.8
ISBN 7-80621-944-7

Ⅰ.水… Ⅱ.孙… Ⅲ.①水泥混凝土路面-设计
②水泥混凝土路面-工程施工 Ⅳ.U416.216

中国版本图书馆CIP数据核字(2005)第089863号

策划组稿:马广州 ☎ 0371-66023343 E-mail:mgz@yrcp.com

出 版 社:黄河水利出版社
地址:河南省郑州市金水路11号 邮政编码:450003
发行单位:黄河水利出版社
发行部电话:0371-66026940 传真:0371-66022620
E-mail:yrcp@public.zz.ha.cn
承印单位:黄河水利委员会印刷厂
开本:787 mm×1 092 mm 1/16
印张:19
字数:440千字 印数:1—2 000
版次:2005年8月第1版 印次:2005年8月第1次印刷

书号:ISBN 7-80621-944-7/U·13 定价:39.00元

前　言

随着我国公路建设事业的高速发展，水泥混凝土路面在我国得到了广泛的应用。截至2004年年底，已建成各级公路的混凝土路面总里程超过了20万km，每年在建的水泥混凝土路面里程达到了2.5万km以上。我国在水泥混凝土路面修筑技术方面也进行了较为全面的研究，目前已经建立了较为成熟的水泥混凝土路面设计理论体系，对普通混凝土路面以及钢筋混凝土、钢纤维混凝土、连续配筋混凝土、碾压混凝土等新型混凝土路面都建立了较为完善的设计方法。同时，经过近20年技术引进和自主开发，在水泥混凝土路面施工技术上也有了巨大的进步，全面掌握了滑模、轨道、碾压、三辊轴、小型机具等施工工艺，在接缝施工、表面功能(抗滑构造)、桥面铺装等方面都具备了较高的技术水平，并建立了完善的水泥混凝土路面施工质量管理与检查体系。这些都为水泥混凝土路面在我国的进一步发展提供了有力的技术支持。

本书根据作者近年来的工程实践和研究成果，结合交通部最新颁布的《路基、路面设计与施工规范》，参考国内外的工程实践经验及最新研究成果，面向公路建设一线的工作者，系统介绍了水泥混凝土路面基层和面层的特性、水泥混凝土路面结构设计及材料组成设计、基层和混凝土面板的施工工艺和施工质量控制，以及旧水泥混凝土路面加铺层设计等内容，对钢筋混凝土路面、连续配筋混凝土路面、钢纤维混凝土路面、碾压混凝土路面等也进行了较为详细的介绍。

本书共分11章，第一章由孙廷选、武建民编写；第二章由丁宁、琚晓辉编写；第三章由盛晓军、刘根昌编写；第四章由丁智勇、蒋应军编写；第五章由蒋应军、赵淑敏编写；第六章由赵新坡、施笃俭编写；第七章由武建民、蒋应军编写；第八章由仵卫东、施笃俭编写；第九章由安建中、孙廷选编写；第十章由刘根昌、蒋应军编写；第十一章由武建民、孙廷选编写。全书由武建民、蒋应军统稿，孙廷选、刘根昌定稿。

本书由长安大学戴经梁教授、陈忠达教授主审，在此表示衷心的感谢。

本书所引用的文献均列于各章末，书中不再一一注明。在此，向文献的作者表示感谢。

由于作者水平有限，书中缺点错误在所难免，还请广大读者及同行专家不吝赐教，批评指正。

编　者

2005年5月

前 言

[illegible]

编 者

[illegible]

目 录

第一章 绪 论

第一节 水泥混凝土路面发展概况

一、概述

水泥混凝土路面作为一种高级路面结构形式，其最早建造史可追溯到大约公元前1世纪。当罗马人通过偶然机会了解到火山灰可作水硬性胶凝材料而用在建筑、水利、港口工程上时，就开始将其应用到重要的道路和广场工程上了。

近现代意义上的水泥混凝土路面是在1824年10月21日英国工匠Leads和J. Aspdin取得了波特兰水泥的发明专利后，从欧洲开始发展起来的。

全世界第一条水泥混凝土路面是1865年在英国修筑的，至今已有140年的历史。

1914年德国人Friedrich Todt博士在柏林建造了汽车专用道路，美国在纽约长岛私人住宅的道路上开始使用水泥混凝土路面。

1924年前后，法国公路部总工程师Daniel Bouted在法国43号公路上开始进行连续板块式混凝土路面试验并铺筑了长约100km的水泥混凝土路面，当时采用的路面厚度为18cm，横向接缝为10～20m，采用的是小型搅拌机拌和的干硬性水泥混凝土，需要夯碾压实。同时，比利时也在矿区道路上开始使用水泥混凝土路面。

1930年前后，美国开始使用水泥处置土做地坪和重交通道路的基层，并用水泥混凝土建设其重要公路干线和城镇道路。当时建设的某些城镇水泥混凝土路面有的至今还在使用，且没有大修过，美国使用年限最长的水泥混凝土路面达78年之久。

1933年，水泥混凝土路面在各主要的发达国家大量使用并发展起来，德国在当时还没有沥青路面高速公路的情况下建成了第一条水泥混凝土路面的高速公路。

20世纪30年代发展起来的水泥混凝土路面，包括上层5cm的磨耗层，板厚为24cm。这一时期，经过多年的试验观测，水泥混凝土路面的经验性设计理论、计算方法和施工技术得以迅速的发展。

我国第一条水泥混凝土路面是1928年在浙江奉化溪口镇修筑的，当时采用的是日本进口的水泥，至今已有77年的历史。自1936年开始，我国引进德国技术设备，在唐山建立了第一家生产和销售水泥的启新洋灰公司，开始在室内建造水泥混凝土地面和室外地坪，并在该工厂建造了一段示范水泥混凝土路面试验段。1940年前后，日本帝国主义在我国天津和沈阳督造了少量水泥混凝土路面，板厚大约20cm。然而随着经济的发展，这些最早在我国建造的水泥混凝土路面都没能保留下来。

二、国外水泥混凝土路面发展

国外水泥混凝土路面的发展经历了两大发展时期。

第一个时期是在20世纪30～40年代,随着汽车工业的发展,战争物资和军队的调运,客观上对路面的质量要求大大提高。这一时期,最明显的标志是德国建设的世界上第一条汽车专用高速公路,其使用的就是水泥混凝土路面结构形式。当时几乎所有的发达国家,如日本、美国、英国、法国、比利时都竞相发展水泥混凝土路面,有的将水泥混凝土路面技术扩展到其殖民地国家。这个时期水泥混凝土路面主要施工方式是小规模的人工加小型机具辅助。

第二个时期是在20世纪70年代,世界性的石油能源危机,使一些主要使用沥青建造高速公路的国家,如美国、法国、原联邦德国等,认识到必须尽量减少高速公路建设对石油沥青的依赖性,节约沥青资源和能源。他们在高速公路水泥混凝土路面技术上开始了新一轮的研究开发,从国家战略利益考虑,增加了对水泥混凝土路面的科技投入和建设规模。上述国家不仅对设计理论和计算方法进行了更新和提高,而且将主要的施工方式从人工施工向大规模机械化施工转变,建立了目前仍在采用的轨道链式机组和快速滑模摊铺机施工方式。在此期间,由于要求水泥混凝土路面要适应各种各样的地质地形条件,发展了水泥混凝土路面的多种新型结构形式,如钢筋混凝土路面、预应力钢筋混凝土路面、镶嵌混凝土块式路面等。这一时期,美国从政策上扶持水泥混凝土路面的建设,由原来水泥混凝土路面在公路网中只占20%发展到70年代后期的49%左右。法国和原联邦德国也开始打破沥青路面占绝对主导的格局,加快了水泥混凝土路面的发展。

各国在发展水泥混凝土路面技术上的一个重要特征是密切结合本国实际和资源约束条件,其直接影响因素是本国水泥和沥青资源供给和价格情况。美国是典型的黑、白两种路面几乎均等的国家,在整个国家高速公路网中,水泥混凝土路面占49%,沥青路面占51%。这一方面是出于能源方面的考虑,另一方面其经济对比分析是建立在建设、维修、养护全部建设和运营总费用最低的价值工程基础上,强调在路面使用年限内,每平方米每年的费用最低,投资效益最高。这样水泥混凝土路面即使建设费用较高,但使用寿命长,全过程投入并不高。法国和原联邦德国是水泥混凝土路面比重相对较小的国家,原民主德国几乎全都采用水泥混凝土单一路面,这主要取决于水泥和沥青资源的供应、单价和带动其他工业部门发展的情况。

三、我国水泥混凝土路面发展

我国水泥混凝土路面已有70多年的发展历史,特别是新中国成立以后,水泥混凝土路面在城镇道路上得到了较快的发展。但在20世纪70年代之前,我国水泥混凝土路面的里程仅有200km,占高级和次高级路面总里程的0.87%。至1980年,混凝土路面的里程增加到1 600km,仍仅占高级和次高级路面总里程的1.01%,10年内平均每年铺筑140km。随着高速公路建设的发展,水泥混凝土路面相应地也得到了较快的发展,至1990年,里程迅速增加到了11 773km,占高级和次高级路面总里程的4.37%,10年内平均每年铺筑1 017km。至2003年年底,已建成各级公路的混凝土路面总里程超过了19万

km,每年在建的水泥混凝土路面里程达到了2.5万km以上,水泥混凝土路面得到了越来越广泛的应用。

水泥混凝土路面在我国的发展是具有一定优势的。我国石灰石资源丰富,水泥产量很大,目前已居世界第一,而我国的沥青资源相对匮乏且质量较差,因此从合理利用资源的角度,我们更应该大力发展水泥混凝土路面。为此,国家的有关部门非常重视,我国的道路工作者在这方面也进行了不懈的探索和努力。从"六五"、"七五"开始,交通部对水泥混凝土路面就予以高度重视和大力推广,在以后的时间内,先后组织多次联合科研攻关,解决水泥混凝土路面设计和施工中的有关技术问题,制定了水泥混凝土路面的发展对策,并先后出台了水泥混凝土路面设计、施工、养护等规范,为推动我国水泥混凝土路面的发展作出了积极的贡献。

目前,我国已经建立了较为成熟的水泥混凝土路面设计理论体系,对普通混凝土路面以及钢筋混凝土、钢纤维混凝土、连续配筋混凝土、碾压混凝土等新型混凝土路面都建立了较为完善的设计方法。通过在高速公路和一级公路修筑水泥混凝土路面的实践经验积累,取得了水泥混凝土路面可靠度、路面结构排水等一大批科研成果,使水泥混凝土路面的技术水平达到了一个新的高度。同时,经过近20年技术引进及自主开发,在水泥混凝土路面施工技术上也有了巨大的进步,全面掌握了滑模、轨道、碾压、三辊轴、小型机具等施工工艺,在接缝施工、表面功能(抗滑构造)、桥面铺装等方面都具备了较高的技术水平,并建立了完善的水泥混凝土路面施工质量管理与检查体系。这些都为水泥混凝土路面在我国的进一步发展提供了有力的技术支持。

第二节　水泥混凝土路面结构及其特点

一、水泥混凝土路面结构

水泥混凝土路面,包括普通混凝土、钢筋混凝土、连续配筋混凝土、预应力混凝土、装配式混凝土和钢纤维混凝土等面层板和基(垫)层。所谓普通混凝土路面,是指除接缝区和局部范围(边缘和角隅)外不配置钢筋的混凝土路面,这种路面一般采用就地浇筑的方式施工,是目前采用最为广泛的混凝土路面。

水泥混凝土路面由面层、基层、垫层、路肩结构和排水设施等组成,如图1-1所示。图中左半侧为未设路面内部排水设施和采用沥青路肩的路面结构,右半侧为设置路面内部排水设施和采用水泥混凝土路肩的路面结构。从国内外水泥混凝土路面的设计和使用情况来看,建立完善的路面内部排水系统,可以迅速地排除从面板接缝中渗入的水分,从而大大减少水泥混凝土路面唧泥、错台和断裂等病害,有效地延长水泥混凝土路面的使用寿命。因此,目前对于水泥混凝土路面普遍要求设计并采用路面内部排水系统。

二、水泥混凝土路面特点

与其他类型的路面相比,水泥混凝土路面具有以下优点:

(1)强度高。混凝土路面具有很高的抗压强度和较高的抗弯拉强度以及抗磨耗能力。

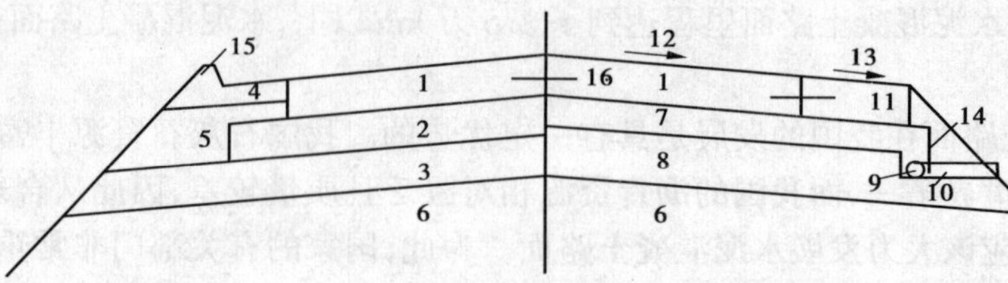

图 1-1 水泥混凝土路面结构

1—面层;2—基层;3—垫层;4—沥青路肩面层;5—路肩基层;6—路床;7—排水基层;8—不透水垫层(或反滤层);9—纵向集水沟和集水管;10—横向排水管;11—水泥混凝土路肩面层;12—路面横坡;13—路肩横坡;14—反滤织物;15—拦水带;16—拉杆

(2)稳定性好。混凝土路面的水稳性、热稳性均较好,特别是它的强度能随着时间的延长而逐渐提高,不存在沥青路面的那种“老化”现象,并且对油类、酸碱等化学物质的耐腐蚀性要优于沥青路面。

(3)耐久性好。由于混凝土路面的强度和稳定性好,所以它经久耐用,一般能使用20～40 年,而且它能通行包括履带式车辆等在内的各种运输工具。

(4)有利于夜间行车。混凝土路面色泽鲜明,能见度好,对夜间行车有利。

但是,混凝土路面也存在一些缺点,主要有以下几方面:

(1)对水泥和水的需要量大。修筑 0.2m 厚、7m 宽的混凝土路面,每 1 000m 要耗费400～500t 水泥和约 250t 水,尚不包括养生用的水在内,这给水泥供应不足和缺水地区带来较大困难。

(2)有接缝。一般混凝土路面要建造许多接缝,这些接缝不但增加施工和养护的复杂性,而且容易引起行车跳动,影响行车的舒适性;接缝又是路面的薄弱点,如处理不当,将导致路面板边和板角处破坏。

(3)开放交通较迟。一般混凝土路面完工后,要经过 28d 的湿治养生才能开放交通,如需提早开放交通,则须采取特殊措施。

(4)修复困难。混凝土路面损坏后,开挖很困难,修补工作量也大,且影响交通。

第三节 水泥混凝土路面设计内容与方法

水泥混凝土路面设计,应根据道路的使用任务、性质和要求,结合当地气候、水文、土质、材料、施工技术、实践经验以及环境保护要求等,通过技术经济分析,以最低的寿命周期费用提供一种合适的路面结构。该路面结构在设计使用期内能按规定的可靠度水平承受预期的交通荷载作用,并同所处的自然环境相适应,满足预定的使用性能要求。

一、水泥混凝土路面设计内容

水泥混凝土路面在交通荷载和自然环境的不断作用下,可能会出现断裂、唧泥、错台以及接缝碎裂等结构性损坏。各种损坏的产生都是交通荷载和自然因素同路面相互作用的结果,并随着路面工作特性和外界因素影响程度的不同而变化。有些损坏是结构组合或材料组成不当造成的，有些损坏则是板厚或者混凝土板强度不足造成的。水泥混凝土路面设计必须从结构、材料等多方面采取措施，以保证在预定的使用年限内路面不恶化到某一规定的程度。

因此，水泥混凝土路面设计的内容包括结构组合设计、面层接缝构造和配筋设计、路面排水设计、路肩铺面结构层组合设计、面层厚度设计、各结构层材料组成设计、路面表面特性设计等。

(1)路面结构组合设计。根据道路的交通繁重程度，结合当地环境条件和材料供应情况，选择混凝土路面的结构层次，包括路基、垫层、基层和面层的结构组合，及各层结构类型和厚度，以组合成能够提供均匀、稳定支撑，防止或减轻唧泥、错台病害，承受预期交通荷载作用，满足使用性能要求的路面结构。

(2)各结构层材料组成设计。针对各结构层在路面结构中所起的作用，依据当地材料供应情况，选择满足结构层性能要求的混合料，进行配合比设计。混合料的各项性质参数，应按有关试验规程规定的试验方法经过试验确定。

通过材料组成设计，使面层混凝土具有足够的抗弯拉强度及抗疲劳性能，基层具有良好的抗冲刷性能和一定的刚度，垫层达到要求的稳定性及一定的刚度。

(3)面层接缝构造和配筋设计。根据混凝土面层内产生的荷载应力和温度应力进行面层的平面尺寸设计。依据接缝的作用，选择缩缝、胀缝或施工缝等类型，确定接缝的间距，布设接缝的位置，设计接缝的构造，包括传力杆、拉杆的布置及确定填缝的材料，确定板内的配筋量和配筋布置。

(4)面层厚度设计。根据公路等级、材料类型和参数及当地的气候水文地质条件，确定满足设计使用期内使用要求所需的混凝土面层厚度。

(5)路面排水设计。根据路面排水要求及表面排水或内部排水设施的作用与设置条件，选择路面结构排水系统的布设方案，确定排水设施的构造尺寸和材料规格要求。

(6)路肩设计。确定路肩铺面的结构层次、各结构层的类型和厚度。

此外，面层还须具有抗滑、耐磨、平整及减轻车辆轮胎噪声等表面特性。

二、水泥混凝土路面结构设计理论

路面结构设计必须依赖反映各设计(或影响)因素与结构反应之间定量关系的模型。这些设计因素包括荷载、材料性质、环境(温度和湿度)条件以及结构组合和构造等。结构反应可表现为结构的应力、应变和变形量，而这些反应量还必须进一步同路面的各项使用性能及其特性指标相联系，才能衡量所设计的路面结构同使用性能要求的满足或适用程度。

路面使用性能所包含的功能性能中，仅舒适性(平整度)、安全性(表面构造)和经济性(运行费用)与路面的结构性质有关，但并没有明确的定量关系。混凝土路面的结构性损坏，主要有断裂、唧泥和错台以及接缝碎裂三类。板块的断裂可归结为板内的应力超出混凝土的强度而引起，因而可以通过结构分析建立荷载和环境因素作用与断裂损坏之间的定量关系。而唧泥和错台以及接缝碎裂损坏产生的机理较为复杂，很难通过结构分析建立类似断裂损坏的定量关系模型。

混凝土路面结构设计理论,主要探讨如何建立路面结构在荷载和环境因素作用下的力学响应的定量模型。20世纪20年代,Westergaard首先采用Winkler地基板模型建立了荷载应力和温度翘曲应力的计算理论;20世纪40～50年代,前苏联шехтер和美国Hogg等分别提出了弹性半空间地基无限大板的荷载应力解;20世纪70年代起,随着有限元分析方法和计算机技术的发展,各种复杂边界条件下的弹性地基板的荷载应力和温度应力都可得到满意的数值解,为混凝土路面结构分析提供了强有力的工具。

三、水泥混凝土路面结构设计方法

(一)按照力学分析与经验推断的主辅分类

按照力学分析与经验推断的主辅分类,路面结构设计方法可以大致分为经验—力学法和力学—经验法两类。

1. 经验—力学法

经验—力学法通过修筑试验路,进行行车荷载试验和观测,采集路面结构、轴载和作用次数以及路面使用性能指标的数据,经统计分析整理,建立使用性能指标同路面结构和荷载参数间的经验关系式。同时,进行试验路面结构的力学分析,建立力学指标同路面结构和荷载参数间的经验关系式。组合这两方面关系式而建立的设计模型,可用以预估不同路面结构的使用性能指标随标准轴载作用次数的变化,从而按预定的使用性能要求推求路面的使用寿命,或者确定所需的路面结构尺寸。美国各州公路与运输者协会(AASHTO)的设计方法即是以AASHO试验路的试验结果为基础,以服务性能指数为设计指标,以板角应力与轴载累计作用次数的关系为纽带建立起来的。

2. 力学—经验法

力学—经验法将路面结构模型化为理想的结构图式,采用弹性层状体系或弹性地基板等结构分析理论和解析法或有限元法等计算方法,建立荷载和环境作用与路面结构的应力和位移反应之间的计算模型和公式,作为分析各结构设计变量对使用性能指标相当规模影响程度的手段,检验是否达到或超过预定使用性能指标的工具。所选用的使用性能指标,往往是可以用力学指标表征的结构性能,如应力、应变、弯沉等。而设计标准和各项设计参数的确定,需要通过试验标定和使用经验的验证或修正。我国的水泥混凝土路面结构设计方法、美国波特兰水泥协会(PCA)的混凝土路面设计方法、美国陆军的机场刚性道面设计方法,都属于这类方法。

(二)按设计指标和参数分类

按设计指标和参数分类可分为确定型和概率型,路面结构设计方法可分为确定型设计法和概率型设计法。

1. 确定型设计法

确定型设计法是水泥混凝土路面传统的设计方法,即输入定值的材料和结构参数、交通参数及环境参数等,通过结构计算得到在设计使用期内满足设计指标要求所需的面层厚度。我国以往的水泥混凝土路面设计规范采用的设计方法即是一种确定型的设计方法。

2.概率型设计法

路面结构层由不同混合材料组成,且在现场修筑,因此路面结构的物理力学性质和使用性能具有不确定性。同时,路面结构所处的环境和所承受的交通荷载也随时随地地发生变化,对它们在设计使用期内的影响和作用所作的预估,包含着更大的不确定性。此外,路面设计理论和计算公式同路面结构实际使用状况之间也存在着一定的差异。对于上述不确定性因素,确定型设计方法通过安全系数加以考虑,即对路面结构的抗力进行某种程度的缩小,而对其所承受的外部作用给予某种程度的放大,难以明确所设计路面应达到的可靠程度,以及该路面结构实际具有或可达到的可靠程度,使设计指标的可检验性下降,给施工控制和质量检验带来许多困难。

概率型设计方法引入可靠度的概念,将材料和结构参数的变异性及交通荷载参数的变异性引入结构设计中,可以估计设计方法的总方差及各项设计变量的不确定性在总方差中所占的比重,并使设计结果同施工质量管理和控制水平相关联,从而可以更确切地选定路面结构的相关参数,有针对性地提出改善主要设计参数变异性的设计或施工措施。我国2002年版设计规范即引入了结构可靠度的概念,改确定型设计方法为概率型设计方法,这对于提高设计和施工质量及管理水平均有着积极的意义。

第二章　水泥混凝土路面基层特性

第一节　概　述

一、基层的工作特性

(一)基层对混凝土面板的影响

基层的设置,可以明显减少面板内的荷载应力和板角挠度。基层厚度或模量越大,面层板荷载应力及板角挠度越小,但板角挠度要比板边应力敏感,如模量提高1倍,挠度可减小29.6%,而应力只减小5.9%。

此外,基层对接缝传荷能力的影响也会间接影响板内的应力和挠度。基层模量增大,板内的应力和挠度均减小,但对挠度传荷能力的影响要大于应力传荷能力。试验表明,不设传力杆时,柔性基层的缩缝传荷系数为0.55～0.70,而半刚性基层的缩缝传荷系数为0.65～0.75 。

(二)基层对土基的影响

基层厚度对土基应力的影响没有基层刚度对土基的影响明显:基层厚度一定时,增加基层刚度,可使土基顶面应力急剧减小;当基层刚度很大且保持不变时,增加基层厚度对土基顶面应力产生的影响较小。

在重复荷载作用下路基会出现塑性变形累积,从而改变路面的支承条件。设置基层,一方面可避免渗入路面结构内的水在动载作用下直接冲刷路基土;另一方面使土基变形累积量大大减小,从而减小板底脱空的范围和程度。

(三)基层对路面抗冲刷性能的影响

水泥混凝土路面在使用年限内发生的非疲劳性损坏,绝大多数是重车和水对路面结构的反复作用引起的。具有足够抗冲刷性能和刚度的基层可以有效降低板边缘和角隅处的挠度,减小水对土基的破坏作用。因此,无论在路面的构造方面还是结构设计方面,基层结构性能是路面结构耐冲刷和具有良好的排水能力的核心,可以认为基层材料的选择决定了路面结构的抗侵蚀能力,直接影响路面的使用寿命。

(四)基层对路面初期结构性能的影响

在同一道路上,基层结构性能对混凝土路面断板率的影响在初期表现得十分明显,随着使用年限的增长,这种影响逐渐减弱。当路面使用年限较长后,基层结构则不再是导致路面破坏的主要原因。而在相同的标准轴载作用次数下,基层刚度大的路面断板率较小。因此,高模量的基层使得路面具有良好的初期使用性能,从而延长混凝土路面的使用寿命。

二、基层的技术要求

水泥混凝土路面基层的主要技术要求有以下几个方面。

(一)足够的承载能力

基层与土基一起构成板下的地基体系,使路面板尽可能在有足够稳定性的基础上工作,能有效发挥板的刚度优势,扩散荷载。在车辆荷载的反复作用下,基层不应产生过多的残余形变,更不应产生剪切破坏(无结合料的粒料基层)或疲劳弯拉破坏(用各种结合料处治的基层)。要满足上述的技术要求,除应具有必需的基层厚度外,还要求基层材料有足够的强度。若基层抗变形能力不足,会产生塑性变形累积,特别是在板角和板边部分,从而使基层丧失连续支撑的作用,还会使面层板中产生额外的附加应力。混凝土路面的基层要具有在车辆荷载和环境荷载综合作用下的稳定性,保证基层在使用寿命期内为面层板提供连续支撑。

(二)足够的抗冲刷能力

交通量和汽车载重的增加对路面基层材料提出了更高的抗冲刷要求。国内外的调查研究表明,基层材料的冲刷及由此而产生的唧泥现象十分普遍。表面水和地下水会通过多种途径进入水泥混凝土路面结构层内。如果进入的水不能及时地排出,停留在面层与基层的交界面上,就会使基层局部潮湿甚至接近饱和。在行车荷载作用下,路面结构层内或基层材料中的自由水会产生相当大的动水压力。这种有压水会冲刷基层材料中的细料。一次冲刷的量是很小的,但由于行车荷载的反复作用,就会积少成多,在接缝中形成细料浆。细料浆逐渐被压挤出接缝,就形成接缝处的唧泥和错台现象。显然,路面结构层内自由水产生的水压力随行车荷载的增大而增大,同时冲刷量随行车荷载作用的次数而增加。

(三)优良的接缝传荷能力

实践证明,接缝的传荷能力不仅取决于接缝的结构形式,还与基层的刚度、强度、稳定性有很大的关系。刚度高的基层其传荷能力明显高于刚度低的基层。根据实测资料,当重型载重汽车以 30～50km/h 的速度行驶于柔性基层上的水泥混凝土路面上时,其动荷系数为 1.15～1.25,而在半刚性基层上则为 1.05 ～1.10。

(四)缓解土基变形,防止土基冻胀

土基是整个路面的下承层,其良好的稳定性和均匀有力的支撑是保证水泥混凝土路面使用性能的一个关键。除了选用优良的土质和确保适宜的压实度外,通过设置基层来减小土基在轴载作用下的不均匀沉降也是一个好方法。基层不仅能够扩散传递到土基表面的荷载,而且作为土基上的一层防冻层和排水层,还可以减少环境温度和湿度的影响。

三、基层类型

基层类型可以从不同的角度来划分,按基层材料类型不同可分为无机结合料稳定类、有机结合料稳定类和无结合料的粒料类。无机结合料稳定类是指采用无机结合料(石灰、水泥)稳定集料或稳定土类,如水泥稳定类、石灰稳定类和石灰(或水泥)粉煤灰稳定类等;有机结合料稳定类包括沥青贯入式碎石、热拌沥青碎石或乳化沥青碎石混合料以及沥青混凝土等；无结合料的粒料类包括泥结碎石、泥灰结碎石、填隙碎石和级配碎(砾)石等。

从材料力学特性的相似性出发，可将基层划分为柔性基层、半刚性基层与刚性基层。柔性基层其刚度较小，抗弯拉强度较低或没有抗弯拉能力，在荷载作用下产生的变形较大，不易产生由温度和湿度变化引起的收缩裂缝，主要包括未经处治的粒料类基层和沥青稳定类基层；半刚性基层是指用石灰或水泥等无机结合料稳定土或碎(砾)石及含有水硬性结合料的工业废渣修筑成的基层，其强度和刚度随着时间的推移而有较大幅度的增长，但是最终的强度和刚度仍低于水泥混凝土；刚性基层主要是指贫混凝土基层和碾压混凝土基层，这类基层强度高、回弹模量大，具有良好的荷载扩散分布能力，在荷载作用结构层下变形极小。其中，半刚性基层在我国水泥混凝土路面中应用最为广泛。

第二节　柔性基层

一、概述

(一)粒料类

粒料类基层可分为嵌锁型粒料基层和级配型粒料基层。

嵌锁型粒料基层包括填隙碎石、泥结碎石等，是指用筛分成几种不同规格的大、中、小单一尺寸碎石分层铺筑、分层碾压而成的基层，通常首先铺大碎石，大碎石经碾压稳定后，撒铺嵌缝碎石，继续碾压稳定，然后再撒铺小碎石，并碾压稳定。实际上，填隙料很难靠压路机将空隙填满，且多遍振动碾压使潮湿填隙料下移而造成主集料浮到填料层上，并严重丧失稳定性。因此，嵌锁型粒料不宜用做水泥混凝土路面的基层，目前已很少使用。

级配型粒料基层是指由级配符合技术规范规定的各种大小不同粒径集料组成的混合料，经压实而形成的基层，包括级配碎石、级配砾石、级配碎砾石等。级配型粒料基层由于在荷载多次重复作用下会产生塑性变形积累，从而使面层板出现脱空，失去支撑而产生断裂破坏，因此只适用于中等或轻交通量混凝土路面的基层。

(二)沥青稳定类

沥青稳定粒料基层是由一定级配的矿料与适量的沥青组成的混合料经拌和摊铺形成的基层，按其使用特性可分为密级配与开级配两种类型。

由于采用沥青作为结合料，沥青稳定粒料基层的抗冲刷性能得以显著提高，同时，由于其刚度小于半刚性基层，可以克服半刚性基层材料在抗冲刷和刚度之间的矛盾，所以目前已成为特重和重交通水泥混凝土路面备选基层之一。

二、强度形成机理及影响因素

(一)粒料类

1. 强度形成机理

决定粒料类基层力学性质的因素主要有集料的摩阻作用、嵌锁作用和黏结作用。摩阻作用本身与所产生的应力以及颗粒接触面上能达到的摩阻力有关。应力与集料层的密实度和所处的位置有关，而集料层的密实度则与颗粒级配和形状有关。颗粒接触面上能达到的摩阻力与颗粒的强度和颗粒的表面纹理有关。因此，其强度构成可由库仑公式表示：

$$\tau = c + \sigma \tan\varphi \tag{2-1}$$

式中　τ——抗剪强度，MPa；

c——黏结力，MPa；

σ——正应力，MPa；

φ——内摩阻角，(°)。

此外，集料的含水量、加工和摊铺集料的均匀性、碾压密度以及下承层的承载能力等也是影响集料结构层力学性质的重要因素。

2.强度影响因素

级配集料的强度和抗变形能力与集料的类型（碎石、碎砾石或砾石）、集料的级配，特别是其中的最大粒径、5mm 以下颗粒的含量、0.075mm 以下颗粒的含量有关。

1）集料的类型

集料的类型决定了集料颗粒的强度和集料颗粒的表面纹理，从而影响着集料的摩阻力。因此，就力学性质和稳定性而言，级配碎石是级配集料中最好的材料，也是无结合料中最好的材料，级配砾石则是级配集料中最次的材料，级配碎砾石处于前两者之间。

2）集料的级配

粒料类基层结构主要有以下三种情况（见图 2-1）：

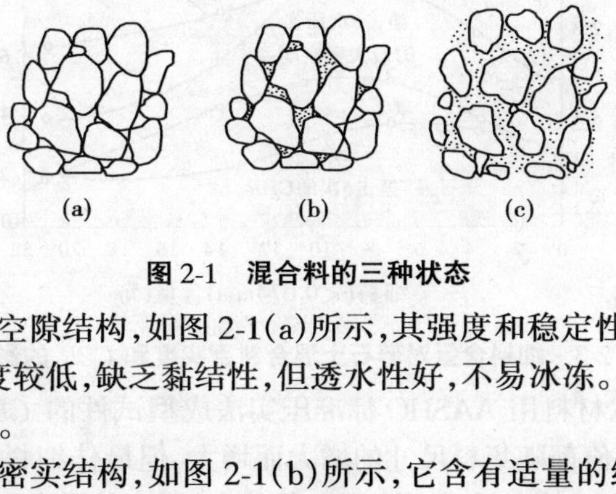

图 2-1　混合料的三种状态

（1）混合料为骨架空隙结构，如图 2-1(a)所示，其强度和稳定性依赖颗粒之间的摩阻力。此类混合料密实度较低，缺乏黏结性，但透水性好，不易冰冻。由于这类材料缺乏黏结性，施工时压实困难。

（2）混合料为骨架密实结构，如图 2-1(b)所示，它含有适量的细料，以填充集料间的空隙。这类混合料仍靠集料间的摩阻力获得稳定性，其抗剪强度及密实度得到提高，透水性降低，施工时较第一种状态易于压实。

（3）混合料为密实悬浮结构，如图 2-1(c)所示，它含有大量细料而使粗颗粒之间不能接触，即集料“浮”在细料之中。这类混合料施工时很容易压实，但其密实度较低，难以透水，易冰冻，强度和稳定性受含水量影响较大。

3）细料含量

图 2-2 中所示为细料含量不同的砾石土混合料的密实度和 *CBR*（加州承载比）试验结果。图中密实度为各相应压实曲线上的最大密实度值，而 *CBR* 值为试件浸湿后的测定结果。由图2-2 可以看出，压实功能增加时，密实度和 *CBR* 值均增加，而且密实度和

CBR 值均存在一个最佳细料含量。最大密实度时最佳细料含量为 8%～10%，而最大 *CBR* 值时最佳细料含量为 6%～8%。前者的细料含量可代表图 2-1(b)状态，而最大值左右两侧曲线部分则代表图 2-1(a)及图 2-1(c)两种状态。

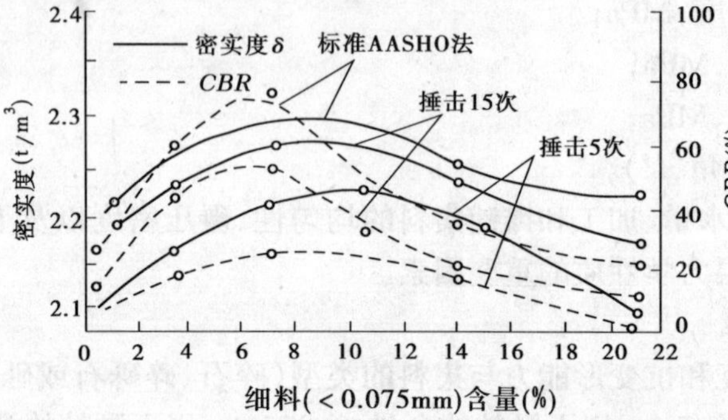

图 2-2　细料含量对砾石土混合料密实度和 *CBR* 的影响

图 2-3 所示为碎土石混合料的试验结果。由图可见，细料成分对碎石集料 *CBR* 的影响一般比对砾石的影响小。对于同一粒径级配，由有棱角颗粒组成混合料的 *CBR* 值通常也比圆滑颗粒混合料的 *CBR* 值大一些。

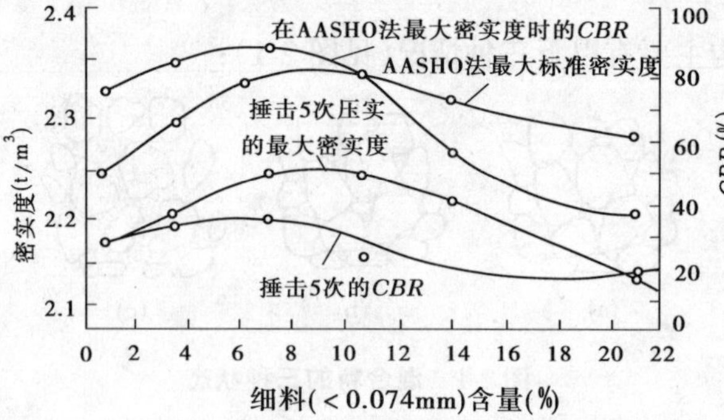

图 2-3　细料含量对碎石土混合料密实度和 *CBR* 的影响

图 2-4 是几种粒状材料用 AASHO 标准压实法成型试件的 *CBR* 值和密实度的试验结果。密实度和 *CBR* 值都随集料尺寸的增大而增大，但最佳细料含量则降低。此外，细料含量小于最大密实度时的含量时，其 *CBR* 值最大，因而其强度和稳定性也最高。

由上述分析可知，混合料中细料应有一适中的含量，含量过多则强度与稳定性将大大降低，显然是不利的。

4)塑性指数

除了颗粒尺寸分布外，细粒土的物理性质对混合料的强度和稳定性也有影响，特别是当集料颗粒间丧失接触时。图 2-5 示出了细料塑性指数对砾石混合料三轴强度的影响。由图可知，当小于 0.42mm 的细粒土含量少时，其塑性指数对强度的影响很小；而当细粒土含量增加时，其塑性指数的影响越来越大。因此，对于细料含量多的混合料，必须限制细料的塑性指数。

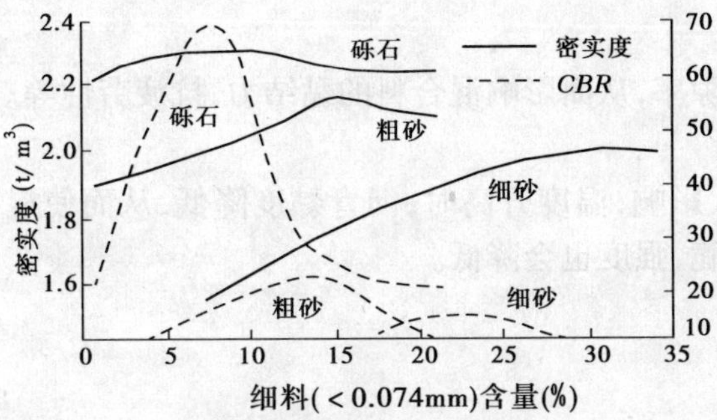

图 2-4　混合料密实度和 *CBR* 随细料和最大粒径的变化

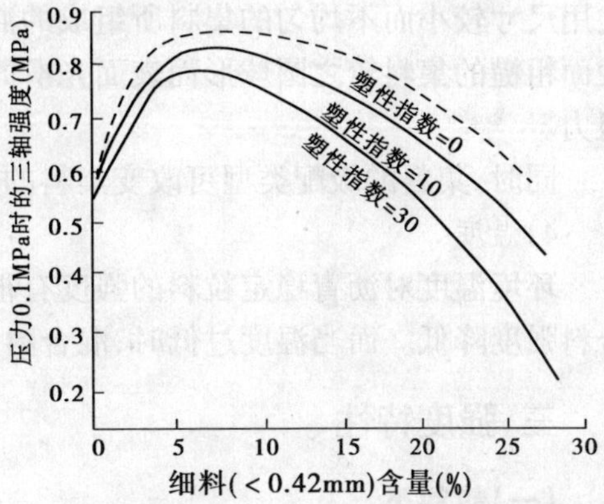

图 2-5　细料塑性指数对砾石混合料(最大粒径 25.4mm)三轴强度的影响

(二)沥青稳定类

1.强度形成机理

构成沥青稳定粒料强度的因素主要包括两方面,即集料颗粒之间的内摩擦力和嵌锁力,以及沥青结合料及其集料之间的黏结力。沥青稳定粒料的抗剪强度可由库仑公式(2-1)表示。

式(2-1)反映了材料力学性能的优劣。式中 φ 由一定级配的粒料提供,其大小反映了集料间的嵌挤能力,这需要粗细集料的合理组合才能形成最优结构。c 由矿粉和沥青混合而成的胶凝体以及沥青与集料的界面黏结力提供,界面的结合强度在沥青稳定粒料的强度形成中有重要的作用。在沥青稳定粒料中存在的界面有沥青—集料界面、沥青—空气界面和集料—集料界面。在沥青中掺入矿粉能使沥青的黏结力增强,但掺入过多矿粉会降低胶凝体的黏结力,自由沥青过多也会降低界面的黏结力。

根据混合料的集料骨架的特点,把沥青稳定粒料分为密实悬浮结构、骨架空隙结构、骨架密实结构三种。密实悬浮型混合料的 φ 较小,c 较大,整体强度取决于混合料黏结力 c,所以抗拉强度较大而抗压能力较弱,竖向变形较大;骨架空隙结构的 φ 较大,c 较小,故高温稳定性好而低温抗裂能力弱;骨架密实结构 c、φ 都较大,因而整体强度大,性能较好。

2.强度影响因素

1)沥青的黏度

沥青稳定粒料中原本松散的集料,正是依靠沥青的黏结作用才凝聚在一起而形成整体结构强度的。沥青黏度越高,混合料抗变形能力越强,强度也就越高。

2)沥青用量

如果沥青用量过少,混合料干涩,黏结力差;适当增加沥青用量,将会改善混合料胶结性能,使集料表面充分裹覆沥青薄膜,形成良好的黏结;当沥青用量过多时,沥青膜增厚,多余的沥青形成润滑剂,易产生塑性变形。因此,存在一最佳沥青用量。

3)集料的性状、级配类型

集料的颗粒形状和表面粗糙度对混合料的强度有很大影响。用较大的均匀的集料较之用尺寸较小而不均匀的集料所组成的混合料具有较大的嵌锁力和内摩阻力；有棱角且表面粗糙的集料较之圆球形而表面光滑的集料所组成的混合料具有较大的嵌锁力和内摩阻力。

同时，集料的级配类型可改变集料的空隙率，从而影响混合料的黏结力、抗疲劳性等。

4）温度

环境温度对沥青稳定粒料的强度有很大影响，温度升高时，沥青黏度降低，从而使混合料强度降低。而当温度过低时，混合料发脆，强度也会降低。

三、强度特性

（一）粒料类

粒料类基层的强度特性主要指抗剪强度。抗剪强度是颗粒材料的主要工程特性指标之一。可采用大型直接剪切仪，用以测定粒料的抗剪强度指标和研究粒料的抗剪强度特性，以表征不同颗粒组成的嵌挤锁结作用。

粒料类材料抗剪强度与垂直压力呈线性关系，见表 2-1 和图 2-6。

表 2-1 某级配粒料抗剪强度与垂直压力关系

垂直压力(100kPa)	2.10	3.81	3.93	4.27	4.35	4.43	5.60	5.79	5.89
抗剪强度(100kPa)	1.48	2.97	3.06	3.41	3.51	3.56	3.93	4.16	4.25

此外，同一级配情况下，砾石的抗剪强度明显低于碎石，这也验证了前面所说的级配碎石的力学性能优于级配砾石。

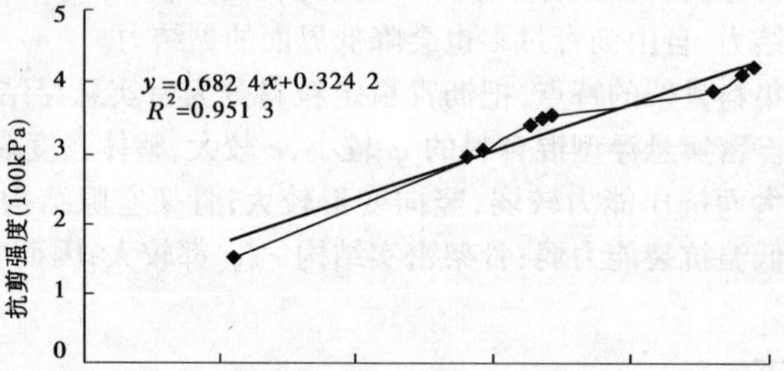

图 2-6 抗剪强度与垂直压力关系曲线

（二）沥青稳定类

沥青稳定类材料的基本力学特征表现为颗粒性与非弹性。其颗粒性的力学特征主要表现在两方面：随着混合料压实度的增加，材料的强度增加，如图 2-7 所示；进行三轴试验时，随着围压 σ_3 的增加，材料的强度也随之增加，如图 2-8 所示。研究表明，这种特性不仅存在，且具有线性关系，即混合料的强度随压实度或围压 σ_3 的变化为线性变化。

另外，颗粒性材料也是一种异质材料，为非连续性介质，与连续均匀的均质材料相比

(如金属材料、纯沥青材料等),异质材料的抗压强度一般远大于其抗拉强度,而均质材料的拉压强度在数值上比较接近抗拉强度。

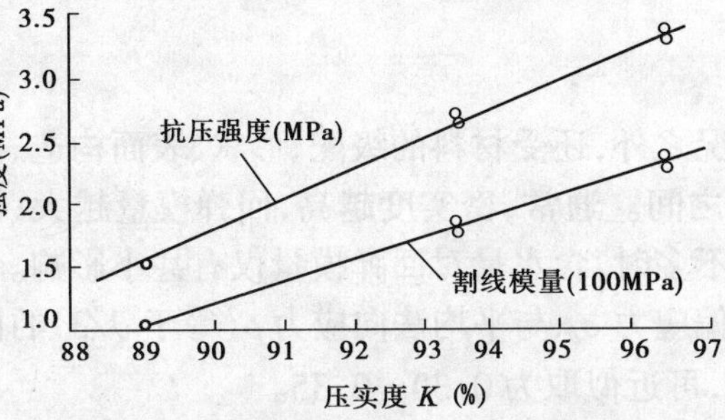

图 2-7　沥青混合料强度与刚度随压实度的变化

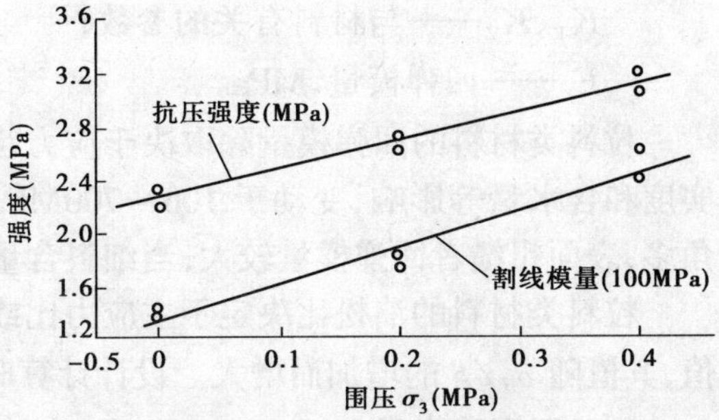

图 2-8　沥青混合料强度与刚度随围压 σ_3 的变化

沥青稳定类材料的强度是温度和加荷速率的函数,随着温度的下降和加荷速率的增大而提高。当温度继续下降时,强度反而略有下降,这是因为强度与温度曲线存在一个峰值,其大小与加荷速率有关。抗拉强度可由直接拉伸试验或劈裂试验测定。抗剪强度可采用三轴试验方法测定,通常认为材料的抗剪强度特性符合库仑公式。对于密级配沥青稳定类混合料,其抗拉强度随集料级配细度的增加而增大,且存在某一最佳矿粉沥青比,此时的抗拉强度值最高。

四、应力—应变特性

(一)粒料类

粒料类材料应力—应变特性具有明显的非线性特征,可由三轴压缩试验所得的应力—应变关系曲线求得表征其应力—应变特性的回弹模量值 E_r。回弹模量在很大程度上受竖向和侧向应力大小的影响。图 2-9 和图 2-10 分别为粒料类材料三轴试验的轴向应变 ε_r 同偏应力 σ_d(等于 $\sigma_1-\sigma_3$)与侧向应力 σ_3 的关系和回弹模量 E_r 同主应力和 θ 的关系。

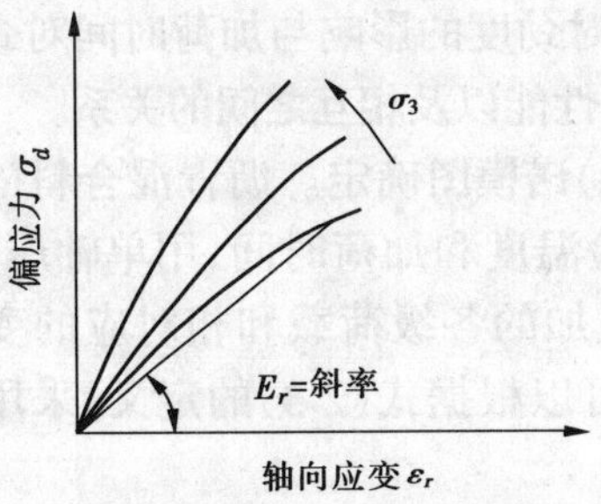

图 2-9　碎、砾石材料应力—应变关系

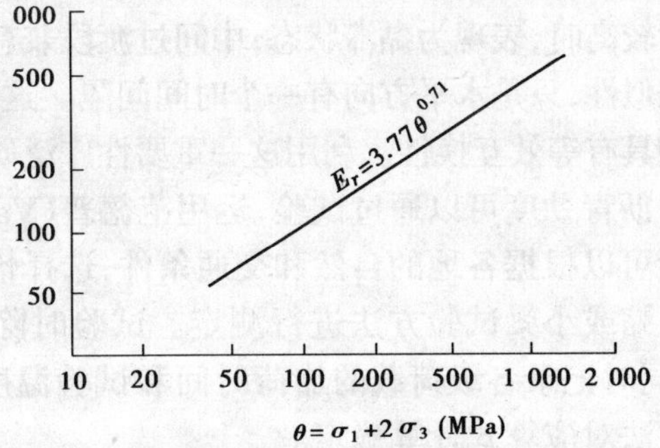

图 2-10　干轧制集料回弹模量随主应力和 θ 的变化

从图 2-9 可以看出,同一侧向应力 σ_3 下回弹模量 E_r 随偏应力增大而减小;不论轴向应变大小,当侧向应力增大时,回弹模量也增大。粒料类材料的回弹模量与应力关系如下:

$$E_r = K_1 \theta^{K_2} \tag{2-2}$$

式中 θ——主应力之和，即 $\theta = \sigma_1 + \sigma_2 + \sigma_3 = \sigma_1 + 2\sigma_3 = \sigma_d + 3\sigma_3$，$\sigma_d$ 为偏应力；

K_1、K_2——与材料有关的参数；

E_r——回弹模量，MPa。

粒料类材料的回弹模量除取决于应力状况之外，还受材料的级配、形状、表面构造、密实度和含水量等影响，变动于100～700MPa之间。通常，密实度越高，回弹模量越大；棱角多，表面粗糙者回弹模量较大；当细料含量不多时，含水量对回弹模量仅有甚小影响。

粒料类材料的泊松比决定于主应力比或偏应力 σ_d 与平均法向应力 p（等于 $\theta/3$）的比值，其值随 σ_d/p 的增加而增大。设计计算时，可近似取为0.30～0.35。

（二）沥青稳定类

沥青稳定类粒料在正常工作状态下具有黏弹性性质，其应力—应变关系曲线呈不可恢复性，且不存在明显的弹性极限，对加载速度和试验温度具有依赖性。此外，还具有时温等效性以及蠕变与应力松弛特性。

考虑到温度与加荷时间对沥青混合料力学特性的影响，用劲度模量 $S_{t,T}$ 表征其应力—应变关系。沥青混合料的劲度模量是在给定温度和加荷时间条件下的应力—应变关系参数，用式(2-3)表示：

$$S_{t,T} = \left(\frac{\sigma}{\varepsilon}\right)_{t,T} \tag{2-3}$$

式中 $S_{t,T}$——劲度模量，kPa；

σ——施加的应力，kPa；

ε——总应变；

T——温度，℃；

t——加荷时间，s。

沥青混合料的劲度模量实质上就是在特定温度与特定加荷时间条件下的常量参数。沥青劲度试验结果表明，当加荷时间短或温度较低时，材料处于弹性状态；当加荷时间很长或温度较高时，表现为黏滞状态；中间过渡段兼有弹—黏性状态。各种温度条件下的曲线形态有相似性，只是水平方向有一个时间间隔。这表明温度对劲度的影响与加荷时间对劲度的影响具有等效互换性。利用这一重要性广泛研究其各项性能以及相互之间的关系。

沥青劲度可以通过试验，运用范德普（Van der Poel）诺模图确定。沥青混合料的劲度模量可以根据各地的自然和交通条件，选择恰当的试验温度和加荷时间，用单轴压缩、三轴压缩或小梁试验方法进行测定。试验时除了记录施加的各级荷载和相对应的变形之外，同时记录各级荷载的加荷时间和试验温度。模量可以根据式(2-3)的定义，采用各试验方法对应算式计算确定。

五、水稳定性

（一）粒料类

级配粒料基层具有较好的透水性，能及时排除从面层进入基层的水分，防止在冬季结冰产生冻胀，以及在春季融化时引起强度较大幅度的降低，其中细粒土应该没有塑性，以保证良好的水稳性,并应该无冰冻敏感性。

(二)沥青稳定类

沥青稳定类材料在水的浸泡及车辆荷载的作用下可能会发生沥青膜剥离、掉粒、松散等现象,从而影响其材料的渗透性能和抗变形性能。因此,要充分重视沥青稳定类材料的水稳定性,提高沥青混和料的抗水害能力。

评价沥青混和料水稳定性的方法很多,其中静荷载试验常用的有浸水马歇尔试验、浸水抗压强度试验、劈裂强度试验、冻融劈裂试验;动荷载试验方法最典型的是浸水车辙和浸水环道试验,它们是力求模拟现场实际条件的工程性试验方法。

影响沥青稳定类基层水稳定性的因素主要有三个方面:①沥青混合料的性质,包括沥青的性质及混合料的类型;②环境条件,包括施工期的气候条件与施工后的环境条件;③路面排水状况。

对于开级配沥青稳定类排水基层,还需考虑其透水性,混合料的透水性以渗透系数表征。影响沥青稳定碎石混和料渗透系数的主要因素是混和料的孔隙率,孔隙率越大,其内流通空间越大,则在同样的降雨量的情况下,单位时间内的流量越大,流速越快,因而渗透系数越大。此外,渗透系数与沥青用量有关,沥青含量的增加会造成沥青混合料中连通孔隙率的减小,以及矿料游离状态的减少,使矿料与结合料结合更加紧密,形成较为密实的结构,增加水分在混合料内的行走路径,即水力坡降加大,渗透系数相应地减小,排水能力下降。

六、累积变形和疲劳特性

在荷载应力重复作用下,路面材料可能出现的破坏极限状态有两类:第一类,若路面材料处于弹塑性工作状态,则重复荷载作用将引起塑性变形的累积,当累积变形超出一定限度时,路面使用功能将下降至允许限度以下,出现破坏状态,这类破坏在各种粒料类基层和沥青稳定类基层中都会发生;第二类,路面材料处于弹性工作状态,在重复荷载作用之下虽不产生塑性变形,但是结构内部将产生微量损伤,当微量损伤累积达到一定限度时,路面结构将发生疲劳断裂,出现破坏状态,这类破坏主要针对沥青稳定类基层,粒料类基层不可能发生。累积变形与疲劳破坏这两种破坏的共同点就是破坏的发生不仅同荷载应力的大小有关,而且同荷载应力作用的次数有关。

(一)粒料类的累积变形

图 2-11 所示为一种级配良好的颗粒材料的重复加载试验结果。由图可见,当偏应力 σ_d 低于某一数值时,塑性变形随重复作用次数的增加而增加,且逐渐趋于稳定。重复次数大于 10^4 次后,达到一平衡状态,此平衡应变量的大小同 σ_d/σ_3 的大小有关。但偏应力较大时,则塑性变形随作用次数的增加不断增长,直至破坏。

级配差、颗粒尺寸单一的粒料,即便在应力重复作用很多次以后,塑性变形仍有增大趋势。含有过多细料的混合料,由于混合料密实度降低,变形累积过大。因此,这种材料不宜用于修建路面。

(二)沥青稳定类的累积变形

沥青稳定类混合料在重复荷载作用下的变形累积过程的研究,可利用单轴压缩试验或重复作用三轴压缩试验进行。两种试验方法所得到的累积应变—时间关系的规律基本一致。图 2-12 所示为一密实型沥青碎石混合料经受重复三轴试验的变形累积情况。

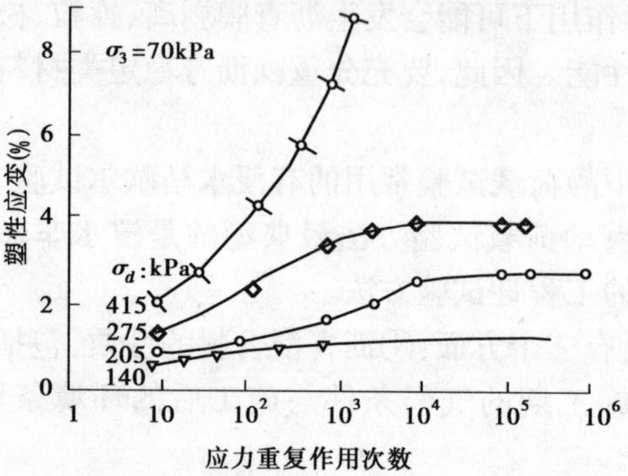

图 2-11 良好级配碎石混合料的变形累积

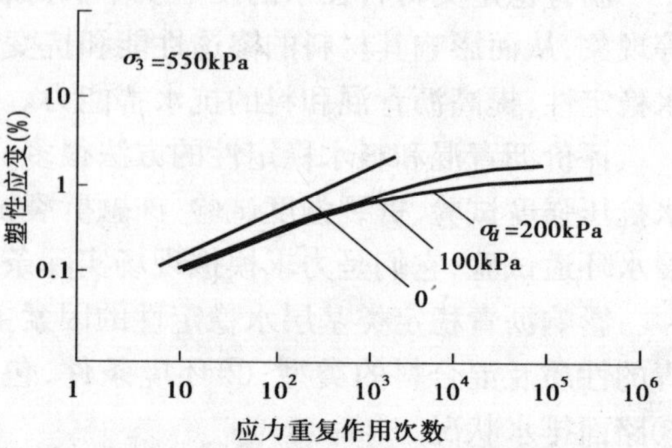

图 2-12 密实型沥青混合料的变形累积

由图 2-12 可以看出,塑性应变量随重复作用次数的增加而增加的情况。温度越高,塑性应变累积量越大。在同一温度条件下,控制累积应变量是加载时间的总和,而不仅是重复作用次数;加载频率以及应力循环间的间歇时间对累积应变—时间关系的影响不大。

影响累积变形的因素除了温度、施加应力大小以及加载时间之外,同集料的状况也有关系。有棱角的集料比圆角的集料能获得较高的劲度模量,因此累积变形量较小;密实级配的沥青混合料比开级配的沥青混合料的累积变形量小。此外,压实的方法、压实程度对变形累积规律都有一定的影响。

(三)沥青稳定类的疲劳特性

对于沥青稳定类基层,其承受重复荷载作用时,会在低于静载一次作用下的极限应力值时出现破坏,这种材料强度降低的现象称为疲劳。疲劳性能反映材料抵抗行车荷载反复作用的能力。疲劳的出现是由于路面材料微观结构的局部缺陷或不均匀,在荷载作用下,该处发生应力集中而出现的微损伤,应力的反复作用使微损伤逐步累积扩大,从而不断减少有效承受应力的面积,在反复作用一定次数后导致破坏,称之为疲劳破坏。出现疲劳破坏的重复应力的大小称为疲劳强度,它随重复作用次数的增加而降低。一般材料在应力重复作用一定次数后,疲劳强度不再下降,趋于稳定值,该值称为疲劳极限。重复应力低于此值时,材料可以经受应力的无限多次作用而不出现破坏。研究疲劳特性的主要目的是探索提高疲劳强度、延长路面使用年限的途径,为路面设计提供依据。

沥青稳定类疲劳特性可通过室内中点加载或三分点加载的弯曲疲劳试验或劈裂疲劳试验加以研究。由于沥青稳定类的劲度模量低,在重复加荷过程中,试件的受力状态不断发生变化,为此可以根据不同的要求分为应力控制和应变控制两种加载模式。对沥青稳定基层在路面结构中的受力分析表明,其应力状态更类似于控制应力的混合料疲劳试验的应力状态。

采用控制应力试验方法得到的 σ_r 和疲劳破坏作用次数 N_f,在双对数坐标上呈直线形,即可用以下方程估算材料的疲劳寿命:

$$N_f = A(\frac{1}{\sigma_r})^b \tag{2-4}$$

式中　A、b——由试验得到的回归常数，与沥青稳定类粒料的性质、温度和其他试验条件有关。

任何影响混合料劲度的变量，如集料与沥青的性质、沥青用量、混合料压实度与孔隙率以及反映车辆行驶速度的加载时间和所处的环境温度条件等都会影响它的疲劳寿命。如相应于混合料的最佳疲劳寿命有一最佳沥青含量，而此含量要比马歇尔稳定度所确定的最佳沥青含量稍大；沥青用量一定时，其软化点越高，混合料疲劳寿命越长；密级配混合料比开级配混合料有较长的疲劳寿命。

第三节　半刚性基层

一、概述

常用半刚性基层材料主要有石灰稳定类、水泥稳定类和石灰粉煤灰稳定类。石灰稳定类由于不耐冲刷、易开裂和水稳性不好等缺点被禁止在高等级公路基层中应用，水泥混凝土路面对基层抗冲刷能力要求较高。因此，石灰稳定类不能用做水泥混凝土路面的基层，只能作垫层使用，本章不作介绍。

(一)水泥稳定类粒料

水泥稳定类粒料是指用水泥稳定中粒土或粗粒土得到的强度符合要求的混合料。视所用原材料而定，可简称为水泥碎石、水泥砂砾等。水泥稳定粒料基层具有下述优点：

(1)强度高，稳定性好。水泥稳定类具有足够高的强度，能适应重交通量和高等级公路路面基层的需要。水泥稳定类的强度是比较稳定的，受水分变化的影响不大，而且它的强度越高，稳定性就越好。

(2)强度可以调整，以适应不同交通量的需要。水泥稳定类的强度可以从适应轻交通量的最低要求(7d 底基层的抗压强度小于 1.0MPa)调整到适应重交通量的要求(7d 基层的抗压强度可达 10MPa)。

(3)在缺乏优质粒料的地区，采用水泥稳定类作路面的基层或底基层是比较经济的。

(4)水泥稳定类既可以在路上就地拌和，又可以用固定的拌和机械进行集中拌和后运到路上直接摊铺，也可以利用移动式拌和机械沿线进行拌和。它便于机械化施工，特别是在后两种拌和方法的情况下，质量容易得到保证。

可见，水泥稳定粒料基层具有良好的整体性、足够的力学强度、抗水性和耐冻性，其初期强度较高，且随龄期的增长而增长等优点。因此，水泥稳定粒料可用做除特重交通等级之外的各种交通等级水泥混凝土路面的基层。

(二)石灰粉煤灰稳定类粒料

石灰粉煤灰稳定类是指用石灰和粉煤灰按一定配比与级配碎石或级配砾石，加水拌和、摊铺、碾压及养生后得到的强度符合要求的混合料，简称二灰稳定粒料。二灰稳定粒料具有下述优点：

(1)二灰稳定粒料具有较高的抗压强度和一定的抗拉强度。强度形成得好的二灰稳定粒料是一种整体性材料，具有较强的板体作用。

(2)多数土都可以用二灰进行稳定,特别是不适宜用其他结合料稳定的塑性指数高的黏性土。

(3)由于二灰稳定粒料是一种缓凝慢硬材料,从加水拌和到完成压实的延迟时间甚至可以达到 2～3d,对其压实度和强度没有明显影响。因此,二灰稳定粒料便于施工,既可以采取就地拌和法施工,又可以采取集中拌和法施工,甚至采取人工拌和。

(4)有利于我国环保事业的发展,粉煤灰的使用既变废为宝,又减少了环境污染,有很大的社会效益。

但是,二灰稳定粒料也存在着早期强度较低、易产生冲刷唧泥等缺点,因此二灰稳定粒料只能作为中等或轻交通水泥混凝土路面的基层。

二、强度形成机理及影响因素

(一)水泥稳定类

1.强度形成机理

在利用水泥来稳定土的过程中,水泥、土和水之间发生了一系列的化学作用、物理—化学作用及物理作用,从而使土的性能发生了明显的变化。其中化学作用包括水泥颗粒水化、硬化作用、聚合作用,以及水泥的水化产物与黏土矿物之间的化学作用等;物理—化学作用包括黏土颗粒与水泥及水泥水化产物之间的吸附作用,微粒的凝聚作用,水及水化产物的扩散渗透作用,水化产物的溶解、结晶作用等;物理作用包括土块的机械粉碎作用,混合料的拌和、压实作用等。

1)水泥的水化作用

在水泥稳定土中,首先发生的是水泥自身的水化反应,从而产生出具有胶结能力的水化产物,这是水泥稳定土强度的主要来源。水泥水化过程的反应式如下:

硅酸三钙　$2C_3S + 6H_2O \rightarrow C_3S_2H_3 + 3CH$

硅酸二钙　$2C_2S + 4H_2O \rightarrow C_3S_2H_3 + CH$

铝酸三钙　$C_3A + 6H_2O \rightarrow C_3AH_6$

铁铝酸四钙　$C_4AF + 7H_2O \rightarrow C_4AFH_7$

在水泥稳定土中,水泥的水化硬化条件较水泥混凝土中差得多。特别是由于黏土矿物对水化产物中的 $Ca(OH)_2$ 具有极强的吸附作用,使溶液中的碱度降低,从而影响了水泥水化产物的稳定性;水化硅酸钙中的 C/S(有效 CaO 和 SiO_2 的比值)会逐渐降低,析出 $Ca(OH)_2$,从而使水化产物的结构和性能发生变化,进而影响到混合料的性能。因此,应首选硅酸盐水泥。

2)离子交换作用

土中的黏土颗粒由于颗粒细小、比表面积大,因而具有较高的活性,当黏土颗粒与水接触时,黏土颗粒表面通常带有一定量的负电荷,在黏土颗粒周围形成一个电场,这层带负电荷的离子就称为电位离子。带负电荷的黏土颗粒表面,进而吸引周围溶液中的正离子,如 Na^+、K^+ 等,而在颗粒表面形成了一个双电层结构,这些与电位离子电荷相反的离子就称为反离子。在双电层中电位离子形成了内层,反离子形成了外层。靠近颗粒的反离子与颗粒表面结合较紧密，当黏土颗粒运动时，结合较紧密的反离子将随着颗粒一起运动，而其他反离子将不产生运动，由此在运动与不运动的反离子之间便出现了一个滑移面。

由于在黏土颗粒表面存在着电场，所以也存在着电位。颗粒表面电位离子形成的电位称为热力学电位（φ），滑动面上的电位称为电动电位（ξ）。由于反离子的存在，离颗粒表面越远，电位越低，经过一定的距离电位将降低为零，此距离称为双电层厚度。由于各个黏土颗粒表面都具有相同的双电层结构，故黏土颗粒之间往往间隔着一定的距离。

在水泥中 C_3S 和 C_2S 占主要部分，其水化所生成的 $Ca(OH)_2$ 所占的比例也比较高，可达水化产物的 25%。大量的 $Ca(OH)_2$ 溶于水以后，在土中形成了一个富含 Ca^{2+} 的碱性溶液环境。当溶液中富含 Ca^{2+} 时，因为 Ca^{2+} 的电价高于 Na^+、K^+，与电位离子的吸引力较强，从而取代了 Na^+、K^+，成为反离子。同时，Ca^{2+} 双电层电位的降低速度加快，因而使电动电位降低、双电层厚度减小，使黏土颗粒之间的距离减小，相互靠拢，导致土的凝聚，从而改变土的塑性，使土具有一定的强度和稳定度。这种作用就称为离子交换作用。

3）化学激发作用

Ca^{2+} 的存在不仅影响了黏土颗粒表面双电层的结构，而且在这种碱性溶液环境下，土本身的化学性质也将发生变化。

土的矿物组成基本上都属于硅铝酸盐，其中含有大量的硅氧四面体和硅氧八面体。在通常情况下，这些矿物具有较高的稳定性。但当黏土颗粒周围介质的 pH 值增加到一定程度时，黏土矿物中的部分 SiO_2 和 Al_2O_3 活性分子将被激发出来，与溶液中的 Ca^{2+} 进行反应，生成新的矿物。这些矿物主要是硅酸钙和铝酸钙系列，如 $4CaO \cdot 5SiO_2 \cdot 5H_2O$、$CaO \cdot Al_2O_3 \cdot 10H_2O$、$4CaO \cdot Al_2O_3 \cdot 19H_2O$、$3CaO \cdot Al_2O_3 \cdot 16H_2O$ 等。这些矿物的组成和结构与水泥的水化产物都有很多类似之处，并且同样具有胶凝能力。生成的这些胶结物质包裹着黏土颗粒表面，与水泥的水化产物一起，将黏土颗粒凝结成一个整体。因此，$Ca(OH)_2$ 对黏土矿物的激发作用将进一步提高水泥稳定土的强度和水稳定性。

4）碳酸化作用

水泥水化生成的 $Ca(OH)_2$，除了可与黏土矿物发生化学反应外，还可与空气中的 CO_2 发生碳酸化反应而生成碳酸钙晶体。其反应式如下：

$$Ca(OH)_2 + CO_2 + nH_2O = CaCO_3 + (n+1)H_2O$$

在 $CaCO_3$ 生成过程中产生体积膨胀，也可以对土的基体起到填充和加固作用。

2. 影响强度的因素

1）土质

试验和生产实践证明，用水泥稳定级配良好的碎（砾）石和砂砾效果最好，不但强度高，而且水泥用量少；其次是砂性土；再次是粉性土和黏性土。重黏土难以粉碎和拌和，不宜单独用水泥来稳定。因此，一般要求土的塑性指数不大于 17。

土中有机质对水泥的水解作用有着有害的影响，但不是所有的有机质对水泥的水解、水化和硬化都有相同的影响，腐殖质的成分决定着有害程度。土中含有易溶盐对土的物理—力学性质有很大的影响。土中所含有的吸收性钠是一个不利因素，因为它强烈地分散土中的黏土胶粒,破坏土的微结构,增大土的分散性,因而具有高的膨胀性和塑性。

2)水泥成分和剂量

水泥的矿物成分和分散度对加固效果影响很大。通常情况下,硅酸盐水泥稳定效果较好,而铝酸盐水泥较差。当水泥的矿物成分相同时,水泥稳定料的强度随着水泥的比表面积和活性的增大而提高。这是因为随着水泥比表面积增大,土颗粒和微团粒与水泥颗粒的接触面积相应增大,从而使水泥在土体中更能够均匀地分布,并使水泥的结合性能更有效地加以利用。水泥稳定料的强度随水泥用量的增加而增大,通常水泥剂量是根据技术和经济两方面的因素综合加以确定的。

3)水

含水量对水泥稳定类强度影响很大,当含水量不足时,水泥不能在混合料中完全水化和水解,发挥不了水泥对集料的稳定作用,影响强度形成。同时,含水量小,达不到最佳含水量也影响水泥稳定类的压实度。因此,使含水量达到最佳含水量的同时,也要满足水泥完全水化和水解作用的需要为好。

就水质而言,一般认为饮用水即可,有机质含量高的水应避免使用,含盐量高的水可以使用。

4)工艺过程及养生条件

水泥、混合料和水拌和得越均匀,稳定粒料的强度就越高,稳定性也越好。拌和不均匀会使水泥剂量少的地方强度不足,而在水泥剂量多的地方裂缝增加。压实度对水泥强度的影响很大。从开始加水拌和到完成压实的延迟时间对水泥稳定粒料的密实度和强度亦有很大的影响。增加拌和时间或湿拌后延迟压实,水泥会有部分产生硬结作用,混合料难以压实。

水泥稳定粒料的强度随龄期的增长而增长,二者之间大致呈指数关系。其增长速率随水泥剂量和养生条件的不同而各异。水泥剂量大及养生温度高时,其增长速率较大。

(二)石灰粉煤灰稳定类

1.强度形成机理

石灰粉煤灰混合料加水拌和后,通过机械压实,成型初期,可认为石灰粉煤灰混合料未发生化学反应,其强度来自密实混合料的内摩阻力,即通常称为“原始黏聚力”的颗粒间水膜与相邻颗粒之间的分子吸引力所形成的黏聚力。随着时间的推移,混合料的固、液相之间发生一系列物理、物理—化学和化学反应,并生成一系列具有胶结作用的物质,将混合料的颗粒与颗粒之间的连接加固,形成通常称为“固化黏聚力”的黏聚力,这种力是石灰粉煤灰混合料强度形成的主要来源。其反应可以分为石灰在水溶液中的解离作用、石灰的结晶作用和碳酸化作用、石灰与粉煤灰间的火山灰反应。

1)石灰在水溶液中的解离作用

熟石灰在水溶液中可溶解解离成 Ca^{2+} 和 OH^-,并散发微量的热:

$$Ca(OH)_2 \rightarrow Ca^{2+} + OH^-$$

这一过程提供了大量的 Ca^{2+} 和 OH^- 离子,使混合料液相的 pH 值升高,这是其他后续反应的基础。$Ca(OH)_2$ 虽是强碱,但在水溶液中由于离子间的相互吸引,表现出一定的电离度,且电离度随 $Ca(OH)_2$ 溶液浓度的减小或温度的升高而增大。

2)石灰的结晶作用和碳酸化作用

液相水溶液中的 $Ca(OH)_2$ 可以在溶液水分蒸发所造成的过饱和状态下发生溶解的逆反应——结晶作用,形成氢氧化钙晶体。其化学反应式如下:

$$Ca(OH)_2 + nH_2O \rightarrow Ca(OH)_2 \cdot nH_2O$$

石灰吸收水分形成含水晶格并由胶体逐渐成为晶体,这种晶体相互连接,并与碎石结合形成共晶体,把固体颗粒胶结成整体,从而产生一定的结构强度。与不定形的 $Ca(OH)_2$ 相比,晶体 $Ca(OH)_2$ 的溶解度几乎减小一半,因而由晶体 $Ca(OH)_2$ 形成的结晶结构的水稳定性比由 $Ca(OH)_2$ 胶体形成的凝聚结构的水稳性好,使得二灰稳定类混合料的稳定性得以提高。

液相中的 $Ca(OH)_2$ 也可以与气相或溶解于水的 CO_2 反应,产生碳酸化作用:

$$Ca(OH)_2 + CO_2 \rightarrow CaCO_3 + H_2O$$

$CaCO_3$ 晶体具有较高的强度和水稳定性,它对粉煤灰的胶结作用使粉煤灰得到了加固。当 $CaCO_3$ 晶体沉积在二灰稳定类混合料颗粒间隙中时,产生一定的胶结强度。由于 CO_2 可能由混合料的孔隙进入,也可能由粉煤灰本身产生,二灰稳定类混合料的表层碳酸化后形成的硬壳阻碍 CO_2 进一步渗入,因而 $Ca(OH)_2$ 的碳酸化作用相当缓慢,是形成二灰稳定类混合料后期强度的原因之一。

3)石灰与粉煤灰的火山灰反应

石灰与粉煤灰间的火山灰反应是二灰稳定类混合料强度形成的主要因素。在二灰稳定类混合料中,随着龄期的增长,石灰与粉煤灰间的火山灰反应逐渐增强。其反应式如下:

$$xCa(OH)_2 + SiO_2 + nH_2O \rightarrow xCaO \cdot SiO_2 \cdot (n+1)H_2O$$

$$yCa(OH)_2 + Al_2O_3 + mH_2O \rightarrow yCaO \cdot Al_2O_3 \cdot (m+1)H_2O$$

上述所形成的含水的硅酸钙和铝酸钙结晶都是胶凝物质,它具有水硬性并能在固体和水两相环境下发生硬化。这些胶凝物质在土微粒团外形成一层稳定保护膜,填充颗粒空隙,使颗粒间的空隙与透水性减小,同时提高密实度。

上述三种反应不是立刻完成的,而是随着时间的推移逐渐发展,经过一段时期后才会结束。在此期间,胶体、晶体不断增多、长大,彼此逐渐接触、交叉,除将未参加化学反应的粉煤灰中的其他矿物黏结在一起外,还形成一个胶体加晶体的空间网络结构,这个坚固的空间网络是二灰混合料强度形成的结构原因。

2. 影响强度的因素

1)集料性质与组成

集料中含杂质过多会影响集料与二灰之间的黏结强度,从而降低混合料基层的强度。如果集料中细料过多,粗料偏少,势必造成集料不能形成一连续、完整的骨架。另外从二灰稳定类粒料形成的强度机理分析,二灰稳定类强度的薄弱点应该在集料与二灰结合料的结合面上,增加粗集料用量,减小集料比表面积,对强度的提高是有益的。再者,增加粗集料的用量,最大可能地避免集料中混入软弱集料和塑性材料。

2)石灰的品种、性质和剂量

各种化学组成的石灰均可用于加固稳定粒料,但白云石石灰的加固效果优于方解石石灰。石灰的等级越高,即活性 $CaO + MgO$ 的含量越高,加固效果就越好。石灰的细度越大,其比表面积越大,在相同剂量下与集料颗粒作用就越充分,反应的进展就越快,因而加固效果就越好。

生石灰和熟石灰加固集料的效果不同。由于生石灰在消解过程中可放出大量热能,利用生石灰加固粒料时,消解过程在粒料中进行,所放出的热量有利于石灰与粒料之间的相互作用。另外,刚消解的石灰呈胶状 $Ca(OH)_2$,其活性和溶解度均较高,能够保证石灰与粒料颗粒更好作用。因此,采用生石灰加固的效果要优于熟石灰。

石灰剂量的影响为:石灰稳定类粒料有一最大强度,此时的石灰剂量被称为最佳石灰剂量。最佳石灰剂量因粒料性质不同而异。

3)粉煤灰的活性

粉煤灰是热电厂排出的废渣,其本身并无胶凝性,但是在石灰中 $Ca(OH)_2$ 的作用下能够产生胶凝性,所以它是一种具有潜在活性的材料,其活性对二灰稳定类粒料基层强度有较大的影响。其活性主要取决于以下因素:

(1)活性氧化物的含量,通常用 $SiO_2 + Al_2O_3 + Fe_2O_3$ 总含量表示,其值越大,活性越高,抗压强度也越高。

(2)颗粒粗细程度。粉煤灰颗粒的粗细直接影响与石灰混合后反应生成物的数量,从而影响混合料的强度。粉煤灰的颗粒越细,比表面积愈大,其活性越高。

(3)含水量。粉煤灰中含水量太大时,容易产生黏结性并絮凝成团,这样,其活性会降低。

(4)含碳量(在 800～900℃ 温度下的烧失量)。粉煤灰中的含碳量过多也会影响其活性。

4)养生条件及龄期

二灰稳定类的强度是在一系列复杂的物理、化学反应过程中逐渐形成的,而这些反应过程需要一定的温度和湿度条件。试验证明,高温和一定的湿度对二灰稳定类强度的形成是有利的。这是因为温度高可使反应过程加快,一定的湿度为 $Ca(OH)_2$ 结晶和火山灰反应提供了必要的结晶水。试验还表明,湿度过大会影响二灰强度的形成,其原因是影响了新生物的胶凝与结晶硬化。

三、强度特性

(一)弯拉强度

由于无机结合料稳定材料的弯拉强度大大低于其抗压强度,在进行路面结构设计时,必须评价材料的弯拉强度。试验时一般按规定的方法制作梁试件,采用三分点加荷的方式进行弯拉试验,从而获取弯拉强度值。由于弯拉强度测试比较麻烦,通常采用直径 15cm、高 15cm 的圆柱体试件的劈裂强度来反映材料的抗弯拉强度。部分半刚性材料不同龄期的弯拉强度值列于表 2-2 中。

表 2-2　半刚性材料不同龄期的弯拉强度　　(单位:MPa)

混合料	28d 龄期		90d 龄期		180d 龄期	
	弯拉强度	劈裂强度	弯拉强度	劈裂强度	弯拉强度	劈裂强度
4.2%水泥砂砾	0.80	0.39	1.05	0.45	1.23	0.59
6%水泥碎石	0.84	0.41				
3:12:85 石灰粉煤灰矿渣		0.36	0.92	0.49		
4:8:88 石灰粉煤灰砂砾		0.19	0.89	0.45		0.56
5:15:80 石灰粉煤灰砂砾		0.21	0.83	0.40		
4:8:88 石灰粉煤灰碎石土		0.18	1.17	0.37		

(二)抗压强度

半刚性基层材料的抗压强度随着龄期的增长不断增大,水泥稳定碎石和二灰稳定碎石材料的抗压强度试验结果见表 2-3。

表 2-3　半刚性材料的抗压强度值　　(单位:MPa)

混合料	28d 龄期	90d 龄期	180d 龄期	$R_{c,28}/R_{c,90}$	$R_{c,90}/R_{c,180}$
水泥碎石	4.49	5.57	6.33	0.71	0.88
二灰碎石	3.10	5.75	8.36	0.37	0.69

四、应力—应变特性

半刚性材料的应力—应变曲线,随结合料性质和含量、稳定材料粒径和组成以及应力级位的不同呈现不同程度的非线性性状,可以用弹性模量或回弹模量表征,模量变动的范围很大。不同龄期抗压模量及回归规律见表 2-4。

表 2-4　不同龄期抗压模量及回归规律

材料名称	代号	不同龄期(d)的抗压模量值(MPa)				模量 $E_c = a\ln t + b$		
		7	28	90	180	a	b	R
水泥稳定碎石	A	674	1 014	1 377	1 428	244.7	207.4	0.989 9
水泥粉煤灰稳定碎石	B	554	860	1 432	1 557	333.0	140.7	0.985 9
二灰稳定碎石	C	220	543	997	1 430	667.4	288.6	0.980 3

由表 2-4 可以看出,其模量增长规律同强度增长规律基本一致。其原因是稳定类材料的模量取决于原材料本身的模量、反应生成物的模量及其组成结构形式等。初期由于反应刚进行,胶结料的形成不足以使混合料成为一整体,即混合料还处于松散状,此时早期模量主要由材料组成结构形式及原材料本身的模量决定,所以表现为很小;随着反应的进行,胶结物不断生成,使颗粒之间连接性和整体结构性逐步加强,所以表现为模量逐步

增大;往后,由于反应不断减弱,胶结物生成量也不断减少,模量增长趋于平稳。不同材料之间模量大小以及增长曲线不同主要是因为其结构状况不同、反应生成胶结物的速度不同等引起的。

五、疲劳特性

半刚性材料的疲劳特性可以由疲劳方程表征,疲劳方程普遍采用对数或者双对数形式,即:

$$\lg N = a_1 + b_1\left(\frac{\sigma}{S}\right)$$

或

$$\lg N = a_2 + b_2 \lg \frac{\sigma}{S} \tag{2-5}$$

式中 N——疲劳寿命;

σ——疲劳应力比;

a_1、b_1、a_2、b_2——疲劳参数,见表 2-5。

表 2-5 半刚性材料不同概率水平下疲劳方程中疲劳参数

概率水平	疲劳方程形式	系数	水泥碎石	二灰砂砾
50%	单对数	a_1	17.073	15.593 8
		b_1	−18.812 9	14.369 7
	双对数	a_2	7.746 8	—
		b_2	29.525 7	—
95%	单对数	a_1	15.403	14.599 6
		b_1	−15.812 9	14.063 1
	双对数	a_2	6.002 6	—
		b_2	29.525 9	—

在一定应力条件下,半刚性材料的疲劳寿命与材料的强度和刚度相关。强度越大,刚度越小,其疲劳寿命就越长。另外,还与材料不均匀性有关,不同的存活率能得出不同的疲劳方程。

六、抗冲刷性

在行车荷载反复作用下评价冲刷性的指标为单位时间的冲刷量。随时间延长冲刷量逐渐增加,试验表明,对于稳定粒料类,不同类型材料均是 5min 内冲刷量增加较快,而后逐渐减弱。这主要是由于冲刷初期稳定粒料类表面均含有一层细粒浆,当冲刷到一定程度时,粗集料起支承作用,从而使冲刷减弱。由此可以看出,为了定量评价不同半刚性材料的抗冲刷性,按 5min 内冲刷速率作为指标是合适的。对于稳定类材料,水泥类的抗冲刷性能最好,其次为二灰类,石灰类相对较差。

研究表明,对于水泥稳定类,存在一临界水泥剂量(约为 4%)。在此剂量以下,冲刷急剧增加;在此剂量以上,冲刷几乎相等。二灰稳定类情况也与此类似。细颗粒含量愈多,冲刷愈严重;粗颗粒含量愈多,抗冲刷性能愈好。

养生的方式和温度能影响抗冲刷性。养生温度低,冲刷量增加;养生温度高,冲刷量减少。养生期间的不同湿度对冲刷率所产生的影响更大。同一试件,在同温但不同湿度条件下,一组为100%湿度下养生7d,一组则烘干并养生7d,试验结果表明,前者的抗冲刷性要比后者好很多。

养生后进行冲刷试验前的浸水时间对冲刷率有很大的影响。两组试件,一组浸水2h,一组浸水4h,试验结果表明,冲刷率随浸水时间增加而增大。水泥剂量少时更明显。通常28d抗压强度愈大,抗冲刷性能也愈好。此外,增加附加荷载会使冲刷率增加。

七、收缩特性

半刚性基层材料收缩分为因含水量变化而造成的干燥收缩和因温度变化而造成的温度收缩两种。

(一)干燥收缩

干燥收缩是指半刚性基层材料因内部湿度变化(水分蒸发)而引起的体积收缩现象。描述材料干缩特性的指标主要有干缩应变、干缩系数、干缩量、失水量、失水率和平均干缩系数。

干燥收缩是由于水分的蒸发而发生的"毛细管张力作用"、"吸附水及分子间力作用"、矿物晶体或胶凝体的"层间水作用",以及"碳酸化脱水作用"而引起的整体宏观体积的变化。

把引起半刚性基层材料干燥收缩的三个主要作用过程的收缩力 P_i 与含水量 ω 之间的关系绘制成曲线,大致呈抛物线形状(见图2-13)。由图2-13可分析得出其干缩系数 α_d 的大致变化规律,亦为一近似抛物线的变化过程(见图2-14)。

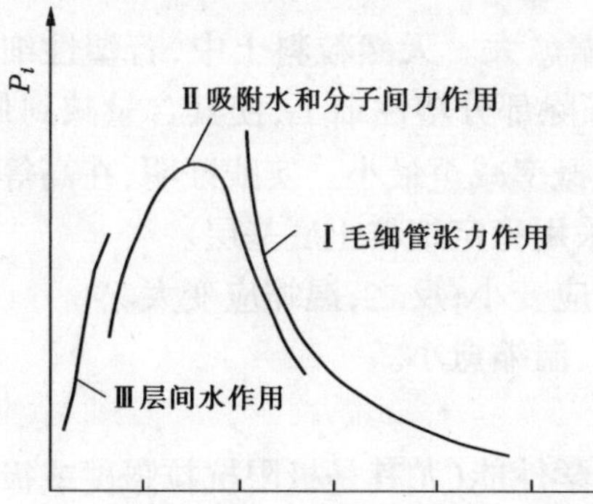

图2-13　收缩力与含水量关系

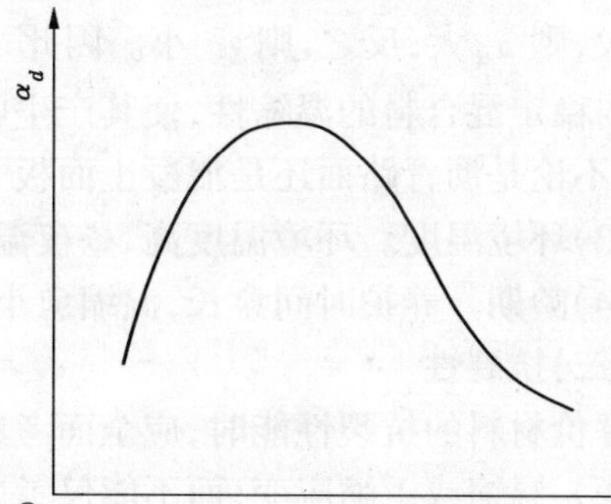

图2-14　干缩系数与含水量关系

半刚性基层材料的干缩系数主要取决于以下几个因素:

(1)结合料的矿物成分和分散度。含有较多黏土矿物和分散度大、比表面积大的材料有较大的干燥收缩性。

(2)养生龄期。龄期增加,胶结物不断滋生,致使空隙率下降,强度与刚度增大,从而导致干缩系数减小。

(3)集料含量。集料含量增多,可减少整体材料的空隙率、比表面积和含水量,从而可较大幅度地降低干燥收缩性。

在采用干缩性较小的半刚性材料作水泥混凝土路面的基层时,若控制好碾压时的含水量为最佳含水量,则在其上铺筑水泥混凝土路面面层板后,在混凝土路面板的“屏蔽”下,半刚性基层的含水量减少得较少,也就是其含水量基本上能保持在施工时的最佳含水量。因此,半刚性基层材料也就不会干燥到风干状态,半刚性基层材料的收缩也较小。

对稳定粒料类,三类半刚性材料的干缩特性的大小次序为石灰稳定类＞水泥稳定类＞石灰粉煤灰稳定类。

(二)温度收缩

半刚性基层材料是由固相(组成半刚性基层材料空间骨架结构的原材料的颗粒和其间的胶结构)、液相(存在于固相表面与空隙中的水和水溶液)和气相(存在于空隙中的气体)组成。所以,半刚性基层材料的外观胀缩性是其基本体的固、液、气相的不同温度收缩性的综合效应结果。一般气相大部分与大气贯通,在综合效应中影响较小,可以忽略。

温度收缩与固相颗粒的粒径有关,粒径大,温度收缩系数小;粒径小,温度收缩大。粒径越小,收缩系数越大。半刚性材料中胶结物各矿物有较大的温度收缩性。存在于半刚性材料内部的较大孔隙、毛细孔和胶凝孔中的水通过“扩张作用”、“毛细管张力作用”和“冰冻作用”三个作用过程,对半刚性材料的温度收缩性质产生极大的影响,使半刚性材料在干燥和饱水状态下有较小的温度收缩值,而在一般含水量下有较大的温度收缩值。

影响温度收缩性质的主要因素有含水量、集料或土的含量、土的矿物成分、环境温度和龄期等。

(1)含水量。含水量对半刚性材料的温缩系数 α_t 影响极大。饱水风干状态和干燥状态下的 α_t 值较小,在最佳含水量附近 α_t 值最大。

(2)集料或土的含量。集料含量愈多,温度收缩愈大。天然粒料土中,若塑性细粒土含量大,则 α_t 大;反之,则 α_t 小。因此,应尽可能筛除部分塑性细土,使其含量减到最小,以减弱稳定混合料的温缩性,使其产生收缩裂缝的概率减至最小。实践证明,在高等级公路中,不论是沥青路面还是混凝土面板下,均不宜采用稳定细粒土底基层。

(3)环境温度。环境温度高,昼夜温差小,温缩应变小;反之,温缩应变大。

(4)龄期。养护时间愈长,温缩愈小;龄期愈长,温缩愈小。

(三)抗裂性

评价材料的抗裂性能时,应全面考虑材料的力学性能(尤其是极限抗拉强度或极限抗拉应变)、温缩或干缩应变,而不能仅考虑温缩或干缩系数的大小。评价干缩性能时还需考虑其失水量。因为两种不同材料平均干缩系数可能相差不大,而由于各自含水量不同可能产生的干缩应变也就不相同。同样,评价温缩时,要考虑温度的变化情况。

半刚性基层材料在温度作用或失水作用下的开裂模式可以直观地理解为在温度作用或失水作用下产生的收缩应变超过了材料自身所能承受的最大拉应变。因此,采用材料的温缩系数或干缩系数与材料极限抗拉应变的比值来表征其抗裂性能,亦即用温缩抗裂系数 $[T]=\varepsilon_{max}/\alpha_t$($\varepsilon_{max}$ 表示材料的极限抗拉应变,α_t 表示材料的温缩系数)、干缩抗裂系数$[\omega]=\varepsilon_{max}/\alpha_d$（$\alpha_d$ 表示材料的干缩系数）来表征材料所能承受最大温差或湿差变化的范围。$[T]$值（或$[\omega]$值）反映了材料抗温度（或抗干燥）收缩的相对能力，其值越大，表明材料抗温度（抗干燥）收缩性能越好，反之亦然。

因此，在基层材料组成设计时，尽量设法降低材料的温缩系数和干缩系数，同时改善材料的柔韧性即设法提高 ε_{max}，从而使抗裂性能得到改善，耐久性得到提高。

八、冻稳定性

冻融循环作用下，半刚性基层材料强度逐渐下降，产生薄弱面甚至在薄弱面发生开裂破坏。因此，选择抗冻性能好的材料作基层在一定程度上可以延缓基层开裂破坏的产生。水泥稳定碎石、二灰稳定碎石的冻融试验结果如表 2-6 所示。

表 2-6　冻稳定性

材料名称	龄期(d)	未冻试件强度(MPa)	冻融后强度(MPa)	抗冻系数(%)
骨架密实型水泥稳定碎石(5:95)	7	2.37	4.03	170.04
	28	6.41	6.05	94.38
	90	10.47	9.53	91.02
密实悬浮型水泥稳定碎石(5:95)	7	1.87	2.39	127.81
	28	4.15	3.87	93.25
	90	6.78	5.67	83.63
	180	7.47	6.84	91.57
二灰碎石(6:12:82)	28	1.80	1.60	88.89
	90	5.08	3.39	66.73
二灰碎石(5:15:80)	28	2.60	2.41	92.69
	90	5.82	4.76	81.79
二灰碎石(4:16:80)	28	3.14	2.10	66.88
	90	6.91	4.99	72.21

产生冻融破坏有如下原因：

(1)液体膨胀压力。基层材料为多孔隙材料，这类材料受冻融循环作用时，其内部孔隙水冻胀产生的附加内应力将重复对材料的孔隙壁产生挤压破坏作用。

(2)渗透压力。由于毛细管中的水不是纯水，而是含有几种可溶性盐（大多数情况下是碱），当盐浓度增加时，冻结温度降低。因此，盐的浓度形成一个梯度。在基层材料孔隙中，溶液部分结冰时引起渗透压力。水结冰时，液体压力很高，产生很大的渗透压力，这可能是基层破坏的另一个原因。基于以上原理，冻融循环试验除了用于评定材料的抗冻性之外，也常用于评定有孔隙材料的耐久性。

第四节 刚性基层

一、概述

目前常用的刚性基层主要有贫混凝土基层和碾压混凝土基层。贫混凝土的组成与普通混凝土类似，由粗细级配集料与少量水泥和水拌和而成，有时也称经济混凝土，水泥用量一般为6%～10%（即120～250kg/m^3）。碾压混凝土是以级配集料和较低的水泥用量、用水量以及掺合料、外加剂等组成的超干硬性混凝土拌和物，经振动压路机等机械碾压密实而形成的一种混凝土。贫混凝土与碾压混凝土之间具有相同之处。碾压混凝土水泥用量变动的范围较大，当其水泥用量相对较低时，可看做是碾压式贫混凝土。而贫混凝土采用碾压方法成型时，则成为水泥用量较少的碾压混凝土。当水泥用量多时，碾压混凝土力学特性与普通混凝土类似，用量少时与贫混凝土相仿，因此本章重点讨论贫混凝土。

近20年来，世界上不少国家采用贫混凝土作为基层。例如英国、德国、澳大利亚等国家的高速公路混凝土路面多采用贫混凝土基层。法国自20世纪70年代中期以来，重交通道路几乎都采用贫混凝土基层。美国20个州的50条新干线高速公路和机场跑道基层使用了贫混凝土，并取得了满意的效果。我国亦有将贫混凝土用做基层的实践。黑龙江、广西、河北等省区对于重载交通的混凝土路面采用了贫混凝土基层。此外，一些省区和单位对于贫混凝土用做水泥混凝土路面基层进行了研究。

贫混凝土可按不同的标准分类。按空隙率不同，贫混凝土可分为密实贫混凝土和多孔贫混凝土，其中多孔贫混凝土空隙率较大，利于排水，可修筑排水基层；按是否掺加粉煤灰，贫混凝土可分为掺加粉煤灰的贫混凝土和不掺加粉煤灰的贫混凝土；按施工方法不同，贫混凝土可分为碾压式贫混凝土和振捣式贫混凝土。

贫混凝土基层具有如下优点：

(1)强度高。贫混凝土的强度介于普通水泥混凝土和水泥稳定碎石之间，随着水泥剂量的改变，其强度和弹性模量可在较大范围内调整。

(2)水稳性好、抗冲刷能力强。贫混凝土具有良好的水稳定性、抗冻性以及很强的抗冲刷能力，从而能有效防止唧泥、板底脱空和错台等病害的产生，延长水泥混凝土路面的使用寿命。

(3)抗疲劳性能好。贫混凝土具有比其他半刚性材料更优良的抗疲劳性能。它可以显著延长在路面板出现开裂情况下路面的使用寿命。

(4)便于施工。由于贫混凝土基层和水泥混凝土路面均使用完全相同的搅拌和摊铺设备，因此可以提高机械的利用率，提高基层的施工效率，正常情况下每天可施工800m左右。

贫混凝土正是由于上述显著的优点，适用于重交通及特重交通的高等级水泥混凝土路面。对年降雨量大，水危害严重的路段，可使用多孔贫混凝土基层。在排水设施不完善的旧混凝土路段，常发生唧泥、断板等路面病害，可用多孔混凝土来重新铺筑路肩。

二、强度形成机理及影响因素

(一)强度形成机理

贫混凝土与普通混凝土的宏观组织结构均呈堆聚状,由大小不同的集料颗粒和水泥浆硬化形成的水泥石组成。其力学性能主要取决于水泥石的性能、粗细集料的性能和含量,以及二者的相对体积含量和水泥石与集料之间的黏结性能。

贫混凝土的强度主要取决于水泥石的性质,而水泥石的性质则取决于水泥的性质、水泥用量和毛细空隙率。水泥用量越大,集料表面包裹的水泥浆越多,水泥浆硬化后形成的厚度越大,对应的贫混凝土强度越大。当然,这是对水灰比(W/C)适宜的情况而言。水灰比较大时,水泥浆在拌和物成型过程中会沿空隙下沉,引起上下分布不均,从而造成强度的不均匀。此外,当水灰比过大时,水泥石中的毛细空隙率会增大,水泥石的强度则会相应下降。贫混凝土的强度与集料性质和级配亦有相当密切的关系。在普通混凝土中水泥石的含量约占总体积的1/4,贫混凝土中其含量只有1/6～1/8。

贫混凝土的抗压强度主要取决于构成骨架的强度,抗弯拉强度则主要取决于水泥浆与集料界面的结合强度,而水泥浆与集料界面的结合强度取决于混凝土中集料的有效表面积与水泥浆对有效表面积的包裹程度。

由于集料颗粒的沉降作用,流动性混合料在浇筑过程中和凝结以前,很少能保持其稳定状态,普通混凝土宏观堆聚结构存在分层现象。混凝土沿着浇灌方向的宏观堆聚结构不均匀,其下部强度大于顶部,而表层会由于水分上移而形成最疏松和软弱的部分。图2-15为对小梁横断面切割所得到的不同贫混凝土和普通混凝土的集料堆聚图。

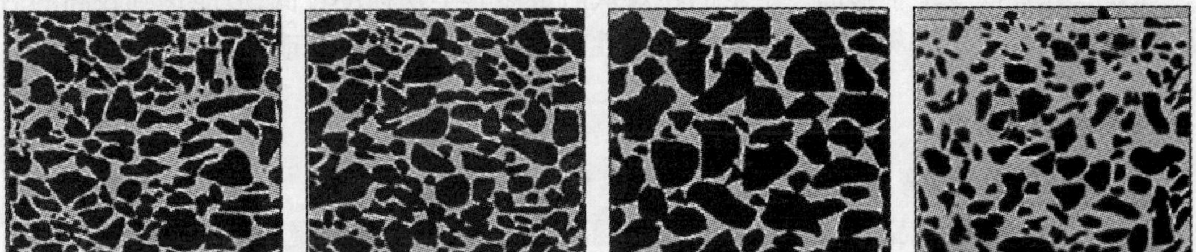

(a)振捣贫混凝土　(b)碾压贫混凝土　(c)多孔贫混凝土　(d)普通混凝土

图2-15　贫混凝土和普通混凝土宏观堆聚结构

由图2-15可见,贫混凝土中的集料含量远高于普通混凝土。普通混凝土试件呈现明显的分层现象,而三种贫混凝土由于集料的相互作用,基本没有分层现象的出现。普通混凝土是密实悬浮结构,粗细集料比例较小,水泥砂浆的比率较大,而贫混凝土都属于嵌锁结构。普通混凝土是靠水泥浆胶结粗细集料而获得强度的三相混合物,水泥胶结料的多少关系到其性能的优劣;贫混凝土的水泥用量少而集料用量多,平均分布于集料表面上的单位水泥浆用量明显小于普通混凝土,因此其力学性能要劣于普通混凝土。

振捣贫混凝土与碾压贫混凝土在结构上比较相似,但是振捣贫混凝土水泥浆含量略高于碾压贫混凝土。它在结构上略微偏向于集料悬浮结构,而且由图2-15(a)发现,粗细集料的分布很不均匀,这与自身水泥浆含量高和成型时振捣作用有关。因此,振捣贫混凝土易产生离析,强度变异较大。碾压贫混凝土属于密实型的骨架嵌锁结构,粗细集料间相互嵌锁紧密,且分布比较均匀。多孔贫混凝土属于大空隙的骨架嵌锁结构,细集料和砂的含量较少,主要靠粗集料之间的相互嵌挤形成强度。

(二)影响强度的因素

1.水泥用量

水泥用量对贫混凝土的强度影响很大,随着水泥用量的增加,振捣贫混凝土和碾压贫混凝土的抗折强度和抗压强度均能得到提高。

因此,在条件允许时,适当增加水泥用量可以有效提高贫混凝土的强度和相应模量,但是水泥用量也是有一定限度的,这不仅是经济上的原因,更重要的是减小贫混凝土的收缩,减少其开裂。

2.配合比影响

在相同的水泥用量情况下,碾压贫混凝土的强度较振捣贫混凝土高,表面上看可能是试件成形工艺的不同,但关键是两种贫混凝土的级配不同。碾压贫混凝土的碎石含量高于振捣贫混凝土,较容易在材料内部形成粗集料的骨架结构,形成有效的嵌挤。而振捣贫混凝土的水泥用量虽高于碾压贫混凝土,但由于贫混凝土的水泥用量相对较少,形成的水泥浆强度较小,且其骨架结构又不优于碾压贫混凝土,因此强度较小。

3.掺加粉煤灰

掺加粉煤灰的贫混凝土的抗压强度和抗弯拉强度随龄期的增长幅度较不掺加粉煤灰的贫混凝土者要高,因此掺加粉煤灰是非常有利的。掺入的粉煤灰有一最佳含量,有研究认为其最佳含量在30%左右。

因此,在贫混凝土中掺加一定量的粉煤灰后虽然其早期强度较低,但能达到较高的后期强度,而且掺加粉煤灰后贫混凝土的路用性能如收缩等也可得以改善,还能降低造价。

三、强度特性

(一)抗压强度与弯拉强度

在贫混凝土基层混凝土路面结构中,同混凝土面层一样,贫混凝土基层在荷载作用下处于弯曲工作状态,故以弯拉强度为设计指标。贫混凝土的弯拉强度试验方法同普通混凝土。同时可建立抗压强度与弯拉强度的关系,从而通过抗压强度预测贫混凝土的弯拉强度。

根据28d抗压、弯拉强度试验结果,可建立贫混凝土的抗压强度与弯拉强度关系:

$$f_r = 0.4747 f_c^{0.658} \quad (r = 0.911) \tag{2-6}$$

多孔贫混凝土的抗压强度与弯拉强度关系如式(2-7)。

$$f_r = 0.5033 f_c^{0.7012} \quad (r = 0.9367) \tag{2-7}$$

式中 f_r——弯拉强度,MPa;

f_c——抗压强度,MPa;

r——相关系数。

(二)弯拉强度与劈裂强度

贫混凝土基层的设计强度为弯拉强度,但在施工检测及验收时,难以从贫混凝土板中取出梁试样，而常通过钻取芯样测定劈裂强度，将其换算成弯拉强度。

通过室内试验，建立贫混凝土弯拉强度（f_r）和立方体试件劈裂强度（f_p）的幂指数关系式(2-8)。

$$f_r = 1.897 f_p^{0.658} \quad (r = 0.884) \tag{2-8}$$

四、应力—应变特性

相对于弹性模量来说，贫混凝土的强度测试相对容易一些。因此，通过建立强度与模量的关系，由强度推求模量值，这是工程中常用的方法。

(一)贫混凝土的弯拉弹性模量

贫混凝土的弯拉弹性模量采用梁试件三分点加荷，测定50%极限荷载处的割线模量，用跨中挠度公式反算求得。不同类型贫混凝土的弯拉弹性模量 E_r（GPa）和弯拉强度 f_r（MPa）之间的回归关系式为：

$$E_r = A f_r^B \tag{2-9}$$

式中　A、B——回归系数，见表2-7。

表2-7　不同类型贫混凝土的回归系数

贫混凝土类型	回归系数 A	回归系数 B	相关系数 r
振捣贫混凝土	1.589	0.453	0.870
振捣掺粉煤灰贫混凝土	1.233	0.606	0.961
碾压贫混凝土	1.799	0.458	0.910
碾压掺粉煤灰贫混凝土	1.364	0.535	0.916
多孔贫混凝土	1.185 8	0.464 9	0.849

(二)抗压弹性模量

贫混凝土抗压弹性模量 E_c（GPa）和抗压强度 f_c（MPa）之间的数值关系，由试验结果回归分析，得到式(2-10)所示的幂指数关系。

$$E_c = 0.427 f_c^{0.660} \quad (r = 0.903) \tag{2-10}$$

根据式(2-10)可算出水泥剂量在7%～8%之间的常用贫混凝土的抗压强度与抗压弹性模量的关系，以便使用，见表2-8。

表2-8　常用贫混凝土的抗压强度与抗压弹性模量的关系

抗压强度(MPa)	5.0	6.0	10.0	15.0	20.0
抗压弹性模量(GPa)	12.4	13.9	19.5	25.5	30.8

多孔贫混凝土抗压弹性模量与抗压强度的关系如式(2-11)。

$$E_c = 0.685 f_c^{0.623} \quad (r = 0.992) \tag{2-11}$$

(三)动弹性模量(E_D)与静弹性模量(E_S)

国外除了研究贫混凝土的静弹性模量外，还重视动弹性模量，因为动弹性模量不仅更符合结构设计的要求，还可以用来确定混凝土在受冻融作用下的受损程度，评价其耐久性能。动弹性模量一般采用纵向振动试验或电测法测得。

贫混凝土的动弹性模量高于静弹性模量，一般为静弹性模量的 1.2 ～1.6 倍，主要受测量方法的影响。美国的贫混凝土动弹性模量高达 35 000MPa。英国 TRRL 研究认为，二者之间的关系为 $E_D = 7/6 \times E_S$。

五、疲劳特性

目前，国外对于贫混凝土的疲劳性能研究比较多，但大多采用的是单对数疲劳方程。Robert G Packard 推荐的贫混凝土疲劳方程为：

$$S = 1.182\,5 - 0.077\,5\lg N \tag{2-12}$$

TRRL 的贫混凝土疲劳方程为：

$$S = 1.128\,9 - 0.075\,7\lg N \tag{2-13}$$

国内长安大学采用混凝土疲劳试验的方法进行疲劳试验，并按混凝土疲劳方程的建立方法，统计分析得出如下两种形式的疲劳方程：

$$\lg S = \lg A - B\,(1 - R)\lg N \tag{2-14}$$

$$\lg \frac{S(1-R)}{1-SR} = \lg a - b\lg N \tag{2-15}$$

式中　S——应力水平；

R——低高应力比，即 $R = \sigma_{\min}/\sigma_{\max}$；

$\sigma_{\max}$——反复应力最大值，MPa；

$\sigma_{\min}$——反复应力最小值，MPa；

N——疲劳寿命；

A、B、a、b——回归系数，见表 2-9。

表 2-9　不同失效概率时疲劳方程中的回归系数

失效概率	0.05	0.10	0.15	0.20	0.25	0.30	0.35	0.40	0.45	0.50
A	0.849 2	0.911 2	0.963 8	1.012 7	1.059 7	1.105 9	1.151 3	1.196 5	1.240 8	1.284 4
B	0.013 7	0.038 3	0.043 4	0.047 8	0.051 7	0.055 2	0.058 4	0.061 4	0.064 0	0.066 4
a	0.835 4	0.908 5	0.970 3	1.027 8	1.083 2	1.137 6	1.191 8	1.245 7	1.299 3	1.352 7
b	0.033 2	0.390 8	0.044 8	0.049 1	0.053 0	0.056 4	0.059 6	0.062 6	0.065 3	0.066 7

贫混凝土疲劳寿命的变异性很大，其原因很多：一方面是由于制件不均匀、材料不均匀或搬运过程中的震动破损引起的；另一方面是因为疲劳试验过程当中无法进行保湿。当疲劳寿命较长时，试件干燥脱水，会使其强度提高。而造成疲劳寿命变异性的主要因素有加载频率和强度的确定，但可通过增加静载测试试件的数量、选用较低频率、反算极限强度和测试动态强度来解决。

六、抗冲刷性

法国道路当局利用旋转和振动台做了大量的冲刷试验，山西省交通科学研究院也采用喷刷做了贫混凝土和其他半刚性基层材料的抗冲刷试验,结果见表 2-10。表中数据表明,基层材料的抗冲刷性能以贫混凝土最佳。

表 2-10　不同材料抗冲刷试验结果

材料类型	抗压强度(MPa)	冲刷磨损率(kg/(h·m²))
二灰碎石	1.3	60.1
振捣式贫混凝土	9.2	25.9
碾压式贫混凝土	20.0	34.5

大量试验研究表明,材料的磨损率与强度无太大的关系,而与混合料中细料的含量有关,细料含量愈多,冲刷愈严重。冲刷损失随水泥剂量的增加而减小,但是存在一约 4% 的临界水泥用量,低于此用量,贫混凝土的冲刷损失会急剧增加,而超过 8% 以后,贫混凝土的冲刷损失基本不再变化。因此,不需要过高的水泥用量。冲刷损失量在含水量增大时会急剧增加,而且随着冲刷时间的延长也会增加。所以,基层冲刷会随着车辆荷载和交通量的增加而加大。因此,在缺少路面有效排水设施和存在施工缺陷的路段,基层冲刷是不可避免的。多孔贫混凝土的抗冲刷能力最好,强度为 9MPa 的多孔混凝土,其冲刷磨损率与强度为 62MPa 的面层混凝土的冲刷磨损率几乎相当。而二灰碎石的冲刷磨损率是密实贫混凝土冲刷磨损率的 2～3 倍,是多孔贫混凝土冲刷磨损率的 17～54 倍。

七、收缩特性

(一)干缩

贫混凝土基层是暴露面积较大的混凝土工程,会发生施工完成初期的塑性收缩、终凝后的干燥收缩、自生收缩和大气中 CO_2 引起的碳酸化收缩。贫混凝土的干缩系数小于普通混凝土,尤其是龄期 180d 时。180d 的碾压贫混凝土的干缩系数只有普通混凝土的 57.4%。贫混凝土中掺加优质粉煤灰可以降低其干缩系数,一般可降低 10%左右。这是因为掺入粉煤灰后,粉煤灰可以吸收水泥水化产生的 $Ca(OH)_2$,减弱贫混凝土的碳酸化作用,同时减少了碳酸化所产生的收缩。

各种贫混凝土的干缩系数的增长规律是相似的,即初期相对较快,28d 以后基本上保持比较低的增长水平。而普通水泥混凝土的干缩系数不仅初期增长较快,一直到 90d 时都呈指数增长,直到 180d 后才趋缓。振捣贫混凝土的干缩系数大于碾压贫混凝土。振捣贫混凝土的 28d 干缩系数达到 180d 的 70%,明显高于碾压贫混凝土的 56%。这是因为在混凝土组分中,水泥浆是产生干缩现象的主要因素,碾压贫混凝土中的水泥浆含量较少,水化反应速度慢于振捣贫混凝土,而且其用水量较少,水分损失和由干燥引起的体积变化也相对较小。

推荐贫混凝土的干缩系数以 180d 为标准值,振捣式贫混凝土为 $270\times10^{-6}\sim290\times10^{-6}$,碾压式贫混凝土为 $230\times10^{-6}\sim250\times10^{-6}$。

(二)温缩

含水量对贫混凝土的温缩系数的影响非常显著,尤其是在负温度条件下。饱水状态下的贫混凝土温缩系数对温度变化是十分敏感的,−10～5℃范围时温缩系数有较大幅度的降低，小于 -10℃时随着温度的降低温缩系数逐渐增大，大于 5℃时随着温度的上升温缩系数逐渐增大。而在气干状态下，温缩系数的变化比较平缓，即对温度的敏感性不大。

除了含水量之外，影响水泥混凝土收缩性能的主要因素还有水泥含量和集料类型。对于贫混凝土而言，由于水泥用量相对较少，集料用量多，因而水泥用量对温缩的影响比较小，集料的影响却更加明显。在环境湿度变化不大的情况下，集料的温缩系数决定着贫混凝土的温缩系数。在常用集料中，石灰岩的温缩系数最小，其次是玄武岩、花岗岩、石英岩。因此，建议贫混凝土集料尽量选用温缩系数小的石灰岩。

八、稳定性

(一)水稳定性

贫混凝土具有良好的水稳定性，且强度不随饱水时间的增长而降低。各种不同基层材料的水稳定性试验结果见表 2-11。

表 2-11 不同基层材料水稳定性试验结果

材料类型	水泥稳定碎石	二灰碎石	贫混凝土
强度损失率(%)	5.0	2.0	-5.0
质量增加率(%)	1.5	0.7	1.0

由表 2-11 可见，各种材料浸水后都会由于吸水而质量增加。半刚性材料浸水后抗压强度会有不同程度的降低，而贫混凝土的强度有所提高，这是因为贫混凝土在存在充足水分的条件下会继续进行水化反应。

(二)冻稳定性

随着水泥用量的增大及龄期的增长，贫混凝土的抗冻性能也增强；随着掺入粉煤灰剂量的增加，贫混凝土的抗冻性能逐渐减弱。贫混凝土的抗冻性能远大于其他半刚性基层，如表 2-12 所示。

表 2-12 冻融循环试验结果

材料类型	水泥稳定碎石	二灰碎石	贫混凝土
强度损失率(%)	50.0	34.3	16.0
质量增加率(%)	2.0	1.8	0.6

参 考 文 献

[1] 公路水泥混凝土路面设计规范(JTG D40—2002).北京：人民交通出版社，2003
[2] 公路路面基层施工技术规范.北京：人民交通出版社，2000
[3] 邓学均.路基路面工程.北京：人民交通出版社，2000
[4] 姚祖康.水泥混凝土路面设计理论和方法.北京：人民交通出版社，2003
[5] 孙德栋，彭波.沥青路面设计与施工技术.郑州：黄河水利出版社，2003

[6] 王秉纲,郑木莲.水泥混凝土路面设计与施工.北京:人民交通出版社,2004
[7] 高晓飞.水泥混凝土路面基层特性研究:[硕士学位论文].长安大学,2000
[8] 蒋应军.水泥稳定碎石基层收缩裂缝防治技术研究:[硕士学位论文].长安大学,2001
[9] 董新品.浅谈贫混凝土基层的性能和配合比设计.山西交通科技, 2002(5)
[10] 谭华.贫混凝土基层性能的研究及应用前景分析.广西交通科技,2000(12)
[11] 徐江萍,等.贫混凝土基层材料强度与龄期关系.长安大学学报,2004(5)
[12] 赵炜诚.重载作用下贫混凝土基层混凝土路面设计方法初步研究:[博士学位论文].同济大学,2003
[13] 于文,刘春燕,陈明亮.贫混凝土基层的路用性能及施工工艺.黑龙江交通科技,2002(8)
[14] 赵炜诚,许志鸿. 粉煤灰贫混凝土的疲劳性能研究.同济大学学报,2004(4)
[15] 刘伟.贫混凝土基层混凝土路面结构设计研究:[硕士学位论文].长安大学,2003
[16] 仰建岗.贫混凝土基层沥青路面结构分析与设计研究:[硕士学位论文].长安大学,2003
[17] 郑木莲.多孔混凝土排水基层研究:[博士学位论文].长安大学,2004
[18] 张登良.沥青路面.北京:人民交通出版社,1998

第三章 水泥混凝土面层特性

水泥混凝土面层作为路面结构的主体，是直接同行车和大气相接触的表面层次，承受着行车荷载和自然环境因素的双重考验。为了满足路面的使用要求，面层水泥混凝土材料应具有强度高、弹性模量低、收缩变形小、抗磨耗、耐冰冻、抗渗等特性。本章就这些与结构分析和路面设计有关的材料性质展开分析。

第一节 面层混凝土的强度特性

水泥混凝土路面主要依靠面层承受行车荷载的作用，因此面层混凝土的强度是决定路面结构承载力和使用寿命或者确定面层所需厚度的关键因素。同时，混凝土强度与耐磨性、抗冻性、抗渗性等性能有着密切关系。例如，混凝土的强度愈高，通常其刚度愈大，不透水性愈强，抵抗风化和某些侵蚀介质的能力也愈高，但与此同时，往往干缩也较大，且较脆、易裂。因此，如何保证混凝土的强度成为路面设计和修筑时首要考虑的问题。本节在分析影响混凝土强度的有关因素的基础上，讨论各种强度指标值之间的经验转换关系，阐述混凝土的强度特性。

一、混凝土强度

强度是混凝土硬化后的主要力学性能。混凝土强度按混凝土力学性能试验方法可分为立方体抗压强度、棱柱体抗压强度、劈裂抗拉强度、弯拉强度、剪切强度和黏结强度等。

水泥混凝土抗压强度高，但其体积稳定性差、抗拉强度低。其弯拉强度远低于抗压强度，混凝土面层在轮载作用下，当弯拉应力超过混凝土极限弯拉强度时，混凝土板即发生断裂，且在轮载的反复作用下，混凝土面层在低于其极限弯拉强度时出现疲劳破坏。此外，由于面层顶面和底面的温差会产生温度翘曲应力，面层的平面尺寸越大，翘曲应力也越大。为使路面能承受轮载的重复作用，抵抗温度翘曲应力反复作用，并对地基变形有较强的适应能力，混凝土面层应有足够的弯拉强度和厚度。基于此，道路工程不采用土建工程中习惯采用的抗压强度来评定混凝土的强度性能，而采用弯拉强度来表征混凝土的强度，从而更好地同路面的受力状况相匹配。但是，混凝土面层施工质量的检验和现有混凝土面层强度的评定，由于弯拉强度试验仍较为复杂，通常对钻芯取样试件进行劈裂试验确定其间接弯拉强度。因此，对混凝土路面来说，不同于其他土建工程，它更多地采用弯拉强度和劈裂强度来评定混凝土的强度性能。

（一）抗压强度

一般工程结构采用抗压强度作为评价混凝土力学性能的指标。由于抗压试件尺寸较小，抗压强度试验方法简单，路面工程中通常将其作为设计施工的参考指标。此外，混凝土的抗压强度是影响混凝土耐磨性的重要因素，随着抗压强度的提高，混凝土的耐磨性增强。因此,可以将抗压强度作为间接评价混凝土耐磨性的指标。

混凝土的抗压强度试件,有采用立方体的(中国、欧洲等),标准尺寸为20cm×20cm×20cm,也有采用圆柱体的(美国等),标准尺寸为 ϕ15cm×h30cm。立方体试件的抗压强度一般比圆柱体试件的大10%~15%。立方体试件尺寸减小时,强度值也下降:15cm正方体时降低5%,10cm正方体时降低10%。而圆柱体试件的尺寸减小时,强度值提高:ϕ7.5cm×h15cm时提高8%,ϕ5cm×h10cm时提高6%。圆柱体试件的形状改为直径与高度相同(即1:1)时,强度值可提高15%。

(二)弯拉强度

混凝土路面设计中,由于面层板承受行车荷载和温度荷载的共同作用,面层底面所产生的弯拉应力和混凝土的弯拉强度确定了面层所需要的厚度。因此,采用弯拉强度试验确定的弯拉强度能更好地同路面受力状况相匹配。

弯拉强度试验采用梁式试件,试件的标准尺寸为15cm×15cm×55cm。截面尺寸减小为10cm ×10cm×40cm时,其测定值乘以0.85的转化系数,作为标准试件的强度。标准弯拉强度试验采用三分点加荷方式,以往采用的中点加荷,其测定值一般比三分点加荷大15%~20%。

现行水泥混凝土路面设计规范中,水泥混凝土的设计弯拉强度标准值为28d龄期的弯拉强度。当混凝土浇筑90d内不开放交通时,可采用90d龄期的弯拉强度,约为28d强度的1.15倍。

(三)劈裂强度

在混凝土面层施工质量检验和现有混凝土面层评定时,直接进行弯拉强度试验有一定困难。通常采用钻芯方式取出圆柱形试件,试件直径随钻芯直径而定,一般为10cm或15cm,试件高度为面层厚度。利用芯样进行劈裂试验,确定其劈裂强度,并根据劈裂强度与弯拉强度的经验关系式预估弯拉强度。

(四)抗拉强度

混凝土的抗拉强度通常采用直接拉伸试验和间接拉伸试验测得。直接拉伸试验时,棱柱体试件在两端固定,施加拉力至试件破坏,破坏荷载除以截面面积即得抗拉强度。但是,混凝土的直接拉伸试验难以做得准确,因为试件很不容易夹紧,试件与作用荷载易产生偏心,且有较大的试验误差,因此拉伸试验不是一种标准试验方法,很少使用。我国国家标准和各部的技术规程均规定采用劈裂抗拉试验间接确定混凝土的抗拉强度。在实验室进行劈裂抗拉试验一般采用15cm×15cm×15cm立方体试件,置于上、下垫条之间,保持轴向受力方向,连续而均匀地加荷直至立方体试件破坏。

混凝土的抗拉强度在普通混凝土路面中未予应用,而在连续配筋混凝土路面的设计时,采用混凝土的极限抗拉强度指标确定面层内纵向钢筋的配筋率。

二、混凝土强度的影响因素

(一)微结构

要了解影响水泥混凝土强度的因素,首先必须了解硬化后混凝土的内部结构。从内因出发更利于问题的理解和解决。

1. 组成

混凝土是一种非匀质的颗粒型复合材料，从宏观上看，混凝土是由相互胶结的各种不同形状大小的颗粒堆聚而成的，见图 3-1(a)。但如果深入观察其内部结构，则会发现它是具有三相(固相、液相和气相)的多微孔结构。

从图 3-1(a)中的 A 放大得到的图 3-1(b)中可见，硬化混凝土是由粗、细集料和硬化水泥浆组成的，而硬化水泥浆由水泥水化物、未水化水泥颗粒、自由水、气孔等组成，并且在集料表面及集料与硬化水泥浆体之间也存在孔隙及裂缝等。

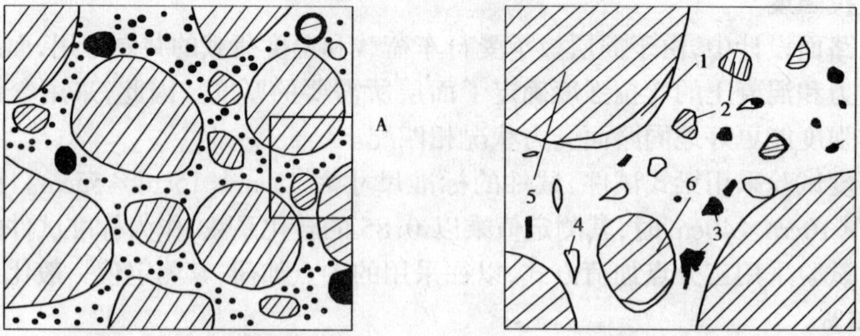

(a)水泥混凝土的宏观结构　　(b)局部区域A放大后的结构

图 3-1　水泥混凝土结构

1—水膜；2—水泥；3—水化物；4—气泡；5—石子；6—砂

2. 过渡层

通过显微镜观察到，在混凝土内从粗集料表面至硬化水泥浆体有一厚度为 20～100μm 的区域范围，通常称为过渡层。在这一区域层内，材料的化学成分、结构状态与区外浆体有所不同。在过渡层内富集有 $Ca(OH)_2$ 晶体，且水灰比高、孔隙率大，因此过渡层结构比较疏松，密度小，强度低，从而在石子表面积和硬化水泥浆之间形成一弱接触层，对混凝土强度和抗渗性都很不利。

3. 界面微裂缝

混凝土硬化后，在受力前，其内部已存在大量肉眼看不到的原始裂缝，其中以界面(石子与硬化水泥浆的黏结面)微裂缝为主。这些微裂缝是由于水泥浆在硬化过程中产生的体积变化(如化学减缩、湿胀、干缩等)与粗集料体积变化不一致而形成的。另外，由于混凝土成型后的泌水作用，在粗集料下方形成水隙，待混凝土硬化后，水分蒸发，也形成界面微裂缝。以上这些界面微裂缝分布于粗集料与硬化水泥浆的黏结面处，对混凝土强度影响极大。

(二)影响强度的因素

混凝土的破坏情况有三种：一是集料破坏，多见于高强混凝土；二是水泥石破坏，这种情形在低强度混凝土中并不多见，因为配制混凝土的水泥标号大于混凝土的强度等级；三是粗集料与水泥石的黏结界面破坏，这是最常见的破坏形式。所以，混凝土强度主要决定于水泥石强度及其与粗集料的黏结强度。而水泥石强度及其与粗集料的黏结强度又与水泥强度、水灰比、集料性质、浆集比等有密切关系，此外，还受到施工质量(包括配料、拌和、运输、浇筑、捣实和修饰)、养生条件及试验条件的影响。

1. 组成材料

材料组成是影响混凝土强度的内因,主要取决于组成材料的质量及其在混凝土中的比例。水泥混凝土可看做是粗集料分布于水泥砂浆基材中和砂分布于水泥浆体基材中的多层次多相复合材料。混凝土的强度取决于集料的强度、浆体的强度和粗集料—浆体界面(或称过渡区)的黏结强度。天然集料通常致密坚硬,其强度高于浆体的强度及粗集料—浆体界面的黏结强度。因此,破坏往往发生在浆体内或粗集料—浆体界面上。界面微裂缝的存在使界面成为混凝土最薄弱的区域,其黏结强度常低于浆体和集料的强度。粗集料与浆体的黏结强度随水灰比的降低和水泥强度的增加而增加,并随水泥混凝土捣实程度的增加(气孔减少)而增加。

1)水泥浆体

水泥混凝土的强度主要取决于其内部起胶结作用的水泥石的质量,水泥石的质量则取决于水泥的特性和水灰比。水泥是混凝土中的活性组分,其强度的大小直接影响着混凝土强度的高低。在配合比相同的条件下,所用的水泥强度等级越高,制成的混凝土强度也越高。当用同一种水泥(品种及强度等级相同)时,水泥混凝土的强度主要决定于水灰比,因为水泥水化时所需的结合水一般只占水泥质量的24%左右,但在拌制混凝土拌和物时,为了获得必要的流动性,常需用较多的水(一般占水泥质量的40%～70%),也即较大的水灰比。当混凝土硬化后,多余的水分就残留在混凝土中,形成水泡或蒸发后形成气孔,大大地减少了混凝土抵抗荷载的实际有效面积,而且可能在孔隙周围产生应力集中。因此,在水泥强度等级相同的情况下,水灰比愈小,水泥石的强度愈高,与集料黏结力也愈大,混凝土的强度愈高。但应说明,如果加水太少(水灰比太小),拌和物过于干硬,在一定的捣实成型条件下,无法保证浇灌质量,混凝土中将出现较多的蜂窝、孔洞,强度反而会下降。

事实上,控制水泥浆体强度的主要因素是毛细空隙率,也即水泥水化产物的固体(凝胶)体积占其有效空间的比例。但是,毛细空隙率很难测定,它在很大程度上取决于水与水泥的质量比,即水灰比(W/C)。随着水灰比的增大,毛细空隙率增大,水泥浆体及粗集料—浆体界面的强度就会下降。因此,在实践中要设法建立混凝土强度与水灰比的经验关系,通过规定水灰比来控制或保证达到所要求的强度。

早在1919年,美国人Abrams就在大量室内试验的基础上提出了水灰比定则,即充分压实的混凝土的抗压强度(f_c)与水灰比(W/C)之间存在如下关系:

$$f_c = k_1 k_2^{-(W/C)} \tag{3-1}$$

式中　k_1、k_2——试验常数。

后来,1925年挪威人Lyse提出灰水比定则,认为混凝土的抗压强度(f_c)与灰水比(C/W)的关系可用直线关系来表示,即:

$$f_c = a \cdot C/W + b \tag{3-2}$$

式中　a、b——试验常数。

1930年瑞士人Bolomey进一步提出了混凝土抗压强度与水泥强度f_{ce}和灰水比

(C/W)之间存在如下线性关系：

$$f_c = Af_{ce}(C/W - B) \quad (3\text{-}3)$$

式中　A、B——试验常数。

我国根据大量的试验资料统计结果，提出了灰水比(C/W)、水泥强度(f_{ce})与混凝土28d立方体抗压强度$(f_{cu,28})$的关系公式：

$$f_{cu,28} = Af_{ce}(C/W - B) \quad (3\text{-}4)$$

这一关系式在我国混凝土配合比设计中得到了广泛的应用。在大量试验结果和使用经验的基础上，统计出碎石混凝土的$A=0.46$、$B=0.52$，卵石混凝土的$A=0.48$、$B=0.61$。

混凝土强度公式的建立，使混凝土设计成为可能。该公式具有以下两方面的作用：首先，当已知所用水泥强度和水灰比时，可用此公式估算混凝土28d可能达到的抗压强度值；其次，当已知所用水泥强度及要求的混凝土强度时，用此公式可估算应采用的水灰比值。因此，混凝土强度公式在工程中广为采用。但这一经验公式一般只适用于流动性混凝土和低流动性混凝土，对干硬性混凝土则不适用。同时对流动性混凝土来说，也只是在原材料相同、工艺措施相同的条件下A、B才可视为常数；如果原材料变了，或工艺条件变了，则A、B值也随之改变。因此，必须结合工地的具体条件，如施工方法及材料的质量等，进行不同的混凝土强度试验，求出符合当地实际情况的A、B值，这样既能保证混凝土的质量，又能取得较好的经济效果。

2）集料

集料，特别是粗集料的强度、粒形及粒径对混凝土强度都有影响。集料的强度不同，使混凝土的破坏机理有所差别，如集料强度大于水泥石强度，则混凝土强度由界面强度及水泥石强度所支配，在此情况下，集料强度对混凝土强度几乎没有什么影响；如集料强度低于水泥石强度，则集料强度与混凝土强度有关，会使混凝土强度下降。但过强过硬的集料可能在混凝土因温度或湿度变化发生体积变化时，使水泥石受到较大的应力而开裂，对混凝土的强度并不有利。

集料粒形以接近球形或立方形者为好，若使用扁平或细长颗粒，就会给施工带来不利影响，增加了混凝土的空隙率，扩大了混凝土中集料的表面积，增加了混凝土的薄弱环节，导致混凝土强度的降低。

适当采用较大粒径的集料对混凝土强度有利，但如采用最大粒径过大的集料则会降低混凝土的强度。因为过大的颗粒减少了集料的比表面积，黏结强度比较小，这就使混凝土强度降低；过大的集料颗粒对限制水泥石收缩而产生的应力也较大，从而使水泥开裂或使水泥石与集料界面产生微裂缝，降低了黏结强度，导致混凝土后期强度的衰减。

3）水泥浆用量

水泥浆用量由强度、耐久性、和易性、成本几方面因素确定，选择时须兼顾。当水泥浆用量不够时，将会导致混凝土、砂浆黏聚力差，施工时易出现离析，硬化后混凝土强度低，耐久性差，耐磨性差，易起粉、翻砂；同时，当水泥浆用量不够时，集料间的水泥浆润滑不够，施工流动性差，混凝土、砂浆难以成型密实。但是，若水泥浆用量过多，则会导致混凝土或砂浆硬化后收缩增大，由此引起干缩裂缝增多，同时导致水泥石结构疏松、耐侵蚀性差，成为混凝土中的薄弱环节。

2. 养生条件

由于水泥混凝土的强度是依靠水泥水化产生的水化产物的胶结作用提供的，因此水泥混凝土成型后必须有适当的时间和条件，让水泥进行充分的水化。对于采用相同的配合比和施工方法的混凝土，其力学强度主要取决于成型后的养护温度、湿度和龄期。

1）温度的影响

温度对混凝土早期强度的影响尤为显著，一般情况下，在温度4～40℃范围内，养护温度提高可以促进水泥的溶解、水化和硬化，使水泥早期强度提高。

不同品种的水泥对温度有不同的适应性，因此需要有不同的养护温度。对于硅酸盐水泥和普通水泥，若早期养护温度过高（40℃以上），水泥水化速度加快，生成的大量水化物聚集在未水化水泥颗粒周围，妨碍水泥进一步水化，使此后的水化速度减慢，而且这些快速生成的水化产物结晶粗大，孔隙率高，因此对混凝土后期强度增长不利。对于掺大量混合材的水泥（如矿渣水泥、火山灰水泥、粉煤灰水泥等），因有一个二次水化反应的问题，提高养护温度不但有利于早期水泥水化，而且对混凝土后期强度增长有利。

养护温度过低，混凝土强度发展缓慢，当温度降至0℃以下时，水化反应停止，混凝土强度不但停止发展，还会因毛细孔中的水结冰引起体积膨胀（约9%），而对孔壁产生相当大的冰晶压力，使混凝土内部结构遭破坏，导致混凝土已获得的强度受到损失。混凝土早期强度低，更容易冻坏，所以应当特别防止混凝土早期受冻。实践证明，混凝土冻结时间愈早，强度损失愈大，所以在冬季施工时要特别注意保温养护，而且混凝土在化冻后强度虽会继续增长，但比未冻过的混凝土强度要低。

2）湿度的影响

周围环境的湿度对水泥的水化作用能否正常进行有显著影响。湿度适当，水泥水化作用便能顺利进行，使混凝土强度得到充分发展。如果湿度不够，混凝土会失水干燥而影响水泥水化作用的正常进行，甚至停止水化。因为水泥水化只能在被水填充的毛细管内发生，而且混凝土中大量自由水在水泥水化过程中逐渐被产生的凝胶所吸附，内部供水化反应的水则愈来愈少。这不仅严重降低混凝土的强度，而且因水化作用未能完成，使混凝土结构疏松，渗水性增大，或形成干缩裂缝，从而影响耐久性。

所以，为了使混凝土正常硬化，必须在成型后一定时间内维持周围环境有一定温度和湿度。混凝土在自然条件下养护，称为自然养护。自然养护的温度随气温变化，为保持潮湿状态，在混凝土凝结以后，表面应覆盖草袋等物并不断浇水，这样也同时能防止其发生不正常的收缩。

3）龄期的影响

混凝土在正常养护条件下，其强度将随着龄期的增加而增长。最初7～14d内，强度增长较快，28d以后增长缓慢。但龄期延续很久其强度仍有所增长。强度随龄期的增长速率与混凝土的水灰比有关，水灰比越小，强度增长越快，也与环境温度有关，冷天的增长速率低于热天。实践中，通常采用28d龄期的强度作为混凝土的标准强度。7d龄期的强度一般为28d龄期强度的70%左右，而60d和90d龄期的强度分别为28d龄期强度的110%和115%左右。在潮湿环境下，20年以上龄期的混凝土强度可比28d强度增加

30%～40%。不同龄期混凝土强度的增长情况如图 3-2 所示。因此,在一定条件下养护的混凝土,可根据其早期强度大致地估计 28d 的强度。

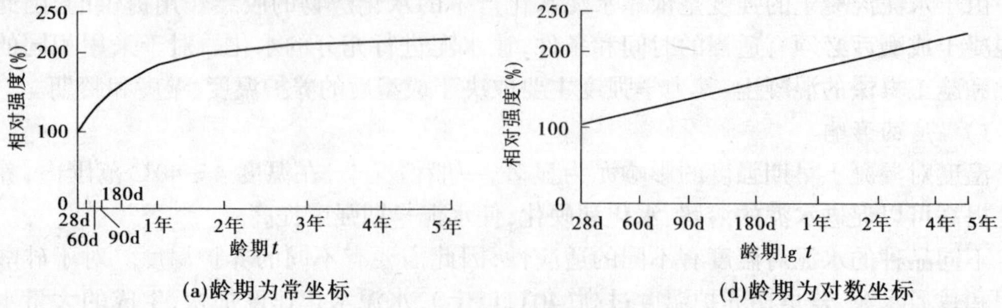

图 3-2 水泥混凝土强度随时间的增长

普通水泥制成的混凝土,在标准条件养护下,混凝土强度与龄期的对数成正比关系(龄期不小于 3d):

$$f_n = f_{28}\,\frac{\lg n}{\lg 28} \tag{3-5}$$

式中 f_n——nd 龄期混凝土的抗压强度,MPa;

f_{28}——28d 龄期混凝土的抗压强度,MPa;

n——养护龄期,d,$n \geqslant 3$。

根据式(3-5)可由一已知龄期的混凝土强度,估算另一个龄期的强度。但影响水泥混凝土强度的因素很多,强度发展不可能一致,故此式也只能作为参考。

Zhao 建议采用下式估计不同龄期的混凝土强度:

$$f'_{ct} = f'_{c28}\,\frac{t^{0.75}}{a + bt^{0.75}} \tag{3-6}$$

式中 f'_{c28}——28d 龄期的圆柱体抗压强度,MPa;

f'_{ct}——td 龄期的圆柱体抗压强度,MPa;

a、b——常数,对于普通水泥混凝土,$a=2.8$,$b=0.77$。

4)混凝土的成熟度

在混凝土养护过程中,所经历的时间和温度的乘积的总和,称为混凝土的成熟度(N),也称做度时积,单位为小时·度(h·℃)或天·度(d·℃)。混凝土的强度与成熟度之间的关系很复杂,它不仅取决于水泥的性质和混凝土的质量(强度等级),而且与养护温度和养护湿度有关。当混凝土的初始温度在某一范围内,并且在所经历的时间内不发生干燥失水的情况下,混凝土的强度和成熟度的对数呈线性关系。这是比用自然龄期(n)更合理的建立混凝土强度函数的基本参数。在混凝土工程中,利用成熟度来控制混凝土的养护、脱模、切缝等工序的时间,具有非常实际的意义。

三、各种强度之间的关系

混凝土的抗压强度和抗拉强度密切相关。抗压强度大时,其抗拉强度也大;反之,则相应减小。然而,影响强度的各项因素对抗压强度和抗拉强度有不同程度的效用。例如,抗拉强度对养生条件要比抗压强度敏感，因而空气养护时抗拉强度的降低大于抗压强度；捣实不充分或加气对抗压强度的影响要大于对抗拉强度的影响；抗拉强度随龄期的增长不如抗压强度快等。因此，抗压强度与抗拉强度之间无固定的比例关系式。然而，为了工程上应用方便，许多研究者进行了大量的试验研究以建立经验关系式。

(一)劈裂强度 f'_{sp} 与圆柱体抗压强度 f'_c 的关系

混凝土的抗拉强度要比抗压强度低得多。直接抗拉强度一般为圆柱体抗压强度的7%～11%。劈裂强度略大于直接抗拉强度，一般为圆柱体抗压强度的8%～14%。

根据现有的低强、中强和高强混凝土的抗压和抗劈裂试验数据，许多研究者都采用下述形式的经验公式，以预估混凝土的平均强度(抗压或抗劈裂)：

$$f'_{sp} = A(f'_c)^n \text{ (MPa)} \tag{3-7}$$

式中　f'_c——圆柱体抗压强度，MPa；

f'_{sp}——劈裂强度，MPa；

A、n——试验回归常数，不同研究者提出的常数值，见表3-1。

表3-1　劈裂强度 f'_{sp}(MPa)与圆柱体抗压强度 f'_c(MPa)经验关系式中的常数

编号	A	n	提出者	适用范围
1	0.498	0.50	ACI—318—83 或—89	不适用于 f'_c>42MPa 的高强混凝土
2	0.614	0.50	ACI—363—84	
3	0.462	0.55	Ahmad 等	适用于低、中、高强混凝土(f'_c≤84MPa)
4	0.205	0.79	Oluokun 等	适用于早龄期混凝土(7<f'_c<60MPa)
5	0.31	0.69	Gardner 等	0<f'_c<70MPa
6	0.33	2/3	CEB	—

将表3-1中各关系式绘示于图3-3，以资比较。

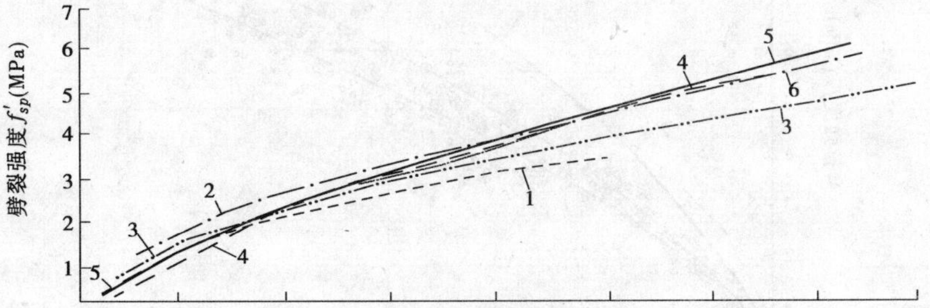

图3-3　劈裂强度 f'_{sp} 与圆柱体抗压强度 f'_c 的关系

1—ACI—318；2—ACI—363；3—Ahmad；4—Oluokun；5—Gardner；6—CEB

可以看出，ACI—318和ACI—363两式(编号1和编号2)相应为其他各关系式的下限和上限。Ahmad等的关系式(编号3)在高强混凝土时预估的劈裂强度值偏低，而其余

3条曲线则比较接近。据此,可以推荐采用CEB的关系式(或者Gardner等的关系式)以预估混凝土的平均劈裂强度,也即:

$$f'_{sp}=0.33(f'_c)^{2/3} \tag{3-8}$$

(二)弯拉强度 f_r 与圆柱体抗压强度 f'_c 的关系

弯拉强度比劈裂强度大,后者为前者的65%～70%。因此,弯拉强度占圆柱抗压强度的比例要比劈裂强度大,为11%～23%。弯拉强度与圆柱体抗压强度的经验关系式通常采用式(3-9)的形式:

$$f'_r=A(f'_c)^n \quad (\text{MPa}) \tag{3-9}$$

美国混凝土学会(ACI)建议的关系式,仍采用 $n=0.5$,其 A 值列于表3-2。

表3-2 弯拉强度 f_r(MPa)与圆柱体抗压强度 f'_c(MPa)关系式中的常数

编号	A	n	提出者	适用范围
1	0.623	0.50	ACI—318—83或—89	适用于 $f'_c\leqslant$42MPa的混凝土
2	0.972	0.50	ACI—363—84	
3	0.438	2/3	Ahmad等(平均值)	适用于低、中、高强混凝土($f'_c\leqslant$84MPa)
4	0.381	2/3	Ahmad等(下限)	
5	0.443	0.71	交通部公路科学研究所等	适用于立方体抗压强度 $f_c<$50MPa的混凝土

Wood对室内持续湿养和室外养生的混凝土试件进行弯拉强度和抗压强度测定的结果,点绘于图3-4中。图中也绘示了ACI的两个关系式。由图可以看出,ACI—318—83(或—89)关系曲线为Wood试验结果的下限,而ACI—363—84关系曲线为其上限,并且偏高较多。

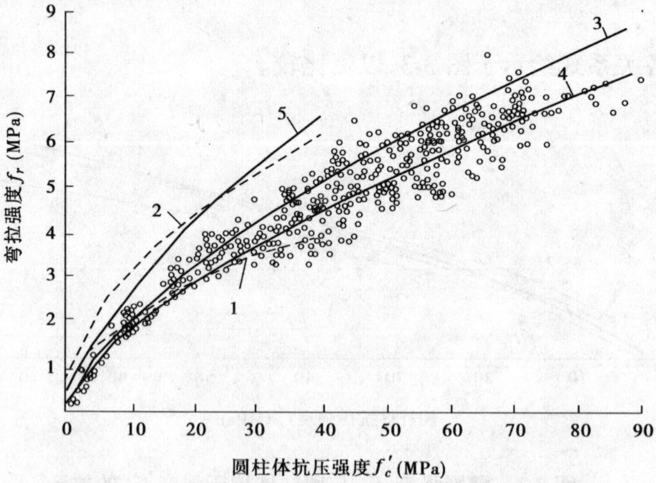

图3-4 弯拉强度 f_r 与圆柱体抗压强度 f'_c 的关系

1—ACI—318;2—ACI—363;3—Ahmad平均值;
4—Ahmad下限;5—交通部公路研究所等

Ahmad 等认为 ACI 关系式不适用于 $f'_c > 42\text{MPa}$ 的高强混凝土，他们根据高、中、低强混凝土试验结果建立了关系式，其常数列于表 3-2 中，曲线绘于图 3-4 中。表 3-2 中编号 3 和图 3-4 中曲线 3 为弯拉强度—抗压强度关系的均值，表 3-2 中编号 4 及图 3-4 中曲线 4 则为弯拉强度—抗压强度关系的下限。与 Wood 的试验结果相比，Ahmad 关系式的下限略低于 Wood 的下限，而其均值则高于 Wood 的均值。

交通部公路科学研究所等单位对 306 组碎石和卵石混凝土的弯拉强度和立方体抗压强度的测定数据进行了统计分析，整理出了下述经验关系式：

$$f_r = 0.443 f_c^{0.71} \quad (\text{MPa}) \tag{3-10}$$

$$(n = 306, R = 0.861, S_r = 0.53\text{MPa}, c_v = 11.7\%)$$

式中　f_c——立方体抗压强度，MPa。

如果按立方体抗压强度比圆柱体抗压强度大 15% 的假设，将上述关系式转换为圆柱体抗压强度的关系式，并点绘在图 3-4 中（曲线 5），则可从它与其他关系曲线的比较中看出，关系式(3-10)处于 Wood 试验结果的下限，接近于 ACI—363—84 关系式。因此，它用于由抗压强度预估弯拉强度时，会得出偏高的弯拉强度值，而在用于由弯拉强度预估抗压强度时会得出偏低的抗压强度值。

根据上述试验结果，建议在预估弯拉强度时采用 Ahmad 的下限关系式常数（编号 4），而在预估抗压强度时采用 Ahmad 的均值关系式常数（编号 3）。

（三）弯拉强度 f_r 与劈裂强度 f'_{sp} 的关系

混凝土路面以弯拉强度为设计指标，而路面混凝土的强度评定通常都采用钻芯法测定圆柱体试件的劈裂强度。为了便于同设计值进行比较，需要建立弯拉强度与劈裂强度之间的关系。不同研究者得到的经验关系式列于表 3-3 中。

表 3-3　弯拉强度 f_r 与劈裂强度 f'_{sp} 的关系

编号	关系式	提出者	备注
1	$f_r = 0.993 f'^{1.22}_{sp}$ $(n = 48, R = 0.87, S_r = 0.687)$	Walker 等	不同集料最大粒径的混凝土
2	$f_r = 1.639 + 1.028 f'_{sp}$ $(n = 16, R = 0.998, S_r = 0.812)$	Narrow 等	两种集料的混凝土
3	$f_r = 1.58 + 1.04 f'_{sp}$ $(n = 37, R = 0.97, S_r = 0.544)$	Evillle	碎石和卵石混凝土
4	$f_r = 1.868 f'^{0.871}_{sp}$ $(n = 204, R = 0.82)$	江苏省交通厅工程管理局和中国民航机场设计研究所等单位	对于石灰岩、花岗岩碎石混凝土
	$f_r = 3.037 f'^{0.423}_{sp}$ $(n = 29, R = 0.87, S_r = 0.463)$		对于玄武岩碎石混凝土
5	$f_r = 2.64 + 0.621 f'_{sp}$ $(n = 114, R = 0.66)$	空军工程设计研究局	机场旧混凝土道面碎石和卵石混凝土

表3-3中各经验关系式差别较大,需根据试验情况合理选择。有条件时,应根据试验重新建立混凝土弯拉强度与劈裂强度的经验关系式。由于两者的关系对于控制和检验混凝土路面的施工质量具有重要的作用,有必要进一步进行试验研究。

第二节　面层混凝土的变形特性

混凝土的变形包括弹性变形、收缩变形和徐变变形。面层混凝土材料的弹性变形特性主要由弹性模量表征。但弹性模量的试验测定费时,且不易测准。收缩和徐变同样是混凝土变形的重要部分。收缩能使混凝土产生内应力,导致路面结构发生变形,甚至裂缝,从而降低其强度、刚度和耐久性。徐变是一种不可恢复的塑性变形,反映面层混凝土的长期变形特性。由于影响弹性模量的因素与影响强度的因素相同,设计时常利用经验关系,由混凝土的强度推测其弹性模量。本节讨论各种强度—模量经验关系式,并比较其适用性,此外还讨论收缩变形、徐变变形的成因、影响因素及措施。

一、混凝土的应力—应变关系

混凝土是一种多相复合材料。混凝土的应力—应变性状是各种组成相(集料、浆体)应力—应变性状的组合。集料和浆体的应力—应变关系虽然都是线性的,但其弹性模量相差很大。集料的弹性模量很高,一般为70~140GPa,而浆体的弹性模量则在7~28GPa范围内变动。在同一应力级位的作用下,集料和浆体会产生不同的应变量。一方面有可能导致集料—浆体界面出现微裂缝,降低界面的黏结强度,使混凝土的弹性模量降为1.4~4.2GPa;另一方面促使混凝土成为非完全弹性体,其应力—应变曲线呈现非线性。

混凝土在受压时的应力—应变性状,可按混凝土中微裂缝随应力级位而发展的过程分为四个阶段。当应力级位低于极限荷载的30%时,在集料—浆体界面可能已出现微裂缝,但由于应力级位很低,微裂缝处于很稳定的状态,应力—应变曲线呈现直线性状;当应力级位大于极限荷载的30%时,界面微裂缝缓慢扩展,应力—应变曲线开始偏离直线;当应力级位超过极限荷载的50%时,在浆体内出现微裂缝,应变增长速率开始加快;当应力级位超过极限荷载的75%时,界面微裂缝变为不稳定状态,浆体内的微裂缝迅速发展成网,应变增长速率大大高于应力增加;仅当应力级位在极限荷载的30%以内时,混凝土的应力—应变性状可当做是线性的,或者在应力级位低于极限荷载的50%时可近似当做是线性的。

(一)弹性变形和弹性模量

弹性变形是指当荷载施加于材料立即出现、荷载卸除后立即消失的变形。

由于混凝土应力—应变性状的非线性,表征其弹性特性的弹性模量便有多种定义(见图3-5):

(1)初始切线模量——应力—应变曲线起始点处的切线模量。通常由动态测定方法得到的相应于小瞬时应变的动弹性模量,可近似当做初始切线模量。

(2)切线模量——应力—应变曲线上任一点的斜率。

(3)割线模量——由应力—应变曲线的原点到曲线上任一点(相应于某一应力级位)

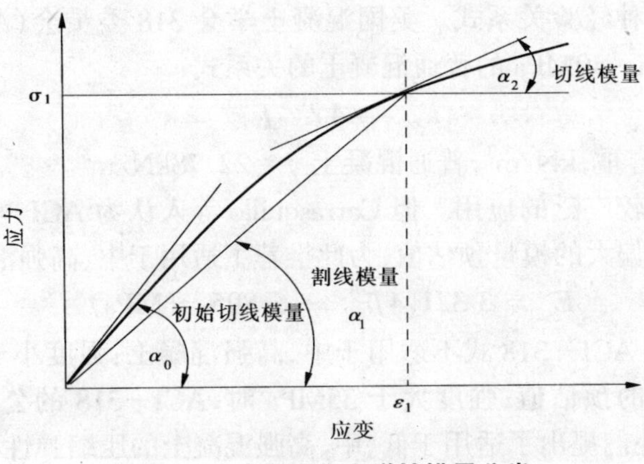

图 3-5　水泥混凝土弹性模量分类

之间的斜率。由于混凝土内存在的微裂缝在初始应力作用下出现闭合,曲线的初始段常呈现较大的变形(凹形),因而割线模量不易定准。

弹性模量是混凝土路面设计的一项设计参数,用以计算路面在荷载作用下的应力和确定温度变形受阻时面层所产生的应力。因此,混凝土的弹性模量及其测定值会影响到路面设计的结果及其合理性。

影响混凝土强度的因素也影响到弹性模量。例如,随着水灰比的增加,混凝土的强度下降,其弹性模量也相应降低。混凝土的强度随着龄期和养护条件而变化,其弹性模量也随龄期而增长,并且空气中养护的混凝土的弹性模量值要低于湿养和室外养护的。弹性模量随龄期的增长可参考由试验结果建立的下述经验关系式:

$$\begin{cases} E_{c,t} = E_{c,28}(0.52 + 0.151\ \lg t) & (t \leqslant 28) \\ E_{c,t} = 1.019E_{c,28} & (t > 28) \end{cases} \tag{3-11}$$

式中　$E_{c,t}$、$E_{c,28}$——td 和 28d 的弹性模量。

随着试验时加荷速率的降低,混凝土弹性模量测定值与强度测定值相似,也相应降低。然而,混合料的弹性模量还同集料的弹性模量有关:集料越致密,其弹性模量越高,则混凝土的弹性模量也越大。因此,砾石混凝土的弹性模量大于碎石混凝土的,最大粒径大和粗集料比例高的混凝土,其弹性模量也高。

混凝土的弹性模量可以采用圆柱体试件进行压缩试验或者采用小梁试件进行弯曲试验后计算确定,前者为压缩弹性模量,后者为弯拉弹性模量。一般工程均采用压缩弹性模量,而路面由于承受弯曲作用而宜采用弯拉弹性模量。弯拉弹性模量一般接近或略低于压缩弹性模量。此外,还可采用振动或超声波脉冲方法测定混凝土的动弹性模量。由于应变很小,动弹性模量要比静弹性模量大 15%～30%。

(二)弹性模量与强度的关系

弹性模量的试验测定较费时,而由于应变量或挠度量小,测定结果不易准确。而弹性模量和强度之间,由于影响因素大致相同,可望建立较好的相关关系。因此,工程上常利用所建立的经验关系式,由混凝土的强度推测其弹性模量。

1. 压缩弹性模量 E_c 与抗压强度 f'_c 的关系

国外许多研究者通过大量试验提出混凝土压缩弹性模量 E_c 与圆柱体抗压强度 f'_c

和混凝土容重γ的各种经验关系式。美国混凝土学会318委员会(ACI—318)提出了适用于抗压强度为2.76~40MPa的普通混凝土的关系式：

$$E_c = 44\gamma^{1.5} f'^{0.5}_c \tag{3-12}$$

式中　γ——混凝土容重，kN/m³，普通混凝土$\gamma = 22.78$kN/m³。

这一关系式得到较广泛的应用。但Carrasquillo等人认为ACI—318的公式用于中、高强混凝土时会得出偏大的模量预估值，为此推荐了适用于中、高强混凝土的预估公式：

$$E_c = 3\,321.4 f'^{0.5}_c + 6.895 \quad (\text{MPa}) \tag{3-13}$$

Ahmad等也发现ACI—318式不适用于中、高强混凝土：强度小于35MPa时，ACI—318的公式得出偏低的预估值；强度大于35MPa时，ACI—318的公式得出偏高的预估值。依据试验数据，他们提出了适用于低、中、高强混凝土的压缩弹性模量预估值关系式：

$$E_c = 3.55\gamma^{2.5} f'^{0.325}_c \quad (\text{MPa}) \tag{3-14}$$

Oluokun等人对低龄期混凝土的试验结果也证实了Ahmad等人的结论：对于普通混凝土，ACI—318的公式的预估值偏低18.74%；对于中、高强混凝土，ACI—318的公式的预估值偏高9.41%。他们所推荐的关系式为：

$$E_c = 42.38\gamma^{1.5} f^{0.5}_c \quad (\text{MPa}) \tag{3-15}$$

图3-6绘示了容重$\gamma = 22.78$kN/m³的普通混凝土的上述各经验关系曲线，以资比较。可以看出，f'_c在25~50MPa范围内时，各关系式的模量预估值相差不太大，为2~3 GPa。

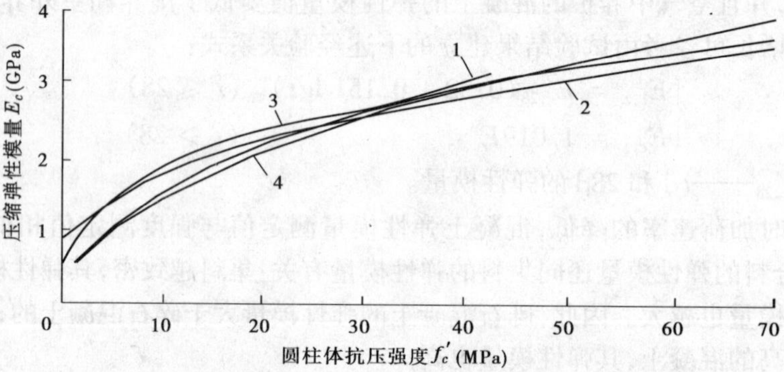

图3-6　压缩弹性模量E_c与圆柱体抗压强度f'_c的关系

1—ACI—318；2—Carrasquillo等；3—Ahmad等；4—Oluokun等

2. 弯拉弹性模量E_r与弯拉强度f_r的关系

混凝土路面采用弯拉强度和弯拉弹性模量作为设计指标。为了建立弯拉弹性模量同弯拉强度的经验关系式，我国各有关单位在20世纪80年代进行了大规模的试验。交通部第二公路勘察设计院最先提出了采用挠度法测定的弯拉弹性模量E_r同弯拉强度f_r的经验关系式：

$$E_r = \frac{10\,000 f_r}{0.596 + 0.127 f_r} \quad (\text{MPa}) \tag{3-16}$$

而后，空军工程设计局对旧混凝土道面的锯切小梁采用应变法测定弯拉弹性模量，并同弯拉强度建立了经验关系式：

$$E_r = \frac{10\,000 f_r}{0.96 + 0.091 f_r} \tag{3-17}$$

同时，又对碎石和砾石混凝土采用挠度法测定了弯拉弹性模量，得到的模量值与上式预估结果相近。随后，江苏省公路管理局等单位对花岗岩碎石、石灰岩碎石和碎、砾石混凝土采用挠度法测定弯拉弹性模量，提出了不同形式的经验关系式：

$$E_r = A f_r^n \quad (\text{MPa}) \tag{3-18}$$

式中　A、n——回归系数，见表 3-4。

表 3-4　不同混凝土的回归系数

回归系数	花岗石碎石混凝土	石灰岩碎石混凝土	碎、砾石混凝土
A	1.703	2.412	1.437
n	0.30	0.16	0.46

我国公路设计规范选用了式(3-18)的预估值作为设计模量值，具体数值见表 3-5。

表 3-5　设计弯拉弹性模量 E_r 参考值

弯拉强度 f_r(MPa)	1.0	1.5	2.0	2.5	3.0	3.5	4.0	4.5	5.0	5.5
弯拉弹性模量(GPa)	10	15	18	21	23	25	27	29	31	33

二、混凝土的徐变

在恒定荷载的长期作用下，混凝土的塑性变形随时间的延长而不断增加，这种变形称为徐变，也称为蠕变，一般要延续 2～3 年才趋向稳定。徐变是一种不可恢复的塑性变形，几乎所有的材料都有不同程度的徐变。金属及天然石材等材料在常温及荷载下徐变不显著，可以忽略。而混凝土因徐变较大，且受拉、受压、受弯时都会产生徐变，所以不可忽略，在结构设计时，必须予以考虑。

图 3-7 所示为混凝土的徐变曲线。当混凝土受荷后立即产生瞬时变形，瞬时变形的大小与荷载成正比。随着荷载持续时间的增长，逐渐产生徐变变形，徐变变形的大小不仅与荷载大小有关，而且与荷载作用时间有关。徐变初期变形增长较快，以后逐渐减慢，经 2～3 年后渐行停止。混凝土的徐变变形为瞬时变形的 2～3 倍，一般可达$(3\sim15)\times10^{-4}$，即 0.3～1.5mm/m。混凝土在长期荷载作用一段时间后，如卸掉荷载，则一部分变形可以瞬间恢复，而另一部分变形可以在几天内逐渐恢复，此称为徐变恢复，最后留下来的是大部分不可恢复的残余变形，称为永久变形。混凝土的徐变，一般认为是水泥石凝胶体在长期荷载作用下的黏性流动，并向毛细孔中移动，同时吸附在凝胶粒子上的吸附水因荷载应力而向毛细孔迁移渗透的结果。

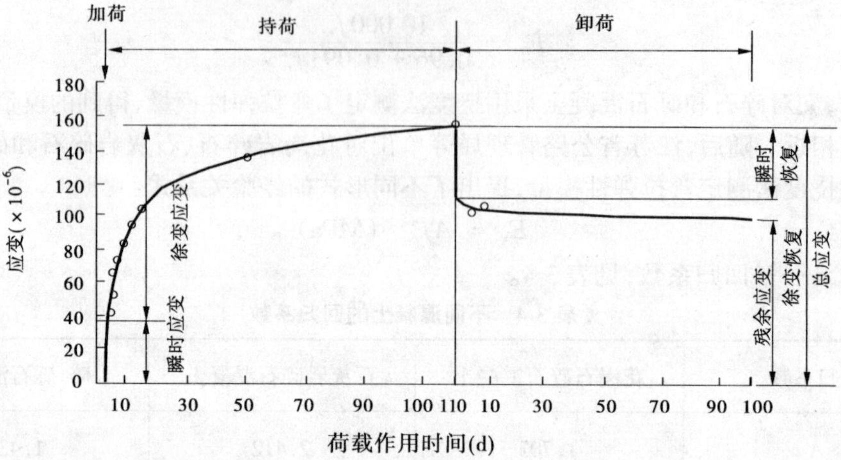

图 3-7 混凝土的变形与荷载作用时间的关系曲线

从水泥凝结硬化过程可知，随着水泥的逐渐水化，新的凝胶体逐渐填充毛细孔，使毛细孔的相对体积逐渐减小。在加荷初期或水泥硬化初期，由于未填满的毛细孔较多，凝胶体的移动较易，故徐变增长较快。以后由于内部移动和水化的进展，毛细孔逐渐减小，徐变速度因而愈来愈慢。

混凝土的最终徐变值受荷载大小及持续时间、材料组成(如水泥用量及水灰比等)、混凝土受荷龄期、环境条件(温度和湿度)等许多因素的影响。混凝土的水灰比较小或混凝土在水中养护时，同龄期的水泥石中未填满的孔隙较少，故徐变较小。水灰比相同的混凝土，其水泥用量愈多，即水泥石相对含量愈大，其徐变愈大。混凝土所用集料弹性模量较大时，徐变较小。此外，徐变与混凝土的弹性模量也有密切关系，一般弹性模量大者，徐变小。

三、混凝土的收缩变形

收缩是混凝土材料因为物理和化学作用所产生的体积缩小的总称。收缩能使混凝土产生内应力，导致路面结构发生变形，甚至裂缝，从而降低其强度和刚度。此外，收缩还能使混凝土内部产生微裂缝，破坏混凝土的微结构，降低混凝土的耐久性。

收缩按其产生原因可分为塑性收缩、化学收缩、物理收缩、碳化收缩四类。在工程应用中，通常是测定以干缩为主的总收缩值。

影响混凝土收缩的因素大致可分为组成材料的品种、质量、级配等内因与介质温度、湿度、约束钢筋等外因，后者影响比前者更大些。

要减少混凝土的收缩，可采取下列措施：①正确设计密级配集料，并提高集浆比，使集料在混凝土中形成密实骨架；②采用弹性模量较高的岩石所轧制的集料；③在混凝土配比中除了采用较低的单位用水量和低的水灰比外，应重视水泥品种，选用 C_4AF 含量较高者；④正确选用外加剂，不掺加氯盐早强剂；⑤采用蒸养或蒸压养护。

第三节　面层混凝土的疲劳特性

水泥混凝土面层承受行车荷载及温度和湿度变化所产生的应力的反复作用,材料在承受此反复应力作用时,会在低于静载一次作用下的极限弯拉强度值时出现破坏。材料这种强度的降低现象称做疲劳。混凝土出现疲劳损坏,是由于材料内部存在瑕疵或微裂缝,荷载作用下在该处发生应力集中而超出其强度,从而出现新的微裂缝或使已有裂缝扩展。应力的反复作用使微裂缝逐步增多和扩展,不断减少有效的应力承受面积,终于在反复作用一定次数后导致混凝土的开裂破坏。

混凝土出现疲劳损坏时所能经受的反复应力重复作用次数称做混凝土的疲劳寿命。疲劳寿命随反复应力的增大而减小。不同疲劳寿命时混凝土能承受的反复应力大小称做混凝土的疲劳强度。研究混凝土疲劳特性的目的主要是:了解影响混凝土疲劳特性的因素,以便采取措施提高其疲劳寿命;探求反复应力同混凝土疲劳寿命之间的定量关系,也即建立混凝土的疲劳方程,以便估计混凝土路面的疲劳寿命。

一、疲劳方程

混凝土疲劳特性的研究,大多是在实验室内进行的。通过对混凝土试件施加固定变化幅度的反复应力(压缩、拉伸或弯曲)测定试件出现断裂破坏时的反复应力作用次数,由此建立不同反复应力级位同相应的疲劳寿命之间的经验关系。通常都以反复应力最大值同该试件在一次荷载作用下的极限弯拉强度的比值(简称应力比,S)来表示反复应力级位,这时它同疲劳寿命之间可以建立较有规律的经验统计关系式。许多研究者进行过大量的疲劳试验,他们大多采用下述半对数形式的关系式来整理其试验结果,通常在 $N=10^2\sim10^7$ 次范围内得出线性疲劳方程:

$$S=\frac{\sigma_{\max}}{f_r}=\alpha-\beta\lg N \tag{3-19}$$

式中　$\sigma_{\max}$——反复应力最大值;

f_r——混凝土的极限弯拉强度;

α、β——疲劳试验确定的回归系数。

Darter 在汇总了 Kesler、Raithby 和 Galloway 以及 Ballingen 等人的梁试件弯拉疲劳试验结果后,整理得出了失效概率为 50%时的回归系数为 $\alpha=1.0$、$\beta=0.056\,8$。而比利时的 Veverka 等得出的试验结果为 $\alpha=1.0$、$\beta=0.05$。图 3-8 中绘示了上述疲劳曲线,其中还包括其他研究者的一些疲劳试验结果,以资比较。

二、低应力水平的疲劳方程

式(3-19)所示的疲劳方程是在低应力保持不变(等于或接近于 0)而施加不同级位高应力的反复加荷情况下得到的。混凝土面层承受行车荷载和温度两方面的反复作用。行车荷载不作用时,面层会受到幅度变化的温度应力的反复作用,它构成了混凝土所承受的反复应力的低应力,而同时作用有行车荷载时,则面层承受荷载和温度的综合反复作用,

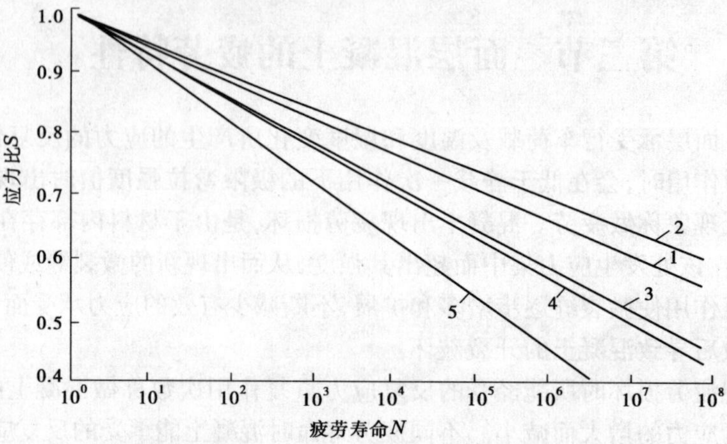

图 3-8　混凝土的弯曲疲劳曲线(失效概率为 50%)

1—Darter;2—Veverka 等;3—Tepfers 等($R=1$);4—石小平等($R=1$);5—Farragi 等($R=1$)

此综合应力构成了反复应力的高应力。因此,混凝土面层受到的是低应力变化的反复应力的作用。为了考虑这种加荷情况对混凝土疲劳寿命的影响,一些研究者进行了探讨和试验。挪威的 Aas-Jacobon 首先提出了在式(3-19)中引入一项低应力与高应力之比的系数 R,而采用下述形式的疲劳方程:

$$S=\frac{\sigma_{\max}}{f_r}=\alpha-\beta(1-R)\lg N \tag{3-20}$$

式中　R——系数,$R=\sigma_{\min}/\sigma_{\max}$;

$\sigma_{\min}$——反复应力的低应力;

$\sigma_{\max}$——反复应力的高应力。

这一关系式反映了混凝土的疲劳寿命随低应力的提高而增加并呈线性关系的规律。Aas-Jacobson 通过试验得到的系数值为 $\alpha=1.0$、$\beta=0.064$。Tepfers 等采用不同的低应力进行了混凝土试件受拉(劈裂)和受压的疲劳试验,也证实了上述关系式,并得出在 $S<0.80$ 时,$\alpha=1.0$、$\beta=0.0685$,而在 $S\geqslant0.80$ 时,试验结果的离散性很大。西班牙的 Farragi 等得出的试验系数为 $\alpha=1.0$、$\beta=0.091$。石小平等采用不同的低应力进行了混凝土的弯曲疲劳试验,试验结果汇总在表 3-6 中。运用回归分析方法对表列数值进行统计分析,可得到式(3-20)形式的半对数疲劳方程中的系数 $\alpha=1.0$、$\beta=0.0685$(失效概率为 50%)。同时,也可整理得到相关性很好的双对数形式的疲劳方程:

$$\lg S=\lg A-0.0422(1-R)\lg N \tag{3-21}$$

式中　A——回归系数。

对不同应力级位时的疲劳寿命进行概率分布检验,表明它们服从双参数 Weibull 分布。按此分布特性,可推算出不同失效概率时上述疲劳方程中的回归系数 α 和 A 值,见表 3-7。

表 3-6　不同低应力级位的弯曲疲劳试验结果

<table>
<tr><th>低高应力比 R</th><th>应力级位 S</th><th>疲劳寿命 N</th><th>低高应力比 R</th><th>应力级位 S</th><th>疲劳寿命 N</th><th>低高应力比 R</th><th>应力级位 S</th><th>疲劳寿命 N</th></tr>
<tr><td rowspan="25">0.08</td><td>0.90</td><td>9</td><td rowspan="20">0.08</td><td rowspan="7">0.65</td><td>150 331</td><td rowspan="9">0.20</td><td rowspan="2">0.75</td><td>22 611</td></tr>
<tr><td rowspan="7">0.85</td><td>49</td><td>159 033</td><td>34 206</td></tr>
<tr><td>73</td><td>164 795</td><td rowspan="2">0.70</td><td>41 730</td></tr>
<tr><td>76</td><td>166 287</td><td>177 807</td></tr>
<tr><td>150</td><td>170 426</td><td rowspan="5">0.65</td><td>375 170</td></tr>
<tr><td>160</td><td>191 828</td><td>566 140</td></tr>
<tr><td>230</td><td>202 916</td><td>618 936</td></tr>
<tr><td>402</td><td rowspan="9">0.60</td><td>206 479</td><td>2 011 017</td></tr>
<tr><td rowspan="14">0.70</td><td>10 184</td><td>346 047</td><td>2 434 133</td></tr>
<tr><td>11 808</td><td>436 123</td><td rowspan="16">0.50</td><td rowspan="5">0.90</td><td>172</td></tr>
<tr><td>21 684</td><td>628 962</td><td>500</td></tr>
<tr><td>21 747</td><td>694 263</td><td>655</td></tr>
<tr><td>43 683</td><td>883 301</td><td>1 600</td></tr>
<tr><td>49 392</td><td>1 956 530</td><td>1 963</td></tr>
<tr><td>50 997</td><td>2 032 902</td><td rowspan="4">0.85</td><td>1 938</td></tr>
<tr><td>70 937</td><td>2 672 740</td><td>3 811</td></tr>
<tr><td>72 266</td><td rowspan="2">0.55</td><td>6 437 888</td><td>4 640</td></tr>
<tr><td>77 122</td><td>6 652 243</td><td>33 496</td></tr>
<tr><td>79 778</td><td rowspan="2">0.50</td><td>10 038 224</td><td rowspan="5">0.80</td><td>66 982</td></tr>
<tr><td>82 905</td><td>10 085 006</td><td>101 180</td></tr>
<tr><td>100 411</td><td rowspan="5">0.20</td><td>0.90</td><td>77</td><td>130 087</td></tr>
<tr><td>101 918</td><td rowspan="4">0.80</td><td>1 398</td><td>881 677</td></tr>
<tr><td rowspan="3">0.65</td><td>46 836</td><td>4 829</td><td>882 121</td></tr>
<tr><td>125 943</td><td>6 400</td><td rowspan="2">0.75</td><td>3 201 765</td></tr>
<tr><td>129 009</td><td>9 059</td><td>5 276 917</td></tr>
</table>

表 3-7　不同失效概率 P_f 时疲劳方程中的回归系数

失效概率 P_f	0.05	0.10	0.15	0.20	0.25	0.30	0.35	0.40	0.45	0.50
α	0.942	0.960	0.969	0.977	0.981	0.986	0.990	0.993	0.996	0.999
A	0.961	0.984	0.996	1.007	1.013	1.019	1.024	1.029	1.033	1.038

长安大学也进行了弯曲疲劳试验，针对交通组成中超载、重载较多从而引起混凝土板实际应力水平较高的情况，增加了应力水平 0.80～1 的试验，得到疲劳方程(失效概率为50%)为：

$$\lg S = \lg A - 0.038\,8(1-R)\lg N \tag{3-22}$$

三、室内与野外疲劳试验的比较

上述疲劳方程都是在室内小梁试件上进行疲劳试验后得到的。室内试验条件同水泥混凝土路面的野外实际工作状况有很大出入,这主要表现在:梁试件承受单向反复弯曲应力,而面层板承受双向反复应力;梁试件底面除了支点外没有其他支承,试件出现开裂后迅即断裂,而面层板底面受到基层、垫层和路基的支承,出现初始裂缝后还能继续承受数倍甚至数十倍初裂作用次数才断裂;作用在试件上的反复荷载是以一定的频率连续施加的,而作用在路面板上的行车荷载是间歇性的,其间存在不同时间的休止期,使混凝土的疲劳损伤可有一定程度的恢复(愈合)。这些差异会使面层板的疲劳寿命大于室内梁试件的疲劳寿命。另一方面,面层板的材料性质和几何尺寸的变异性要大于梁试件;温度和湿度梯度作用产生的面层板翘曲变形以及基层支承条件因水的作用而产生的变化,使面层板的受力状况较梁试件复杂。这些差异会使面层板的疲劳寿命低于梁试件的疲劳寿命。因此,估计混凝土路面的疲劳寿命时,应采用面层板的野外疲劳试验结果,或者对室内梁试件疲劳方程用野外板疲劳试验数据进行标定。然而,由于野外混凝土板的疲劳试验规模很大,影响因素复杂,需耗费大量的费用和精力,这方面的试验研究开展得很少,能提供的数据不多。Darter 利用美国工程师部队(COE) 1943~1973 年期间在机场混凝土道面上进行的飞机荷载反复作用下的疲劳试验数据,整理得出了相应的混凝土板的疲劳方程。同梁试件的疲劳方程相比,在荷载反复作用次数少于 1 000 次时,梁试件的疲劳寿命低于板的疲劳寿命,而在反复作用次数超过 1 000 次时,板的疲劳寿命远小于梁试件的疲劳寿命。而后,Salsilli 等又对上述试验数据进行了重新整理,并补充美国 AASHTO 的试验数据后,提出了不同失效概率时混凝土板的疲劳方程:

$$\lg N = \left[\frac{-S^{-5.367}\lg(1-P_r)}{0.0032}\right]^{1/4.394} \tag{3-23}$$

式中　P_r——可靠度,$P_r = 1 - P_f$。

失效概率 $P_f = 50\%$时,式(3-23)可改写为:

$$\lg N = 2.813\left(\frac{f_r}{\sigma_{\max}}\right)^{1.22} \tag{3-24}$$

通常,在反复作用次数少或应力比高时,梁试件疲劳方程的预估寿命偏低;在反复作用次数多或应力比低时,梁试件疲劳方程的预估寿命偏高。

四、Miner 假设

作用在混凝土路面上的反复应力是级位和幅度都在不断变化的荷载序列。为了考虑它们对混凝土的累积疲劳损伤作用,常采用 Palmgren 在 1924 年提出并由 Miner 在 1945 年应用于研究铝合金疲劳的假设:各级应力作用下材料所出现的疲劳损伤可以线性叠加。即某一应力级位 S_i 的疲劳寿命为 N_i,则该应力作用一次所产生的疲劳损伤为疲劳寿命的 $1/N_i$;如有 S_1、S_2、…、S_n 个应力级位,其疲劳寿命相应为 N_1、N_2、…、N_n,则它们各作用 n_1、n_2、…、n_n 次时,所耗损的疲劳寿命相应为 n_1/N_1、n_2/N_2、…、n_n/N_n。这些反复应力综合作用下的累积疲劳损伤程度为:

$$D = \sum_{i=1}^{i} \frac{n_i}{N_i} \tag{3-25}$$

Hilsdorf 等通过试验分析和验证后认为，当上述 Palmgren－Miner 假设应用于混凝土梁试件疲劳分析时，会随加荷情况的不同得出偏于保守或者偏于不安全的疲劳寿命预估值。然而，同混凝土强度和疲劳寿命的大变异性相比，此假设的不精确性也就不算大了。Ballinger 经过试验分析后也认为这一假设可以较合理地反映混凝土的累积疲劳损伤。

五、疲劳特性的影响因素

混凝土的疲劳特性受反复应力的变化范围、加荷的顺序、加荷速率、混凝土材料性质和环境条件等因素的影响。由于在疲劳方程中采用的应力比包含了混凝土的极限强度值，影响疲劳强度的一些材料特性变量如集料性质、水灰比、龄期等，都可通过极限强度得到反映而不再成为影响疲劳方程的主要变量。然而，由于混凝土材料的非均质性，混凝土弯拉强度的变异性较大，而疲劳试验和弯拉强度试验时不可能采用同一个试件，只能以一组试件弯拉强度测定结果的平均值代表这一批试件（包括疲劳试验的试件）的弯拉强度。因此，弯拉强度的变异性便会反映到应力比，从而影响疲劳寿命的精度。而且，影响混凝土弯拉强度值的试验因素如加荷速率、养护条件（试件的干湿状况）等，也成为影响疲劳方程精度的主要因素。

加荷速率对弯拉强度值有影响。疲劳试验时，反复应力的施加频率通常在 1～20Hz 范围内，而弯拉强度标准试验时的加荷速率要低得多。试验表明，采用 20Hz 时得到的强度值要比标准强度试验时的测定值高 40％～60％，比 1Hz 时的测定值高 15％。反复应力的级位较低时，混凝土材料处于线弹性状态，加荷速率对疲劳寿命的影响很小；当反复应力的级位较高（如 $S \geqslant 0.8$）时，由于材料蠕变的影响，加荷速率便对疲劳寿命有较大的影响。因此，在高反复应力级位时，疲劳试验结果的离散性较大，此时，应尽量采用接近弯拉强度标准试验的加荷速率进行疲劳试验。

疲劳试验，特别是低反复应力级位的疲劳试验，往往要持续很长时间。这期间，试件有可能经历干湿状况的变化，其强度也可能随龄期而增长，从而影响混凝土试件的强度及其疲劳寿命。为此，应选用龄期较长的试件（例如 6 个月以上）进行疲劳试验，以减少试验期间强度随龄期增长的影响。同时，疲劳试验和弯拉强度试验的试件应保持有相同的养护条件。通常，疲劳试验前试件采用浸水或潮湿养护，疲劳试验时采取保持试件湿度的措施。

由于混凝土材料的不均质性以及试验状况和弯拉强度值变异的影响，疲劳寿命测定结果的离散性很大。即使在相同的反复应力级位作用下，同一批试件出现疲劳破坏的作用次数 N 的变动幅度也很大。因此，为了考虑这种离散性对混凝土路面设计可靠度的影响，应采用概率统计方法来表征混凝土的疲劳方程。许多研究者的统计分析结果表明，各应力级位的疲劳寿命测定结果在对数正态概率纸上呈良好的线性分布关系。因此，可认为疲劳寿命服从对数正态概率分布。当然，也有一些研究者依据试验数据得出了疲劳寿命遵循双参数 Weibull 分布的结论。

第四节 面层混凝土的耐磨性能

为了保证车辆快速、安全的运行，水泥混凝土路面应具有足够的抗滑性能。而面层混凝土的耐磨性能是直接影响混凝土路面抗滑性能最主要的因素。车轮的反复作用使混凝土面层构造深度不断得以磨损，因而耐磨性能成为水泥混凝土路面的重要特性之一。本节对面层混凝土磨损原理、影响因素及提高耐磨性能的措施等方面展开讨论。

一、混凝土路面的磨损机理

水泥混凝土的磨损是一个复杂的物理力学过程，除本身材料的性能外，它还与磨损方式及条件密切相关。工程上，主要磨损有黏附磨损、磨粒磨损、侵蚀磨损、气蚀磨损、腐蚀磨损及疲劳磨损。混凝土路面往往受多种磨损方式的综合作用，其中主要是疲劳磨损和磨粒磨损的作用。

当混凝土路面受到车辆移动的推压力作用时，混凝土所承受的最大法向正应力虽然在表面上，但最大剪应力却发生在次表面层。此外，在受力点的前后将形成压力区和拉力区。由于接触应力的移动和反复作用，混凝土表面不断承受着拉、压应力的交替循环，形成周期性扰动。众所周知，混凝土在硬化过程中，由于沉降、干燥收缩、温度应力以及不均匀区界面等原因，将产生许多微裂缝等原生缺陷。这些原生缺陷则成为磨损时循环扰动力的疲劳裂纹的引发源，可导致表面裂缝的扩展，最终引起表层的局部断裂。混凝土中的原生缺陷在集料周围尤为明显，而集料硬度一般均大于水泥基质。当疲劳裂纹扩展时，粗集料因嵌埋较深不易脱落，而砂粒极易脱落。这就是疲劳磨损在混凝土路面中的具体过程。

疲劳磨损的结果是在混凝土路面形成许多自表面脱落的粉末和颗粒，这些颗粒的硬度又往往大于水泥基体，因而进一步导致磨粒磨损。

磨粒磨损就是在混凝土路面上移动的车辆带着坚硬的颗粒相对运动，这些坚硬颗粒被压入混凝土表面，产生剪切和犁削作用，或砂粒在物体与混凝土表面之间滚动时，使表面应力不断变化，反复变形，更加剧了疲劳磨损的作用。

在承受磨粒磨损时，若混凝土路面硬度超过磨粒硬度，则犁削作用不可能产生，因而一般认为，提高混凝土表面硬度或强度，使之与磨粒硬度相抗衡，将有利于改善抗磨损能力。另外，混凝土表面硬度在一般条件下无法超过磨粒硬度时，采用低弹性模量的柔性缓冲方法，反而能大幅度提高抗磨损能力。

在高速公路上行驶高速汽车，除路面受到疲劳磨损和磨粒磨损外，如遇到路面凹凸不平，汽车驶过混凝土表面时会产生负压，在反复负压作用下，将混凝土表面蚀成空洞称为空蚀效应。

二、混凝土耐磨性的影响因素

(一)混凝土强度的影响

过去认为混凝土的耐磨性能取决于粗集料的质量，近年来的研究证明，降低单方用水量是混凝土耐磨耗的重要因素。如前所述,混凝土路面的磨耗主要是水泥砂浆的磨耗,高强度的砂浆具有较高的耐磨性,因而强度较高的混凝土其磨耗值也小。因此,为了提高混凝土路面的耐磨性能,可适当提高混凝土强度。

试验还表明,用普通水泥和矿渣水泥配制的混凝土,只要抗压强度相近,其耐磨性差异也不大。对于同类水泥,虽然标号不同,如果能配制出相同的混凝土抗压强度,其耐磨性也基本相近。

(二)水泥品种的影响

为了获得高等级公路应具有的优质耐磨路面,路用水泥的耐磨性尤为重要,影响水泥的耐磨性的因素主要有以下两种:

(1)水泥的矿物成分。路用水泥要求是高铁、高饱和比、低铝的矿物成分。其矿物成分中含有较高的 C_4AF 和 C_3S 成分以及较低的 C_3A 成分。试验证明,在相同条件下,增加 C_4AF 比例,减少 C_3A 成分,既可提高水泥的耐磨性、抗冲击的韧性和抗折强度,还能降低水泥的干缩率,减少水泥浆硬化后的微裂缝。一般路用水泥的 C_4AF 成分在14%~24%,C_3A 控制在5%以内。

(2)水泥的物理力学性能。水泥的耐磨性与水泥的细度和强度有关,在相同稠度时,水泥细度愈细,其需水量愈多,对强度有一些影响,但由于水泥矿物成分的差异,在水泥用水量基本相同时,水泥的细度愈细,水泥水化愈充分,需水量相对减少,水泥的强度就提高。水泥的强度又与水泥的矿物成分有关,提高 C_3S 成分,可提高水泥强度特别是早期强度,因此路用水泥的 C_3S 含量应为50%~60%。水泥强度愈高,其耐磨性能愈好,因为水泥强度高时,水泥石的密度增大,表面硬度也大,也就提高了水泥的耐磨性。

因此,为了能生产出高强、优质、耐磨的路用水泥,对制造路用水泥的原材料要求是石灰石的 CaO 含量应高于52%,MgO 的含量应小于1.5%;黏土中的 Si_2O 含量要比普通水泥的黏土高3%~5%,而 Al_2O_3 含量低2%~4%;铁质原料中的 Fe_2O_3 的含量应大于50%;燃料要求发热量大,灰分和挥发成分小。

(三)粗集料的影响

粗集料对路面耐磨性的影响只有当它裸露出来后才表现出来,如果路面很快出现露石,说明混凝土强度低,尤其是路面砂浆层强度差。由于水泥石和粗集料界面的黏结力差,在路面疲劳磨损和磨粒磨损作用下,坚硬的石料将从混凝土表面脱落下来。

由于一般路面上均为水泥砂浆所覆盖,粗集料在新浇路面中出现的比例不超过12%,所以粗集料对混凝土路面的抗磨损能力的影响是很小的。

(四)施工工艺的影响

目前水泥混凝土面层可以采用五种施工工艺:①小型机具摊铺和振实刮平;②配套常用机具摊铺、振实、真空脱水、整平;③轨道式摊铺机摊铺和振实,配以其他小型机具;④滑模式摊铺机摊铺和振实,辅以其他小型机具;⑤其他摊铺机摊铺和振动压路机碾压。

三、混凝土路面耐磨性能指标

混凝土耐磨性评价,以试件磨损面上单位面积的磨损量作为评定混凝土耐磨性的相对指标。

按现行试验法(JTJ 053 T0527—94),是以150mm×150mm×150mm立方体试件,养生至27d龄期,在60℃烘干恒重,然后在带有花轮磨头的混凝土磨耗试验机上,在200N负荷下磨削50转。按式(3-26)计算磨损量:

$$G = \frac{m_0 - m_1}{0.012\,5} \times 100 \tag{3-26}$$

式中 G——单位面积磨损量,kg/m^2;

m_0——试件的原始质量,kg;

m_1——试件磨损后的质量,kg;

0.012 5——试件磨损面积,m^2。

四、提高混凝土路面耐磨性能的措施

混凝土是脆性材料,且脆性随其抗压强度的提高而提高。因在一般情况下不可能在提高抗压强度的同时降低其脆性,弹性变形能力也很难做到使磨粒不起犁削作用的程度,所以通常只能设法提高其硬度或强度,减少孔隙及其原生缺陷,使其提高抗疲劳和磨粒犁削的能力,达到“以硬制硬”的目的。

采用真空脱水常用机具配套施工工艺能明显提高混凝土路面的耐磨性能。采用真空脱水工艺后,普通硅酸盐水泥的磨耗值可降低55%,而矿渣水泥的磨耗值降低可达65%。其中矿渣水泥混凝土经真空脱水工艺后可达普通硅酸盐水泥混凝土的耐磨水平。施工实践已经证明,混凝土真空脱水结合机械抹面磨光工艺会大大提高板面的耐磨性。这种混凝土真空脱水和机械抹面磨光两种工艺的原理是:真空处理减少混凝土表面的水灰比(W/C);机械抹面磨光大大增加水泥的比表面积(PS);机械表面处理使水泥砂浆和粗集料之间获得更好的黏结作用。

第五节 面层混凝土的抗渗和抗冻性能

由于混凝土固有的多孔性,在存在内外压力差的情况下,必然存在液体或气体从高压处向低压处迁移渗透的现象,这种现象称为混凝土的渗透性,这是不可避免的,并且影响着混凝土的抗冻性。一般来说,抗渗性好的混凝土,抗冻性也就好。而冰冻恰是我国北方水泥混凝土路面的主要病害,由于起因复杂且破坏性极大,正越来越引起人们的关注。

一、混凝土的抗渗性和孔结构

混凝土固有的多孔性导致了其抗渗性较差,混凝土的渗透性主要取决于水泥石的孔结构和集料的性能。水泥石和集料都含有各种大小的孔隙和裂缝,但这些并不都是渗透的通道,孔隙率不是影响渗透性的最主要的原因。在很大程度上,混凝土的渗透性取决于水泥石的孔结构。

水泥与水的作用是从水泥颗粒表面熟料矿物的溶解开始的,然后进入凝聚结构和结晶结构的形成阶段,其水化产物以凝胶体、亚微观晶体、大晶体的形式存在,它们与未水化

的水泥颗粒、水、粗细集料和成型时裹胁进入的大量气泡形成了固、液、气相的多相多孔体,即水泥石。水泥石的孔隙主要由凝胶孔、毛细孔和非毛细孔三部分组成。

(1)凝胶孔。凝胶体水化时水泥颗粒间的过渡空间的孔径,根据不同的形成条件而在很大范围内波动,一般在300～10 000nm。在水泥硬化初始生成的水泥凝胶多为封闭型的,但随着水泥水化的发展,由于后期水分的蒸发,其凝胶孔孔隙率将逐步增加,虽然这样,水泥凝胶的渗透系数也是很小的,属于无害孔。

(2)毛细孔。水泥硬化到一定阶段,水泥石内部将出现毛细孔,它对水泥石渗透性的影响最大。毛细孔的形成主要与水灰比的大小有关,初始水灰比越大,水泥水化程度越低,水泥石的毛细孔就越大。随着水泥水化的发展,水泥石毛细孔孔隙是不断变化的,一般认为随着水泥水化的深入发展,水泥石毛细孔的孔隙率下降。

毛细孔的孔径也因形成条件不同而在一个很大范围内变化:微细孔小于0.1μm;大毛细孔在0.1～10μm。毛细孔的形状多样,其体积最大可占水泥石总体积的40%。

(3)非毛细孔。非毛细孔主要是指水泥石内部缺陷和微裂缝,可能是由水泥石的收缩、温湿度变化、成型条件等因素引起的。

二、混凝土的冻害及其机理

了解了混凝土的抗渗性及孔结构,对混凝土冻害的产生就会有更深刻的认识。混凝土的抗冻性是指混凝土在水饱和状态下,经受多次冻融循环作用,能保持强度和外观完整性的能力。在寒冷地区,特别是在接触水又受冻的环境下的混凝土,要求其具有较高的抗冻性能。混凝土冻融破坏是我国寒区道路破坏的重要形式,严重影响道路的长期使用和安全运行。

混凝土是由水泥砂浆和粗集料组成的多孔体,在拌制混凝土时,为了得到必要的和易性,加入的拌和水总要多于水泥的水化水,这部分多余的水便以游离水的形式滞留于混凝土中形成连通的毛细孔,并占有一定的体积。这种毛细孔的自由水就是导致混凝土遭受冻害的主要因素,因为水遇冷冻结,冰会发生体积膨胀,引起混凝土内部结构的破坏。应该指出的是,在正常情况下,毛细孔中的水结冰并不至于使混凝土内部结构遭到严重破坏。因为混凝土中除了毛细孔之外,还有一些水泥水化后形成的胶凝孔和由于其他原因而形成的非毛细孔,这些孔隙中常混有空气。因此,当毛细孔中的水结冰膨胀时,这些气孔能起缓冲作用,即能将一部分未结冰的水挤入胶凝孔中,从而减小膨胀压力,避免混凝土内部结构破坏。但当处于饱和水状态时,情况就完全两样了,此时毛细孔中的水结冰,胶凝孔中的水处于过冷状态,因为混凝土孔隙中水的冰点随孔径的减小而降低,胶凝孔中形成冰核的温度在－78℃以下,胶凝孔中处于过冷状态的水分子因其蒸汽压高于同温度下冰的蒸汽压而向压力毛细孔中冰的界面处渗透,于是在毛细孔中又产生一种渗透压力。此外,胶凝水向毛细孔渗透的结果必然使毛细孔中的冰体积进一步膨胀。由此可见,处于饱和状态的混凝土受冻时,其毛细孔壁同时承受膨胀压和渗透压两种压力,当这两种压力超过混凝土的抗拉强度时,混凝土就会开裂。路面在反复冻融循环后,混凝土中的裂缝会互相贯通,其强度也会逐渐降低,最后甚至完全丧失,使混凝土由表及里遭受破坏。

又由于冬季下雪路滑,为了保证交通畅通无阻,在北方人们常在路面上撒盐除冰。然而,除冰盐的使用加强了冻害,引起路面严重侵蚀,造成经济损失迅猛增长。虽然在路面上播撒盐可在一定程度上防止路面结冰,然而长期以来的研究表明,除冰盐使路面和路肩板出现大面积的剥蚀破坏,严重影响了这一路段上的车辆行驶,不得不采取修补措施而造成重大经济损失。混凝土盐冻剥蚀破坏是指在冻融循环的条件下,因使用除冰盐而引起的混凝土表面起皮、剥落、开裂等破坏。与单纯的冻融破坏不同,由于盐的存在,混凝土内产生的渗透压增大,饱水度提高,结冰压力增大,加剧了混凝土的受冻破坏,这是破坏的主要机理。同时,因盐的作用而产生的过冷水最终在毛细孔中结冰而产生的内应力,以及混凝土表面和内部之间的盐浓度梯度使混凝土受冻时因分层结冰而产生应力差等,都使破坏力增加,导致混凝土的层层剥落。由于盐使冰雪融化将吸收大量的热量,使冰雪覆盖层下的混凝土温度剧降,导致额外的冻害。另外,由于混凝土表面存在微小孔隙或微裂纹,当混凝土吸收 NaCl 溶液后,再经冻融作用,其吸水量比单纯冻融更多。因为 Cl^- 的渗透作用远高于纯水的渗透作用,此时,混凝土表面吸盐冻融比吸水冻融严酷得多。因此,其破坏速度远远大于普通混凝土的冻融破坏速度。

三、混凝土抗渗性和抗冻性的影响因素

影响混凝土抗渗性和抗冻性的因素很多,其中最主要的因素是混凝土孔结构。而混凝土孔结构主要取决于混凝土的水灰比、有无外加剂、掺合料和养护方法等,此外集料的质量、集料最大粒径、水泥品种、含气量、水饱和程度、受冻龄期等因素对抗渗性和抗冻性也有着重要影响。

(一)水灰比

混凝土水灰比的大小,对抗渗性及抗冻性起决定性作用。水灰比越大,包围水泥颗粒的水层就越大,水在水泥石中形成相互连通的、无规则的毛细孔系统,使水泥石的孔隙率增加,混凝土抗渗性减弱。同时,由于起缓冲作用的储备孔减少,并且随着水灰比的增加,不仅饱和水的开孔总体积增加,而且平均孔径也增加,在冻融过程中产生的冰胀压力和渗透压力变大,反复循环后,必然使混凝土结构遭受破坏。所以,对于一次抗冻要求高的混凝土必须严格控制水灰比,必要时还要加入引气剂或新型抗冻剂。日本福冈大学的试验研究成果也验证了这一点:随着水灰比增大,混凝土抗冻性明显降低;掺入引气剂的混凝土其抗冻能力有明显的提高。鉴于此,我国相关规范对用于不同环境条件下的混凝土最大水灰比及最小水泥用量有严格规定,其他国家规范也都有类似的规定,可见其重要性。

(二)集料的品种及最大粒径

混凝土与水泥石结构的区别在于混凝土中还有集料的存在。集料对混凝土孔结构有一定的影响,特别是粗集料的影响更大。

不同用途的混凝土,采用不同的集料,抗渗性及抗冻性也会有很大的差异。普通混凝土一般采用密实的天然岩石作集料,但随着集料品种和质量的不同,混凝土孔隙率变化是很大的,其中采用花岗岩作集料的混凝土,其抗渗性是最好的。集料的好坏对混凝土的抗冻性也有很大的影响。混凝土集料对混凝土抗冻性的影响主要体现在集料吸水率及集料本身的抗冻性。吸水率大的集料对抗冻性不利。一般的碎石及卵石都能满足混凝土抗冻性的要求,只有风化岩等坚固性差的集料才会影响混凝土的抗冻性。在严寒地区或经常

处于潮湿或干湿交替作用状态下的混凝土，更应注意选用优质集料。

在水灰比相同时，混凝土集料的最大粒径越大，其抗渗性能越差。这是由于集料与水泥浆的界面处易产生裂隙和较大集料下方易泌水形成孔穴。

（三）水泥品种

水泥的品种、性质将影响混凝土的抗渗性能。水泥的细度越大，水泥硬化浆体孔隙率越小，强度越高，其抗渗性能越好。

水泥品种和活性同样对混凝土抗冻性有影响，主要是因为其中熟料部分的相对体积不同和硬化速度的变化。混凝土的抗冻性随水泥活性增高而提高。普通硅酸盐水泥混凝土的抗冻性优于混合水泥混凝土，更优于火山灰水泥混凝土。

总结已建工程的运行实践和室内混凝土的抗冻性试验，国内各种水泥抗冻性高低的顺序为硅酸盐水泥＞普通硅酸盐水泥＞矿渣硅酸盐水泥＞火山灰（粉煤灰）硅酸盐水泥。

（四）养护方法

采用水中养护或潮湿养护的混凝土，水泥水化处于十分优越的条件下，水泥石的毛细孔空间被吸入的水填满，大毛细孔减少，总的孔隙率下降，其抗渗性明显提高。而随着养护龄期的增加，混凝土的总孔隙率和毛细孔还会逐渐减小。

混凝土采用加热养护时，其养护制度对水泥石的孔结构有很大的影响。升温或降温速度太快、恒温温度太高等因素，会导致混凝土渗透性增强。所以，加热养护的混凝土其耐久性将大大低于水中或潮湿养护的混凝土。因为在干燥条件下，混凝土早期失水过多，容易形成收缩裂隙，因而降低混凝土的抗渗性。

（五）外加剂

在混凝土中掺入某些外加剂，如减水剂等，可减小水灰比，改善混凝土的和易性，因而可改善混凝土的密实性，提高混凝土的抗渗性能。

减水剂、引气剂及引气减水剂等外加剂均能提高混凝土的抗冻性。引气剂能增加混凝土的含气量，并使气泡均匀；减水剂能降低混凝土的水灰比，从而减小孔隙率，最终都能提高混凝土的抗冻性。

（六）掺合料

在混凝土中加入掺合料，如掺入优质粉煤灰，由于优质粉煤灰能发挥其形态效应、活性效应、微集料效应和界面效应等，可提高混凝土的密实度，细化孔隙，从而改善孔结构和集料与水泥石界面的过渡区结构，因而可提高混凝土的抗渗性。

粉煤灰掺合料对混凝土抗冻性的影响，主要取决于粉煤灰本身的质量。掺入适当的优质粉煤灰，只要保证混凝土等强、等含气量就不会对其抗冻性有不利影响。美国有关试验研究表明，如果粉煤灰含气量适宜，使用较好的集料，冻融前混凝土得到了充分的养护，则其抗冻性可与普通混凝土相媲美。日本学者的研究结果同样表明，在强度和含气量相同的条件下，掺与不掺粉煤灰的混凝土，其抗冻性完全相同。

如果掺入不合格的粉煤灰或过量的粉煤灰，则会增大混凝土的需水量和孔隙率，降低混凝土强度，同时对其抗冻性也产生不利影响。

（七）含气量

含气量也是影响混凝土抗冻性的主要因素，特别是加入引气剂形成的微细孔对提高混凝土抗冻性尤为重要,因为这些互不连通的微细孔在混凝土受冻初期能使毛细孔中的静水压力减小,即起到减压作用。在混凝土受冻结冰过程中,这些孔隙可以阻止或抑制水泥浆中微小冰体的形成。

国内外大量的研究表明,掺入引气剂的混凝土,抗冻耐久性得到了提高,这种提高不是百分之几,而是几倍,甚至十几倍。其改善程度与引气剂的品种有很大的关系。

但是,当引气剂掺量较大而使混凝土的含气量超过一定范围时,混凝土的抗冻性开始降低;而且,掺用引气剂在一定范围内使混凝土含气量增加,在提高混凝土抗冻耐久性的同时,也会引起混凝土强度下降。因此,对于有抗冻要求的混凝土有一个最佳含气量问题。除了必要的含气量要提高混凝土的抗冻性外,还必须保证气孔在砂浆中均匀分布,通常可以用气泡间距来控制其分布均匀性。一般情况下,为充分防止混凝土受冻害,气孔的间距应为0.25mm。混凝土中含气量及气孔分布的均匀性可用掺加引气剂或引气型减水剂、控制水灰比和集料粒径等方法来控制。

所以说,含气量测定是混凝土是否具有抗冻性能的"传感器"。含气量增加,平均孔隙间距减小。在最佳含气量条件下,孔隙间距将会防止冻融造成的压力过大。

(八)混凝土的饱水状态

混凝土的冻害与其孔隙的饱水程度紧密相关。一般认为含水量小于孔隙总体积的91.7%就不会产生冻结膨胀压力。该数值被称为极限饱水度。在混凝土完全饱水状态下,其冻结膨胀压力最大。

混凝土的饱水状态主要与混凝土结构的部位及其所处的自然环境有关。一般来讲,在大气中使用的混凝土结构的含水量均达不到该极限值,而处于潮湿环境的混凝土结构的含水量比极限值明显要大。最不利的部位是水位变化区,该处的混凝土经常处于干湿交替变化的条件下,受冻时极易破坏。另外,由于混凝土面层含水率通常大于其内部的含水率,且受冻时面层的温度又低于内部的温度,所以冻害往往是由表层开始逐步深入发展的。

(九)混凝土的受冻龄期

混凝土的抗冻性随其龄期的增长而提高。因为龄期越长,水泥水化就越充分,混凝土强度就越高,抵抗膨胀的能力也就越大,这一点对早期受冻更为重要。一般初次受冻的龄期小于8h的混凝土经几次冻融作用循环即已损坏。因此,防止混凝土早期受冻至关重要。

四、混凝土的抗渗及抗冻指标

面层水泥混凝土最常遇到的流体是水。衡量混凝土的渗透性或抗渗性,常用渗透系数或抗渗标号来表示。

渗透系数是用在压力水头作用下每1h经过1m^{2}面积所渗透的水量来表示。由此,可得渗透系数(cm/s)为:

$$k_p = \frac{mD_m^2}{2TH} \tag{3-27}$$

式中 m——混凝土孔隙率,一般 m 可取0.03;

T——恒压时间,h;

D_m——渗水高度,cm;

H——压力水头,用水柱高度表示,cm。

对于密实度较好的混凝土,其渗透性不宜用渗透系数来表示,而是用渗透压力(即抗渗标号)来表示,它表明混凝土在某一压力作用下是不渗透的。混凝土抗渗标号需要专门的试验设备,试验时混凝土一面受高压水的作用,使水压按一定的速度缓慢上升,记下另一面混凝土出现水珠或湿点的水压,通过计算就可以求出其抗渗标号。

通过混凝土抗渗试验还可以确定混凝土的抗渗等级。抗渗等级是按标准试验方法进行试验,用每组6个试件中4个试件未出现渗水时的最大水压力来表示。如分为S4、S6、S8、S10、S12五个等级,即相应表示能抵抗0.4、0.6、0.8、1.0MPa及1.2MPa的水压力而不渗水。抗渗等级按下式计算:

$$W_p = 10H - 1 \tag{3-28}$$

式中　W_p——混凝土抗渗等级;

H——一组试件中发现第3个试件正面开始渗水时的水压力数值。

混凝土抗冻性常以其抗冻标号来表示。该标号以28d龄期的标准试件按标准中规定的快冻法或慢冻法测得的混凝土能够经受的最大冻融循环次数确定。慢冻法试验的评定指标为重量损失不超过5%或强度损失不超过25%,而快冻法试验时的评定指标为重量损失不超过5%或相对动弹性模量下降达40%。此时试件所经受的冻融循环次数即为混凝土的抗冻标号。

快冻法和慢冻法是目前国际上同时存在的两种混凝土抗冻性检测方法。美国、日本和加拿大等国采用快冻法,前苏联及东欧国家采用慢冻法,而我国目前是快冻法和慢冻法并存,《普通混凝土长期性能和耐久性能试验方法》(GBJ 80—85)就规定抗冻性的试验方法,分为慢冻法和快冻法两种。需要指出的是,由于慢冻法存在试验周期长、试验误差大、试验工作量大等较多的不足之处,而快冻法在这些方面都能克服慢冻法的不足,因此各部门均积极推广快冻法。

据此,我国现行交通行业标准《公路工程水泥混凝土试验规程》(JTJ 053—94)规定采用快冻法。该方法是以100mm×100mm×400mm棱柱体混凝土试件,经28d龄期,于−17℃和5℃条件下快速冻结和融化循环。每25次冻融循环,对试件进行一次横向基频的测试并称重。当冻融至300次,或相对动弹模量下降至60%以下,或质量损失达到5%时,即可停止试验,测定其相对动弹性模量、质量损失率及耐久性指数。抗冻标号分为D25、D50、D100、D150、D200、D250和D300等。

在快冻法试验中,还可以用混凝土的抗冻融指数 k_b 来表示混凝土的抗冻性:

$$k_b = \frac{P \times N}{330} \tag{3-29}$$

式中　N——混凝土能经受的冻融循环次数;

P——经 N 次冻融循环后混凝土的相对动弹性模量。

相对动弹性模量为混凝土经受 N 次冻融循环后及受冻前的横向自振频率(Hz)。这种方法是利用混凝土动弹性模量对其内部结构破坏比较敏感这一原则制定的。

一般认为,抗冻融指数小于40的混凝土抗冻性较差,抗冻融指数大于60的混凝土抗冻性较好,抗冻融指数介于40～60之间的混凝土抗冻性一般。

五、提高混凝土的抗渗及抗冻性的措施

改善混凝土的抗渗及抗冻性的措施对于提高混凝土的耐久性,尤其在北方冰冻地区有着非常重要的意义。

(一)提高混凝土抗渗性的措施

(1)设计合理的混凝土配合比,严格控制混凝土的水灰比。

(2)在混凝土中掺入粉煤灰等外加剂,提高混凝土的抗渗性。

(3)对砂石的清洁度特别是含泥量提出严格的要求。

(4)采用机械振捣和机械搅拌,保证混凝土的密实度。

(5)加强混凝土的养护。

(二)提高混凝土抗冻性的措施

(1)混凝土路面施工时必须掺入引气剂,具体引入的含气量由设计的抗冻性要求决定。在不撒盐的道路上,混凝土应按300次抗冻融循环能力设计,耐久性因数 *DF* 应大于等于0.6,而在撒盐的道路上,*DF* 应大于等于0.8,这是抗盐冻路面混凝土的必要条件。

(2)路面施工时,应选用硅酸盐水泥或普通硅酸盐水泥。在水泥厂粉磨用的混合材不能选用作为惰性材料的石灰石粉,因石灰石粉会大大降低混凝土的抗冻性和抗盐冻剥蚀性。

(3)由于在混凝土中引入气泡会使混凝土抗压强度下降,但引入合适级配及合适尺寸的微小气泡,可使混凝土的抗折强度提高,这对于道路混凝土是十分有利的,此时根据这一特性去设计路用引气混凝土,以使强度降低达到最小值。

(4)选用高质量引气剂。高质量引气剂引入的气泡平均孔径和气泡间距小,且气泡稳定性好,因此抗冻性能及抗盐冻性能都相对提高。

(5)掺用引气剂或减水剂及引气型减水剂。引气剂、减水剂及引气型减水剂等外加剂均能提高混凝土的抗冻性。引气剂能增加混凝土的含气量且使气泡均匀分布,而减水剂能降低混凝土的水灰比,从而减少孔隙率,最终都能提高混凝土的抗冻性。掺入引气剂是提高混凝土抗冻性的主要措施。

(6)严格控制水灰比,提高混凝土的密实性。如上所述,水灰比是影响混凝土密实性的主要因素。因此,为了提高混凝土的抗冻性也必须从降低水灰比入手,较为有效的方法是掺入减水剂,特别是高效减水剂。许多研究成果及生产实践表明,掺入水泥重量0.5%～1.5%的高效减水剂可减少用水量15%～25%,使混凝土强度提高20%～50%,抗冻性也能相应提高。

(7)掺用纤维。纤维的选用也是很有必要的,纤维能够均匀地分布在混凝土内部,可以大幅度提高混凝土的强度和抗折性能,当混凝土在受冻胀作用时,纤维起到拉伸作用,因此对混凝土有一定的抗冻融作用,可以大大提高混凝土的寿命。

(8)混凝土配合比设计时应尽量采取防止 Cl^- 渗透或减慢渗透的措施:可以采用高效减水剂降低水灰比,增加混凝土的密实度,同时在混凝土中掺入硅粉,磨细矿渣等活性掺

合料，混凝土的等级宜高于 C40，且抗冻融循环能力按 300 次以上考虑。

(9)加强早期养护或掺入防冻剂防止混凝土早期受冻。混凝土早期冻害直接影响混凝土的正常硬化及强度增长，因而在冬季施工时必须对混凝土加强早期养护或适当加入早强剂或防冻剂，严防混凝土早期受冻。

第六节　面层混凝土的其他特性

面层混凝土除了以上特性以外，其他一些特性也应当引起我们的重视。混凝土的碳化作用将影响面层混凝土的收缩变形，从而产生微裂缝，降低混凝土抗弯拉和抗折强度，但是它对面层混凝土的抗压强度的提高却有所裨益。碱—集料反应会产生很大的体积膨胀，导致混凝土胀裂，在混凝土开裂后，还会大幅度加剧冻融，所以对道路的抗冻性的影响较大，应该引起道路工作者的注意。

一、混凝土的碳化

混凝土的碳化作用是 CO_2 与水泥石中的 $Ca(OH)_2$ 作用，生成 $CaCO_3$ 和 H_2O。碳化过程是 CO_2 由表及里向混凝土内部逐渐扩散的过程。因此，气体扩散规律决定了碳化速度的快慢。碳化引起水泥石化学组成及组织结构的变化，从而对混凝土的化学性能和物理力学性能有明显的影响，主要是对碱度、强度和收缩的影响。

碳化对混凝土性能既有有利的影响，也有不利的影响。碳化使混凝土碱度降低，减弱了对钢筋的保护作用，可能导致钢筋锈蚀。碳化将显著增加混凝土的收缩，这是由于在干缩产生的压应力下的 $Ca(OH)_2$ 晶体溶解和 $CaCO_3$ 在无压力处沉淀所致，此时暂时地加大了水泥石的可压缩性。碳化使混凝土的抗压强度增大，其原因是碳化放出的水分有助于水泥的水化作用，而且 $CaCO_3$ 减少了水泥石内部的孔隙。强度增加值随水泥品种而异(高铝水泥混凝土碳化后强度明显下降)。但是由于混凝土的碳化层产生碳化收缩，对其核心形成压力，而表面碳化层产生拉应力，可能产生微细裂缝，而使混凝土抗拉、抗折强度降低。另外，混凝土在水泥用量固定的条件下，水灰比越小，碳化速度就越慢，而当水灰比固定时，碳化深度随水泥用量的提高而减小。混凝土所处环境条件(主要是空气中的 CO_2 浓度、空气相对湿度等因素)也会影响混凝土的碳化速度。二氧化碳浓度增大自然会加速碳化进程。例如，一般室内较室外快，CO_2 含量较高的工业车间(如铸造车间)碳化快。混凝土在水中或在相对湿度 100%条件下，由于混凝土孔隙中的水分阻止 CO_2 向混凝土内部扩散，碳化停止。同样，处于特别干燥条件下(如相对湿度在 25%以下)的混凝土，则由于缺乏使 CO_2 与 $Ca(OH)_2$ 作用所需的水分，碳化也会停止，一般认为相对湿度 50%～75%时碳化速度最快。

二、碱—集料反应

以往普遍认为，集料是混凝土中无害的组分，而对混凝土耐久性不良的原因多从混凝土所处的环境考虑。自碱—集料反应(简称 AAR)被发现后才认识到，混凝土自身就存在着毁坏的重要因素。

1920～1940 年间,美国报道了很多混凝土建筑出现破坏的情况,这些破坏表现为结构遍体开裂,在混凝土表面呈现广泛的地图形或图案形裂纹,并在开裂处经常伴有白色凝胶状物质渗出,甚至表面崩裂或裂开。后经断定,这些破坏是由于集料内部的活性 SiO_2 与碱性氧化物之间的有害作用所引起的,由此提出了碱—集料反应的概念,开创了碱—集料反应学科。

碱—集料反应是指混凝土内水泥中的碱性氧化物(此处专指 Na_2O 和 K_2O)含量较高时,它会与集料中所含的活性 SiO_2 发生化学反应,并在集料表面生成一层复杂的碱—硅酸凝胶,这种凝胶吸水后,会产生很大的体积膨胀(约增大 3 倍以上),从而导致混凝土胀裂。

混凝土发生碱—集料反应必须同时具备以下三个条件:

(1)水泥中含碱量(K_2O+Na_2O)$>0.6\%$(折算成 $Na_2O\%$)。

(2)砂、石集料中夹杂有非晶质的活性 SiO_2 矿物,如蛋白石、玉髓、鳞石英和燧石等,它们常存在于流纹岩、安山岩、凝灰岩等天然岩石中。

(3)有水存在。碱—集料反应缓慢,有一定的潜伏期,往往要经过几年或十几年后才会出现,破坏作用一旦发生便难以阻止,故素有混凝土的“癌症”之称,应以预防为主。

预防碱—集料反应的主要措施如下:①采用含碱量小于 0.6% 的水泥;②在水泥中掺加火山灰质混合材料,如沸石岩、粉煤灰、火山灰等,它们能吸收溶液中的 Na^+ 和 K^+,促使反应产物早期能均匀分布于混凝土中,不致集中于集料颗粒周围,从而减轻膨胀反应,这是较为可行的措施;③加强集料生产的质量控制,及时检验其是否含有活性集料,以便尽早采取措施;④适当掺入引气型外加剂,使混凝土内形成许多微小气孔,以缓冲膨胀破坏应力。

碱—集料反应引起混凝土开裂后,还会大幅度加剧冻融、钢筋锈蚀、化学腐蚀等因素对混凝土的破坏作用,这些多因素的综合破坏会导致混凝土迅速劣化,特别是冻融加剧对面层混凝土影响很大。因此,应综合考虑这些因素的影响。

参考文献

[1] 姚祖康.水泥混凝土路面设计理论与方法.北京:人民交通出版社,2003

[2] 王秉纲,郑木莲.水泥混凝土路面设计与施工.北京:人民交通出版社,2004

[3] 严家伋.道路建筑材料.北京:人民交通出版社,1995

[4] 金伟良,赵羽习.混凝土结构耐久性.北京:科学出版社,2002

[5] 黄晓明,潘钢华,赵永利.土木工程材料.南京:东南大学出版社,2001

[6] 申爱琴.水泥与水泥混凝土.北京:人民交通出版社,2000

[7] 邓学钧.路基路面工程.北京:人民交通出版社,2000

[8] 中华人民共和国行业标准.公路水泥混凝土路面设计规范(JTJ D40—2002).北京:人民交通出版社,2003

[9] 谢勇成.提高水泥混凝土路面的耐磨技术.国外公路,1998,18(1)

[10] 胡伟.水泥混凝土抗冻性的主要影响因素与改善措施.辽宁交通科技,2004(6)

第四章　水泥混凝土路面构造设计

第一节　结构组合设计

一、路基

混凝土面层板的刚度大，具有良好的扩散荷载的能力，传到路基顶面的荷载应力很小，一般情况下不会超过0.07MPa。因此，对路基承载能力的要求并不很高。然而，混凝土是一种脆性材料，对土基变形的适应能力较差，当路基出现不均匀变形时，混凝土面层与下卧层之间会出现局部脱空，面层应力会由此增加，从而导致面层板的断裂，因而要求路基应稳定、密实、均质，并为路面提供均匀支撑，即路基在环境和荷载作用下产生尽可能小的不均匀变形。

路基不均匀变形主要在下述情况下出现：①软弱地基的不均匀沉降；②填挖交替或新老填土交替；③季节性冰冻地区的不均匀冻胀；④填土因压实不足而引起的压密变形和受湿度变化影响而产生的膨胀收缩变形等。为控制路基的不均匀变形，须在地基、填料、压实等方面采取相应的措施。

设计时，路堤标高应尽可能超过中湿状态时路基的临界高度，使路床处于中湿或干燥状态。受设计标高限制不能达到中湿或干燥状态时，须采取相应的措施，提高填料的水稳定性或降低地下水位。未能达到中湿状态时的路基临界高度时，应选用粗粒土或低剂量石灰或水泥稳定细粒土作路床或上路床填料；未能达到潮湿状态时的路基临界高度时，除采取上述填料措施外，还应采取在边沟下设置排水渗沟等降低地下水位的措施。

路堤上路床及零填和路堑路床的 *CBR* 值不得低于8%（高速和一级公路）或6%（其他等级公路）；路堤下路床不得低于5%（高速和一级公路）或4%（其他等级公路）。高液限黏土及含有机质的细粒土，不能用做高速和一级公路的路床填料或二级和二级以下公路的上路床填料；高液限粉土及塑性指数大于16或膨胀率大于3%的低液限黏土，不能用做高速和一级公路的上路床填料。因条件限制而必须采用上述土作填料时，须掺加石灰或水泥等结合料进行改善。

路基土的湿度变化与周围环境的影响处于动态平衡状态，在多雨潮湿地区，此平衡状态的湿度接近于土的塑限。高液限土及塑性指数大于16或膨胀率大于3%的低液限黏土的塑限接近于轻型压实标准时土的最佳含水量。这些土采用重型压实标准压实时，其最佳含水量远低于土的塑限。因此，压实土在随后与环境动态平衡过程中会吸收水分而产生较大的膨胀变形。这一方面抵消了施工时所投入的压实功，另一方面反而增加了路基的不均匀变形量。为此，对于这类土宜采用由轻型压实标准确定的压实度，并在含水量略大于其最佳含水量时压实。

对于岩石或填石路床顶面应铺设整平层。整平层可采用未筛分碎石和石屑或低剂量水泥稳定粒料，其厚度视路床顶面的不平整程度而定，一般为100～150mm。

二、垫层

为改善土基的湿度和温度状况，以保证面层和基层的强度、刚度和稳定性不受土基水温状况变化所造成的不良影响，通常采用水稳性和隔热性好的材料在基层和土基之间修筑垫层。遇有下述情况时，需在基层下设置垫层：

(1)季节性冰冻地区，路面总厚度小于表4-1中最小防冻厚度要求时，其差值应以垫层厚度补足，以防止冻胀翻浆现象的发生。

表4-1　水泥混凝土路面最小防冻厚度　(单位:m)

路基干湿类型	路基土质	当地最大冰冻深度			
		0.50～1.00	1.01～1.50	1.51～2.00	>2.00
中湿路基	低、中、高液限黏土	0.30～0.50	0.40～0.60	0.50～0.70	0.60～0.95
	粉土，粉质低、中液限黏土	0.40～0.60	0.50～0.70	0.60～0.85	0.70～1.10
潮湿路基	低、中、高液限黏土	0.40～0.60	0.50～0.70	0.60～0.90	0.75～1.20
	粉土，粉质低、中液限黏土	0.45～0.70	0.55～0.80	0.70～1.00	0.80～1.30

注：1. 冻深小或填方路段，或者基、垫层为隔湿性能良好的材料，可采用低值；冻深大或挖方及地下水位高的路段，或者基、垫层为隔湿性能较差的材料，应采用高值；

2. 冻深小于0.50m的地区，一般不考虑结构层防冻厚度。

(2)水文地质条件不良的土质路堑，路床土湿度较大时，宜设置排水垫层，以疏干路基土，改善路面结构的支承条件。

(3)路基可能产生不均匀沉降或不均匀变形时，可加设半刚性垫层。

修筑垫层的材料，对其强度要求并不一定很高，但水温性和隔温性能要好。常用的垫层有防冻垫层、排水垫层及半刚性垫层等。防冻垫层和排水垫层宜采用砂、砂砾等颗粒材料；半刚性垫层可采用低剂量无机结合料稳定粒料或土。

在季节性冰冻地区路面结构厚度小于最小防冻厚度要求时，设置防冻垫层可以阻断毛细水作用，防止地下水上升，使路面结构免除或减轻冻胀和翻浆病害。在路床土湿度较大的挖方路段上，设置排水垫层可以疏干路床土，改善路面结构的支承条件。软弱地基上的路基或者填挖交替或新老填土交替的路基，在采取相应的措施控制不均匀沉降或不均匀变形后，预计仍有部分余量会影响到路面结构使面层产生断裂时，可设置由水泥、石灰或粉煤灰稳定粒料或土组成的半刚性垫层，以其刚度来缓解路基不均匀沉降或不均匀变形对面层的影响。

垫层的宽度应与路基同宽，其最小厚度为150mm。

三、基层

混凝土面层板本身具有足够的弯曲刚度承受荷载的作用，并不要求基层提供较大的承载能力,但对面层板提供的支承必须均匀和连续,否则,便会由于板底脱空而在板内产生过量的应力。而许多因素会引起板下支承的不均匀或不连续,产生板底脱空,如接缝渗入水对基层顶面的冲刷、温度梯度引起的面层板翘曲变形、无传荷能力的接缝、路基的不均匀沉降等。路面结构组合应针对这些因素采取相应的措施,基层类型的选择是结构组合所考虑的一个主要方面。因此,水泥混凝土面板下基层的主要作用表现在以下几个方面:

(1)防止或减轻唧泥、错台和断裂等病害的产生。

(2)为接缝提供一定的传荷能力,并保障其有足够的耐久性。

(3)缓解不均匀冻胀或不均匀变形对混凝土面层的不利影响。

(4)为面层施工(如立侧模、运送混凝土混合料等)提供方便。

(5)提高路面结构的承载能力。

唧泥、错台和断板等病害是混凝土路面结构常见的损坏形式。因此,对基层首要要求是抗冲刷能力,特别是对于承受特重和重交通的路面。不耐冲刷的基层顶面,在渗入水和重载的共同作用下,会产生唧泥、板底脱空和错台等病害,导致行车的不舒适,并加速和加剧板的断裂。提高基层的刚度,有利于改善接缝的传荷能力。然而,其作用只能在基层未受冲刷的前提下才能得到保证,同时,其效果也不如在接缝内设置传力杆。各种基层具有不同的抗冲刷能力,它取决于基层材料中结合料的性质和含量以及细料的含量。国际道路协会混凝土道路技术委员会将各种基层按材料的耐冲刷能力划分为 5 级:①极耐冲刷——贫混凝土(水泥含量 7%或 8%)、沥青混凝土(沥青含量 6%);②耐冲刷——厂拌水泥稳定粒料(水泥含量 5%);③较耐冲刷——厂拌水泥稳定粒料(水泥含量 3.5%)、沥青稳定粒料(沥青含量 3%);④较易冲刷——路拌水泥稳定粒料(水泥含量 2.5%)、粒料;⑤易冲刷——碎石土、细粒土。

目前,我国习惯采用半刚性基层,但随着抗冲刷能力的提高,基层的刚度也相应增加,会由此引起板温度翘曲变形和板底脱空的增加。为了消除半刚性基层的这一负面影响,2002 年版设计规范提出了沥青类基层的选择方案。交通繁重程度也影响到基层受冲刷的程度以及唧泥和错台病害出现的可能性和程度。按交通等级和各种基层的抗冲刷能力,各交通等级宜选用的基层类型如表 4-2 所示。混凝土预制块面层应采用水泥稳定粒料。

表 4-2　基层类型选择

交通等级	特重	重	中等、轻
基层类型	贫混凝土 碾压混凝土 沥青混凝土	水泥稳定粒料 沥青稳定碎石	水泥稳定粒料 石灰粉煤灰稳定粒料 级配粒料

碾压混凝土基层和弯拉强度超过 1.8MPa 的贫混凝土基层会产生收缩裂缝,从而导致混凝土面层出现反射裂缝,应设置与混凝土面层相对应的横向缩缝,当一次摊铺宽度大于 7.5m 时,还应设置纵向缩缝。

通过接缝或裂缝渗入路面结构内的水量相当大。因此,在湿润和多雨地区,路基为低透水性细粒土的高速和一级公路,或者承受特重或重交通的二级公路,宜采用排水基层和纵向边缘排水系统以排出渗入水，以减小渗入水对基层的冲刷作用，从而降低唧泥、错台和板底脱空等病害出现的可能性和程度。排水基层可选用多孔隙的开级配水泥稳定碎石、沥青稳定碎石或碎石，其孔隙率约为20%。

提高基层的强度或刚度，对于降低面层的应力或者减小面层的厚度影响很小。因此，混凝土面层下的基层不必很厚，也不必采用多个层次。根据形成结构层、方便施工（单层摊铺碾压）或排水要求等因素，各种基层建议厚度范围见表4-3。设计时可在建议的范围内，按设计轴载数的多少和路床的强弱程度依计算确定基层的厚度。

表4-3　基层厚度范围

基层类型	贫混凝土 碾压混凝土	水泥或石灰粉煤灰稳定碎石	沥青混凝土	沥青稳定碎石	级配粒料	多孔水泥碎石	多孔沥青碎石
厚度(mm)	120～200	150～250	40～60	80～100	150～200	100～140	80～100

基层的宽度应比混凝土面层每侧至少宽出300mm（采用小型机具施工时）或500mm（采用轨模式摊铺机施工时）或650mm（采用滑模式摊铺机施工时）。路肩采用混凝土面层，其厚度与行车道面层厚度相同时，基层宽度宜与路基同宽。级配粒料基层的宽度也宜与路基同宽。

遇到下述情况时，需考虑增设厚度一般为200mm的底基层：①基层与路床的刚度比很大或者采用薄沥青类基层，即基层下未设垫层，上路床为细粒土、黏土质砂或级配不良砂（承受特重或重交通时），或者为细粒土（承受中等交通时），为避免基层开裂，可设置级配粒料、低剂量水泥或石灰粉煤灰稳定粒料底基层；②设置排水基层时，其下应设置由水泥稳定粒料或者密级配粒料组成的不透水底基层，底基层顶面宜铺设沥青封层或防水土工织物。

四、面层

水泥混凝土面层板应具有足够的强度、耐久性，表面抗滑、耐磨、平整。面层板一般采用设接缝的普通混凝土。面层板的平面尺寸较大或形状不规则，路面结构下埋有地下设施，高填方、软土地基、填挖交界段的路基有可能产生不均匀沉降时，应采用设置接缝的钢筋混凝土面层。行车舒适性要求高的高速公路可视需要选用连续配筋混凝土面层或由沥青上面层与连续配筋混凝土或横缝设传力杆的普通混凝土下面层组成的复合式面层。在标高受限制路段、收费站、混凝土加铺层和桥面铺装等处可选用钢纤维混凝土。碾压混凝土因其表面平整度差和接缝处难以设置传力杆，只能用于二级及二级以下公路的面层（特重和重交通除外）。矩形或异形混凝土预制块面层，适用于服务区停车场、二级及二级以下公路桥头引道沉降未稳定段。

为了减小试算工作量，根据上述对路基、垫层和基层的有关要求，以及设计安全等级和设计基准期、各安全等级的目标可靠度和变异水平分级、变异系数变化范围以及不同目标可靠度和变异水平等级的可靠度系数，归纳出4种交通等级和7种公路等级和变异水平等级的标准路面结构和设定条件，通过对标准路面结构和设定条件进行计算分析，

表 4-4给出了普通混凝土、钢筋混凝土、碾压混凝土或配筋混凝土面层厚度参考范围。

表 4-4　水泥混凝土面层厚度的参考范围

交通等级	特重				重			
公路等级	高速	一级		二级	高速	一级		二级
变异水平等级	低	中	低	中	低	中	低	中
面层厚度(mm)	≥260	≥250	≥240		270～240	260～230	250～220	
交通等级	中等				轻			
公路等级	二级		三、四级		三、四级			
变异水平等级	高	中	高	中	高	中		
面层厚度(mm)	240～210	230～200		220～200	≤230	≤220		

表 4-4 建议的混凝土面层厚度参考范围，是在对标准的路面结构和设定的条件进行计算分析后归纳而成的。对于特重交通等级，所提出的厚度参考值是依据各项有利的参数值计算得到的下限；对于轻交通等级，所提出的厚度参考范围的高限，是依据各项不利的参数值计算得到的上限，其低限则为面层最小厚度的限值。表 4-4 可供设计者初拟面层厚度时参考，在所建议的各级面层厚度参考范围内，标准轴载作用次数多、变异系数大、最大温度梯度大或者基、垫层厚度或模量值低时，取高值。除混凝土预制块面层之外，各种混凝土面层的厚度均应采用可靠度设计方法以行车荷载和温度梯度综合作用产生的疲劳断裂作为设计的极限状态进行计算确定。

钢纤维混凝土面层的厚度与钢纤维掺量有关。钢纤维体积率为 0.6%～1.0%时，其厚度为普通混凝土面层厚度的 0.65～0.75 倍。特重或重交通时，其最小厚度为 160mm；中等或轻交通时，其最小厚度为 140mm。新建复合式面层的沥青上面层的厚度一般为 25～80mm。

混凝土路面表面构造应采用刻槽、压槽、拉槽或拉毛等方法制作。构造深度在使用初期应满足表 4-5 的要求。

表 4-5　各级公路水泥混凝土面层的表面构造深度要求　　（单位：mm）

公路等级	高速公路、一级公路	二、三、四级公路
一般路段	0.70～1.10	0.50～0.90
特殊路段	0.80～1.20	0.60～1.00

注：1. 特殊路段——对于高速公路和一级公路是指立交、平交或变速车道等处，对于其他等级公路是指急弯、陡坡、交叉口或集镇附近。
2. 年降雨量 600mm 以下的地区，表列数值可适当降低。

第二节　接缝设计

混凝土路面是由一定厚度的混凝土板所组成的，具有热胀冷缩的性质。由于一年四季气温的变化，混凝土板会产生不同程度的膨胀和收缩。而在一昼夜中，白天路面板顶部温度高于底部温度，顶部相对于中心轴来说趋向伸长，而底部趋向于收缩；夜间路面板顶部温度低于底部温度，顶部相对于中心轴来说趋向收缩，而底部趋向于伸长。这些变形会受到板与基础之间的摩阻力和黏结力，以及板的自重和车轮荷载等的约束，致使板内产生过大的应力，造成板的断裂或拱胀等破坏。因此，混凝土面层板需设置各种类型的接缝，以减少因温度和湿度变化引起混凝土板伸缩变形和翘曲变形受到约束而产生内应力，并满足施工的需要。然而，接缝也成为水泥混凝土路面的薄弱部位，随着温度和湿度反复变化，接缝缝隙相应张开或闭合，使路表水易于渗入而引起唧泥、错台、板底脱空和开裂等病害，或者坚硬杂物进入而阻碍膨胀，引起接缝碎裂等病害。而作用在板边缘和角隅处的荷载产生的挠度和应力比作用在板中时大许多，这就加快了上述病害的出现，使接缝成为影响混凝土路面使用寿命以及行车平稳和舒适的关键部位。因此，接缝设计是混凝土路面设计的重要技术内容，接缝设计应能满足以下要求：①控制收缩应力和翘曲应力所引起的裂缝出现的位置；②通过接缝提供足够的荷载传递；③防止坚硬的杂物落入接缝缝隙内。

水泥混凝土路面的接缝可分为纵缝、横缝两大类。纵缝又可分为纵向缩缝和纵向施工缝；横缝又分为横向缩缝、胀缝和横向施工缝。接缝设计的主要内容是确定接缝间距、布置和构造，接缝传荷能力及缝隙的填封。

一、纵向接缝

（一）纵缝间距

纵缝间距通常按车道宽度确定。带有路缘带的高速公路和一级公路，板宽可按车道和路缘带的宽度确定。路面宽为9.0m的二级公路，板宽可按路面宽的一半（4.5m）确定。由于板块过宽易产生纵向断裂，特别是在旧路加宽或半填半挖的路段上，一般不超过4.5m。

一次铺筑宽度小于路面宽度时，应设置纵向施工缝；一次铺筑宽度大于4.5m时，应设置纵向缩缝。

（二）纵缝布置

纵缝应与路线平行。在路面等宽的路段内或路面变宽路段的等宽部分，纵缝的间距和形式应保持一致。路面变宽段的加宽部分与等宽部分之间，以纵向施工缝隔开，把加宽部分作为向外接出的路面进行纵缝布置。加宽板在变宽段起终点处的宽度不应小于1m，以避免出现锐角板。

（三）纵缝构造

纵向施工缝采用平缝形式，上部应锯切槽口，深度为30～40mm，宽度为3～8mm，槽内灌塞填缝料，如图4-1(a)所示。

纵向缩缝采用假缝形式，锯切的槽口深度应大于施工缝的槽口深度，以保证混凝土在干缩或温缩时能在槽口下位置处开裂。否则，会由于缩缝处界面强度大于缩缝区外无拉杆的混凝土强度，导致缩缝区外的混凝土板出现纵向断裂。采用粒料基层时，槽口深度应为板厚的1/3；采用半刚性基层时，槽口深度应为板厚的2/5。其构造如图4-1(b)所示。

（四）拉杆

为了保证纵缝两侧路面板在纵缝位置的紧密联系，不会沿路拱横坡向两侧滑动，同时使纵缝具有一定的传荷能力，纵向接缝无论是施工缝还是缩缝均应在缝内设置拉杆。拉

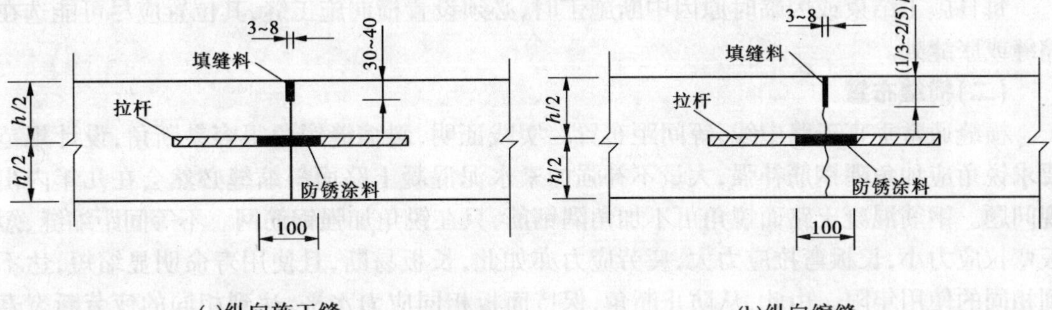

(a)纵向施工缝　(b)纵向缩缝

图 4-1　纵缝构造(尺寸单位:mm)

杆应采用螺纹钢筋,设在板厚中央,并应对拉杆中部 100mm 范围内进行防锈处理。拉杆的直径、长度和间距,可参照表 4-6 选用。施工布设时,拉杆间距应按横向接缝的实际位置予以调整,最外侧的拉杆距横向接缝的距离不得小于 100mm。

表 4-6　拉杆的直径、长度和间距　(单位:mm)

面层厚度	拉杆直径	拉杆长度	拉杆间距					
			到自由边或未设拉杆纵缝的距离(m)					
			3.00	3.50	3.75	4.50	6.00	7.50
200～250	14	700	900	800	700	600	500	400
260～300	16	800	900	800	700	600	500	400

连续配筋混凝土面层的纵缝拉杆可由板内横向钢筋延伸穿过接缝代替。

二、横向接缝

(一)横缝间距

横向缩缝保证路面板因温度和湿度的降低而收缩时沿该薄弱断面缩裂,避免产生不规则裂缝,其间距的大小直接影响板内温度应力、接缝缝隙宽度和接缝传荷能力,一般取 4.0～6.0m。路面结构相对刚度半径大的可取高值;反之,取低值。即板越厚、基顶回弹模量越小,横缝间距可取较大值。但板的长宽比宜控制在 1:1.3 范围内,最大板长不宜大于 6.0m,最小板长不宜小于板宽。

胀缝保证板在温度升高时能部分伸胀,从而避免路面板在热天产生拱胀和折断破坏,同时胀缝也能起到缩缝的作用。胀缝是混凝土路面的薄弱环节,它不仅给施工带来不便,而且由于施工时传力杆设置不当(未能正确定位)或封缝不好等原因,使胀缝处的混凝土板常出现碎裂等病害;当雨水通过胀缝深入地基后,易使地基软化,引起唧泥、错台等病害;胀缝易引起行车跳动,填缝料需要经常补充或更换,增加了养护的麻烦。因此,近年来国内外修筑混凝土路面均有减少胀缝的趋势。我国 2002 年版路面设计规范规定在邻近桥梁或其他固定构造物处或其他道路相交处应设置横向胀缝,设置的胀缝条数视膨胀量大小而定。低温浇筑混凝土面层或选用膨胀性高的集料时，宜酌情确定是否设置胀缝。

每日施工结束或因临时原因中断施工时，必须设置横向施工缝，其位置应尽可能选在缩缝或胀缝处。

(二)横缝布置

横缝通常垂直于路中线，等间距布置。实践证明，斜缩缝锐角很容易断角，设计规范要求锐角应加角隅钢筋补强，大量不补强的素水泥混凝土路面斜缩缝必然会在几年内出现问题。钢筋混凝土路面锐角可不加角隅钢筋，只在锐角加强钢筋网。不等间距缩缝，短板弯拉应力小，长板弯拉应力大，疲劳应力亦如此，长板易断，且使用寿命明显缩短，达不到相同的使用年限。由此，从防止断角，保持面板相同应力水平、达到相同的疲劳断裂寿命和耐久性考虑，不宜采用 1/6 的斜缩缝和不等间距的缩缝形式。

(三)横缝构造

1. 横向缩缝

横向缩缝一般采用假缝形式，即只在横向缩缝顶部锯切槽口，当板收缩时将沿此最薄弱断面有规则地自行断裂。缩缝缝隙宽度为 3～8mm，深度为面板厚的 1/5～1/4，槽内填塞填缝料，以防止地面水下渗及砂石杂物进入缝隙。高速公路的横向缩缝槽口宜增设深 20mm、宽 6～10mm 的浅槽口，其构造如图 4-2 所示。

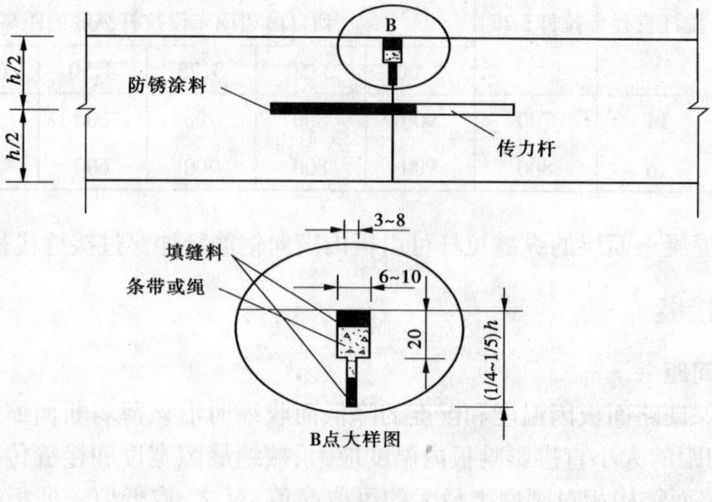

图 4-2　浅槽口构造(尺寸单位:mm)

由于缩缝缝隙下面板断裂面凹凸不平，能起一定的传荷能力，可采用不设传力杆假缝形式，其构造如图 4-3(a)所示。为了改善混凝土路面行驶质量，保证混凝土路面的使用寿命，对特重和重交通公路、收费广场以及邻近胀缝或自由端部的 3 条缩缝，应采用设传力杆假缝形式，其构造如图 4-3(b)所示。

2. 胀缝

胀缝缝隙宽 20mm，缝隙上部浇灌填缝料，下部设置填缝板，中部设置可滑动的传力杆。传力杆一半以上长度的表面涂覆沥青膜，外面再套 0.4mm 厚的聚乙烯膜，且杆的一端加金属套，内留 30mm 的空隙，填以泡沫塑料或纱头；带套的杆段在相邻板交错布置。

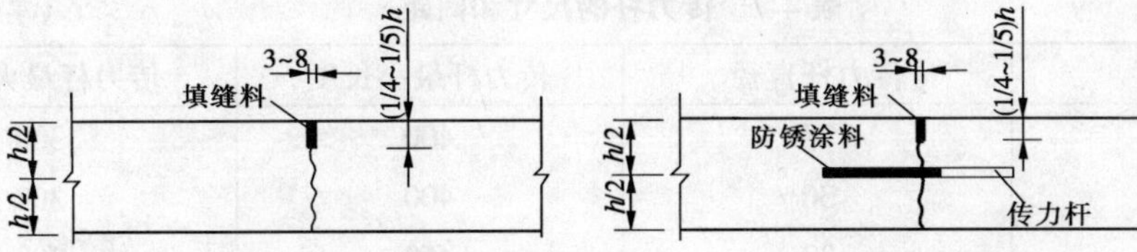

(a)不设传力杆假缝型　　(b)设传力杆假缝型

图 4-3　横向缩缝构造(尺寸单位:mm)

传力杆应在基层预定的位置上设置钢筋支架予以固定。胀缝的构造如图 4-4 所示。

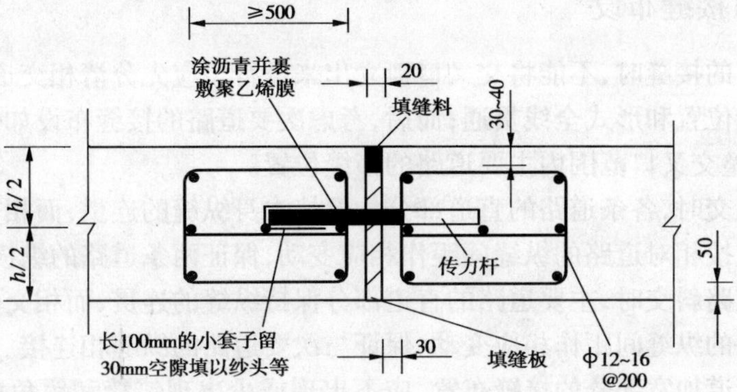

图 4-4　胀缝构造(尺寸单位:mm)

3. 施工缝

设在缩缝处的施工缝应采用设传力杆的平缝形式,其构造如图 4-5(a)所示;设在胀缝处的施工缝,其构造与胀缝相同。遇有困难需设在缩缝之间时,施工缝应采用设拉杆的企口缝形式,以保证优良的荷载传递,且拉成整体板,其构造如图 4-5(b)所示。

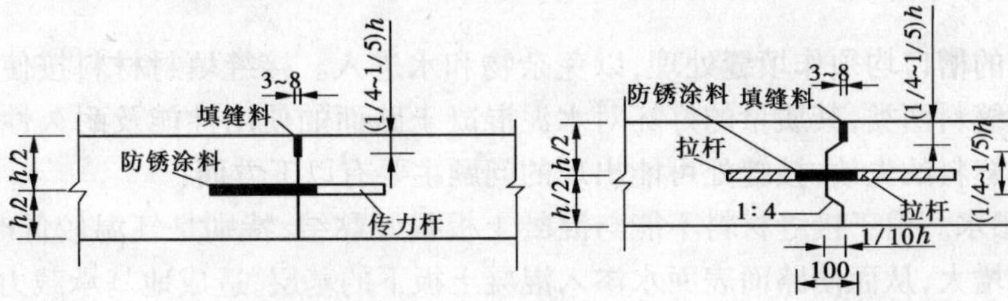

(a)设传力杆平缝型　　(b)设拉杆企口缝型

图 4-5　横向施工缝构造(尺寸单位:mm)

(四)传力杆

传力杆的主要作用是增强路面板的传荷能力,确保面板的整体性,提高路面的平整度和使用品质。传力杆应采用光面钢筋,设在板厚中央,并且保证传力杆的一半长度能够自由滑动,以防止因设置传力杆而引起收缩裂缝的转移。其尺寸和间距可按表 4-7 选用。最外侧传力杆距纵向接缝或自由边的距离为 150～250mm。

表 4-7 传力杆的尺寸和间距 （单位:mm）

面层厚度	传力杆直径	传力杆最小长度	传力杆最大间距
220	28	400	300
240	30	400	300
260	32	450	300
280	35	450	300
300	38	500	300

三、交叉口接缝布设

布设交叉口的接缝时,不能将交叉口孤立出来进行。应先分清相交道路的主次,保持主要道路的接缝位置和形式全线贯通;而后,考虑次要道路的接缝布设如何与主要道路相协调,并适当调整交叉口范围内主要道路的横缝位置。

两条道路正交时,各条道路的直道部分均保持本身纵缝的连贯,而相交路段内各条道路的横缝位置应按相对道路的纵缝间距作相应变动,保证两条道路的纵横缝垂直相交,互不错位。两条道路斜交时,主要道路的直道部分保持纵缝的连贯,而相交路段内的横缝位置应按次要道路的纵缝间距作相应变动,保证与次要道路的纵缝相连接。

相交道路弯道加宽部分的接缝布置,应不出现或少出现错缝和锐角板。在交叉口范围内,为了避免板形成较锐的角并使板的长边与行车方向一致,大多采用辐射式的接缝布置形式。

此外,在次要道路弯道加宽段起终点断面处的横向接缝,应采用胀缝形式。膨胀量大时,应在直线段连续布置 2～3 条胀缝。

四、接缝填封材料

各类接缝的槽口均须作填缝处理,以免杂物和水进入。接缝填封材料按使用性能分为接缝板和填缝料两类,其质量的好坏对水泥混凝土路面的使用性能及耐久性起着关键的作用。因填缝料的失效,接缝处可能出现的问题主要有以下方面:

(1)接缝渗水。由于接缝材料不能与混凝土板很好黏结,特别是气温较低时,混凝土板收缩后缝隙增大,从而使路面表面水渗入混凝土板下的基层,造成地基承载力降低和唧泥,混凝土板出现断裂和错台。

(2)填缝料外溢。气温较高时混凝土板膨胀,如填缝料本身压缩性能及热稳性差,就容易从缝中溢出,流淌到缝的两侧板的表面,影响路面平整度和路容。

(3)杂物嵌入。如接缝材料性能差,则杂物极易嵌入缝中,使接缝失去胀缩作用,板产生拱胀及断裂。尤其是小粒径石子嵌入,使接缝处板端压力集中,以致接缝(特别是胀缝)附近的混凝土板被挤碎。

因此,填封材料必须具备如下性能:胀缝接缝板应具有能适应混凝土板膨胀收缩、施工时不变形、弹性复原率高及耐久性好等性能;接缝填缝料应具有与混凝土接缝槽壁黏结牢固、回弹性好、不溶于水、不渗水,以及高温时不挤出、不流淌,抗嵌挤能力强,耐老化龟裂，负温拉伸量大，低温时不脆裂，耐久性好等性能。

接缝板技术要求应符合表4-8的规定，且各类胀缝板吸水后的压缩应力不应小于不吸水的90%；木板应祛除结疤，沥青浸泡后木板厚度应为(20～25)±1mm。高速公路和一级公路宜选用塑胶、泡沫橡胶板或沥青纤维板；其他等级公路可选用木材类板或纤维类板。

表4-8　胀缝接缝板的技术要求

试验项目	胀缝接缝板的种类		
	木材类	塑胶、橡胶泡沫类	纤维类
压缩应力(MPa)	5.0～20.0	0.2～0.6	2.0～10.0
弹性复原率(%)	≥55	≥90	≥65
挤出量(mm)	<5.5	<5.0	<3.0
弯曲荷载(N)	100～400	0～50	5～40

填缝料有常温施工式和加热施工式两种，其技术要求应符合表4-9的规定。常温施工式填缝料主要有聚(氨)酯、硅树脂类、氯丁橡胶类、沥青橡胶类等。加热施工式填缝料主要有沥青玛琋脂类、聚氯乙烯胶泥类、改性沥青类等。高速公路、一级公路应优先使用树脂类、橡胶类或改性沥青类填缝材料，并宜在填缝料中加入耐老化剂。

表4-9　填缝料的技术要求

填缝料类型	试验项目	低弹性型	高弹性型
常温施工式填缝料	失黏(固化)时间(h)	6～24	3～16
	弹性复原率(%)	≥75	≥90
	流动度(mm)	0	0
	(-10℃)拉伸量(mm)	≥15	≥25
	与混凝土黏结强度(MPa)	≥0.2	≥0.4
	黏结延伸率(%)	≥200	≥400
加热施工式填缝料	针入度(0.01mm)	<50	<90
	弹性复原率(%)	≥30	≥60
	流动度(mm)	<5	<2
	(-10℃)拉伸量(mm)	≥10	≥15

注：低弹性型适宜在气候严寒、寒冷地区使用；高弹性型适宜在气候炎热、温暖地区使用。

为有效地提高接缝的灌缝质量，填缝时应使用背衬垫条控制均匀的填缝深度及填缝料形状系数。背衬垫条应具有良好的弹性、柔韧性，不吸水，耐酸碱腐蚀和高温不软化等性能。常用背衬垫条材料有聚氨酯、橡胶或微孔泡沫塑料等，其形状应为圆柱形，直径应比接缝宽度大2～5mm。

第三节　端部设计

混凝土面板纵横自由边缘下的基础如果产生较大的塑性变形，则板边和板角将出现裂缝、剥落等损坏。当预计有这种可能时，应在板的自由边和角隅处采用钢筋或钢筋网补强。另外，混凝土路面与桥梁、涵洞、通道、沥青路面等相接部位与一般路段有所不同。这些部位的混凝土路面往往发生跳车现象，严重影响行车速度和舒适性以及路面的使用寿命。其原因是多方面的，主要的则是这些部位的差异沉降。防治的原则，除了对这些部位加强路基和基(垫)层的压实，注意桥(涵)台背后填料的选择和压实，尽可能减小这些部位的基础的工后沉降量之外，还需根据这些部位的不同情况采取不同的处理措施，以加强和提高路面整体的耐久性。

一、板边和角隅补强

(一)边缘钢筋

混凝土面层自由边缘下基础薄弱或接缝为未设传力杆的平缝时，可在面层边缘的下部配置钢筋。通常选用 2 根直径为 12～16mm 的螺纹钢筋，置于面层底面之上 1/4 厚度处并不小于 50mm，间距为 100mm。为加强锚固能力，钢筋两端向上弯起，如图 4-6 所示。

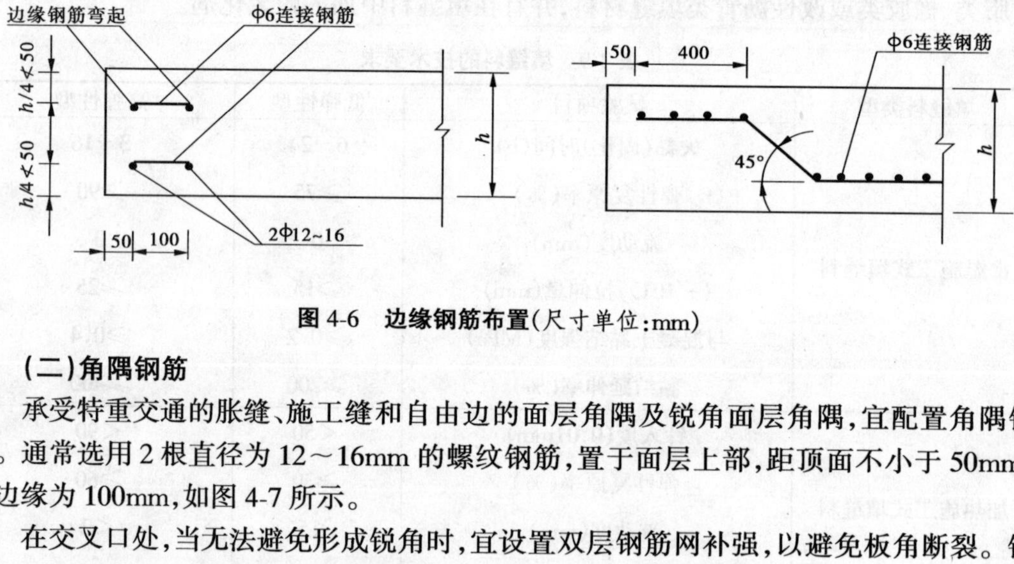

图 4-6　边缘钢筋布置(尺寸单位:mm)

(二)角隅钢筋

承受特重交通的胀缝、施工缝和自由边的面层角隅及锐角面层角隅，宜配置角隅钢筋。通常选用 2 根直径为 12～16mm 的螺纹钢筋，置于面层上部，距顶面不小于 50mm，距边缘为 100mm，如图 4-7 所示。

在交叉口处，当无法避免形成锐角时，宜设置双层钢筋网补强，以避免板角断裂。钢筋布置在板的上下部，距板顶或板底 50～70mm 为宜，如图 4-8 所示。

二、混凝土路面与固定构造物相衔接

混凝土路面与固定构造物相衔接的胀缝无法设置传力杆时，可在毗邻构造物的板端部内配置单层或双层钢筋网，或在长度为 6～10 倍板厚的范围内逐渐将板厚增加 20%。

混凝土面层下有箱形构造物横向穿越，其顶面至面层底面的距离小于 400mm 或嵌入基层时，在构造物顶宽及两侧各$(H+1)$m 且不小于 4m 的范围内，混凝土面层内应布设

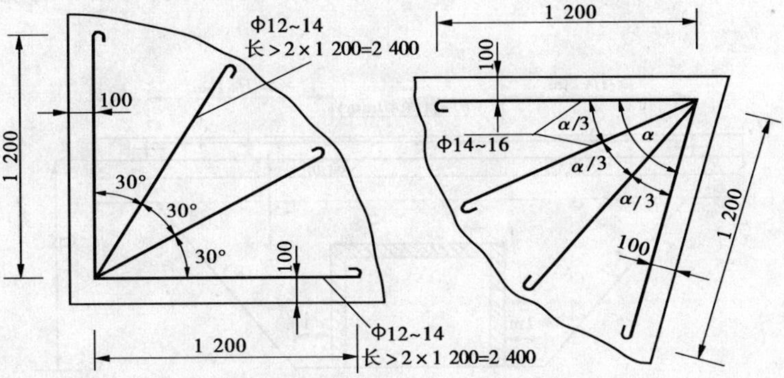

图 4-7　角隅钢筋布置(尺寸单位:mm)

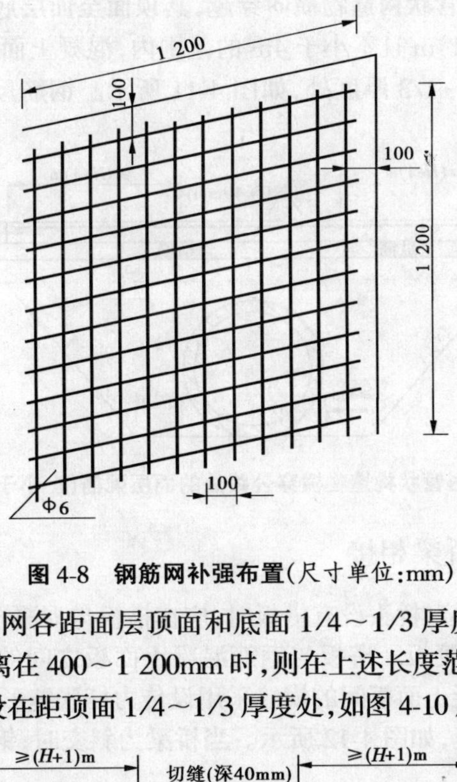

图 4-8　钢筋网补强布置(尺寸单位:mm)

双层钢筋网,上下层钢筋网各距面层顶面和底面 1/4～1/3 厚度处,如图 4-9 所示。构造物顶面至面层底面的距离在 400～1 200mm 时,则在上述长度范围内的混凝土面层中应布设单层钢筋网。钢筋网设在距顶面 1/4～1/3 厚度处,如图 4-10 所示。钢筋直径为 12mm,

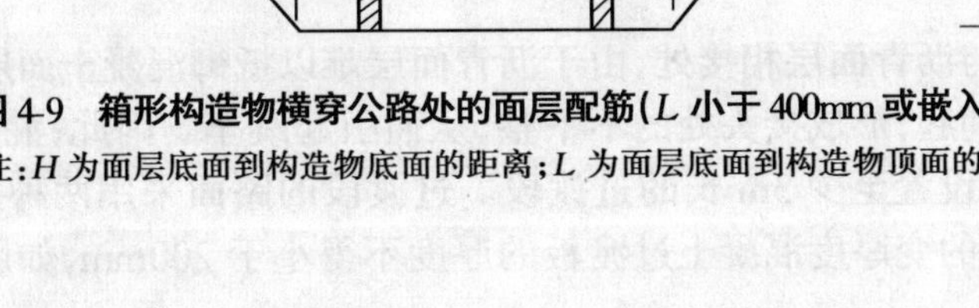

图 4-9　箱形构造物横穿公路处的面层配筋(*L* 小于 400mm 或嵌入基层)

注:*H* 为面层底面到构造物底面的距离;*L* 为面层底面到构造物顶面的距离。

纵向钢筋间距100mm，横向钢筋间距200mm。配筋混凝土面层与相邻混凝土面层之间设置传力杆缩缝。

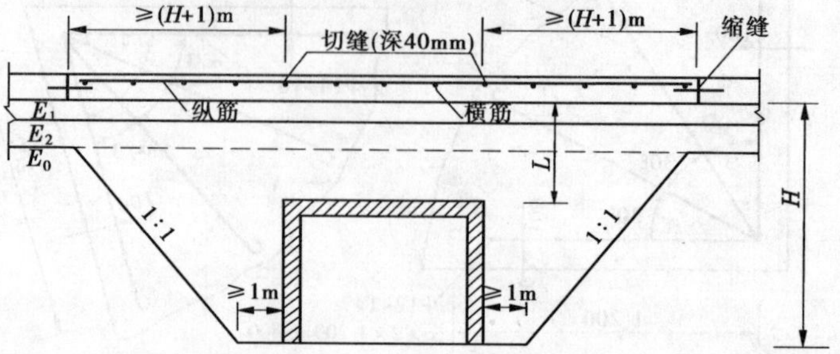

图4-10　箱形构造物横穿公路处的面层配筋（L 为400～1 200mm）

混凝土面层下有圆形管状构造物横向穿越，其顶面至面层底面的距离小于1 200mm时，在构造物两侧各（$H+1$）m且不小于4m的范围内，混凝土面层内应设单层钢筋网，钢筋网设在距面层顶面1/4～1/3厚度处，如图4-11所示。钢筋尺寸和间距及传力杆接缝设置与箱形构造物相同。

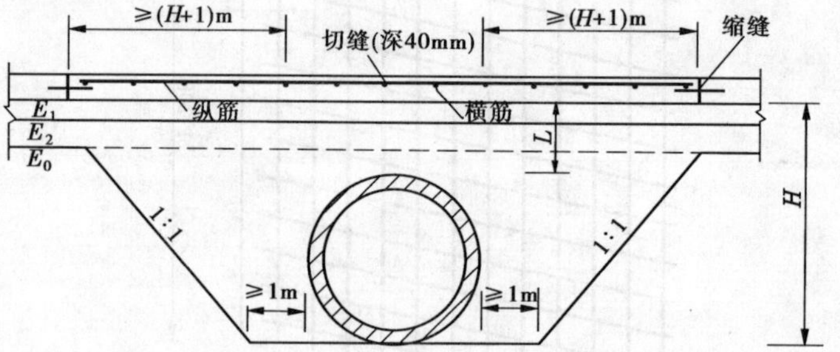

图4-11　圆形管状构造物横穿公路处的面层配筋（L 小于1 200mm）

三、混凝土路面与桥梁相接

混凝土路面与桥梁相接，桥头设有搭板时，应在搭板与混凝土面层板之间设置长6～10m的钢筋混凝土面层过渡板。搭板与钢筋混凝土面板之间的接缝采用设拉杆平缝形式，钢筋混凝土面板与混凝土面板间的横缝采用设传力杆胀缝形式。膨胀量大时，应连续设置2～3条设传力杆胀缝，如图4-12所示。当桥梁为斜交时，钢筋混凝土板的锐角部分应采用钢筋网补强。

桥头未设搭板时，宜在混凝土面层与桥台之间设置长10～15m的钢筋混凝土面板，或设置由混凝土预制块面层或沥青面层铺筑的过渡段，其长度不小于8m。

四、混凝土路面与沥青路面相接

在混凝土面层与沥青面层相接处，由于沥青面层难以抵御混凝土面层的膨胀推力，沥青面层易出现推移拥起，形成接头处的不平整，从而引起跳车。因此，混凝土路面与沥青路面相接时，其间应设置至少3m长的过渡段。过渡段的路面采用两种路面呈阶梯状叠合布置，其下面铺设的变厚度混凝土过渡板的厚度不得小于200mm，如图4-13所示。过

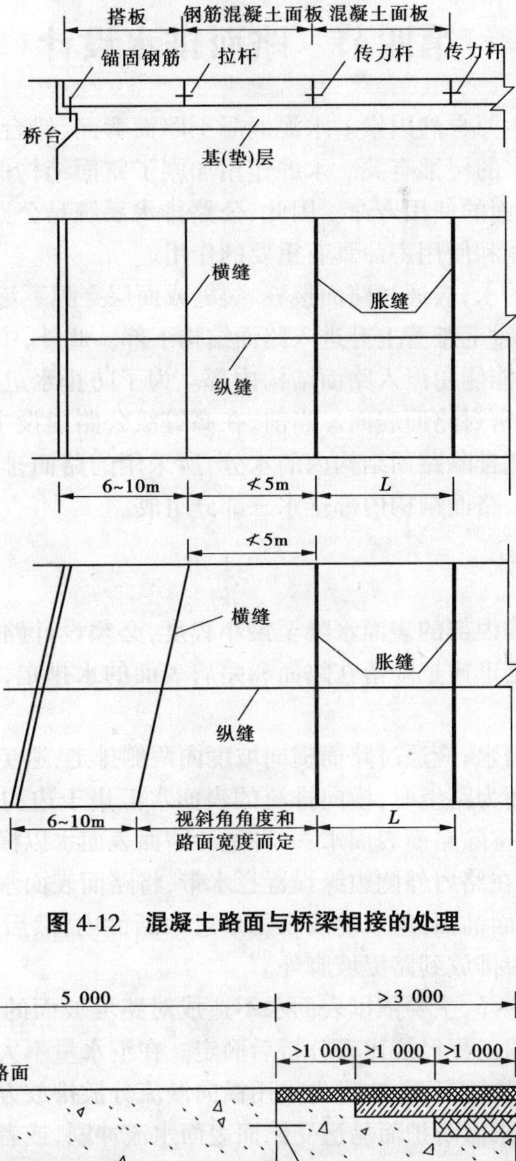

图 4-12　混凝土路面与桥梁相接的处理

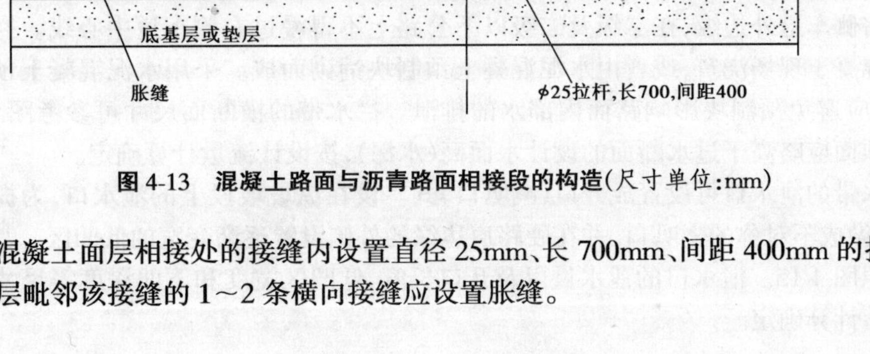

图 4-13　混凝土路面与沥青路面相接段的构造(尺寸单位:mm)

渡板与混凝土面层相接处的接缝内设置直径 25mm、长 700mm、间距 400mm 的拉杆。混凝土面层毗邻该接缝的 1～2 条横向接缝应设置胀缝。

第四节 路面排水设计

水是危害公路的主要自然因素。水泥混凝土路面唧泥、错台、断裂等病害,都不同程度地与地表水和地下水的侵蚀有关。水的作用加剧了路面结构的损坏,加快了路面使用性能的变坏,缩短了路面的使用寿命。因此,公路排水系统是公路工程的重要组成部分,对保证公路的使用性能和使用寿命具有重要的作用。

降落在路面表面的水,会通过路面接缝、裂缝或面层空隙下渗到路面结构内部。地下水位高时,地下水会通过毛细管上升进入路面结构下部。此外,中央分隔带及道路两侧有临时滞水时,水分也可能侧向渗入路面结构内部。为了防止水进入路面结构内而危害路面,需要拦截地下水和密封路面表面。当前,在高等级公路建设中,为使渗入路面的表面水降至最小程度及迅速排除路面结构内的水分,所采用的路面排水系统主要由路面表面排水、中央分隔带排水、路面结构内部排水三部分组成。

一、路面表面排水

为使渗入路面结构内部的表面水降至最小程度,必须设计路面表面排水设施。路面表面排水的主要任务是迅速把降落在路面和路肩表面的水排走,以免造成路面水而影响行车安全。

降落在路面上的雨水,应通过路面横向坡度向两侧排走,避免行车道路路面范围内出现积水。当路基横断面为路堑时,横向排流的表面水汇集于边沟内。当路基横断面为路堤时,可采用两种方式排除路面表面水:一种是让路面表面水以横向漫流形式向堤坡面分散排放;另一种方式是在路肩外侧边缘设置拦水带,将路面表面水汇集在拦水带同路肩铺面(或者路肩和部分路面铺面)组成的浅三角形过水断面内,然后通过相隔一定间距设置的泄水口和急流槽集中排放到路堤坡脚外。

两种排水方式的选择,主要依据表面水不造成对路堤坡面的冲刷危害及坡面防护措施与拦水带和急流槽的工程经济比较分析后而定。在汇水量不大、路堤不高、路线纵坡不大、坡面抗冲刷能力强的情况下,应优先采用横向漫流分散排放方式排除路面表面水。在路堤较高、边坡坡面在未做防护而易遭受路面表面水流冲刷,或者坡面虽已采取防护措施但仍有可能受到冲刷的情况下,则应采用集中排放方式排除路面表面水。

在设置拦水带汇集路面表面水时,拦水带过水断面内的水面,在高速、一级公路上不得漫过右侧车道外边缘,在二级及二级以下公路上不得漫过右侧车道中心线。拦水带可由沥青混凝土现场浇筑,或者由水泥混凝土预制块铺砌而成。采用水泥混凝土预制块拦水带时,应避免预制块影响路面内部水的排泄。拦水带的横断面尺寸可参考图4-14,拦水带的顶面应略高于过水断面的设计水面高(水深),按设计流量计算确定。

拦水带的泄水口可设置成开口(喇叭口)式。设在纵坡坡段上的泄水口,为提高泄水能力,宜做成不对称的喇叭口,并在硬路肩边缘的外侧设置逐渐变宽的低凹区。其平面布置可参照图4-15。泄水口的泄水量以及开口长度、低凹区宽度和下凹深度等尺寸应按泄水口水力计算确定。

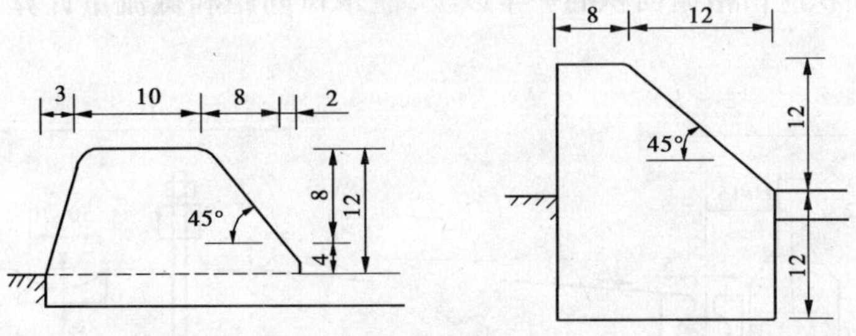

(a)沥青混凝土拦水带　　　　　　(b)水泥混凝土拦水带

图 4-14　拦水带横断面参考尺寸(尺寸单位:cm)

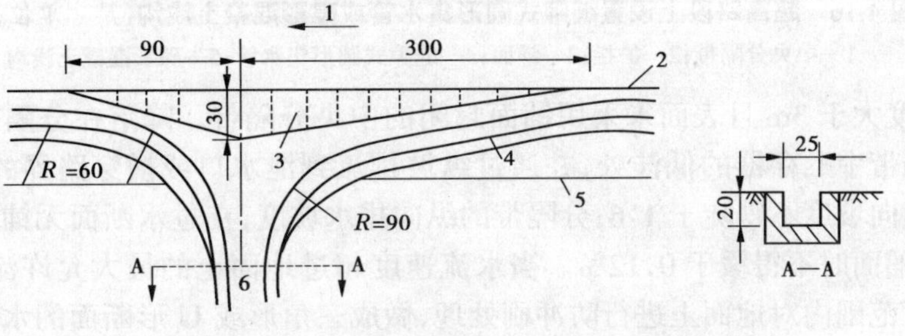

图 4-15　纵坡段上拦水带不对称泄水口的平面布置(尺寸单位:cm)

1—水流流向;2—硬路肩边缘;3—低凹区;

4—拦水带顶;5—路堤边坡坡顶;6—急流槽

二、中央分隔带排水

降落在分隔带上的表面水会渗入分隔带土体内及路面结构内。分隔带一般都回填土,并埋设各种地下管、井,这必然给渗入水向路基深处渗透留下通道。同时,这种渗流还会顺着纵坡向低洼处集中,导致低洼处的地基土含水量过大,如遇桥涵构造物,纵向渗流就会被阻断而沿构造物台背进一步下渗。降雨量大的多雨地区,这种渗入量很大,有可能影响到两侧行车道路基路面结构的稳定性。因此,中央分隔带排水是高等级公路地表排水的重要内容,为排除这部分渗入水,可在中央分隔带内设置渗沟和横向排水沟,将渗入水排除出路基,或者在部分面积因绿化而未设铺面的分隔带内,在无铺面处设置深入下卧层的竖向渗井,以排除由这些地方下渗的水。

中央分隔带排水应根据分隔带宽度、绿化和交通安全设施的形式、分隔带表面的处理方式等因素选择不同的排水方式。我国的《公路排水设计规范》将中央分隔带排水划分为3种类型:

(1)宽度小于3m且表面采用铺面封闭的中央分隔带。降落在分隔带上的表面水排向两侧行车道,其坡度与路面的横坡度相同。在超高路段上,可在分隔带上侧边缘处设置缘石或泄水口或者在分隔带内设置缝隙式圆形集水管或碟形混凝土浅沟和泄水口(见图 4-16),以拦截和排泄上侧半幅路面的表面水。路缘石过水断面的泄水口可采用开口式、格栅式或组合式;碟形混凝土浅沟泄水口采用格栅式。格栅铁条应平行于水流方向,孔口的净泄水面积应占格栅面积的一半以上，泄水口间距和截流量计算及断面尺寸等可通过计算选取。

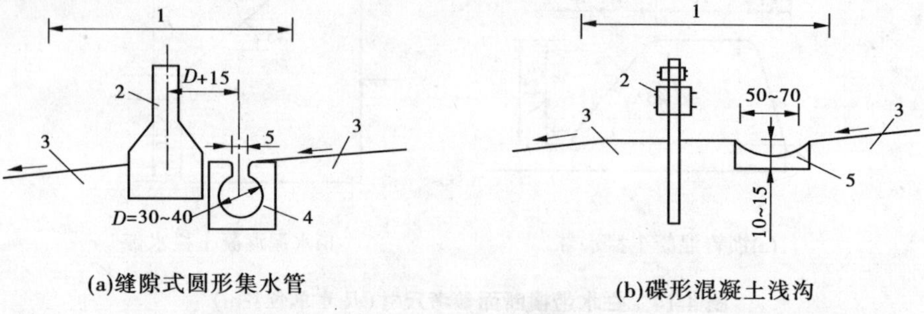

图 4-16　超高路段上设置缝隙式圆形集水管或碟形混凝土浅沟(尺寸单位：cm)

1—中央分隔带；2—护拦；3—铺面；4—缝隙式圆形集水管；5—碟形混凝土浅沟

(2)宽度大于 3m 且表面未采用铺面封闭的中央分隔带。降落在分隔带上的表面水汇集在分隔带中贮存器的低洼处，并通过纵坡排流到泄水口或横穿路界的桥涵水道中。分隔带的横向坡度不得陡于 1:6；分隔带的纵向排水坡度，在过水断面无铺面时不得缓于 0.25%，有铺面时不得缓于 0.12%。当水流速度超过地面土的最大允许流速时，应在过水断面宽度范围内对地面土进行防冲刷处理，做成三角形或 U 形断面的水沟。防冲刷层可采用石灰或水泥稳定土，或者采用浆砌片石铺砌，层厚 10～15cm。在中央分隔带内的水流流量过大或流速超过允许范围处，或者在分隔带低凹区的流水汇集处，应设置格栅或泄水口，并通过排水管引排到桥涵或路界处。格栅可以同周围地面齐平，也可适当降低，并在其周围一定宽度范围内做成低凹区，以增强泄水能力。

(3)表面无铺面且未采用表面排水措施的中央分隔带。降落在分隔带上的表面水下渗，由分隔带内的地下排水设施排除。常用的纵向排水渗沟见图 4-17，应隔一定间距通过横向排水管将渗沟内的水排出路界。渗沟周围包裹反滤织物(土工布)，以免渗入水挟带的细粒将渗沟堵塞。渗沟上的回填料与路面结构的交界面铺设涂双层沥青的土工布隔渗层。排水管可采用直径 70～150mm 的塑料管。

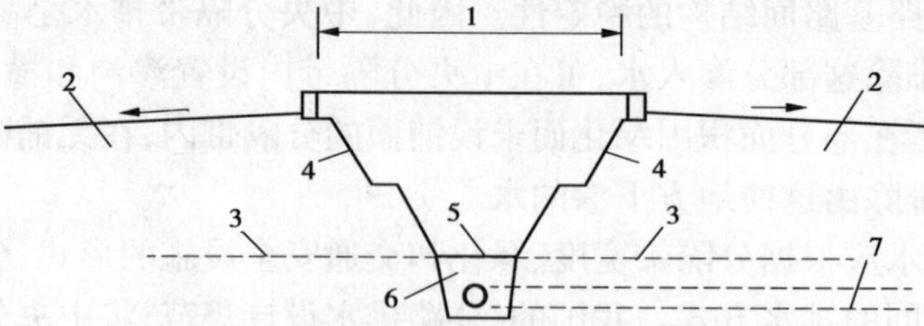

图 4-17　中央分隔带下设排水沟示意图

1—中央分隔带；2—路面；3—路床顶面；4—隔渗层；
5—反滤织物；6—渗沟；7—横向排水管

在我国，通常采用较窄的中央分隔带，仅在中间设预留车道时才采用宽的中央分隔带。各地在选用排水设施类型时，并未拘泥于以分隔带宽度限值作为惟一的依据，而是结合地区和工程需要确定,形式是多样的。因此,上述分类中的宽度标准并不是绝对的。

三、路面结构内部排水

尽管采取一系列措施,如设置完善的路面表面排水系统、选用优质的接缝板和填缝料密封水泥混凝土路面各类接缝、采用水稳性和冲刷性能好的基层材料、采用密级配沥青混合料、尽可能提高沥青混合料的水稳性以及设置下封层等,以使表面水的渗入量最小,但表面水还是会通过各种途径进入路面结构层内。进入路面结构内的自由水,可通过向路基下部渗流而逐渐排走。当路基为低透水性(渗透系数不大于 10^{-5}cm/s),而两侧路肩外也由这种土填筑时,路面结构便类似于被安置在封闭的槽式"浴盆"内,进入路面结构内的水分无法向下或向两侧迅速渗漏,而被长时间积滞在路面结构内部。特别是位于凹形竖曲线底部、低洼河谷地、曲线超高断面内侧,或者立体交叉的下穿路段的路面结构,由于地表径流或地下水汇集,进入结构内的自由水不仅数量大,而且停滞时间久。

对于沥青混凝土路面和水泥混凝土路面来说,被围封在路面结构内的水分会浸湿各结构层材料和路基土,使其强度下降、变形增加,从而使路面结构的承载能力降低、使用寿命缩短。更为严重的是,由于路面是层状结构,层间结合处容易出现空隙,进入空隙的自由水在行车荷载的作用下,会成为高空隙水压力和高流速的水流,冲刷层面材料并从缝隙处向外喷射出带冲刷材料的泥浆,促使沥青混凝土面层出现剥落和松散,水泥混凝土面层出现错台和板底脱空等病害,从而使整个路面结构的实用性能迅速变坏。大量的路面损坏状况调查和路面使用经验表明,进入路面结构内的自由水是造成或加速路面损坏的重要因素。因此,设置路面结构内部排水系统,将积滞在路面结构内的水分迅速排到路面和路基结构范围之外,有利于改善路面的使用性能,可大大提高其使用寿命。

(一)设置内部排水系统的条件

遇有下列情况时应设置路面结构内部排水系统:

(1)年降水量为600mm以上的湿润和多雨地区,路基由透水性差的细粒土(渗透系数不大于 10^{-5}cm/s)组成的高速公路、一级公路或重要的二级公路。

(2)路基两侧有滞水,可能渗入路面结构内。

(3)严重冰冻地区,路基为由粉性土组成的潮湿、过湿路段。

(4)现有路面改建或改善工程,需排除积滞在路面结构内的水分。

(二)内部排水系统的设计

1. 内部排水系统设计标准

路面结构内部排水系统设计应满足以下三方面的使用要求:

(1)路面内部排水系统中各项排水设施的泄水能力均应大于渗入路面结构内的水量,且下游排水设施的泄水能力应超过上游排水设施的泄水能力。

(2)渗入水在路面结构内的最大渗流时间,冰冻地区不应超过1h,其他地区不应超过2(重交通)~4h(轻交通)。渗入水在路面结构内的渗流路径长度不宜超过45~60m。

(3)各项排水设施不应被渗流从路面结构、路基或路肩中带来的细料堵塞,以保证系统的排水能力不随时间推移而很快丧失。

2.表面水渗入量的计算

表面水渗入路面结构的量,按路面类型分别由下列公式计算:

水泥混凝土路面
$$Q_i = I_c\left(n_z + n_h \frac{B}{L}\right) \tag{4-1}$$

沥青路面
$$Q_i = I_a B \tag{4-2}$$

式中 Q_i——纵向每延米路面结构表面水的渗入量,$m^3/(d \cdot m)$;

I_c——每延米水泥混凝土路面接缝或裂缝的表面水设计渗入率,$m^3/(d \cdot m)$,可按 $0.36m^3/(d \cdot m)$ 取用;

I_a——每平方米沥青路面的表面水设计渗入率,$m^3/(d \cdot m^2)$,可按 $0.15m^3/(d \cdot m^2)$ 取用;

B——单向坡度路面的宽度,m;

L——水泥混凝土路面的横缝间距(即板长),m;

n_z——B 长度范围内纵向接缝和裂缝的条数(包括路面与路肩之间的接缝);

n_h——L 长度范围内横向接缝和裂缝的条数。

3.渗流时间和渗流路径长的计算

进入路面结构内的自由水,可通过向路基下部渗流而逐渐排走。渗流的速度随路基土的渗透性和地下水位的高度而异,可以利用达西渗流定律,以不同渗透性的路基土的排水时间进行计算分析。自由水在排水层内的渗流时间按下列公式计算:

$$t = \frac{L_s}{3\,600 v_s} \tag{4-3}$$

$$L_s = B\sqrt{1 + \frac{i_z^2}{i_h^2}} \tag{4-4}$$

$$v_s = \frac{1}{n_e} k_b \sqrt{i_z^2 + i_h^2} \tag{4-5}$$

式中 t——渗流时间,h;

L_s——渗流路径长,m;

v_s——渗流速度,m/s;

k_b——透水材料的渗透系数,m/s;

i_z——纵向坡度;

i_h——横向坡度;

n_e——透水材料的有效孔隙率。

(三)边缘排水系统

边缘排水系统是将渗入路面结构内的自由水,先沿路面结构层间空隙或某一透水层次横向流入由透水性材料组成的纵向集水沟和排水管,并汇集流入沟中带孔集水管内,再由间隔一定距离布设的横向出水管排引出路基。设置边缘排水系统,便于将面层—基层—路肩界面处积滞的自由水排离路面结构。边缘排水系统的常用形式见图 4-18。

纵向排水管通常选用聚氯乙烯(PVC)或聚乙烯(PE)塑料管。排水管设 3 排槽口或

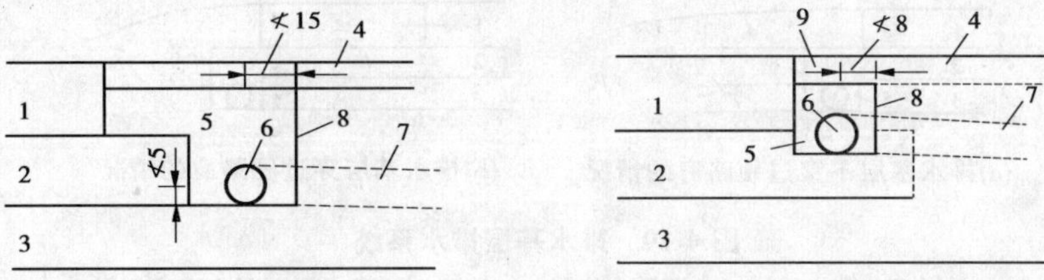

(a)新建路面边缘排水系统　　(b)改建路面边缘排水系统

图 4-18　边缘排水系统(尺寸单位:cm)

1—面层;2—基层;3—垫层;4—路肩面层;5—集水沟;

6—排水管;7—出水管;8—反滤织物;9—回填路肩面层

孔口,其开口总面积不小于 42cm²/延米。管径按设计流量由水力计算确定,通常在 70~150mm 范围内选用。排水管的埋设深度,应保证不被车辆或施工机械压裂,并应超过当地的冰冻深度。在非冰冻地区,新建路面时排水管管底通常与基层底面齐平;改建路面时,管中心应低于基层顶面。排水管的纵向坡度宜与路线纵坡相同,但不得小于 0.25%。

横向出水管选用不带槽或孔的聚氯乙烯塑料管,管径与排水管相同。其间距和安全位置由水力计算并考虑邻近地面高程和公路纵横断面情况确定,一般在 50~100m 范围内选用。出水管的横向坡度不宜小于 5%。埋设出水管所开挖的沟,须用低透水材料回填。出水管的外露端头用锌铁丝网或格栅罩住。出水口的下方应铺设水泥混凝土防冲刷垫层或者对泄水道的坡面进行浆砌片石防护,以防止水流冲刷路基边坡和植物生长。出水水流应尽可能排引至排水沟或涵洞内。

透水性填料由水泥处治开级配粗集料组成,其孔隙率为 15%~20%。粗集料最大粒径不大于 40mm,粒径 4.75mm 以下的细粒含量不应超过 16%,2.36mm 以下的细粒含量不应超过 6%。为避免带孔排水管被堵塞,透水性填料在通过率为 85%时的粒径应比排水管槽口宽或孔口直径大 1.0~1.2 倍。水泥处治集料的配合比,应按透水性要求和施工要求通过试配确定。

集水沟底面的最小宽度,对新建路面,不应小于 30cm;对改建路面,应能保证排水管两侧各有至少 5cm 宽的透水填料。透水填料的底面和外侧围以反滤织物(土工布),以防垫层、基层和路肩内的细粒侵入而堵塞填料空隙或管孔。反滤织物可选用由聚酯类、尼龙或聚丙烯材料制成的无纺织物,能透水,但细粒土不能随水透过。

(四)排水基层排水系统

基层排水系统是直接在面层下设置透水性排水基层,在其边缘设置纵向集水沟和排水管以及横向出水管等,组成排水基层排水系统(见图 4-19)。采用透水性材料做基层,使渗入路面结构内的水分先通过竖向渗流进入排水层,然后横向渗流进入纵向集水和排水管,再由横向出水管排引出路基。这种排水系统,由于自由水进入排水层的渗流路径短,在透水性材料中渗流的速率快,其排水效果要比边缘排水系统好得多。一般在新建路面时采用此方案。排水基层设在面层下,作为路面结构的基层或基层的一部分,共同承受车辆荷载的作用。

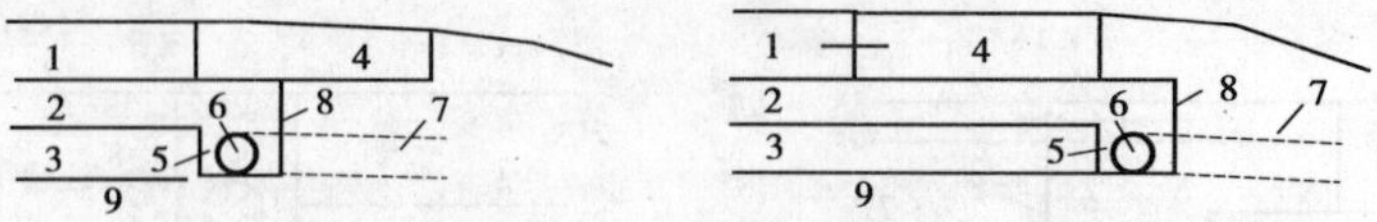

(a)排水基层不穿过硬路肩的情况　　(b)排水基层穿过硬路肩的情况

图 4-19　排水基层排水系统

1—面层；2—排水基层；3—不透水垫层；4—路肩面层或水泥混凝土路肩面层；5—集水沟；6—排水管；7—出水管；8—反滤织物；9—路基

排水层也可采用横贯路基整个宽度的形式，不设纵向集水沟和排水管以及横向出水管。渗入排水层内的自由水横向渗流，直接排泄到路基坡面外，这种形式便于施工，但排水层在坡面出口处易生长杂草或被其他杂物堵塞，从而在使用几年后便不再能排泄渗入水，而集中积泄在排水层内的自由水反而使路面结构，特别是路肩部分，更易出现损坏。

在一些特殊地段，如连续长纵坡段、曲线超高过滤段和凹形竖曲线段等，排水层内渗流的自由水有可能被堵封或者渗流路径超过 45～60m。在这些地段，应增设横向排水管以拦截水流，缩短渗流长度。

排水层的透水性材料可以采用经水泥或沥青处治，或者未经处治的开级配碎石集料。未处治碎石集料的透水性一般比水泥或沥青处治的要低，其渗透系数大致变动于 60～1 000m/d范围内，而水泥或沥青处治碎石集料的渗透系数则大致在 1 000～6 000m/d 范围内，其中沥青处治碎石的透水性略高于水泥处治碎石。未处治碎石集料，在施工摊铺时易出现离析且不易压实稳定，在施工机械行驶下易出现推移变形，一般情况下不建议采用此作为排水基层。用做水泥混凝土路面的排水基层，宜采用水泥处治开级配碎石集料，其最大粒径可选用 25mm；用做沥青混凝土路面的排水基层，则宜采用沥青处治碎石集料，最大粒径宜为 20mm。材料的透水性同集料的颗粒组成情况有关，空隙率大的组成材料，其渗透系数也大，需通过透水试验确定。

纵向集水沟布置在路面横坡的下方。行车道路面采用双向坡路拱时，在路面两侧都设置纵向集水沟。集水沟的内侧边缘可设在行车道面层边缘外，但有时为了避免排水管被面层施工机械压裂，或者避免路肩铺面受集水沟沉降变形的影响，将集水沟向外侧移出 60～90cm。路肩采用水泥混凝土铺面时，集水沟内侧边缘可外移到路肩面层边缘外。

排水基层下必须设置不透水垫层或反滤层，以防止表面水向下渗入垫层，浸湿垫层和路基，同时防止垫层或路基土中的细粒进入排水基层而造成堵塞。排水垫层按路基全宽设在其顶面。排水垫层一方面要能渗水，另一方面要防止渗流带来的细粒堵塞透水材料。为此，在材料级配组成上要满足透水和反滤要求。

第五节　路肩设计

路肩除了为路面提供侧向支撑外，也承受越占交通、停放交通和正常交通等车辆荷载的作用，因此路肩本身应具有一定承载能力，其结构组合和材料选用应与行车道路面相协调。

雨水会沿混凝土路面同路肩相接处下渗，积滞在面层—基层—路肩界面处。由于路肩的基层或垫层通常采用无机结合料稳定的粒料，含细料较多，容易使混凝土路面的边缘产生唧泥和错台等病害，并引起面层产生边角断裂。因此，路肩结构设计和材料组成设计，须考虑为渗入行车道路面内的水分提供横向排出的通道，避免形成阻水堤。

路肩铺面可选用水泥混凝土面层或沥青面层。

水泥混凝土路肩的厚度通常采用与行车道面层等厚，其基层宜与行车道基层相同，当选用较薄面层时，其厚度不宜小于150mm，基层应采用开级配粒料。路肩混凝土的组成和强度要求与行车道路面相同。混凝土路肩面层与行车道面层之间的纵向接缝，在混凝土一次浇筑时采用锯切缩缝形式，在混凝土分别浇筑时，则可采用平缝或企口缝形式。纵缝内均应设置拉杆，以防止路肩面层板外移而使纵缝缝隙张开。路肩面层的横缝间距和布置与行车道面层一致，当路肩面层宽度较小时，应增设横缝。行车道面层的横缝内设置传力杆时，路肩面层内也相应设置传力杆，但其间距可大些。

沥青面层路肩宜选用密实型沥青混合料，其基层可选用冲刷小的无机结合料稳定粒料或级配粒料。行车道路面结构不设内部排水设施时，沥青面层和不透水基层的总厚度不宜超过行车道面层的厚度，基层下应选用透水性粒料填筑。

第五章　水泥混凝土路面板厚设计

第一节　概　述

水泥混凝土路面结构设计的目标，是提供一种寿命周期费用最低的路面结构，使其在设计使用期内能按规定的可靠度水平承受预期的交通荷载作用，并同所处的自然环境相适应，满足预定的使用性能要求。路面结构设计是合理选择和组合路面结构，分析各设计变量同结构反应和使用性能指标间的关系，以确定所需的混凝土面层厚度或其他结构参数。

结构设计方法有经验—力学法和力学—经验法两类，并可采用确定型或者概率型两种设计法进行。本章主要介绍以控制荷载应力和温度应力综合作用下的疲劳断裂为设计标准的结构设计方法，以及考虑材料和结构设计参数及交通荷载参数变异性的可靠度设计方法。

断裂是水泥混凝土路面破坏的主要模式，它是在荷载和环境因素作用下面层所产生的应力超过混凝土的强度所引起的。混凝土路面受到不同级位和数量的车轮荷载的反复作用，同时还承受着随机变化的温度梯度所引起的温度应力反复作用。在荷载应力和温度应力的综合反复作用下，混凝土面层出现疲劳断裂。结构设计方法便以控制混凝土路面的疲劳断裂作为设计目标。

我国 1994 年发布的《公路水泥混凝土路面设计规范》即是以混凝土路面的疲劳断裂作为路面损坏模式，以控制荷载疲劳应力与温度疲劳应力之和不超过混凝土的弯拉强度作为板厚设计标准，即：

$$\sigma_{pr} + \sigma_{tr} \leqslant f_r \tag{5-1}$$

式中　σ_{pr}——行车荷载疲劳应力，MPa；

σ_{tr}——温度梯度疲劳应力，MPa；

f_r——水泥混凝土弯拉强度标准值，MPa。

这是一种确定型的设计方法，即在路面结构设计中采用的材料和结构参数、交通参数及环境参数均为定值。但实际上路面结构层由不同的混合材料组成，且在现场修筑，因此路面结构的物理力学性质和使用性能具有不确定性。同时，路面结构所处的环境和所承受的交通荷载也随时随地地发生变化，对它们在设计使用期内的影响和作用所作的预估包含着更大的不确定性。此外，路面设计理论和计算公式同路面结构实际使用状况之间也存在着一定的差异。对于上述不确定性因素，确定型设计方法通过安全系数加以考虑，即对路面结构的抗力进行某种程度的缩小，而对其所承受的外部作用给予某种程度的放大，难以明确所设计路面应达到的可靠程度，以及该路面结构实际具有或可达到的可靠程度，使设计指标的可检验性下降，给施工控制和质量检验带来许多困难。

针对上述不足，我国2002年发布的《水泥混凝土路面设计规范》引入可靠度的概念，提出了一种概率型的设计方法，即将材料和结构参数的变异性及交通荷载参数的变异性引入结构设计方法，可以估计设计方法的总方差及各项设计变量的不确定性在总方差中所占的比重，并使设计结果同施工质量管理和控制水平相关联，从而可以更确切地选定路面结构的相关参数，有针对性地提出改善主要设计参数变异性的设计或施工措施。这对于提高设计和施工质量及管理水平均有积极意义。为了与1994年版设计规范相衔接，充分利用原有的研究成果，2002年版规范中的概率型设计方法基本沿用了原规范确定性设计方法的框架，为设计时应用方便，引入一个考虑结构参数和实际情况不相符的综合修正系数，其结构极限状态表达式为：

$$\gamma_r(\sigma_{pr}+\sigma_{tr})\leqslant f_r \tag{5-2}$$

式中　γ_r——可靠度系数；

其他符号含义同前。

第二节　水泥混凝土路面荷载应力分析

混凝土路面板的厚度不到其平面尺寸的十分之一，荷载作用下板的挠度又远小于其厚度，因此水泥混凝土路面的构造和工作状态符合薄板小挠度理论。目前，在进行水泥混凝土应力分析时，大多是以弹性地基上的薄板为理论基础的。

一、弹性地基板理论

（一）小挠度薄板的基本假设

板是由两个平行面和垂直于这两个平行面的柱面或棱柱面所围成的物体。两个平行面之间的垂直距离为板厚，通常用 h_c 表示，平分厚度 h_c 的平面称为板的中面。如果板厚远小于中面的最小边尺寸 b（如 $b/8\sim b/5$），这种板称为薄板。研究薄板在垂直于中面的荷载作用下的弯曲时，通常采用下述基本假设：

(1)垂直于中面的法线长度变形前后保持不变，即 $\varepsilon_z=0$，由 $\varepsilon_z=\dfrac{\partial w}{\partial z}=0$ 得 $w=w(x,y)$，这表明垂直位移沿板的垂直向相等，可以用板中面的挠度代表板的弯曲挠度。

(2)中面内各点无平行于中面的位移，即 $u_0=v_0=0$。

(3)直法线假设，即变形前垂直于板中面的法线在变形后仍垂直于板中面，因而横向剪切应变 $\gamma_{zx}=\gamma_{zy}=0$。由 $\gamma_{zx}=\dfrac{\partial w}{\partial x}+\dfrac{\partial u}{\partial z}=0$ 和 $\gamma_{zy}=\dfrac{\partial w}{\partial y}+\dfrac{\partial v}{\partial z}=0$ 可得 $u=-z\dfrac{\partial w}{\partial x}$ 和 $v=-z\dfrac{\partial w}{\partial y}$，这表明板中面的水平位移为0，而平行于板中面的各面都产生水平位移，大小同该面与板中面的距离成反比。应用几何方程可得：

$$
\begin{cases}
\varepsilon_x = \dfrac{\partial u}{\partial x} = -\dfrac{\partial^2 w}{\partial x^2} z \\
\varepsilon_y = \dfrac{\partial u}{\partial y} = -\dfrac{\partial^2 w}{\partial y^2} z \\
\varepsilon_{xy} = \dfrac{\partial u}{\partial x} + \dfrac{\partial u}{\partial y} = -2\dfrac{\partial^2 w}{\partial x \partial y} z
\end{cases}
\tag{5-3}
$$

(4)板内平行于中面的各面互不挤压,即 $\sigma_z = 0$。

由式(5-3)和物理方程推导出薄板应力场如下:

$$
\begin{cases}
\sigma_x = \dfrac{E_c}{1-\mu_c^2}(\varepsilon_x + \mu_c \varepsilon_y) = -\dfrac{E_c z}{1-\mu^2}\left(\dfrac{\partial^2 w}{\partial x^2} + \mu_c \dfrac{\partial^2 w}{\partial y^2}\right) \\
\sigma_y = \dfrac{E_c}{1-\mu_c^2}(\mu_c \varepsilon_x + \varepsilon_y) = -\dfrac{E_c z}{1-\mu^2}\left(\mu_c \dfrac{\partial^2 w}{\partial x^2} + \dfrac{\partial^2 w}{\partial y^2}\right) \\
\tau_{xy} = \dfrac{E_c}{2(1+\mu)}\gamma_{xy} = -\dfrac{E_c z}{1+\mu_c}\dfrac{\partial^2 w}{\partial x \partial y}
\end{cases}
\tag{5-4}
$$

式中 E_c、μ_c——水泥混凝土板的弹性模量与泊松比;

w——z 方向位移,即板的挠度。

由此可见,薄板的挠度 w 是基本未知量,其他分量都可用 w 来表示。因此,在薄板弯曲问题中,关键是根据各种不同边界条件和约束条件求解板的挠度 w。当板置于弹性地基上并与其共同作用时,通常假设垂直位移连续,薄板与地基在变形过程中不发生脱离,无脱空现象,而且薄板与地基两接触面之间剪力为 0。

(二)弹性曲面微分方程

沿板厚方向平面应力的分布是对称的,水平向合力为 0,但平面应力分量对中面可以产生力矩。由式(5-4)可导出:

$$
\begin{cases}
M_x = \displaystyle\int_{-h_c/2}^{h_c/2} \sigma_x z \mathrm{d}z = -D\left(\dfrac{\partial^2 w}{\partial x^2} + \mu_c \dfrac{\partial^2 w}{\partial y^2}\right) \\
M_y = \displaystyle\int_{-h_c/2}^{h_c/2} \sigma_y z \mathrm{d}z = -D\left(\mu_c \dfrac{\partial^2 w}{\partial x^2} + \dfrac{\partial^2 w}{\partial y^2}\right) \\
M_{xy} = \displaystyle\int_{-h_c/2}^{h_c/2} \tau_{xy} z \mathrm{d}z = -D(1+\mu_c)\dfrac{\partial^2 w}{\partial x \partial y}
\end{cases}
\tag{5-5}
$$

式中 D——板的弯曲刚度,按 $D = \displaystyle\int_{-h_c/2}^{h_c/2} \dfrac{E_c z}{1-\mu^2} z \mathrm{d}z = \dfrac{E_c h_c^3}{12(1-\mu^2)}$ 计算;

h_c——混凝土板的厚度。

从板上割取长和宽各为 $\mathrm{d}x$ 和 $\mathrm{d}y$、高为 h 的单元,作用单元上的内力和外力如图 5-1 所示。

取薄板的挠度 w 作为基本未知函数,当板表面作用竖向荷载 p 和地基对板底面作用竖向反力为 q 时,由单元的平衡条件($\sum Z = 0, \sum M_x = 0, \sum M_y = 0$)可导出板中心挠曲面的微分方程为:

$$
D \nabla^2 \nabla^2 w(x,y) = p(x,y) - q(x,y)
\tag{5-6}
$$

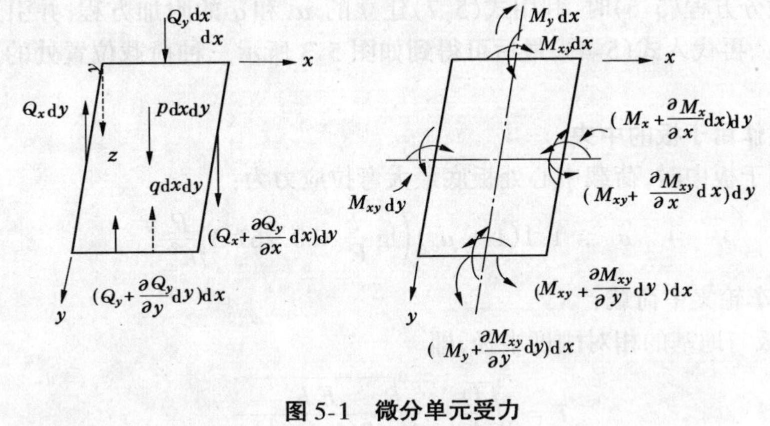

图 5-1　微分单元受力

式中　∇^2——拉普拉斯算子，即$\nabla^2=\frac{\partial^2}{\partial x^2}+\frac{\partial^2}{\partial y^2}$。

根据式(5-6)求得 w 后，由式(5-4)可计算得到板的应力。在微分方程(5-6)中有两个未知数，即位移 w 和地基反力 q。因此，必须建立附加方程，将 w 和 q 联系起来，才能对式(5-6)求解，求得 w。对地基的受力变形采用不同的假设，所建立的 w 和 q 的关系方程也就不同。目前常用的地基模型主要有文克勒地基模型和弹性半空间体地基模型，因此有两种求解弹性地基板应力和位移的方法。

二、文克勒地基板的荷载应力分析

文克勒地基是以地基反应模量 k 表征的弹性地基，它假设地基如同由许多紧密排列而互不关联的线性弹簧所组成，地基上任一点的反力仅同该点的挠度成正比，而与其他点上的压力无关，如图 5-2 所示。这一假说首先由捷克工程师文克勒(E.Winkler)提出，故称文克勒地基。地基顶面的压力 q 与该点的挠度 w 的关系为：

$$q(x,y)=kw(x,y) \tag{5-7}$$

威斯特卡德采用这一地基假说，分析了图 5-3 所示三种车轮荷载位置下板的挠度和弯矩，即①均布于半径为 R 的圆面积内的荷载 P，作用于无限大板的中央；②均布于半径为 R 的半个圆面积内的荷载 P，作用于受一条直线边限制的半无限大板的边缘(圆心位于边缘)；③均布于半径为 R 的圆面积内的荷载 P，作用在受两条相互垂直的直线边限制的大板的角隅处，其圆心距角隅处为$\sqrt{2}R$。

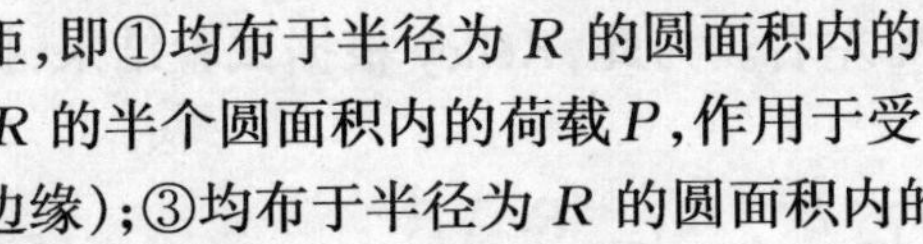

图 5-2　文克勒地基模型的表面变形示意图

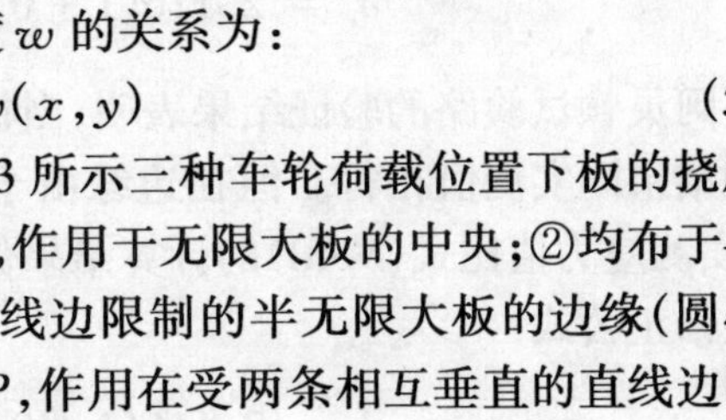

图 5-3　三种荷载位置

在求解微分方程(5-6)时,利用式(5-7)建立的 w 和 q 的附加方程,并引入边界条件可求得挠度 w,再代入式(5-4),最后可得到如图 5-3 所示三种荷载位置处的最大应力计算公式。

(一)荷载作用于板的中央

荷载作用于板中时,荷载中心处板底最大弯拉应力为:

$$\sigma_i = 1.1(1+\mu_c)\left(\lg\frac{l}{R}+0.2673\right)\frac{P}{h_c^2} \tag{5-8}$$

式中 P——车轮集中荷载;

l——板与地基的相对刚度半径,即

$$l=\sqrt[4]{\frac{D}{k}}=\sqrt[4]{\frac{E_c h_c^3}{12(1-\mu_c^2)k}} \tag{5-9}$$

R——荷载作用半径;

其他符号含义同前。

当施压面半径 R 同板厚 h_c 相比很小($R \leqslant 0.5h_c$)时,采用上述薄板理论解算的应力值偏大。威斯卡德在分析薄板和厚板理论计算结果的差异的基础上,于 1926 年提出了一种把小半径实际荷载面积放大成当量荷载半径 b 的半经验方法,以近似考虑荷载周围横向剪切变形的影响。当量荷载半径 b 和实际施压面半径 R 的关系按下式确定:

当 $R<1.724h_c$ 时 $b=\sqrt{1.6R^2+h_c^2}-0.675h_c$

当 $R>1.724h_c$ 时 $b=R$

(二)荷载作用于板边中部

荷载作用于板边缘时,荷载处板底最大弯拉应力为:

$$\sigma_e = 2.116(1+0.54\mu_c)\left(\lg\frac{l}{R}+0.08975\right)\frac{P}{h_c^2} \tag{5-10}$$

阿灵顿试验路的验证结果表明,当板与地基始终保持完全接触的状态时,式(5-10)计算的结果同实测值相符。但在边缘由于板温度翘曲变形或地基塑性变形而同地基脱空时,实测应力值比式(5-10)的计算结果偏高 10% 左右。为此,Kelley 根据试验结果,提出经验修正公式:

$$\sigma'_e = 2.116(1+0.54\mu_c)\left(\lg\frac{l}{R}+\frac{1}{4}\lg\frac{R}{2.54}\right)\frac{P}{h_c^2} \tag{5-11}$$

计算板边应力,当 $R \leqslant 0.5h_c$ 时,也应将 R 改成 b 计算。

(三)荷载作用于板的角隅

荷载作用于板角隅处,最大拉应力产生在板的表面离荷载圆中心为 x_1 的分角线上:

$$\sigma_c = \frac{3P}{h_c^2}\left[1-\left(\frac{\sqrt{2}R}{l}\right)^{0.6}\right] \tag{5-12}$$

$$x_1 = 2.378\sqrt{Rl}$$

阿灵顿试验路的验证结果表明,仅在角隅向下卷曲(板顶温度高于板底温度)时,实测应力值才同式(5-12)的计算值相近。在角隅向上翘曲(板顶温度低于板底温度)时,板角同地基脱空,实测值比式(5-12)的计算值大 30% ~50%,视角隅上的程度而定。Kelley 根据试验结果提出了丧失部分地基支承情况下的板角最大拉应力经验公式:

$$\sigma_c = \frac{3P}{h_c^2}\left[1-\left(\frac{\sqrt{2}R}{l}\right)^{1.2}\right] \tag{5-13}$$

1946 年,Pickett 提出考虑角隅传荷和翘曲影响的板角最大应力经验公式:

$$\sigma_c = f_c\left[1-\left(\frac{\sqrt{Rl}}{0.925l+0.22R}\right)\right]\frac{P}{h_c^2} \tag{5-14}$$

式中　f_c——考虑角隅传荷条件的系数,通过传力杆集料嵌锁可把 20%以上的荷载传到相邻板角隅时,$f_c=3.36$,只能传递 20%以下时,$f_c=4.20$;

其他符号含义同前。

三、弹性半空间体地基板的荷载应力

文克勒地基忽略了地基侧向联系,低估了地基承载能力,尤其不能较好地反映层状地基的工作状态。因此,在水泥混凝土路面荷载应力分析中,弹性半空间地基假定得到较为广泛的应用。威氏本人也认为文克勒地基假说仅仅是一种经验的实用可行的权宜之计,在他后期的研究中,也更多地倾向于弹性半空间地基。

弹性半空间地基是以弹性模量 E_0 和泊松比 μ_0 表征的弹性地基。它假设地基是均质的半无限连续介质。地基顶面任一点的挠度不仅同作用于该点的压力有关,也同顶面其他点上的压力有关,如图 5-4(a)所示,即:

$$q(x,y) = f[w(x,y)] \tag{5-15}$$

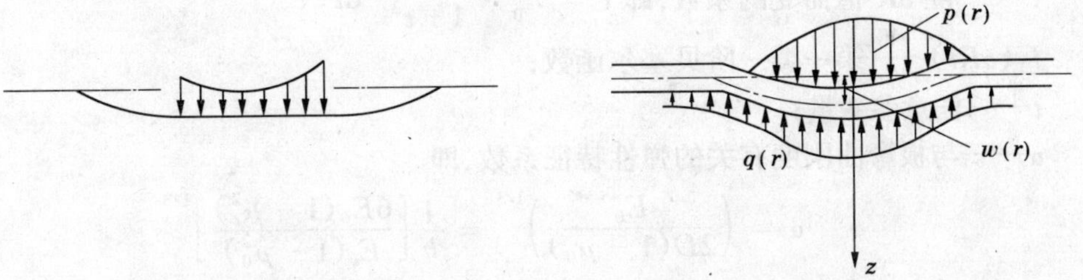

图 5-4　弹性半空间体地基模型

根据弹性半空间体地基假设,当弹性半空间体地基上作用任意竖向轴对称荷载 $q(r)$ 时,如图 5-4(b)所示,其表面的挠度 $w(r)$为:

$$w(r) = \frac{2(1-\mu_0^2)}{E_0}\int_0^{\infty}\overline{q}(\xi)J_0(\xi r)\mathrm{d}\xi \tag{5-16}$$

式中　$\overline{q}(\xi)$——荷载 $q(r)$的汉克尔变换式;

$J_0(\xi r)$——第一类零阶贝塞尔函数;

E_0——地基的弹性模量;

μ_0——地基的泊松比;

ξ——任意参变量。

对于外荷载和弹性地基板本身均属于轴对称的情况下，挠曲面微分方程为：

$$D\nabla^2\nabla^2 w(r) = p(r) - q(r) \tag{5-17}$$

式中 ∇^2——拉普拉斯算子，即$\nabla^2 = \dfrac{\partial^2}{\partial r^2} + \dfrac{1}{r}\dfrac{\partial}{\partial r}$；

$w(r)$、$p(r)$、$q(r)$——随坐标变化的板的挠度、荷载和反力。

此时，板内的径向弯矩 M_r 和切向弯矩 M_t 的表达式：

$$\begin{cases} M_r = -D\left(\dfrac{\mathrm{d}^2}{\mathrm{d}r^2} + \dfrac{\mu_c}{r}\dfrac{\mathrm{d}}{\mathrm{d}r}\right)w(r) \\ M_t = -D\left(\dfrac{1}{r}\dfrac{\mathrm{d}}{\mathrm{d}r} + \mu_c\dfrac{\mathrm{d}^2}{\mathrm{d}r^2}\right)w(r) \end{cases} \tag{5-18}$$

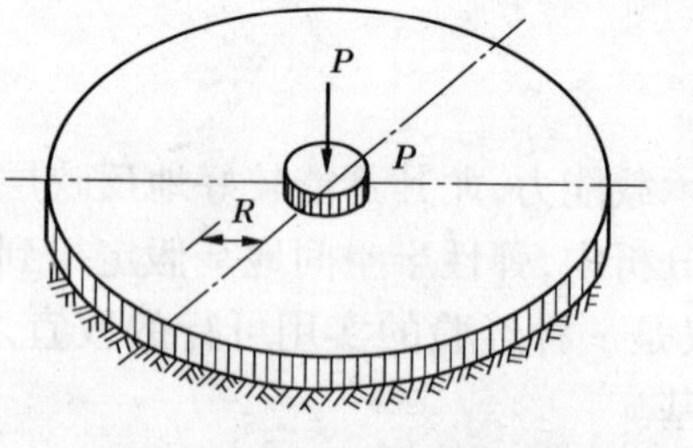

图 5-5 在无限大圆板上的圆形均布荷载

当荷载作用于板中时，如图 5-5 所示，应用弹性地基上无限大板轴对称课题的理论解来计算荷载位置的弯矩，即将式(5-16)代入式(5-17)中可解得板挠度方程式的贝塞尔函数解 $w(r)$，再将它代入式(5-18)便得圆形均布荷载下板在单位宽度内所产生的最大弯矩为：

$$M_r = M_t = \frac{CP(1+\mu_c)}{2\pi\alpha R} = \overline{M}_0 P \tag{5-19}$$

式中 M_r、M_t——单位板宽内的径向弯矩和切向弯矩；

P——作用在板上的车轮荷载；

C——随 αR 值而变的系数，即 $C = \int_0^\infty \dfrac{tJ_1(\alpha Rt)}{1+t^3}\mathrm{d}t$；

$J_1(\alpha Rt)$——第一类一阶贝塞尔函数；

t——任意参变量；

α——与板弯曲刚度有关的弹性特征系数，即

$$\alpha = \left(\frac{E_0}{2D(1-\mu_0)}\right)^{1/3} = \frac{1}{h}\left[\frac{6E_0(1-\mu_c^2)}{E_c(1-\mu_0^2)}\right]^{1/3}$$

R——车轮荷载当量圆半径；

$\overline{M}_0$——均布荷载位置下板的弯矩系数，随 αR 变化，查表 5-1 可得。

表 5-1 圆形均布荷载中心处板的弯矩系数 $\overline{M}_0$ ($\mu_c = 0.15$)

αR	0.02	0.04	0.06	0.08	0.1	0.2	0.3	0.4
$\overline{M}_0$	0.414 3	0.350 9	0.313 9	0.287 5	0.267 2	0.204 2	0.167 7	0.142 2
αR	0.5	0.6	0.7	0.8	0.9	1.0	1.1	1.2
$\overline{M}_0$	0.122 8	0.107 3	0.094 5	0.083 8	0.074 6	0.066 7	0.059 8	0.053 7
αR	1.3	1.4	1.5	1.6	1.7	1.8	1.9	2.0
$\overline{M}_0$	0.048 4	0.043 6	0.039 4	0.035 6	0.032 2	0.029 2	0.026 5	0.024 0
αR	2.2	2.4	2.6	2.8	3.0			
$\overline{M}_0$	0.019 8	0.016 4	0.013 6	0.011 3	0.009 4			

当轮载距计算点一定距离时，可作为集中荷载，如图 5-6 所示，则距集中荷载作用点 r 处板在单位宽度内的弯矩为：

$$\begin{cases} M_t = (A + \mu_c B)p = \overline{M}_t P \\ M_r = (B + \mu_c A)p = \overline{M}_r P \end{cases} \tag{5-20}$$

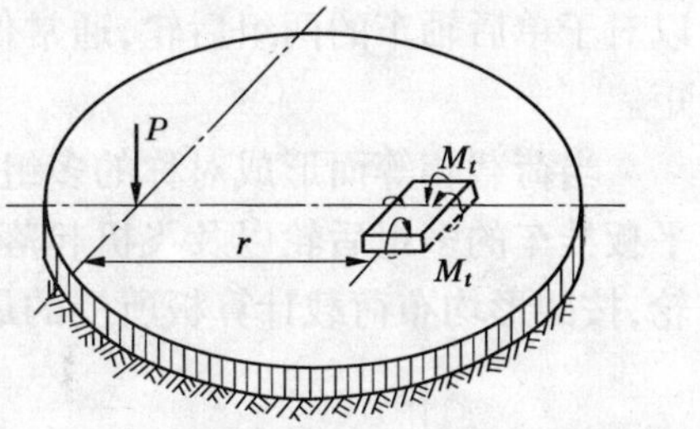

图 5-6　距离集中荷载作用点 r 处的弯矩

式中　A、B——随 αR 值而变的系数，即

$$A = \frac{l}{2\pi\alpha r}\int_0^{\infty}\frac{tJ_1(\alpha rt)}{1+t^3}\mathrm{d}t,$$

$$B = \frac{1}{2\pi}\int_0^{\infty}\left[J_0(\alpha rt) - \frac{tJ_1(\alpha rt)}{\alpha rt}\right]\frac{t^2}{1+t^3}\mathrm{d}t;$$

P——作用在板上的车轮荷载；

$J_0(\alpha rt)$——第一类零阶贝塞尔函数；

r——集中荷载作用点至求算弯矩点间的距离；

$\overline{M}_r$、$\overline{M}_t$——集中荷载作用下板的弯矩系数，随 αr 变化，查表 5-2 可得。

表 5-2　集中荷载作用下板的弯矩系数 $\overline{M}_r$ 与 $\overline{M}_t$ ($\mu_c = 0.15$)

αr	0.02	0.04	0.06	0.08	0.1	0.2	0.3	0.4
$\overline{M}_r$	0.334 9	0.271 5	0.234 4	0.208 2	0.187 9	0.124 5	0.090 0	0.065 8
$\overline{M}_t$	0.402 4	0.339 1	0.301 9	0.272 5	0.255 4	0.192 3	0.156 0	0.130 7
αr	0.5	0.6	0.7	0.8	0.9	1.0	1.1	1.2
$\overline{M}_r$	0.048 0	0.034 3	0.023 5	0.014 9	0.008 0	0.002 5	−0.00 2	−0.005 7
$\overline{M}_t$	0.111 6	0.096 3	0.083 9	0.073 5	0.064 6	0.057 1	0.050 5	0.044 8
αr	1.3	1.4	1.5	1.6	1.7	1.8	1.9	2.0
$\overline{M}_r$	−0.008 6	−0.010 8	−0.012 7	−0.013 9	−0.01 5	−0.015 6	−0.016 1	−0.016 3
$\overline{M}_t$	0.039 8	0.035 4	0.033 5	0.028 2	0.025 1	0.022 5	0.020 1	0.018 0
αr	2.2	2.4	2.6	2.8	3.0	3.5	4.0	
$\overline{M}_r$	−0.016 3	−0.015 7	−0.015 0	−0.013 9	−0.012 9	−0.010 0	−0.007 5	
$\overline{M}_t$	0.014 4	0.011 5	0.009 3	0.007 5	0.006 1	0.003 7	0.002 2	

应当指出，在上述理论中所称的无限大圆形薄板，应符合下列条件：

$$S = 3 \times \frac{1-\mu_c^2 E_0}{1-\mu_0^2 E_c}\frac{R_B^3}{h_c^3} \geqslant 10$$

式中　S——板的刚性指数；

R_B——与板面积相等的圆形板半径，m；

其他符号含义同前。

一般现场浇筑的混凝土路面均能符合上述条件，故无须验算。同时，只有当荷载中心点与板边距离大于 $1.5/\alpha$ 时，才能用公式(5-19)、式(5-20)进行计算。

当单后轴汽车的两侧后轮同时作用在板上时，由于两组车轮相距较远，其中一组后轮对另一组后轮下板所引起的附加弯矩相对来说是很小的，一般可不予考虑。至于两组后轮中央处板所承受的弯矩要较一组后轮下板所产生的弯矩小很多，一般也不予计算。所以对于单后轴车的两组后轮，通常仅按双轮胎的一组后轮的均布荷载来计算板的最大弯矩。

当荷载相等而形成对称的多组车轮作用在一块板上时，例如双后轴汽车的四组后轮、平板挂车的多组后轮以及飞机起落架上的两组或四组轮子等，则应选其中一组轮子作主轮，按圆形均布荷载计算板所受的最大弯矩 M_0；对其他各组轮子则按集中荷载计算其在主轮轮迹中心下板所承受的附加径向弯矩 M_r 和切向弯矩 M_t，然后把这些 M_r 和 M_t 按下式换算成 x 向和 y 向的弯矩(见图 5-7)：

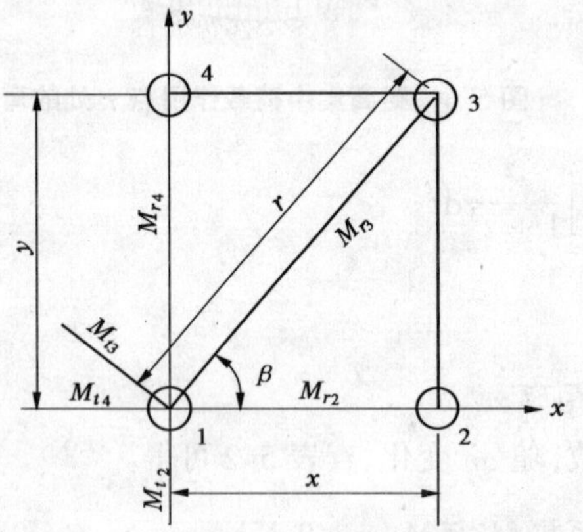

图 5-7　直角坐标系下荷载应力的叠加

$$\begin{cases} M_x = M_r\cos^2\beta + M_t\sin^2\beta \\ M_y = M_r\sin^2\beta + M_t\cos^2\beta \end{cases} \tag{5-21}$$

式中　M_x、M_y——换算得到的板在单位宽度上的 x 向和 y 向的弯矩；

β——集中荷载作用点与主轮轮迹中心点连线同 x 轴的夹角。

最后，把所有各个轮子对板所引起的 x 向弯矩和 y 向弯矩分别叠加起来，得出 $\sum M_x$ 和 $\sum M_y$。

按上述方法所算得的弯矩只是中部受荷时所产生的弯矩。弹性半空间地基的荷载应力计算理论对于荷载作用板边、板角隅处，以及有限尺寸的矩形板，在不同组合轮载作用板上任何位置时，均无法解决。

四、荷载应力有限元分析

弹性半空间体地基板的解析解目前仅适用于无限大板或轴对称的情况，矩形板仅有文克勒地基的威氏解，且这些以解析法为基础的应力分析方法无法反映许多工程结构中的实际问题，具有一定的局限性。如随着轮载形式的增多，当量单轮法不能正确反映实际情况；混凝土路面板应力极限值在路面板上的位置有很大的随意性；关于路面板与地基的连续条件即滑动条件的假定与实际情况相比有较大的差异；在温度变化或重型荷载反复作用下，路面板发生翘曲或边角部位路面板由于地基局部沉陷而脱空的情况，用解析法无法计算其应力。

随着计算力学和计算方法的发展，近年来，国内外路面力学数值计算方法研究较多的是应用有限单元法，并取得了较丰富的成果。有限元法可以分析不同尺寸的混凝土路面板，同时荷载的图式和作用位置也可不受限制。我国水泥混凝土路面板荷载应力分析方法是在有限元法分析的基础上建立起来的。

(一)临界荷位

路面设计时，通常按最不利的情况确定面层所需的厚度。为此，需依据所选用的设计标准，分析最不利情况在板上出现的位置。以控制荷载应力和温度应力产生的综合作用下的疲劳断裂为设计标准时，则需分析在板上产生最大综合疲劳损耗的位置，该位置作为结构设计时所考虑的临界荷位。

为减小设计时试算工作量，选取几种典型的路面结构进行荷载和温度的疲劳损耗分析，规定出最不利情况的临界位置。分析时，参数取值如下：板长5.0m，板宽3.75m，混凝土弯拉强度4.5MPa，温度梯度0.86℃/cm；设拉杆平缝的传荷系数为0.35，设传力杆缩缝时为0.75，不设传力杆缩缝为0.50，自由边为0；对于分车道行驶的公路选用驼峰状轮迹横向分布频率曲线，适用于高速和一级公路；对于不分车道行驶的公路选用正态分布频率曲线，适用于二级及二级以下公路。利用疲劳方程计算板上不同位置处荷载应力和温度应力产生的综合作用下的疲劳损耗，同时还考虑接缝类型和传荷能力对荷载应力及其疲劳损耗的影响，以及不同交通组织和管理与轮迹横向分布频率对疲劳损耗的影响。纵向边缘中部和横向边缘中部两处的疲劳损耗部分分析结果见表5-3。表中以指标 R_f 表示纵向边缘中部和横向边缘中部的疲劳损耗差，其定义为：

$$R_f = \lg D_x - \lg D_y \tag{5-22}$$

式中　D_x、D_y——纵向边缘中部和横向边缘中部的疲劳损耗。

表5-3　纵向和横向边缘中部的疲劳损耗差 R_f

纵缝类型	模量比 E_c/E_t	板厚 h(cm)	设传力杆横缝		不设传力杆横缝		自由横边	
			分向	不分向	分向	不分向	分向	不分向
企口缝+拉杆	75	20	1.78	2.61	0.32	1.15	−2.77	−1.95
		28	2.46	3.28	0.88	1.70	−1.32	−0.50
	300	20	2.77	3.59	1.21	2.03	−1.16	−0.34
		28	1.82	2.64	0.21	1.03	−1.61	−0.79
平缝+拉杆	75	20	3.69	4.51	2.22	3.05	−0.87	−0.05
		28	4.36	5.18	2.78	3.60	0.58	1.40
	300	20	4.67	5.49	3.11	3.93	0.74	1.56
		28	3.72	4.54	2.11	2.93	0.29	1.11
自由纵边	75	20	4.78	5.61	3.32	4.15	0.23	1.05
		28	5.46	6.27	3.88	4.69	1.68	2.50
	300	20	5.77	6.59	4.21	5.03	1.84	2.66
		28	4.82	5.63	3.21	4.03	1.39	2.21

当 R_f 为正值时，纵向边缘中部的疲劳损耗大于横向边缘中部，应取纵向边缘中部为临界荷位；反之，当 R_f 为负值时，则应取横向边缘为临界荷位。根据表5-3中数据，可以归纳出各类接缝情况下的临界荷位，见表5-4。

表5-4　各类接缝情况下的临界荷位

纵向	横向		
	设传力杆横缝	不设传力杆横缝	自由横边
企口缝+拉杆	纵边	纵边	横边
平缝+拉杆	纵边	纵边	纵边
自由纵边	纵边	纵边	纵边或横边

由表 5-4 可知,对于考虑荷载应力和温度应力产生的综合疲劳作用的情况下,只有在纵缝具有较大传荷能力的企口缝+拉杆和横缝不考虑传荷能力的假缝(当做自由边处理)时,临界荷位出现在横缝边缘中部,其余情况均应选取纵缝边缘中部为临界荷位,而前一种情况出现的可能性很小。因此,规范选取纵缝边缘中部为临界荷位。

(二)荷载作用图式

车辆荷载有四种基本类型:单轴单轮、单轴双轮、双轴双轮和三轴双轮。载重货车的双轮中心轮距变化在 25～34cm,轮距为 165～186cm,轴距为 112～140cm。根据我国主要载重货车的情况和保守(路面结构不利)原则,四种基本类型的荷载图式选择如图 5-8 所示。

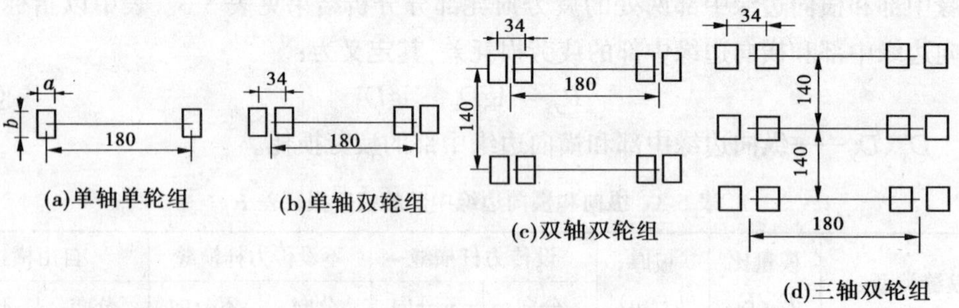

图 5-8　荷载图式(单位:cm)

轮胎压印(接地形状)采用矩形,其宽度取 22cm 和 25cm,轮胎的接地压力用 Ikeda 给出的轮胎接地压力与轮重和内压的经验关系式(5-23)得到,见表 5-5。

$$p = 0.004\,2P' + 0.29p_i + 0.145 \tag{5-23}$$

式中　p——轮胎接地压力,MPa;

P'——双轮重,kN;

p_i——轮胎内压,MPa。

表 5-5　轮印和轮压

P'(kN)	20	40	60	80	100	120
p_i(MPa)	0.60	0.70	0.80	0.90	1.00	1.05
p(MPa)	0.40	0.52	0.63	0.74	0.85	0.95
单轮轮印宽(cm)	22	22	22	24	24	24

(三)四边自由矩形板荷载应力的有限元解

轴载作用于四边自由矩形板的临界荷位处产生的板结构最大应力与轴载类型和大小、路面板厚度、混凝土弹性模量、地基模量以及板的平面尺寸有关。路面板平面尺寸变化不大,板宽变化为 3.5～4.5m,板长为 4.5～5.5m,最常见的为 3.75m×5m 和 4m×5m 两种,平面尺寸变化对轴载作用临界荷位处的板应力应变影响甚微,一般可不予考虑,选择平面尺寸为 4m×5m 的板。应用有限元法分析轴载作用于临界荷位时不同路面结构参数条件下的最大应力值，对计算结果采用回归分析技术进行统计分析，建立最大荷载应力 σ_p 的回归公式：

$$\sigma_p = A' l_0^{m'} \frac{P^n}{h^2} \tag{5-24}$$

式中 P——单轴、双轴或三轴的轴重，kN；

l_0——路面结构相对刚度半径，m，按 $l_0 = 0.537 \cdot h \cdot \left(\frac{E_c}{E_t}\right)^{1/3}$ 计算；

h——路面板厚度，m；

A'、m'、n——回归系数，轴载作用于临界荷位处时不同轴轮型轴载系数值见表 5-6。

表 5-6 荷载应力公式回归系数

轴型	单轴单轮组	单轴双轮组	双轴双轮组	三轴双轮组
A'	0.002 47	0.001 75	0.000 872	0.000 541
m'	0.707	0.862	0.843	0.710
n	0.881	0.905	0.893	0.892

第三节 水泥混凝土路面温度应力分析

水泥混凝土路面板内温度随气温的变化而变化。这种变化将使混凝土产生明显的体积变化，由此产生膨胀、收缩等变形。当变形受阻时，板内便产生温度应力，包括胀缩应力和翘曲应力。温度应力和荷载应力是混凝土路面板产生破坏的主要因素。

一、胀缩应力分析

当气温缓慢变化时，板内温度均匀升降，则路面板沿断面的深度均匀伸缩。设 x 为板的纵轴，y 为板的横轴。如有一平面尺寸很大的板，在温差影响下板内任一点的应变为：

$$\begin{cases} \varepsilon_x = \frac{1}{E_c}(\sigma_x - \mu_c \sigma_y) + \alpha_c \Delta t \\ \varepsilon_y = \frac{1}{E_c}(\sigma_y - \mu_c \sigma_x) + \alpha_c \Delta t \end{cases} \tag{5-25}$$

式中 ε_x、ε_y——板纵向和横向应变；

σ_x、σ_y——板纵向和横向的温度应力，MPa；

α_c——水泥混凝土的线膨胀系数，通常可取为 1×10^{-5}/℃；

Δt——板温差，℃。

受板与基层之间的摩阻约束，在温度升降时板中部不能移动，即 $\varepsilon_x = \varepsilon_y = 0$，以此代入式(5-25)，解得路面板内伸缩完全受阻时所产生的应力为：

$$\sigma_x = \sigma_y = -\frac{E_c\alpha_c\Delta t}{1-\mu_c} \tag{5-26}$$

如对于未设接缝或者未及时切缝的路面板，设 $E_c=30\ 000\text{MPa}$，$\mu_c=0.15$，则当温度下降 15℃时，其最大收缩应力为：

$$\sigma_x = -\frac{30\ 000\times10^{-5}\times15}{1-0.15} = 5.29(\text{MPa})$$

未及时切缝的新浇筑混凝土板早期强度不高，一旦遇有较大的温度骤降时所产生的温度收缩应力有可能超过混凝土的早期强度，使路面板出现断裂。这种完工后非荷载作用引起的开裂，称为施工断板，是一种常见的混凝土板断裂损坏。

为了减少收缩应力，在混凝土板内设置各种接缝，板被划分为有限尺寸板。当自由收缩受到板与基础之间的摩阻作用、啮合作用和黏附作用时，因变形受阻而产生的板内最大应力出现在板长的中央，其值可近似按下式计算：

$$\sigma_t = \gamma f\frac{L}{2} \tag{5-27}$$

式中　γ——混凝土容重，约为 0.024MN/m^3；

L——板长，m；

f——板与基础之间的摩擦系数，同基础类型、板的位移量和位移反复情况等因素有关，一般为 1.0～2.0。

板划分为有限尺寸板后，因收缩而产生的应力很小，可不予考虑。

当混凝土板温度升高时，如果未设置胀缝，板的膨胀引起的伸长变形受阻，板内将出现膨胀应力。如果板的温度升高 15℃，则压应力为 5.29MPa。这一数值虽然小于混凝土的抗压强度，但要注意在此压力作用下是否出现屈曲现象。

二、翘曲应力分析

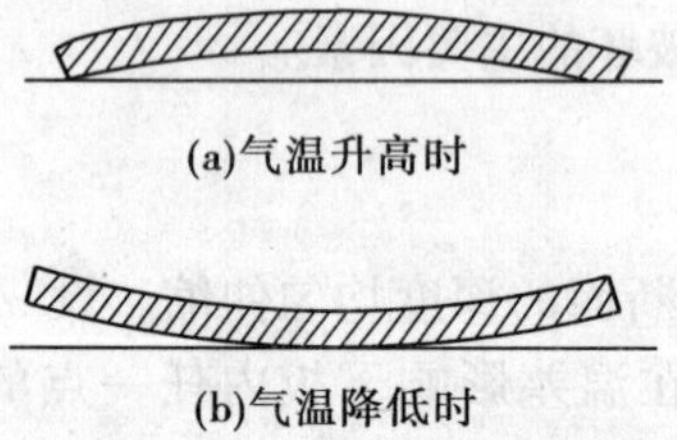

(a)气温升高时

(b)气温降低时

图 5-9　混凝土面板的翘曲变形

由于混凝土板、基层和土基的导热性较差，当气温变化较快时，路面板顶与板底产生温度差，因而板顶与板底的伸缩变形大小也就不同。当气温升高时，板顶部温度高于底部温度，板顶膨胀变形较板底大，则板中隆起；反之，则板的边缘和角隅翘起，如图 5-9 所示。由于板的自重、地基反力和相邻板的钳制作用，部分翘曲变形受阻，从而在板内产生翘曲应力。由于温度升高引起的板中隆起受到限制时，板底出现拉应力；当气温降低引起的板四周翘起受阻时，板顶面出现拉应力。在温度梯度较大时，翘曲应力可接近甚至超过荷载应力。

(一)威斯特卡德公式

为了分析温度翘曲应力，威斯特卡德(简称威氏)采用文克勒地基模型，假设温度沿板厚呈直线变化，板顶温度低于板底温度，板同地基始终保持接触，地基反力为惟一约束力，不计板的自重，从而导出了板中部仅受地基约束时的翘曲应力计算公式。对有限尺寸板，沿板长(L)和板宽(B)方向的板中部翘曲应力分别为：

$$\begin{cases} \sigma_x = \dfrac{E_c\alpha_c\Delta T}{2}\left(\dfrac{C_x + \mu_c C_y}{1 - \mu_c^2}\right) \\ \sigma_y = \dfrac{E_c\alpha_c\Delta T}{2}\left(\dfrac{\mu_c C_x + C_y}{1 - \mu_c^2}\right) \end{cases} \tag{5-28}$$

工程设计中,通常需要计算板中和板边的最大翘曲应力。对于板中,即 $x=y=0$ 时,翘曲应力系数 C_x 和 C_y 分别为:

$$\begin{cases} C_x = 1 - \dfrac{2\cos b_1 \operatorname{ch} b_1}{\sin 2b_1 + \operatorname{sh} 2b_1}(\tan b_1 + \operatorname{th} b_1) \\ C_y = 1 - \dfrac{2\cos B_1 \operatorname{ch} B_1}{\sin 2B_1 + \operatorname{sh} 2B_1}(\tan B_1 + \operatorname{th} B_1) \end{cases} \tag{5-29}$$

式中　$b_1 = \dfrac{b}{l\sqrt{8}}, B_1 = \dfrac{B}{l\sqrt{8}}$;

ΔT——混凝土板顶面和底面的温度差,℃;

l——板与地基相对刚度半径,见式(5-9)。

对于板边,最大翘曲应力产生在长边边缘中部,即 $x=0$、$y=b/2$ 处,$\sigma_y=0$,σ_x 为最大,即:

$$\sigma_x = \frac{E_c\alpha_c\Delta T}{2}C_r \tag{5-30}$$

式中符号含义同上。

为了简化计算,将翘曲应力系数 C_x(或 C_y)绘制成诺模图,如图 5-10 所示。

(二)翘曲应力有限元分析

水泥混凝土路面最大温度应力是指 50 年一遇的最大温度梯度作用下路面板所产生的温度应力,它取决于道路所在地的气候条件及路面结构。混凝土板内的温度沿截面呈非线性分布,它一方面使混凝土板由于板顶和板底温度差而产生翘曲应力,另一方面由于板截面的平面变形而产生内应力。因此,最大温度应力由温度翘曲应力和温度内应力两部分组成。

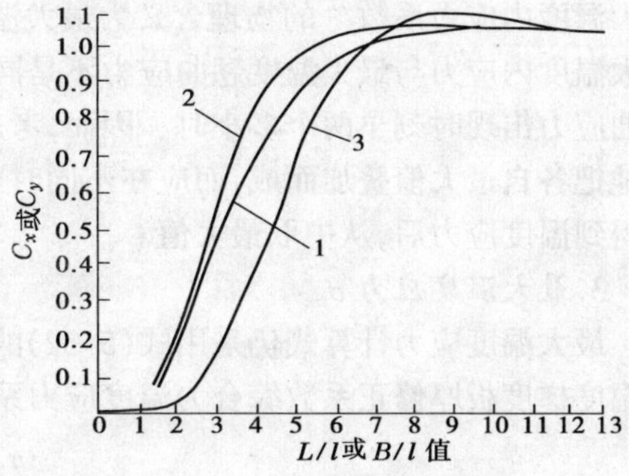

图 5-10　温度翘曲应力系数

1—弹性半空间地基板中;2—弹性半空间地基板边;3—文克勒地基

1. 温度翘曲应力

弹性地基上有限尺寸板的翘曲应力分析目前尚无解析解,只能采用有限元法进行计算。为了便于工程计算应用,现行路面设计规范采用半空间地基板在不同路面结构参数和温度梯度作用下计算的板内翘曲应力值。将温度翘曲应力的大量计算结果,按威氏公式整理出相应的翘曲应力系数,并点绘成翘曲应力系数 C_x(或 C_y)和相对板长 L/l(或相对板宽 B/l)的关系曲线。由此可计算板中最大温度翘曲应力为:

$$\begin{cases} \sigma_{tx} = \dfrac{\alpha_c E_c h_c T_g}{2}\left(\dfrac{C_x + \mu_c C_y}{1 - \mu_c^2}\right) \\ \sigma_{ty} = \dfrac{\alpha_c E_c h_c T_g}{2}\left(\dfrac{\mu_c C_x + C_y}{1 - \mu_c^2}\right) \end{cases} \tag{5-31}$$

板边缘中部最大温度翘曲应力为：

$$\sigma_{tm1} = \frac{\alpha_c E_c h_c T_g}{2} C_x \tag{5-32}$$

式中　T_g——最大温度梯度。

2.温度内应力

混凝土路面板内温度沿深度的分布，在大多数情况下呈非线性，并且非线性的程度随路面板厚度的增加而愈加显著。温度呈非线性分布时，路面板不同深度处各材料层的变形也相应地具有出现非线性分布的倾向。然而，由于各材料层的相互制约，路面板截面在非线性温度分布作用下产生变形后，仍保持为一垂直于中面的平面。因此，路面板不同深度处材料层便相应地受到拉伸或压缩的内应力作用。

温度非线性分布产生的不均匀膨胀受到板平面变形约束而引起的板纵缝边缘中部板底最大温度内应力 σ_n 可表示为：

$$\sigma_n = \frac{\alpha_c E_c h_c T_g \alpha_h}{2} \xi \tag{5-33}$$

式中　ξ——温度内应力系数，它是板厚 h_c 的函数，可按式 $\xi = 1.007 h_c^{0.8163}$ 计算；

α_h——温度梯度板厚修正系数，可按式 $\alpha_h = 2.0435 e^{-3.2424 h_c}$ 计算。

温度内应力系数 ξ 的物理含义为最大温度内应力与无限大板的最大翘曲应力之比。最大温度内应力与最大温度翘曲应力不是同时出现的，最大温度内应力出现比最大温度翘曲应力出现时刻早两个多小时。因而，考虑内应力影响的最大温度翘曲应力值，不能简单地把各自最大值叠加而成，而应在不同时刻通过叠加相应的温度翘曲应力值和内应力值得到温度应力后，从中取最大值。

3.最大温度应力 σ_{tm}

最大温度应力计算式仍采用式(5-32)的形式，将温度翘曲应力系数、温度内应力系数和温度梯度板厚修正系数综合为温度应力系数 B_x，即：

$$\sigma_{tm} = \frac{\alpha_c E_c h_c T_g}{2} B_x \tag{5-34}$$

式中　σ_{tm}——最大温度梯度时混凝土板的温度翘曲应力，MPa；

α_c——水泥混凝土的线膨胀系数，1/℃，通常可取为 1×10^{-5}/℃；

T_g——最大温度梯度，查表 5-13；

B_x——综合温度翘曲应力和内应力作用的温度应力系数，可按 L/l_0 和 h_c 查图 5-11确定；

L——板长，即横缝间距，m。

由于温度应力的加载速率较荷载应力的慢，混凝土和地基的模量应考虑其徐变的影响。根据 ACI 的推荐参数，计算温度应力的混凝土徐变模量(半天加载)约为其弹性模量

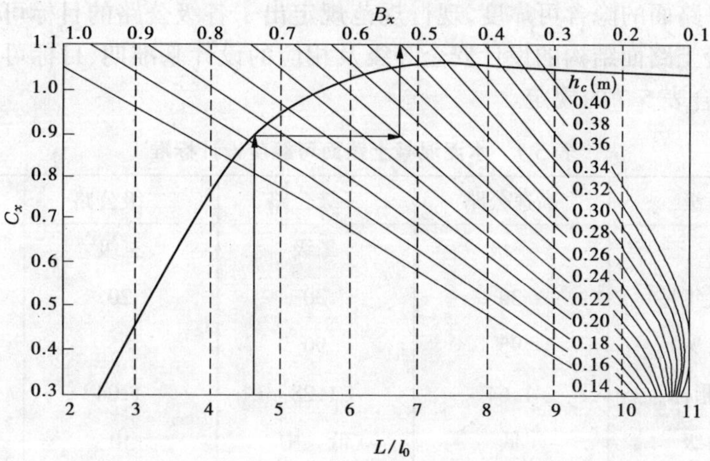

图 5-11　温度应力系数 B_x

的 0.85 倍；地基徐变模量取其弹性模量的 0.7 倍。为了便于使用，在应用式(5-34)时混凝土和地基模量仍采用与荷载应力计算时相同的弹性模量，2002 年版设计规范已将徐变影响归并到温度应力系数 B_x 中。

第四节　水泥混凝土路面板厚设计

一、设计依据

(一)安全等级与目标可靠度

公路工程结构的设计安全等级，根据结构破坏可能产生的后果的严重程度划分。《公路工程结构可靠度设计统一标准》(GB/T50283)规定公路工程结构的设计安全等级为三个等级，路面工程的安全等级仅考虑高速公路、一级公路和二级公路，相应的安全等级要求规定为一级、二级和三级。现行规范的可靠性设计方法适用于各等级公路，因而除了维持原有安全等级规定外，还为三、四级公路增加一个设计安全等级，即四级，并规定其设计基准期为 20 年，而相应的目标可靠度与目标可靠度指标是根据前三个等级的数值逐级递减得到的。

目标可靠度是所设计路面结构应具有的可靠度水平，是可靠度结构设计方法的依据。目标可靠度定得较高，则所设计的路面结构较厚，初期建设费用较高，但使用期间的养护费和车辆运行费较低；目标可靠度定得较低，则初期建设费用可降低，但养护费和车辆运行费较高。因此，选取合适的目标可靠度须通过对不同目标可靠度方案进行寿命周期内的费用—效益分析后确定，但这种方法需要分析使用期内大量的路面状况和费用的数据，且只能针对具体项目进行。现行规范采用“校准法”来确定目标可靠度。“校准法”是对按原规范和确定型设计方法设计的路面进行隐含可靠度的分析，参照隐含可靠度制定目标可靠度，则所设计的路面结构接纳了以往工程设计和使用经验，包含了原有设计方法相等的可接受性和经济合理性。通过分析多条已建混凝土路面的隐含可靠度，并结合国外的分析数据和沥青路面的隐含可靠度，现行规范规定出了各级公路的目标可靠度指标。各级公路水泥混凝土路面结构的设计安全等级及相应的设计基准期、目标可靠度指标和目标可靠度，应符合表5-7的规定。

表5-7　水泥混凝土路面可靠度设计标准

公路技术等级	高速公路	一级公路	二级公路	三、四级公路
安全等级	一级	二级	三级	四级
设计基准期(年)	30	30	20	20
目标可靠度(%)	95	90	85	80
目标可靠度指标	1.64	1.28	1.04	0.84
变异水平等级	低	低～中	中	中～高

各安全等级路面的材料性能和结构尺寸参数的变异水平等级，宜按表5-7的建议选用，也可按施工技术、施工质量控制和管理要求达到和可能达到的具体水平，选用其他等级。但对于高速公路和一级公路的路面，为了保证良好的工程质量，不应降低变异水平等级。

(二)变异水平等级与变异系数

在路面结构设计参数中，变异性较为显著且对路面结构疲劳寿命 N 影响较大的结构参数为板厚 h、混凝土弯拉强度 f_r 和弯拉弹性模量 E_c 及基层顶面当量回弹模量 E_t 四个结构参数。统计结果表明，材料性能和结构尺寸参数均可假定服从对数正态分布，其变异水平(用变异系数表征)分为高、中、低三级。各变异水平等级主要设计参数的变异系数变化范围应符合表5-8的规定。

表5-8　变异系数 c_v 的变化范围

变异水平等级	低	中	高
水泥混凝土弯拉强度、弯拉弹性模量	$c_v \leqslant 0.10$	$0.10 < c_v \leqslant 0.15$	$0.15 < c_v \leqslant 0.20$
基层顶面当量回弹模量	$c_v \leqslant 0.25$	$0.25 < c_v \leqslant 0.35$	$0.35 < c_v \leqslant 0.55$
水泥混凝土面层厚度	$c_v \leqslant 0.04$	$0.04 < c_v \leqslant 0.06$	$0.06 < c_v \leqslant 0.08$

(三)路面结构可靠度与可靠度系数

路面结构可靠度可以定义为，在规定的时间内和条件下，路面使用性能满足预定要求的概率。现行路面设计规范的水泥混凝土结构设计方法仅考虑满足路面的结构性能要求，并以行车荷载和温度梯度综合作用产生的疲劳断裂作为设计极限状态。因此，混凝土路面结构可靠度也可以定义为：在规定的设计基准期内，在规定的交通和环境条件下，行车荷载疲劳应力和温度梯度疲劳应力的总和不超过混凝土弯拉强度的概率。即可以采用式(5-2)极限状态设计表达式。

可靠度系数是指为保证所设计的结构具有规定的可靠度，而在极限状态设计表达式中采用的单一综合系数。可靠度系数是目标可靠度及设计参数变异水平等级和相应的变异系数的函数,取值见表 5-9。表 5-9 所示的可靠度系数是按各变异水平等级的变异系数变化范围应用可靠度计算式推算得到的。设计时,可依据各设计参数变异系数值在各变异水平等级变化范围内的情况选择可靠度系数,变异系数在表 5-8 所示的变化范围的下限时,可靠度系数取低值;反之,取高值。

表 5-9　可靠度系数

变异水平等级	目标可靠度(%)			
	95	90	85	80
低	1.20~1.33	1.09~1.16	1.04~1.08	—
中	1.33~1.50	1.16~1.23	1.08~1.13	1.04~1.07
高	—	1.23~1.33	1.13~1.18	1.07~1.11

在可靠度设计方法中,各项设计参数通常都应选用均值作为标准值。考虑到混凝土强度值在工程中的应用习惯,2002 年版设计规范的强度标准值按随机变量分布函数的 85%分位值取值。这一取值标准所产生的影响已考虑在可靠度系数的推演中。

二、设计参数

(一)标准轴载和轴载换算

水泥混凝土路面结构设计以 100kN 的单轴双轮组荷载作为标准轴载。

根据等效疲劳断裂损坏的原则,可导出不同轴轮型和轴载作用次数换算为标准轴载作用次数的轴载换算公式:

$$N_s = \sum_{i=1}^{n} \delta_i N_i \left(\frac{P_i}{100}\right)^{16} \tag{5-35}$$

式中　N_s——100kN 的单轴双轮组标准轴载的作用次数;

P_i——单轴单轮组、单轴双轮组、双轴双轮组或三轴双轮组轴型 i 级轴载的总重,kN;

n——轴型和轴载级位数;

N_i——各类轴型 i 级轴载的作用次数;

δ_i——轴轮型系数,单轴双轮组时,$\delta_i = 1$。

单轴单轮组时　$\delta_i = 2.22 \times 10^3 P_i^{-0.43}$

双轴双轮组时　$\delta_i = 1.07 \times 10^{-5} P_i^{-0.22}$

三轴双轮组时　$\delta_i = 2.24 \times 10^{-8} P_i^{-0.22}$

(二)标准轴载累计作用次数和交通分级

1. 设计基准期内标准轴载累计作用次数

设计基准期内水泥混凝土路面临界荷位处所承受的标准轴载累计作用次数可按下式确定:

$$N_e = N_s \times \frac{(1+g_r)^t - 1}{g_r} \times 365 \times \eta \tag{5-36}$$

式中 N_e——设计基准期内标准轴载累计作用次数；

N_s——使用初期设计车道的日标准轴载作用次数；

g_r——交通量年平均增长率，一般变动于 2%～4%范围内，所确定的年增长率应控制在设计基准期末的交通量不超出车道通行能力的合理范围内；

t——设计基准期，按表 5-7 取值；

η——临界荷位处的车辆轮迹横向分布系数，按表 5-10 选用。

表 5-10 车辆轮迹横向分布系数

公路等级	高速公路、一级公路、收费站	二级及二级以下公路	
		行车道宽＞7.0m	行车道宽≤7.0m
η	0.17～0.22	0.34～0.39	0.54～0.62

注：车道或行车道宽或者交通量较大时，取高值；反之，取低值。

2. 交通分级

水泥混凝土路面所承受的轴载作用，按设计基准期内设计车道所承受的标准轴载累计作用次数分为 4 级，分级范围如表 5-11 所示。

表 5-11 交通分级

交通等级	特重	重	中等	轻
设计车道标准轴载累计作用次数 N_e（$\times 10^4$）	＞2 000	100～2 000	3～100	＜3

（三）水泥混凝土的设计弯拉强度和弯拉弹性模量

水泥混凝土的强度以 28d 龄期的弯拉强度控制。当混凝土浇筑后 90d 内不开放交通时，可采用 90d 龄期的弯拉强度。各交通等级要求的混凝土弯拉强度标准值不得低于表 5-12的规定。

混凝土的弯拉模量可通过试验测定，或参照弯拉强度选取参考值。表 5-12 列出了与设计弯拉强度对应的弯拉弹性模量参考值。

表 5-12 混凝土弯拉强度标准值与弯拉弹性模量参考值

交通等级	水泥混凝土（MPa）		钢纤维混凝土（MPa）	
	弯拉强度标准值	弯拉弹性模量参考值	弯拉强度标准值	弯拉弹性模量参考值
特重	5.0	31 000	6.0	35 000
重	5.0	31 000	6.0	35 000
中等	4.5	29 000	5.5	33 000
轻	4.0	27 000	5.0	31 000

（四）温度梯度

根据公路所在地的公路自然区划，按表 5-13 选用水泥混凝土面层的最大温度梯度标准值 T_g。

表 5-13　最大温度梯度标准值 T_g

公路自然区划	Ⅱ、Ⅴ	Ⅲ	Ⅳ、Ⅵ	Ⅶ
最大温度梯度标准值 T_g(℃/m)	83～88	90～95	86～92	93～98

注:海拔高时,取高值;湿度大时,取低值。

(五)基层顶面当量回弹模量

混凝土路面板下的地基通常是由基层、底基层或垫层、土基组成的多层体系,各层具有不同的模量和厚度。分析板内荷载应力和温度应力时,应将多层体系换算成当量均质体系,以基层顶面的当量回弹模量作为半无限弹性地基的模量值。

1.新建公路基层顶面当量回弹模量

在设计新建公路时,可根据土基干湿状态拟定基层、垫层结构类型和厚度,采用规范建议的土基、垫层、底基层及基层材料回弹模量值(见表 5-14、表 5-15)来计算基层顶面的当量回弹模量。

表 5-14　中湿路基路床顶面回弹模量的经验参考值　(单位:MPa)

土的类型	公路自然区划				
	Ⅱ	Ⅲ	Ⅳ	Ⅴ	Ⅵ
土质砂	26～42	40～50	39～50	35～60	50～60
黏质土	25～45	30～40	25～45	30～45	30～45
粉质土	22～46	32～54	30～50	27～43	30～45

表 5-15　垫层和基层材料回弹模量的经验参考值　(单位:MPa)

材料类型	回弹模量	材料类型	回弹模量
中、粗砂	80～100	石灰粉煤灰稳定粒料	1 300～1 700
天然砂砾	150～200	水泥稳定粒料	1 300～1 700
未筛分碎石	180～220	沥青碎石(粗粒式,20℃)	600～800
级配碎砾石(垫层)	200～250	沥青混凝土(粗粒式,20℃)	800～1 200
级配碎砾石(基层)	250～350	沥青碎石(中粒式,20℃)	1 000～1 400
石灰土	200～700	多孔隙水泥碎石(水泥剂量 9.5%～11%)	1 300～1 700
石灰粉煤灰土	600～900	多孔隙沥青碎石(沥青含量 9.5%～11%)	600～800

新建公路基层顶面的当量回弹模量 E_t 的换算,可按式(5-37)计算确定:

$$E_t = ah_x^bE_0\left(\frac{E_x}{E_0}\right)^{1/3} \tag{5-37}$$

$$E_x = \frac{h_1^2E_1 + h_2^2E_2}{h_1^2 + h_2^2} \tag{5-38}$$

$$h_x = \left(\frac{12D_x}{E_x}\right)^{1/3} \tag{5-39}$$

$$D_x = \frac{E_1 h_1^3 + E_2 h_2^3}{12} + \frac{(h_1 + h_2)^2}{4}\left(\frac{1}{E_1 h_1} + \frac{1}{E_2 h_2}\right)^{-1} \tag{5-40}$$

$$a = 6.22 \times \left[1 - 1.51 \times \left(\frac{E_x}{E_0}\right)^{-0.45}\right] \tag{5-41}$$

$$b = 1 - 1.44 \times \left(\frac{E_x}{E_0}\right)^{-0.55} \tag{5-42}$$

式中 E_1、E_2——基层和底基层或垫层的回弹模量,MPa;

h_1、h_2——基层和底基层或垫层的厚度,m;

E_0——路床顶面的回弹模量,MPa;

a、b——与 E_x/E_0 有关的回归系数。

底基层和垫层同时存在时,可先按式(5-38)~式(5-40)将底基层和垫层换算成具有当量回弹模量和当量厚度的单层,然后再与基层一起按上述各式计算基层顶面当量回弹模量。无底基层和垫层时,相应层的厚度和回弹模量分别以零值代入上述各式进行计算。

2. 旧柔性路面基层顶面当量回弹模量

在原路面顶面,可通过承载板试验测定其当量回弹模量 E_t 值,或者应用后轴重100kN的汽车进行回弹弯沉测定,经统计整理后得到原路面计算回弹弯沉值 w_0,利用下述经验关系式转化为当量回弹模量 E_t 值:

$$E_t = 13\,739 w_0^{-1.04} \tag{5-43}$$

式中 w_0——以后轴重100kN的车辆测得的原路面计算回弹弯沉值,0.01mm。

三、荷载疲劳应力分析

(一)标准轴载应力 σ_{ps} 的计算

式(5-24)是弹性地基上板理论解的回归结果,地基模型为弹性半无限空间体。实际水泥混凝土路面板的基础是由土基、垫层或基层组成的层状结构,各层材料具有不同的性质。不同的施压面积会影响到不同的地基深度;不同的压力分布会使地基内不同位置具有不同的应力和应变状态。因此,承载板作用下的荷载—位移关系显然不同于混凝土板下地基的压力和挠度关系,由承载板测定得到的回弹模量也就不同于板下地基的弹性模量。因此,按弯沉等效原则求得的基层顶面当量回弹模量 E_t 和泊松比 μ_t 值不能很好地表征地基特性,需引入一个系数(基层顶面当量回弹模量修正系数)n 加以修正,才能使计算结果较符合实际。

在地基回弹模量测定中,很难对基层顶面按板下实际压力施压,而在路面板上加荷,测定板中挠度,根据理论公式计算这一挠度值时的地基弹性模量值,此模量值为地基计算回弹模量 E_{tc}。同时,在基层顶面按承载板方法测定地基模量为 E_t。通过大量试验数据的回归分析,得到两者之间的经验关系式为:

$$E_{tc} = nE_t \tag{5-44}$$

$$n = 3.79 l_0^{0.92} \tag{5-45}$$

为了设计上便利和减少计算误差，在计算水泥混凝土路面相对刚度半径时，仍然采用基层顶面当量弹性模量 E_t 和泊松比 μ_t 值，而将基层顶面模量修正系数 n 纳入应力计算回归式之中，这时式(5-24)中回归系数 n 不变，A'、m' 改为如表 5-16 所示的 A、m。

表 5-16　计入基层顶面模量修正系数后的荷载应力公式回归系数

轴型	单轴单轮组	单轴双轮组	双轴双轮组	三轴双轮组
A	0.001 8	0.001 19	0.000 599	0.000 395
m	0.490	0.597	0.585	0.493
n	0.881	0.905	0.893	0.892

以标准轴载 $P_s = 100$kN 和表 5-16 中单轴双轮组的回归系数代入式(5-24)中，便可得到标准轴载在四边自由板临界荷位处的荷载应力计算式：

$$\sigma_{ps} = 0.077 l_0^{0.60} h_c^{-2} \tag{5-46}$$

由于已将模量修正系数包含在荷载应力计算式中，在计算相对刚度半径和荷载应力时，可直接采用实测模量值按基层顶面当量回弹模量换算关系式换算得到的基层顶面当量回弹模量值。

（二）荷载应力系数

1. 考虑接缝传荷能力的应力折减系数 k_r

混凝土路面接缝具有一定的传荷能力。按四边自由的矩形板计算得到的板边应力，还应按接缝的类型及其传荷能力进行相应的应力折减。

接缝传荷能力可采用弯沉传荷系数 L_w 或应力折减系数 k_r 表征。$L_w = w_u / w_l$，其中 w_u 和 w_l 分别为未受荷板和受荷板边缘的弯沉值；$k_r = \sigma_{ej} / \sigma_{jl}$，其中 σ_{ej} 和 σ_{jl} 分别为考虑接缝传荷作用与不考虑接缝传荷作用（自由边）的板边应力值。

选用常见荷载参数和混凝土路面结构参数，利用有限元法分析轴载作用于板纵缝边缘时的接缝传荷能力，可建立起弯沉传荷系数 L_w 和应力折减系数 k_r 之间的经验公式：

单轴　　$k_r = 0.996 - 0.22 L_w - 0.125 L_w^2$

双轴　　$k_r = 0.991 - 0.18 L_w - 0.115 L_w^2$

在对各类接缝两侧的板边弯沉测定的基础上，参考国外研究成果，现行规范给出了考虑接缝传荷能力的应力折减系数，见表 5-17。

表 5-17　应力折减系数

纵缝类型	平缝或自由边	拉杆 + 平缝	拉杆 + 企口缝
k_r	1.0	0.87～0.92	0.76～0.84

注：刚性和半刚性基层取低值，柔性基层取高值。

2. 荷载疲劳应力系数 k_f

考虑设计基准期内荷载应力累计疲劳作用的疲劳应力系数 k_f，依据混凝土双对数形式的疲劳方程：

$$\lg \frac{\sigma_p}{f_r - \sigma_t} = \lg a - b\lg N \tag{5-47}$$

式中　σ_p——荷载应力；

σ_t——温度应力。

转化后得到：

$$k_f = \frac{1}{a} N_e^b \tag{5-48}$$

式中　a、b——由疲劳试验得到的回归系数。

现行规范取 $a=1.0$，轴载换算公式保留原规范16次方关系，即：

$$\frac{N_s}{N_i} = \left(\frac{P_i}{P_s}\right)^{\frac{n_s}{b}} = \left(\frac{P_i}{P_s}\right)^{16} \tag{5-49}$$

由 $n_s/b=16$，及表5-16中单轴双轮组 $n_s=0.905$，可得 $b=0.057$，由此可得：

$$k_f = N_e^{0.057} \tag{5-50}$$

式(5-50)适用于普通混凝土、钢筋混凝土、连续配筋混凝土。碾压混凝土和贫混凝土，$b=0.065$；钢纤维混凝土，$b=0.053-0.017\rho_f l_f/d_f$，式中 ρ_f 为钢纤维体积率(%)，l_f 为钢纤维的长度(mm)，d_f 为钢纤维的直径(mm)。

3. 综合系数 k_c

设计方法中采用100kN的轴载为标准轴载，这一轴载为静载。而车辆在行驶过程中，由于路表面的不平整和车辆本身的振动，实际作用在路面上的轴载值是随机波动的，时而高于静载，时而低于静载。动载对路面结构的不利影响，在路面设计中可通过引入一个静载产生的应力的扩大系数来加以考虑，这一系数可称为动荷系数。试验结果表明，动荷系数服从正态分布，其变异系数随车速增大而略有增长，并随轴载增加而减小。按我国现有的平整度水平，在60km/h左右车速时，对于100kN的轴载，动荷系数变动在1.10～1.20之间。

车辆荷载除主观超载外，常因计量、判断等原因导致实际轴载超出额定轴载，使路面实际经受的疲劳损耗比按标准设计实际计算得到的要高。为此，在设计中需引入超载系数，以考虑这一情况。此外，货车在前后轴、左右轮荷载量分配的不均衡引起的偏载现象、路面结构厚度和材料性质的变异、交通参数和环境影响预估的偏差，以及计算理论与实际的差别等，也将影响疲劳损耗和设计可靠性。为此，现行规范在考虑公路等级设计车速和近年来我国公路路面状况改善等因素的基础上，引入综合系数 k_c 来综合考虑上述各方面的影响。不同公路等级的综合系数推荐值列于表5-18。

表5-18　不同公路等级的综合系数推荐值

公路等级	高速	一级	二级	三、四级
k_c	1.30	1.25	1.20	1.10

(三)荷载疲劳应力

综上所述,考虑接缝传荷能力的应力折减、荷载应力的累计疲劳作用及荷载特性等影响,标准轴载(单轴双轮组 100kN)作用于水泥混凝土路面结构临界荷位(纵向边缘中部)处产生的荷载疲劳应力可按下式确定:

$$\sigma_{pr} = k_r k_f k_c \sigma_{ps} \tag{5-51}$$

式中 σ_{ps}——标准轴载 P_s 在四边自由板临界荷位处的荷载应力,见式(5-46);

k_r——考虑接缝传荷能力的应力折减系数,按表 5-17 取值;

k_f——考虑设计基准期内荷载应力累计疲劳作用的疲劳应力系数,见式(5-50);

k_c——考虑偏载和动载等因素对路面疲劳损坏的综合系数,按表 5-18 取值。

四、温度疲劳应力分析

混凝土路面承受着不断变化的温度作用。为了考虑其累计疲劳损耗,采用了考虑荷载应力累计疲劳损耗相同的方法,依据等效疲劳损耗原则和疲劳方程,将经历日变化和年变化的温度应力等效地转化成由最大温度应力和疲劳温度应力系数组成的温度疲劳应力,即混凝土路面板在临界荷位产生的温度疲劳应力可按下式确定:

$$\sigma_{tr} = k_t \sigma_{tm} \tag{5-52}$$

式中 σ_{tr}——临界荷位处的温度疲劳应力,MPa;

σ_{tm}——最大温度梯度时混凝土板的温度翘曲应力,MPa,见式(5-34);

k_t——考虑温度应力累计疲劳作用的疲劳应力系数。

依据等效疲劳损耗原则和疲劳方程,应用温度梯度的日变化规律及最大温度梯度的年变化规律,假设交通的日分布频率(70%～80%作用于白天)和年分布(均匀分布),按等效疲劳损耗原则,以各地的年日照率近似地当做当量晴天率,可推演出各地区的年温度疲劳应力系数的经验公式:

$$k_t = \frac{f_r}{\sigma_{tm}}\left[a\left(\frac{\sigma_{tm}}{f_r}\right)^c - b\right] \tag{5-53}$$

式中 a、b、c——回归系数,按所在地区的公路自然区划查表 5-19 确定。

表 5-19　回归系数 a、b 和 c

系数	公路自然区划					
	Ⅱ	Ⅲ	Ⅳ	Ⅴ	Ⅵ	Ⅶ
a	0.828	0.855	0.841	0.871	0.837	0.834
b	0.041	0.041	0.058	0.071	0.038	0.052
c	1.323	1.355	1.323	1.287	1.382	1.270

五、厚度计算流程及设计示例

(一)计算流程

水泥混凝土路面概率型设计方法,以路面结构的总开裂率为控制指标,以式(5-2)作为路面结构极限状态表达式。具体设计步骤如下：

(1)根据相关的设计资料，确定设计车道的标准轴载日作用次数和交通等级，进行路面结构组合设计，初拟路面结构，包括路床、垫层、基层和面层的材料类型和厚度，并按表 4-4所列的水泥混凝土面层厚度建议范围，依据交通等级、公路等级和所选变异水平等级初选混凝土板厚度。

(2)参照图 5-12 所示的混凝土板厚度计算流程，分别计算荷载疲劳应力和温度疲劳应力。当荷载疲劳应力同温度疲劳应力之和与可靠度系数的乘积小于且接近于混凝土弯拉强度标准值，即满足式(5-2)的要求时，则初选厚度可作为混凝土板的计算厚度。否则，应改选混凝土板厚度，重新计算，直到满足式(5-2)为止。设计厚度依计算厚度按 10mm 向上取整。

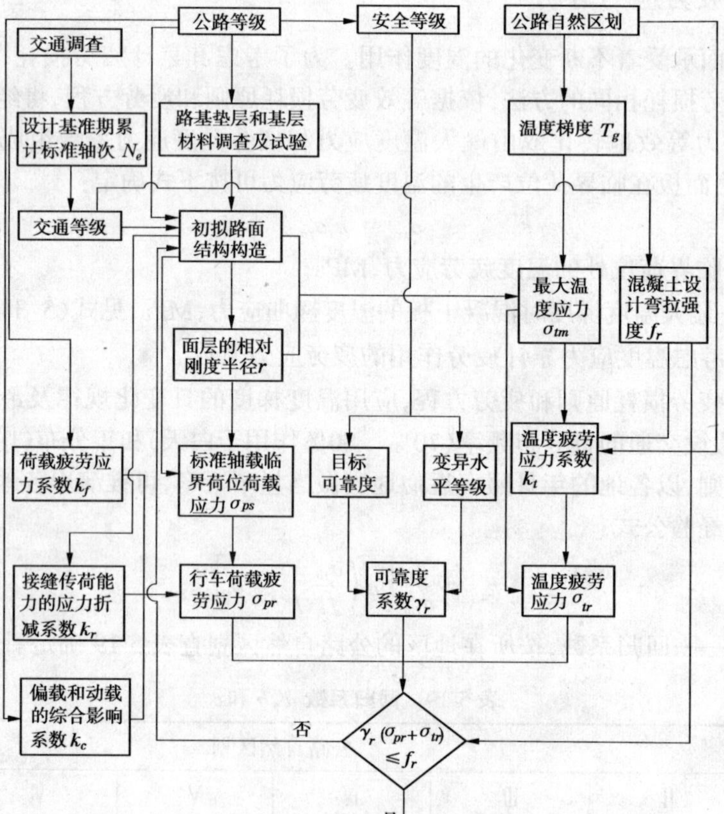

图 5-12　混凝土板厚计算流程

(二)设计示例

广东某地一级公路拟新建水泥混凝土路面，路基为含砂低液限黏土，采用普通混凝土路面，路面宽 2×7.5m。由交通调查和预测得知，设计车道使用初期标准轴载日作用次数为 5 004，交通量年平均增长率为 4.0%。试选择路面结构，确定混凝土面层所需的厚度。

1. 交通分析

由表 5-7,一级公路的设计基准期为 30 年,安全等级为二级。由表 5-10,临界荷位处的车辆轮迹横向分布系数取 0.20。按式(5-36)计算得到设计基准期内设计车道标准轴载累计作用次数为:

$$N_e = \frac{N_s[(1+g_r)^t - 1]\times 365}{g_r}\eta = \frac{5\,004\times[(1+0.04)^{30}-1]\times 365}{0.04}\times 0.20$$

$$= 20.487\times 10^6(\text{次})$$

属特重交通等级。

2. 初拟路面结构

由表 5-7,安全等级为二级的相应变异水平等级为低～中级。根据一级公路、特重交通等级和中级变异水平等级,查表 4-4,初拟普通混凝土面层厚度为 0.25m。基层选用水泥稳定粒料(水泥用量 5%),厚 0.18m。垫层为 0.15m 低含量无机结合料稳定土。普通混凝土板的平面尺寸为宽 3.75m、长 5.0m。纵缝为设拉杆平缝,横缝为设传力杆假缝。

3. 路面材料参数确定

按表 5-12,取普通混凝土面层的弯拉强度标准值为 5.0MPa,相应弯拉弹性模量为 31GPa。查表 5-14、表 5-15,路基回弹模量取 30MPa,二灰稳定土垫层回弹模量取 600MPa,水泥稳定粒料基层回弹模量取 1 300MPa。

按式(5-37)计算基层顶面当量回弹模量如下:

$$E_x = \frac{h_1^2E_1 + h_2^2E_2}{h_1^2 + h_2^2} = \frac{1\,300\times 0.18^2 + 600\times 0.15^2}{0.18^2 + 0.15^2} = 1\,013(\text{MPa})$$

$$D_x = \frac{E_1h_1^3}{12} + \frac{E_2h_2^3}{12} + \frac{(h_1+h_2)^2}{4}\left(\frac{1}{E_1h_1} + \frac{1}{E_2h_2}\right)^{-1}$$

$$= \frac{1\,300\times 0.18^3}{12} + \frac{600\times 0.15^3}{12} + \frac{(0.18+0.15)^2}{4}\times\left(\frac{1}{1\,300\times 0.18} + \frac{1}{600\times 0.15}\right)^{-1}$$

$$= 2.57(\text{MN}\cdot\text{m})$$

$$h_x = \sqrt[3]{12D_x/E_x} = \sqrt[3]{12\times 2.57/1\,013} = 0.312(\text{m})$$

$$a = 6.22\times\left[1 - 1.51\times\left(\frac{E_x}{E_0}\right)^{-0.45}\right] = 6.22\times\left[1 - 1.51\times\left(\frac{1\,013}{30}\right)^{-0.45}\right] = 4.293$$

$$b = 1 - 1.44\times\left(\frac{E_x}{E_0}\right)^{-0.55} = 1 - 1.44\times\left(\frac{1\,013}{30}\right)^{-0.55} = 0.792$$

$$E_t = ah_x^bE_0\left(\frac{E_x}{E_0}\right)^{1/3} = 4.293\times 0.312^{0.792}\times 30\times\left(\frac{1\,013}{30}\right)^{1/3} = 165(\text{MPa})$$

普通混凝土面层的相对刚度半径为:

$$l_0 = 0.537h_c\sqrt[3]{E_c/E_t} = 0.537\times 0.25\times\sqrt[3]{31\,000/165} = 0.769(\text{m})$$

4. 荷载疲劳应力

按式(5-46),标准轴载在临界荷位处产生的荷载应力计算为:

$$\sigma_{ps} = 0.077l_0^{0.60}h_c^{-2} = 0.077\times 0.769^{0.60}\times 0.25^{-2} = 1.052(\text{MPa})$$

纵缝为设拉杆平缝，接缝传荷能力的应力折减系数 $k_r = 0.87$。设计基准期内荷载应力累计疲劳作用的疲劳应力系数 $k_f = N_e^{0.057} = (20.486 \times 10^6)^{0.057} = 2.611$。根据公路等级，考虑偏载和动载等因素对路面疲劳损坏影响的综合系数 $k_c = 1.25$。

按式(5-51)，荷载疲劳应力计算为：

$$\sigma_{pr} = k_r k_f k_c \sigma_{ps} = 0.87 \times 2.611 \times 1.25 \times 1.052 = 2.987(\mathrm{MPa})$$

5. *温度疲劳应力*

广东属Ⅳ区，查表5-13得 $T_g = 89℃/\mathrm{m}$。板长5m，$L/l_0 = 5/0.769 = 6.502$，由图5-11可查普通混凝土板厚 $h = 0.25\mathrm{m}$，$B_x = 0.66$。按式(5-34)，最大温度梯度时混凝土板的温度翘曲应力计算为：

$$\sigma_{tm} = \frac{\alpha_c E_c h_c T_g}{2} B_x = \frac{1 \times 10^{-5} \times 31\,000 \times 0.25 \times 89}{2} \times 0.66 = 2.28(\mathrm{MPa})$$

温度疲劳应力系数 k_t 按式(5-53)计算为：

$$k_t = \frac{f_r}{\sigma_{tm}}\left[a\left(\frac{\sigma_{tm}}{f_r}\right)^c - b\right] = \frac{5.0}{2.28} \times \left[0.841 \times \left(\frac{2.28}{5.0}\right)^{1.323} - 0.058\right] = 0.525\,4$$

再由式(5-52)计算温度疲劳应力为：

$$\sigma_{tr} = k_t \sigma_{tm} = 0.525\,4 \times 2.28 = 1.20(\mathrm{MPa})$$

查表5-7，一级公路的安全等级为二级，变异水平等级为低～中级，目标可靠度为90%。再据查得的目标可靠度和变异水平等级，查表5-9，确定可靠度系数 $\gamma_r = 1.19$。按式(5-2)有：

$$\gamma_r(\sigma_{pr} + \sigma_{tr}) = 1.19 \times (2.987 + 1.20) = 4.98(\mathrm{MPa}) \leqslant f_r = 5.0\mathrm{MPa}$$

因此，所选普通混凝土面层厚度(0.25m)可以承受设计基准期内荷载应力和温度应力的综合疲劳作用。

第五节　国外的设计方法简介

一、AASHTO设计方法

美国道路工作者协会(AASHTO)在修筑足尺试验路的基础上，经过长期的观测，建立起轴载作用次数、路面结构厚度和使用性能之间的经验关系式，据此提出了AASHTO路面设计指南与手册。

(一)服务功能指数

AASHTO试验路采用“服务功能指数”的概念来表征路面对行车荷载的耐用程度。对于刚性路面，根据试验结果的统计分析，采用下式确定现有服务功能指数(PSI)：

$$PSI = 5.41 - 1.8\lg(1 + \overline{SV}) - 0.09\sqrt{C + P} \tag{5-54}$$

式中　$\overline{SV}$——两条轮迹的平均向坡度偏差；

C——裂缝长度，$\mathrm{ft}/1\,000\mathrm{ft}^2$；

P——路面表面修补面积，$\mathrm{ft}^2/1\,000\mathrm{ft}^2$。

路面在使用过程中,服务功能指数随行车作用次数的增加而逐步降低。AASHTO 试验路的试验目的之一,便是确定不同大小与组合的轴载重复作用次数与不同厚度基层上各种厚度混凝土路面的服务功能之间的关系。试验结果表明,板的长短和是否配筋,以及基层厚度对路面的使用性能无重大影响。在板厚、轴载、荷载重复作用次数和服务功能指数之间存在着下述关系:

$$PSI = C_0(C_0 - C_1)\left(\frac{N}{\rho}\right)^{\beta} \tag{5-55}$$

式中　C_0——路面的初始服务功能指数,试验路为 $C_0 = 4.5$;

C_1——路面的终结服务功能指数,试验路为 $C_1 = 1.5$;

β——函数,决定服务功能指数减小曲线的一般形状;

ρ——函数,当 $PSI = 1.5$ 时的荷载重复作用次数。

根据试验结果的统计分析得出:

$$\beta = 1 + \frac{3.63 \times (L_1 + L_2)^{5.20}}{(D_2 + 1)^{8.46} L_2^{3.52}} \tag{5-56}$$

$$\rho = \frac{10^{5.35} \times (D_2 + 1) \times 7.35 L_2^{3.26}}{(L_1 + L_2)^{4.62}} \tag{5-57}$$

式中　D_2——板厚,in;

L_1——轴载,klb;

L_2——后轴数系数,单后轴为 1,双后轴为 2。

板厚、轴载、荷载重复次数和服务功能指数这四者中已知 3 个,便可按式(5-55)求得另一个。

(二)设计使用年限与车辆换算

AASHTO 法规定,混凝土路面的设计使用年限通常为 20(年),届时的服务功能指数为 2.5(干线道路)或 2.0(非干线道路)。路上通行的各类车辆均换算成标准车数量。标准车规定为后轴重 18klb 的单后轴车,在使用年限内通过的最多次数为 1×10^7。

道路的设计交通量按后轴重和后轴数分类,并由日单向交通量推算出 20 年内各类轴载的总通行次数。采用下列公式将各类轴载换算为标准轴载:

$$\lg\frac{N_1}{N_2} = \left(\frac{1}{\beta_1} - \frac{1}{\beta_2}\right)\lg\frac{2}{3} + \lg\frac{\rho_1}{\rho_2} \tag{5-58}$$

式(5-58)是将 $C_0 = 4.5$、$C_1 = 1.5$、$PSI = 2.5$ 各值代入式(5-55)后得出的标准轴载与换算轴载的总通行次数之间的关系。式中注有下角标 1 的参数为标准轴载者,注有下角标 2 的为换算轴载的参数。

求出各类轴载相应于标准轴载的换算系数,而各类轴载的通行次数乘以换算系数,即可得到使用年限内标准轴载的总通行次数。根据式(5-58)可算得 $PSI = 2.5$ 时的轴载换算系数,见表 5-20。由于换算系数随混凝土板的厚度而变,因此需先假设板厚,若随后算得的板厚与假设的不同,则重设板厚再进行计算。

(三)板厚计算

根据设计使用年限内标准轴载的总通行次数、地基反应模量和混凝土的允许弯拉应力,可求得板厚。图 5-13 为刚性路面设计图,$PSI=2.5$(引自 AASHTO 暂行指南)。该图是按威斯特卡德板角公式绘制的,荷载中心离角端的距离为 10in,混凝土的允许应力采用 28d 抗弯强度的 0.75 倍,泊松比取 0.20。

按 AASHTO 法示算路面厚度示例如表 5-21 所示。

表 5-20　轴载换算系数

单后轴							双后轴						
轴重	路面板厚度 D(in)						轴重	路面板 厚度 D(in)					
(100lb)	6	7	8	9	10	11	(100lb)	6	7	8	9	10	11
2	0.000 2	0.000 2	0.000 2	0.000 2	0.000 2	0.000 2	10	0.01	0.01	0.01	0.01	0.01	0.04
4	0.003	0.002	0.002	0.002	0.002 5	0.002	12	0.03	0.03	0.03	0.03	0.03	0.03
6	0.01	0.01	0.01	0.014	0.01	0.01	14	0.06	0.05	0.05	0.05	0.05	0.05
8	0.04	0.04	0.03	0.03	0.03	0.03	16	0.10	0.09	0.08	0.08	0.08	0.08
10	0.10	0.09	0.08	0.08	0.08	0.08	18	0.16	0.14	0.14	0.13	0.13	0.13
12	0.20	0.19	0.18	0.18	0.18	0.17	20	0.23	0.22	0.21	0.21	0.20	0.20
14	0.38	0.36	0.35	0.34	0.34	0.34	22	0.34	0.32	0.31	0.31	0.30	0.30
16	0.63	0.62	0.61	0.60	0.60	0.60	24	0.48	0.46	0.45	0.44	0.44	0.44
18	1.00	1.00	1.00	1.00	1.00	1.00	26	0.64	0.64	0.63	0.62	0.62	0.62
20	1.51	1.52	1.55	1.57	1.58	1.58	28	0.85	0.85	0.85	0.85	0.85	0.85
22	2.21	2.20	2.28	2.34	2.38	2.40	30	1.11	1.12	1.13	1.14	1.14	1.14
24	3.16	3.10	3.23	3.36	3.45	3.50	32	1.43	1.44	1.47	1.49	1.50	1.51
26	4.41	4.26	4.42	4.67	4.85	4.95	34	1.82	1.82	1.87	1.92	1.95	1.96
28	6.05	5.76	5.92	6.29	6.61	6.81	36	2.69	2.27	2.35	2.43	2.48	2.51
30	8.16	7.67	7.79	8.28	8.79	9.14	38	2.85	2.80	2.91	3.04	3.12	3.16
32	10.81	10.06	10.10	10.70	11.43	11.99	40	3.52	3.42	3.55	3.74	3.87	3.94
34	14.12	13.04	12.94	13.62	14.59	15.43	42	4.32	4.16	4.30	4.55	4.74	4.86
36	18.20	16.69	16.41	17.12	18.33	19.52	44	5.26	5.01	5.16	5.48	5.75	5.92
38	23.15	21.14	20.61	21.31	22.74	24.31	46	6.36	6.01	6.14	6.53	6.90	7.14
40	29.11	26.49	25.65	26.29	27.91	29.90	48	7.64	7.16	7.27	7.73	8.21	8.55

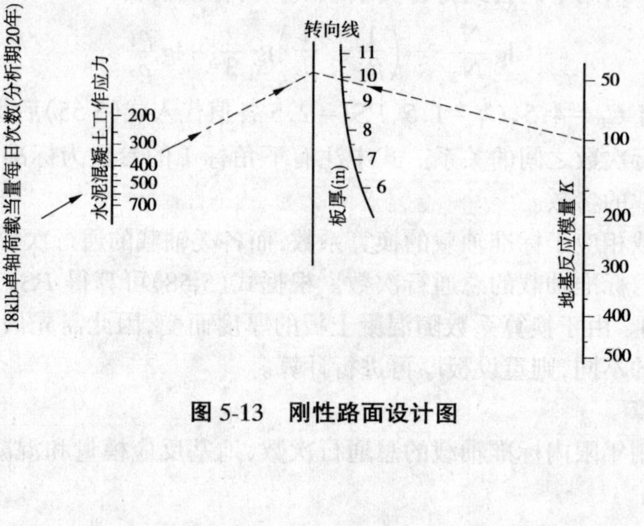

图 5-13　刚性路面设计图

表 5-21　路面厚度计算示例

按 20 年计算的标准轴载当量总次数(千次)	终止服务能力($PSI=2.5$)	工作应力(lb/in^2)	地基反应模量K(lb/in^2)	所需板厚D(in)	备注
500	2.5	450①	100	6.5	即图 5-13 中的数值
1 000	2.5	450	100	7.5	
10 000	2.5	450	100	10.5	
1 000	2.5	300	100	9.0	
1 000	2.5	450	400②	6.5	

注：①工作应力场 $0.75\times R_{28}$，28d 弯拉强度 $R_{28}=600lb/in^2$ 或 $400lb/in^2$。

②相当于水泥或沥青处治的基层。

二、PCA 设计方法

美国波特兰水泥协会(PCA)设计方法应用文克勒地基上弹性薄板理论，考虑了水泥混凝土路面的使用年限、疲劳强度等多种因素，是一种比较完善的方法。

(一)设计使用年限与交通分析

PCA 取混凝土路面设计使用年限 40(年)。按目前道路上交通量统计资料，确定目前的年平均日交通量，其中包括货车数、单轴和双轴各级荷载的分配，然后根据交通量的年增长率，预估使用年限内各级单双轴轴载的作用次数。

(二)荷载安全系数

PCA 采用荷载安全系数以考虑汽车的超载、轮载分配的不均匀性和冲击作用等因素所引起的荷载增大。为此，按道路交通量的不同，规定荷载安全系数值如下：①对于承受少量货车交通的道路、居住区街道和其他道路，采用 1.0；②对于承受中等货车交通量的主要街道，采用 1.1；③对于连续交通流和大量货车交通的州际道路和其他多车道路面，采用 1.2。

按交通分析得出的各级轴载，都要乘上上述荷载安全系数，成为设计轴载。

(三)基础强度特征

基础的强度特征以地基反应模量 K 表征。K 值通过承载板试验确定，它随材料的性状、承载板的直径和挠度(或压力)的取值的不同而异。

由试验得知，当承载板直径大于 30in 时，直径大小对荷载挠度曲线的影响就不大了。因此，通常规定采用承载板直径为 30in。测定地基反应模量时，统一规定取用挠度 $w=0.05$in 测得的压力值，如挠度难以达到 0.05in 时，则按压力 $q=0.07lbf/in^2$ 时测得的挠度来确定地基反应模量，即 $K=q/w(lbf/in^3)$。

由于 K 值的变动对混凝土板内应力值的影响不大，在无试验条件时，可按路基土类别参考选用。

按上述测定方法，挠度值中包含了塑性变形，因而 K 值偏小，由此算得的板底应力偏大。如果采用重复加载—卸载试验，取回弹的挠度值计算 K 值，则所得的 K 值要大得多。AASHTO 试验路的资料表明，黏土路基和粒料基层上的 K 值要比通常方法得到的 K 值大 77%。路基上铺筑粒料或稳定类基层后，基层顶面的 K 值将提高，提高后的数值可由承载板试验实测确定。

(四)荷载应力

公路和城市道路路面,通常采用3.6m宽的车道,由实测到的车流沿此车道横向分布的频率可知,在车道的纵向边缘和角隅处荷载重复作用的概率均很小,而轴载位于横缝边缘时,恰好是荷载重复性最大处。故PCA采用横缝边缘作为计算临界应力的荷载位置。

根据横缝边缘这一临界荷载位置,应用威斯特卡德理论,编绘了单轴与双轴荷载应力计算图,如图5-14和图5-15所示。由于混凝土的弹性模量变化对板厚计算影响很小,在编绘计算图时统一采用 $E_e = 3\ 981\ 600\text{lbf/in}^2(28\times10^3\text{MPa})$, $\mu_c = 0.15$。

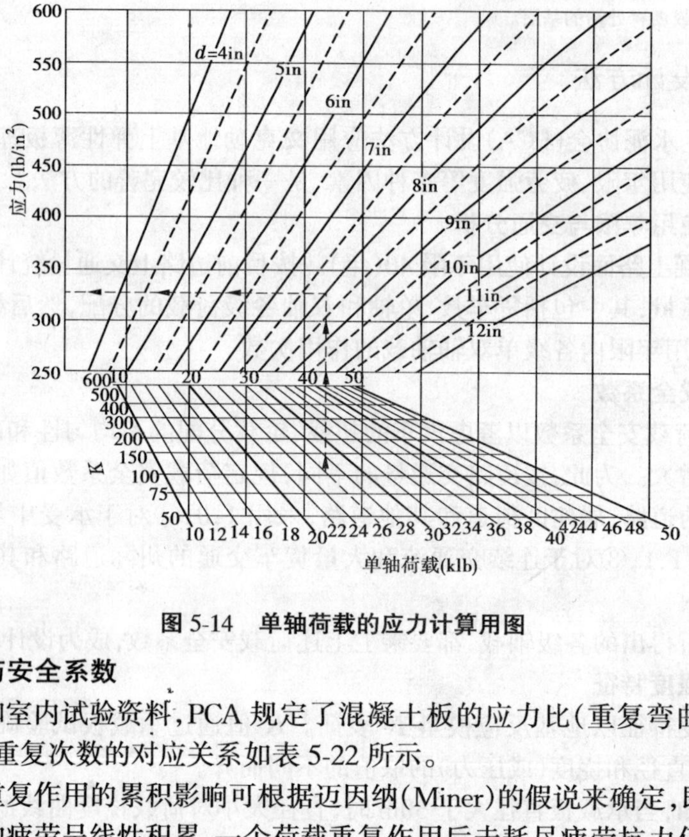

图5-14　单轴荷载的应力计算用图

(五)疲劳与安全系数

根据野外和室内试验资料,PCA规定了混凝土板的应力比(重复弯曲应力与弯拉强度之比)与允许重复次数的对应关系如表5-22所示。

各级轴载重复作用的累积影响可根据迈因纳(Miner)的假说来确定,即材料在重复荷载作用下产生的疲劳呈线性积累,一个荷载重复作用后未耗尽疲劳抗力仍可被另一个荷载重复作用时所利用。据此确定各级轴载产生的应力比,由表5-22查得相应的允许重复作用次数 N'_i,此 N'_i 同实际的重复作用次数 N_i(交通量分析获得)相比,即得各级轴载对疲劳抗力的利用率。叠加各级轴载的利用率,得总的疲劳利用率。理论上,利用率总和不能大于1,但考虑到混凝土强度在28d龄期后还要增长,所以根据28d抗弯强度设计时,疲劳利用率总和允许增大到1.25。用公式表示即为:

$$\sum_{i=1}^{n}\frac{N_i}{N'_i}\leqslant 1\sim1.25 \tag{5-59}$$

如果按所选定的路面厚度计算得到的疲劳利用率总和大于1.25或太小时,则应调整路面板厚,重新计算。

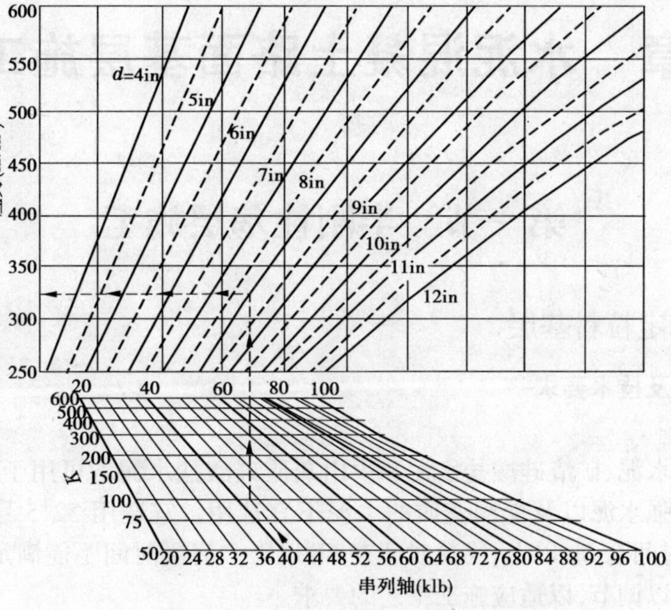

图 5-15　双轴荷载的应力计算用图

表 5-22　应力比与允许重复次数对应关系

应力比	允许重复次数 N'_i	应力比	允许重复次数 N'_i	应力比	允许重复次数 N'_i
0.51	400 000	0.61	24 000	0.71	1 500
0.52	300 000	0.62	18 000	0.72	1 100
0.53	240 000	0.63	14 000	0.73	850
0.54	180 000	0.64	11 000	0.74	650
0.55	130 000	0.65	8 000	0.75	490
0.56	100 000	0.66	6 000	0.76	360
0.57	75 000	0.67	4 500	0.77	270
0.58	57 000	0.68	3 500	0.78	210
0.59	42 000	0.69	2 500	0.79	160
0.60	32 000	0.70	2 000	0.80	120

第六章　水泥混凝土路面基层施工技术

第一节　半刚性基层施工

一、水泥稳定粒料基层

(一)原材料及技术要求

1.水泥

普通硅酸盐水泥、矿渣硅酸盐水泥和火山灰质硅酸盐水泥均可用于水泥稳定粒料基层,快硬水泥、早强水泥以及受潮变质的水泥不宜选用。宜选用32.5号或42.5号的水泥,且要求初凝时间在3h以上,终凝时间在6h以上。终凝时间不能满足要求,需要加入适量的缓凝剂加以调节,以适应施工工艺的要求。

2.集料

集料颗粒粒径越大,施工中机械越易磨损,粗细集料越易产生离析,铺筑层的平整度也越难达到要求。施工中应尽可能采用最大粒径较小的集料,以适应机械施工。但是最大粒径要求越小,石料的加工量越大。不同交通等级公路对基层最大粒径的要求见表6-1。

表6-1　水泥稳定土集料最大粒径要求

公路等级	层位	重交通	二级及二级以下公路
最大粒径(mm)	基层	31.5	37.5
	底基层	37.5	53

级配状况良好有利于取得好的稳定效果,且节约水泥。因此,土的均匀系数应大于5。细粒土的液限不应超过40,塑性指数不应超过17。对于中粒土和粗粒土,如土中小于0.6mm的颗粒含量在30%以下,塑性指数可稍大。实际工作中,宜选用均匀系数大于10、塑性指数小于12的土。不同交通等级公路的水泥稳定类基层对集料颗粒组成要求见表6-2。

对于中等交通路面宜采用表6-2中的1号级配或者接近2号级配范围的下限。

对于重交通路面用的基层和特重交通路面的底基层用的石料的压碎值均应不大于30%;对于中等或轻交通路面的基层用的石料的压碎值不应大于35%,底基层不应大于40%。

3.水

凡是饮用水(包括牲畜饮用水)均可用于水泥稳定粒料基层的施工。

表 6-2　水泥稳定粒料的集料颗粒组成范围

项目		重交通		中等或轻交通		
		底基层	基层	底基层	基层(1号)	基层(2号)
通过下列筛孔的质量百分率(%)	53			100		100
	37.5	100			100	90~100
	31.5		100		90~100	
	26.5		90~100			66~100
	19		72~89		67~90	54~100
	9.5		47~67		45~68	39~100
	4.75	50~100	29~49	50~100	29~50	28~84
	2.36		17~35		18~38	20~70
	1.18					14~57
	0.6	17~100	8~22	17~100	8~22	8~47
	0.075	0~30	0~7	0~50	0~7	0~30
	0.002			0~30		
备注		有机质含量≯2%，硫酸盐含量<0.25%		均匀系数大于5		

(二)混合料组成设计

各级公路使用的水泥稳定粒料基层的7d浸水抗压强度应符合表6-3的规定。

表 6-3　水泥稳定粒料的抗压强度标准

公路等级	特重和重交通公路	中等和轻交通公路
基层	3.0~5.0	2.5~3.0
底基层	1.5~2.5	1.5~2.0

水泥稳定粒料应根据表6-3规定的强度标准，通过试验选取适宜稳定的粒料，确定必需的水泥剂量和混合料的最佳含水量，在需要改善混合料的物理力学性质时，还应确定掺加料的比例。

混合料组成设计步骤如下：

(1)对于水泥稳定粒料基层和底基层，分别按3%、4%、5%、6%及7%等几种水泥剂量制备同一集料的混合料。

(2)至少应做3个不同水泥剂量(即最大剂量、中间剂量和最小剂量)混合料的击实试验，以确定各种混合料的最佳含水量和最大干(压实)密度。其他两个剂量混合料的最佳含水量和最大干密度用内插法确定。

(3)按规定压实度分别计算不同水泥剂量的试件应有的干密度。按最佳含水量和计算得的干密度制备试件。

(4)进行强度试验时，作为平行试验的最少试件数量要不小于表6-4的规定。如试验结果偏差系数大于表中规定值，应重做试验，并找出原因，加以解决。如不能降低偏差系数,则应增加试件数量。

表 6-4 最少试件数量

混合料种类	偏差系数		
	<10%	10%~15%	15%~20%
水泥稳定粒料、石灰粉煤灰稳定粒料	6	9	
水泥稳定土、石灰稳定土、二灰稳定土	6	9	13

(5)试件在规定温度下保湿养生 6d,浸水 24h 后,按《公路工程无机结合料稳定材料试验规程》(JTJ057)进行无侧限抗压强度试验,计算试验结果的平均值和偏差系数。

(6)按表 6-3 的强度标准,选定合适的结合料剂量,此剂量试件室内试验结果的平均抗压强度 R 应符合式(6-1)的要求:

$$R \geqslant R_d/(1 - Z_\alpha C_v) \tag{6-1}$$

式中 R——平均抗压强度;

R_d——设计抗压强度,见表 6-3;

C_v——试验结果的偏差系数(以小数计);

Z_α——标准正态分布表中随保证率(置信度 α)而变的系数,特重和重交通路面的基层应取保证率 95%,即 $Z_\alpha = 1.645$,其他取 90%,即 $Z_\alpha = 1.282$。

(7)工地实际采用的水泥剂量应比室内试验确定的剂量多 0.5%~1.0%。采用集中厂拌法施工时,可增加 0.5%;采用路拌法施工时宜增加 1%。

(8)水泥的最小剂量,路拌法不宜小于 4%,集中厂拌法不宜小于 3%。

(三)路拌法施工

水泥稳定粒料的施工工艺流程宜按图 6-1 进行。

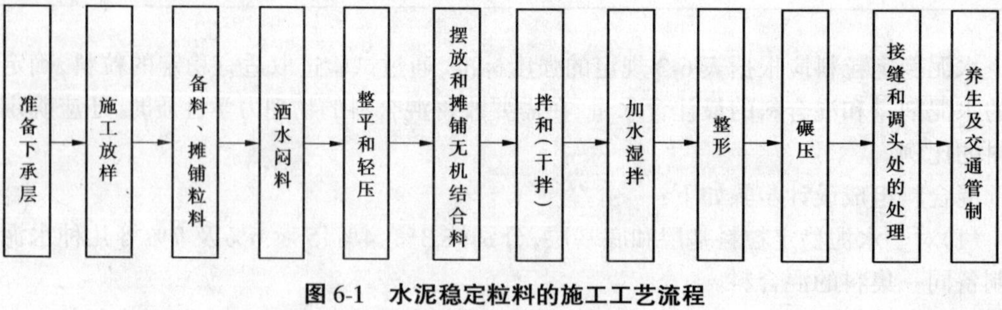

图 6-1 水泥稳定粒料的施工工艺流程

1.准备下承层

下承层表面应平整坚实,具有规定的路拱,其平整度和压实度应符合规定。稳定粒料用做基层时,要准备底基层,对于底基层,应进行压实度和弯沉值检验,使之达到现行规范规定的标准。

2.施工放样

在下承层上恢复中线,直线段每 15~20m 设一个桩,平曲线段每 10~15m 设一个桩;

在两侧路肩边缘外设指示桩，其上用明显标记标出稳定粒料层边缘的设计高。

3. 备料

根据各路段水泥稳定粒料基层的宽度、厚度及预定的干密度，计算各路段所需集料的堆放位置、每平方米水泥稳定粒料所需水泥用量，并确定水泥摆放的纵横间距。堆料前在下承层上应先洒水，使其表面湿润。

4. 摊铺粒料

通过试验确定松铺系数。人工摊铺时，可根据经验确定松铺系数，一般为1.30～1.35。摊铺需要稳定的粒料应在摊铺水泥前一天进行，摊铺长度满足次日完成即可。雨季施工，如前10天有雨，不宜提前摊铺粒料。松铺粒料层厚度应符合预计要求，表面平整并有规定路拱。除洒水车外，严禁其他车辆在粒料层上通行。

5. 洒水闷料

如已整平的粒料含水量过小，应在粒料层上洒水闷料。洒水应均匀，防止出现局部水分过多的情况。严禁洒水车在洒水段内停车或掉头。

6. 整平和轻压

人工对摊铺的粒料层进行整平后，用6～8t的两轮压路机碾压1～2遍，使其表面平整，并具有一定的路拱。

7. 摊铺水泥

按前述计算出的水泥摆放的纵横间距，在粒料层上做摆放标记。水泥要当日运到摊铺路段，卸在做标记的地方，注意在拌和时检查有无遗漏和多余。

8. 拌和(干拌)

应采用专用稳定土拌和机进行拌和，并设专人跟随拌和机随时检查拌和深度并配合拌和机操作员调整拌和深度。通常拌和2遍以上，在最后一遍拌和之前，必要时可先用铧紧贴底面翻拌一遍。在没有专用机械时，也可用旋耕机或缺口圆盘耙与多铧犁或平地机配合进行拌和。但应注意拌和效果，拌和时间不宜过长。

9. 加水湿拌

在上述拌和中，如混合料含水量不足，应用喷管式洒水车补充洒水。水车起洒处和另一段调头处都应当超出拌和段2m以上，洒水车不应在正进行拌和以及当天计划拌和的路段上调头和停留，以防局部水量过大。

洒水后，应再次进行拌和，使水分在混合料中分布均匀，洒水及拌和过程中，应及时检查混合料含水量，含水量宜略大于最佳值0.5%～1.0%。拌和过程中，应人工配合拣出超尺寸的颗粒，清除粗细颗粒窝。混合料拌和均匀后应无明显粗细集料离析现象，且水分合适均匀。

10. 整形

混合料拌和均匀后，应立即用平地机初步整形。在直线段，平地机由两侧向路中间刮平；在平曲线段，平地机由内侧向外侧进行刮平，必要时再返回刮一遍。用轮胎压路机或平地机在初平路段上快速碾压一遍，以暴露潜在的不平整，之后再进行整形。整形前应用齿耙将轮迹低洼处表面5cm以上耙松，并补以适量的拌和好的混合料，再碾压一遍。对于局部低洼处，应用齿耙将其表面5cm以上耙松，并用新拌和的混合料进行填平，再用平地机整形一次，应将高处的料直接刮出路外，不应形成薄层贴补现象。并注意接缝顺适平整，每次整形都要达到规定的坡度和路拱。

11.碾压

根据路宽、压路机的轮宽和轮距的不同，制定碾压方案，应使各部分碾压到的次数尽量相同，路面两侧应当多压2～3遍。整形后，当混合料的含水量为最佳含水量（略大1%～2%）时，应当立即用轻型压路机并配合12t以上的压路机在结构层全宽内进行碾压。直线段和不设超高的平曲线段，由两侧路肩向路中心碾压；设超高的平曲线段，由内侧路肩向外侧路肩碾压。碾压时应该重叠1/2轮宽，后轮必须超过两段的接缝处，后轮压完路面全宽时，即为一遍。一般需碾压6～8遍。压路机的碾压速度，头两遍以采用1.5～1.7km/h为宜，以后宜采用2.0～2.5km/h。采用人工摊铺和整形的稳定土层，宜先用拖拉机或6～8t两轮压路机或轮胎压路机碾压1～2遍，然后再用重型压路机碾压。严禁压路机在已完成的或正在碾压的路段上调头或急刹车，应当保证稳定粒料基层表面不受破坏。

碾压过程中，水泥稳定粒料的表面应当始终保持湿润。如水分蒸发过快，应及时补洒少量的水，但严禁洒大水碾压。碾压过程中，如有“弹簧”、松散、起皮等现象，应及时翻开拌和加适量的水泥或用其他方法处理。

12.接缝和调头处的处理

水泥稳定粒料同时施工的两工段的衔接处，应采用搭接。前一段拌和整形后，留5～8m不进行碾压，后一段施工时，前段未压部分应重新拌和，与后一段一起碾压。应当注意每天最后一段工作缝的处理，工作缝和调头处要按下述方法处理：①在已碾压完成的水泥稳定粒料层末端，沿粒料挖一条横贯铺筑层全宽的、宽约30cm的槽，直挖到下承层顶面，此槽应与路的中心线垂直，靠近稳定粒料的一面应切成垂直面，并放两根与压实厚度等厚、长为全宽一半的方木紧贴其垂直面；②用集料回填槽内其余部分。如果拌和机械或其他机械必须到压成的水泥稳定粒料层上调头，应当采取相应措施保护调头作业段。第二天，邻接作业段拌和后，除去方木，用混合料回填，靠近方木未能拌和的小段，应人工进行补充拌和。整平时，接缝处的水泥稳定粒料应比已完成断面高出约5cm，以利于形成一个平顺的接缝。在新混合料碾压过程中，应将接缝修整平顺。

水泥稳定粒料层的施工应避免纵向接缝。在必须分两幅施工时，纵缝必须垂直相接，不应斜接。纵缝应按下述方法处理：在前一幅施工时，在靠中央一侧用方木或钢模板作支撑，方木或钢模板的高度与稳定粒料层的压实厚度相同；混合料拌和结束后，靠近支撑木（或板）的一部分，应当人工进行补充拌和，然后整形和碾压；养生结束后，在铺筑另一幅之前，拆除支撑木（或板）；第二幅混合料拌和结束后，靠近第一幅部分，应人工进行补充拌和，然后进行整形和碾压。

13.养生及交通管制

水泥稳定粒料基层分两层用摊铺机铺筑时，下层分段摊铺和碾压密实后，在不采用重型振动压路机碾压时，宜立即摊铺上层。否则，在下层顶面应撒少量水泥或水泥浆。每一段碾压完成并经压实度检查合格后，应立即开始养生。

特重和重交通路面基层的养生期不宜少于7d，其他等级公路的养生期可少于7d。如养生期间未能采取覆盖措施，除洒水车外应封闭交通；如果已覆盖且不能封闭交通时，应当限制重型车辆通行，其他车辆车速不应超过 30km/h。

水泥稳定粒料结构层宜在春末和气温较高季节组织施工。施工期的日最低气温应在5℃以上。在有冰冻的地区，应在第一次重冰冻（－5～－3℃）到来之前一个月到一个半月完成。

（四）中心站集中厂拌法施工

1. 下承层准备、施工放样

下承层准备和施工放样同路拌法。

2. 备料

当采用连续式的稳定粒料拌和设备时，应保证集料的最大粒径和级配要求。当原材料的组成发生变化时，应重新调试设备。在潮湿多雨地区和其他地区的雨季施工时，应采取措施保护集料，特别是细集料（如石屑和砂）应覆盖，避免雨淋。不同粒径的碎石、砾石及细集料间应隔离，分别堆放，同时需要注意水泥防潮。

3. 拌和

在正式拌和混合料之前，必须先调试所有设备，使混合料的颗粒组成和含水量都达到规定要求。集中拌和时应根据集料和混合料含水量的大小，及时调整加水量。配料要准确，拌和要均匀。含水量宜大于最佳含水量，使混合料运到现场时的含水量不小于最佳值。

4. 运输和摊铺

应尽快将拌和好的混合料运送到铺筑现场。车上的混合料应覆盖，以减少水分损失。

应采用沥青混凝土摊铺机或稳定土摊铺机摊铺混合料。如下承层是细粒稳定粒料，应先将下承层顶面拉毛，再摊铺混合料。拌和机与摊铺机的生产能力应互相匹配。对于重交通路面基层，摊铺机宜连续摊铺，拌和机产量宜大于 400t/h。如果拌和机的生产能力较小，在用摊铺机摊铺混合料时，应采用最低速度摊铺，以减少摊铺机停机待料情况。在摊铺机后面设专人消除粗细集料离析现象，特别应铲除局部粗集料“窝”，并用新拌混合料填补。

没有摊铺机时，可采用摊铺箱或自动平地机摊铺混合料，计算混合料的摊铺面积，均匀地卸在路幅中央，用平地机将混合料按松铺厚度摊铺均匀，并及时铲除平地机后面粗集料“窝”和粗集料“带”，并补以新拌的均匀混合料。

5. 整形和碾压

摊铺混合料后的整形和碾压与路拌法相同。

6. 横向接缝

集中厂拌法施工时不宜中断，如因故中断时间超过 2h，应设置横向接缝，摊铺机应驶离混合料末端，人工将末端含水量合适的混合料端面切齐，紧靠混合料放两根方木，方木的高度应与混合料的压实厚度相同，整平紧靠方木的混合料。方木的另一侧用砂砾或碎石回填约 3m 长，其高度应高出方木几厘米。将混合料碾压密实，在重新开始摊铺混合料之前，将砂砾或碎石和方木除去，并将下承层顶面清扫干净；摊铺机返回到已压实层的末端，重新开始摊铺混合料。

如摊铺中断后，未按上述方法处理横向接缝，且中断时间超过 2h，则应将摊铺机附近及其下面未经压实的混合料铲除，并将已碾压密实且高程和平整度符合要求的末端挖成与路中心线垂直并垂直向下的断面，然后再摊铺新的混合料。

7. 纵向接缝

应避免纵向接缝，特重和重交通路面的基层应当分两幅摊铺，宜采用两台摊铺机一前一后，相隔 5～10m，同步向前摊铺混合料，并一起进行碾压。

在不能避免纵向接缝的情况下，纵缝必须垂直相接，严禁斜接，且要求前一幅摊铺时，在靠中央的一侧用方木或钢模板作支撑，方木或钢模板的高度与稳定土层的压实厚度应相同。养生结束后，在摊铺另一幅之前，拆除支撑木(或板)。

用平地机摊铺混合料时，横向接缝和纵向接缝的处理方法与路拌法相同。

8. 养生及交通管制

养生及交通管制与路拌法相同。

二、石灰粉煤灰稳定粒料基层

(一)原材料及技术要求

1. 石灰

石灰质量应当符合表 6-5 所示的Ⅲ级以上消石灰或Ⅲ级以上生石灰的技术标准，且应当尽量缩短存放时间，如存放时间较长，应采取覆盖封存措施，妥善保管。有效钙含量在 20% 以上的等外石灰、贝壳石灰、珊瑚石灰、电石渣等，当其混合料的强度符合标准时，也可使用。

表 6-5　石灰技术标准

项目		钙质生石灰			镁质生石灰			钙质消石灰			镁质消石灰		
		等级											
		Ⅰ	Ⅱ	Ⅲ	Ⅰ	Ⅱ	Ⅲ	Ⅰ	Ⅱ	Ⅲ	Ⅰ	Ⅱ	Ⅲ
有效钙加氧化镁含量(%)		≥85	≥80	≥70	≥80	≥75	≥65	≥65	≥60	≥55	≥60	≥55	≥50
未消化残渣含量(5mm 圆孔筛筛余百分数)		≤7	≤11	≤17	≤10	≤14	≤20						
含水量(%)								≤4	≤4	≤4	≤4	≤4	≤4
细度	0.71mm 方孔筛的筛余百分数							0	≤1	≤1	0	≤1	≤1
	0.125mm 方孔筛的累计筛余百分数							≤13	≤20		≤13	≤20	
钙镁石灰的分类界限，氧化镁含量(%)		≤5			>5			≤4			>4		

注：硅铝镁氧化物含量之和大于 5% 的生石灰，有效钙加氧化镁含量指标Ⅰ级大于等于 75%，Ⅱ级大于等于 70%，Ⅲ级大于等于 60%；未消化残渣含量指标与镁质生石灰指标相同。

2. 粉煤灰

粉煤灰质量应符合表 6-6 的要求。干粉煤灰和湿粉煤灰都可以应用。湿粉煤灰的含水量不宜超过35%。

表6-6　粉煤灰质量要求

项目	SiO_2、Al_2O_3 和 Fe_2O_3 总含量	烧失量	比表面积
含量	≥70%	≤20%	≥2 500cm²/g

3.粒料

对于特重和重交通路面，用石灰粉煤灰稳定粒料做底基层时，碎石、砾石最大粒径不应超过37.5mm，对所用的碎石、砾石应预先筛分成3～4个等级再配成符合表6-7中所列的级配范围的混合料。对于中等或轻交通路面，用石灰粉煤灰稳定粒料做基层时，石料的最大粒径不应超过31.5mm，碎石、砾石或其他粒状材料的质量宜占80%以上，其颗粒组成应符合表中级配的范围。粒径小于0.075mm的颗粒含量宜接近于0。

表6-7　二灰级配碎石中集料的颗粒组成范围

筛孔尺寸(mm)	质量通过百分率(%)			
	碎石		砂砾	
	底基层	基层	底基层	基层
37.5	100	—	100	—
31.5	90～100	100	85～100	100
19.0	72～90	81～98	65～85	85～100
9.50	48～68	52～70	50～70	55～75
4.75	30～50	30～50	35～55	39～59
2.36	18～38	18～38	25～45	27～47
1.18	10～27	10～27	17～35	17～35
0.60	6～20	6～20	10～27	10～25
0.075	0～7	0～7	0～15	0～10

对于重交通路面用的基层和特重交通路面的底基层用的石料的压碎值均应不大于30%；对于中等或轻交通路面的基层用的石料的压碎值不应大于35%，底基层不应大于40%。

4.水

凡是饮用水(含牲畜饮用水)均可用于石灰粉煤灰粒料基层的施工。

(二)混合料组成设计

石灰粉煤灰稳定混合料的组成设计应按表6-8所列的强度标准，通过试验确定石灰粉煤灰与集料的质量比例及最佳含水量。对于CaO含量2%～6%的硅铝粉煤灰，采用石灰粉煤灰做基层或底基层时，石灰与粉煤灰的比例可以是1:2～1:9。当采用二灰级配集料做基层时，石灰与粉煤灰的比例可用1:2～1:4，石灰粉煤灰与集料的比例应是20:80～15:85。

表 6-8　二灰混合料的抗压强度标准

公路等级	特重和重交通	中等和轻交通
基层	0.8~1.1	0.6~0.8
底基层	≥0.6	≥0.5

混合料的组成设计步骤如下：

(1)制备不同比例的石灰粉煤灰混合料(如 10:90、15:85、20:80、25:75、30:70、25:65、40:60、45:55 和 50:50)，确定其各自的最佳含水量和最大干密度，并制备试件确定抗压强度，选用强度最大时的石灰粉煤灰比例。

(2)根据所得的二灰比例，制备同一集料的 3~5 种不同配合比的二灰级配集料，其配合比应在表 6-7 规定的范围内，并用重型击实方法确定各种二灰级配集料的最佳含水量和最大干密度。

(3)按规定达到的压实度，分别计算不同配合比时二灰集料试件应有的干密度，并按最佳含水量和计算得到的干密度制备试件。进行强度极限试验时，作为平行试验的试件数量要符合表 6-4 的规定。

(4)按《公路工程无机结合料稳定材料试验规程》(JTJ057) 进行 7d 无侧限抗压强度试验，并计算试验结果的平均值的偏差系数。

(5)根据表 6-8 的强度标准，选定混合料的配合比，在此配合比下试件室内试验结果平均抗压强度应符合式(6-1)的要求。

(三)路拌法施工

石灰粉煤灰稳定粒料基层路拌法施工工艺流程按图 6-2 进行。

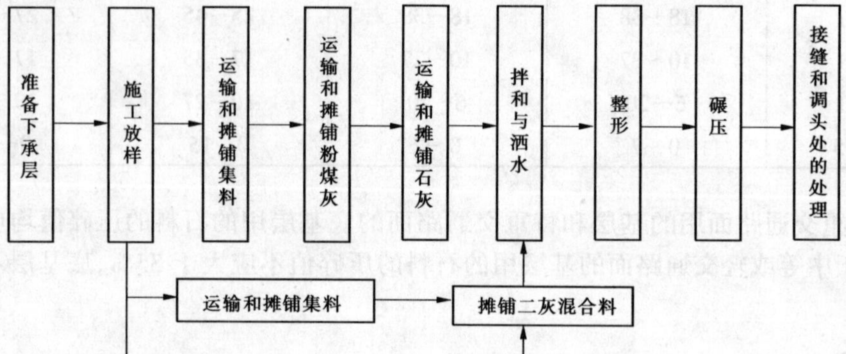

图 6-2　石灰粉煤灰稳定粒料基层路拌法施工工艺流程

1. 准备下承层、施工放样

准备下承层和施工放样同水泥稳定粒料基层施工。

2. 计算材料用量及备料

对于石灰粉煤灰稳定土，运到现场的粉煤灰应含有足够的水分，防止粉尘。堆放过程中，部分粉煤灰凝结成块，使用时应当将灰块打碎。

根据各路段石灰粉煤灰稳定粒料基层的宽度、厚度及预定的干密度，计算各路段需要的干混合料质量；根据混合料的配合比、材料的含水量及所用车辆的吨位，计算各种材料各车料的堆放距离。

如路肩用料与石灰粉煤灰稳定粒料基层用料不同，应当采取培肩措施。在预定堆料的下承层，在堆料前先洒水，使其表面湿润。

3. 运输和摊铺

材料装车时，应控制每车料数量基本相同。应先将粉煤灰运到现场，在同一料场供料的路段，由远到近将料按计算的距离卸置于下承层上，卸料距离应均匀。料堆每隔一定的距离应留一缺口，材料在下承层上的堆放时间不应过长。

通过试验确定各种材料及混合料的松铺系数。采用机械路拌法施工时，应采用层铺法，即每种材料摊铺均匀后，宜先用两轮压路机碾压 1～2 遍，然后再运送并摊铺下一种材料。摊铺每一种材料应力求平整，并具有规定的路拱。集料应较湿润，必要时先洒少量水。

4. 拌和与洒水

采用专用稳定土拌和机拌和时，应先将石灰和粉煤灰拌和均匀，然后均匀地摊铺在集料层上，再一起进行拌和。拌和机拌和时，拌和深度应当直到稳定层底并宜侵入下承层 5～10mm(不应过多)，以加强上下层黏结。用喷管式洒水车将水均匀地喷洒在干拌后的混合料上，洒水距离应当长些，水车起洒处和另一端调头处都应超出拌和段 2m 以上。在洒水拌和过程中，应及时检查混合料的含水量，含水量宜大于最佳含水量 1%左右。拌和过程中，要及时检查拌和深度，使石灰粉煤灰全部拌和均匀。拌和完成的标志是：混合料色泽一致，没有灰条、灰团和花面，没有粗细颗粒“窝”或“带”，并且水分合适和均匀。

5. 整形

若是使用平地机进行整形，应注意混合料拌和均匀后，先用平地机初步整平和整形。整形过程中，应当及时消除粗细集料离析现象，再用平地机整形一次。每一次整形都要按照规定的坡度和路拱进行，并且应当特别注意顺适平整。

若是人工整形，要人工用锹先将混合料摊平，用路拱板进行初步整形并用拖拉机初压 1～2 遍后，根据试验确定的松铺系数，确定纵横断面的标高，并钉桩、挂线，利用锹耙按线整形，再用路拱板校正成型。

检查混合料的松铺厚度，必要时应进行补料或减料。二灰集料的松铺系数为 1.3～1.5；用机械拌和及机械整形时，集料的松铺系数为 1.2～1.3。

6. 碾压、接缝和调头处的处理

碾压、接缝和调头处的处理同水泥稳定粒料基层。

7. 养生

石灰粉煤灰稳定粒料碾压完成后的第 2 天或第 3 天开始养生，每天洒水的次数视气候条件而定。石灰粉煤灰基层宜采用泡水养生法，应始终保持表面潮湿，养生期为 14d。在养生期间，除洒水车外，应封闭交通。在养生期结束后，应尽快铺筑面层，不宜让基层长期暴晒，以免开裂。

(四)集中厂拌法施工

集中拌和时,粉煤灰块最大不应超过 12mm,且 9.5mm 和 2.36mm 筛孔的通过率应分别大于 95%和 75%。不同粒级的砾石、碎石以及其他细集料都应分开堆放。石灰、粉煤灰和细集料都应有覆盖,防止雨淋过湿。配料应准确,拌和应均匀。混合料的含水量应略大于最佳含水量,使混合料运到现场摊铺后碾压时的含水量能接近最佳值。

石灰粉煤灰稳定粒料基层集中厂拌法施工工艺与水泥稳定粒料厂拌法基本相同,养生及交通管制与石灰粉煤灰稳定粒料基层路拌法相同。其工艺流程按图 6-3 进行。

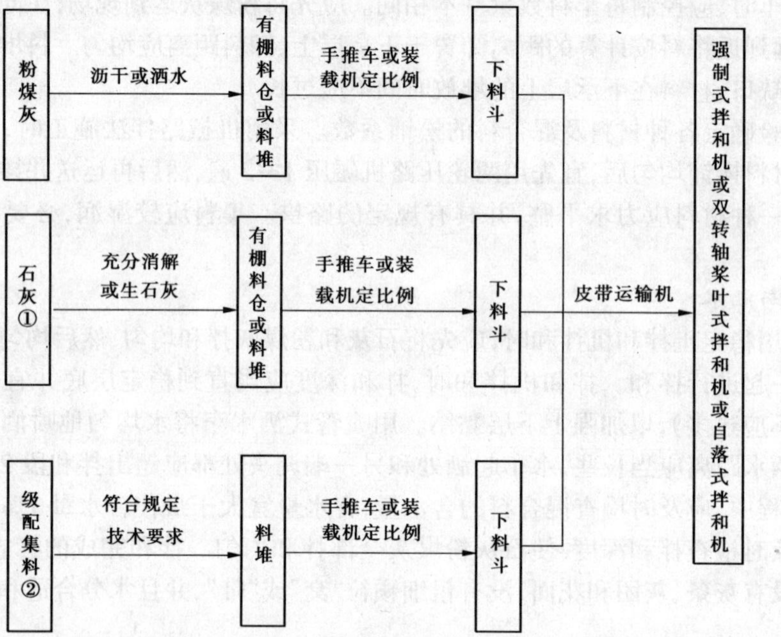

图 6-3　石灰粉煤灰的集中厂拌法工艺流程

注:①进入下料斗的石灰、粉煤灰和集料都不应受潮。

②拌制二灰集料至少应有 3 个集料下料斗,分装粗细集料。

三、稳定土底基层

(一)石灰稳定土

1. 原材料及技术要求

1)土

塑性指数为 15~20 的黏性土以及含有一定数量的黏性土的中粒土和粗粒土均适宜用于石灰稳定。塑性指数 15 以上,适宜于石灰和水泥综合稳定;塑性指数 10 以下的亚砂土和砂土应采取适当措施后再稳定。塑性指数偏大的黏性土,应加强粉碎,粉碎后土块的最大尺寸不应大于 15mm。可以采用两次拌和法,第一次加入部分石灰拌和后,闷放 1~2d,再加入其余石灰,进行第二次拌和。

石灰稳定土用做特重和重交通路面的底基层时,颗粒最大粒径不超过 37.5mm,其他等级公路不超过 53mm;用做基层时,颗粒最大粒径不超过 31.5mm。

2)石灰

石灰技术指标应符合表6-5的规定。使用等外石灰、贝壳石灰、珊瑚石灰等,应进行试验,如混合料的强度符合表6-9的标准,即可使用。

表6-9　石灰稳定土的抗压强度标准

公路等级	特重和重交通	中级及轻交通
基层(MPa)	—	≥0.8
底基层(MPa)	≥0.8	0.5～0.7

注:1.在低塑性土(塑性指数小于7)地区,石灰稳定砂砾土和碎石土的7d浸水抗压强度应大于0.5MPa(100g平衡锥测液限)。

2.低限用于塑性指数小于7的黏性土,且低限值仅用于中等交通以下级别的公路;高限用于塑性指数大于7的黏性土。

2.混合料组成设计

各等级公路石灰稳定土的7d浸水抗压强度应符合表6-9的规定。

通过试验选取最适宜于稳定的土,确定必需的或最佳的石灰剂量和混合料的最佳含水量,在需要改善混合料的物理力学性能时,还应确定掺加料的比例。

混合料组成设计步骤如下:

(1)按下列石灰剂量配制同一种土样、不同石灰剂量的混合料。

塑性指数小于12的黏性土:8%、10%、11%、12%、14%;

塑性指数大于12的黏性土:5%、7%、8%、9%、11%。

(2)确定混合料的最佳含水量和最大干(压实)密度,至少应做3个石灰剂量(即最小剂量、中间剂量和最大剂量)混合料的击实试验,其他两个剂量混合料的最佳含水量和最大干密度用内插法确定。

(3)按规定压实度,分别计算不同石灰剂量的试件应有的干密度。按最佳含水量和计算所得的干密度制备试件,进行强度试验时,作为平行试验的最少试件数量应不小于表6-4的规定。试件在规定温度下保湿养生6d,浸水24h后,进行无侧限抗压强度试验。计算试验结果的平均值和偏差系数。

(4)根据表6-9石灰稳定土的抗压强度标准,选定合适的石灰剂量。在此剂量下试件室内试验结果平均抗压强度应符合式(6-1)的要求。

(5)工地实际采用的水泥剂量应比室内试验确定的剂量多0.5%～1%。用集中厂拌法施工时,可只增加0.5%,采用路拌法施工时宜增加1%。

3.施工工艺

石灰稳定土的路拌法施工工艺流程宜按图6-4进行。

1)准备下承层、施工放样

准备下承层和施工放样同水泥稳定粒料基层。

2)备料

备料除与水泥稳定粒料的要求相同外,还应满足下列要求:当需要分层采集土时,应将土先分层堆放在一场地,然后从前到后将上下层土一起装车运到现场;对于塑性指数小

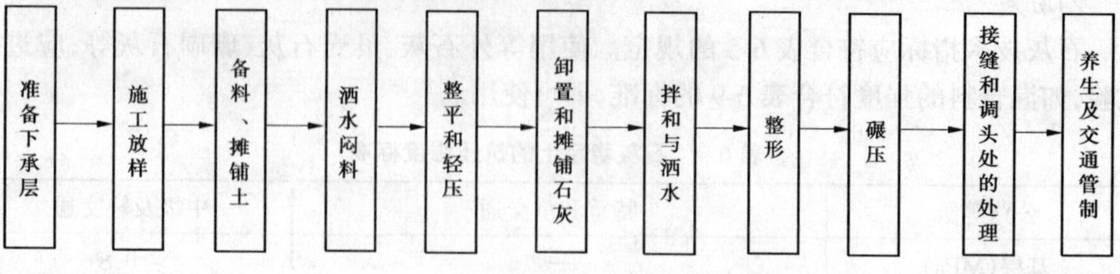

图 6-4 石灰稳定土路拌法施工工艺流程

于 15 的黏性土，机械拌和时，可视土质和机械性能确定是否需要过筛，人工拌和时，应筛除 15mm 以上的土块；石灰应选择公路两侧宽敞、临近水源且地势较高的场地集中堆放。当堆放时间较长时，应覆盖封存；要求生石灰块应在使用前 7～10d 充分消解，消解后的石灰应当保持一定的湿度，不得产生扬尘，也不可过湿成团；消石灰宜过孔径 10mm 的筛，并尽快施工使用。

3)摊铺土

应事先通过试验确定土的松铺系数。现场人工摊铺、机械拌和、人工整平时，松铺系数为 1.53～1.58；路外集中拌和、运到现场人工摊铺时，松铺系数为 1.65～1.70。其他要求与水泥稳定粒料基层相同。

4)洒水闷料、整平和轻压

洒水闷料、整平和轻压同水泥稳定粒料基层。

5)卸置和摊铺石灰

按计算所得的每车石灰的纵、横间距，用石灰在土层上做标记，同时画出摊铺石灰的边线。用刮板将石灰均匀摊开，石灰摊铺完后，表面应当没有空白位置。量测石灰的松铺厚度，根据石灰的含水量和松散密度，校核石灰用量是否合适。

6)拌和与洒水

拌和与洒水的要求和水泥稳定土基本相同。当使用生石灰粉时，宜先用平地机或多铧犁将石灰翻到土层中间，但不能翻到底部。在没有专用拌和机械时，可用农用旋耕机与多铧犁或平地机相配合拌和 4 遍。先用旋耕机拌和 2 遍，后用多铧犁或平地机将底部素土翻起，再用旋耕机拌和 2 遍，用多铧犁或平地机再把底部料翻起，并随时检查和调整翻犁的深度，使稳定土层全部翻透。严禁在稳定土层与下承层之间残留一层素土，但也应防止翻犁过深，过多破坏下承层的表面。

拌和过程中混合料的含水量及检查要求与水泥稳定粒料基层相同。用石灰稳定塑性指数较大的黏性土时，应采用两次拌和。第一次加 70%～100%预定剂量的石灰进行拌和，闷放 1～2d，此后补足需用的石灰，再进行第二次拌和。

7)整形与碾压、接缝和调头处的处理

整形与碾压、接缝和调头处的处理同水泥稳定粒料基层。

8)养生及交通管制

石灰稳定土在养生期间应保持一定的湿度，不应过湿或忽干忽湿。养生期不少于 7d。每次洒水后，应用两轮压路机将表面压实。在养生期间未采用覆盖措施的石灰稳定土层上，除洒水车外，应封闭交通。在采取覆盖措施的石灰稳定土层上，不能封闭交通的，应限制车速不得超过 30km/h，禁止重型卡车通行。石灰稳定土分层施工时，下层石灰稳定土碾压完成后，可以立即铺筑上一层石灰稳定土，不需专门的养生期。

(二)水泥稳定土

水泥稳定土的施工方法同水泥稳定粒料的施工方法基本相同，这里只对这种底基层的材料组成设计作简单介绍。

1. 原材料及技术要求

土的液限不应超过 40，塑性指数不应超过 17。实际施工中，应选用均匀系数大于 10、塑性指数小于 12 的土，宜采用石灰稳定，或用水泥和石灰综合稳定。有机质含量超过 2%的土，必须先用石灰进行处理，形成石灰土后，闷料 1d 后再用水泥稳定。硫酸盐含量超过 0.25%的土，不宜用水泥稳定。

2. 混合料组成设计

水泥稳定土施工和进行组成设计前，应从土场中取有代表性的土样进行下列试验：液限和塑性指数、击实试验、有机质含量试验(必要时做)、硫酸盐含量试验(必要时做)。还应检验水泥的强度等级和初、终凝时间。

制备水泥稳定土试件时，应按下列水泥剂量配制同一种土样的混合料。

塑性指数小于 12 的土：4%、5%、6%、7%、8%；

其他土：6%、8%、9%、10%、12%。

水泥稳定土的混合料组成设计其他步骤与水泥稳定粒料基本相同。但要注意，平行试验的最少试件数量不应小于表 6-4 的要求。

水泥的最小剂量路拌法为 5%、集中厂拌法为 4%。

(三)石灰粉煤灰稳定土

1. 原材料及技术要求

最好采用塑性指数 12～20 的中液限黏土，土块的最大尺寸不应大于 15mm。有机质含量超过 10%的土不宜选用。石灰和粉煤灰的质量要求参见石灰粉煤灰稳定粒料基层中的要求。

2. 混合料组成设计

采用二灰土做底基层时，石灰与粉煤灰的比例可用 1∶2～1∶4，对于粉土，以 1∶2 为宜，石灰粉煤灰与土的比例可以是 30∶70～90∶10，采用此比例时，石灰与粉煤灰的比例宜为 1∶2～1∶3。

其余步骤与石灰粉煤灰稳定粒料基层混合料设计方法相同。

第二节　贫混凝土基层施工

一、原材料及技术要求

(一)水泥

贫混凝土基层在不掺用粉煤灰的情况下，可使用道路水泥、普通硅酸盐水泥、矿渣水泥、粉煤灰水泥、火山灰水泥和复合水泥等 6 种硅酸盐类水泥。

当贫混凝土基层中掺用粉煤灰或矿渣等混合材料时，只能使用道路水泥、硅酸盐水泥、普通硅酸盐水泥三种。水泥的抗压强度、抗折强度、安定性和凝结时间必须检验合格。贫混凝土基层宜使用 32.5 级水泥。

(一)粉煤灰

贫混凝土基层使用的粉煤灰具体技术要求见第七章路面混凝土配合比设计。各级粉煤灰的贫混凝土中取代水泥的粉煤灰最大限量宜控制在 40%以内。贫混凝土配合比设计宜使用超量取代法，各级粉煤灰的超量取代系数可按表 7-19 选用。

(三)砂石料

质量优良、含泥量不大于 5%的级配碎石、级配砂砾等半刚性基层材料以及经试验后满足贫混凝土基层强度、工作性、耐久性等要求的砂石料均可使用。

(四)水

饮用水可直接作为贫混凝土搅拌和养护用水。非饮用水或对水质有疑问时，应检验下列指标，符合表 6-10 的规定者，方可使用。

表 6-10 贫混凝土拌和用水的质量要求

质量指标	pH 值	硫酸盐含量(按 SO_3 计)	盐类总含量	杂质
允许值	>4	≤0.002 7mg/mm³	≤0.005mg/mm³	不得含有油污、泥和其他有害杂质

对拌和水是否适合配制贫混凝土有争议时，必须用这种水和饮用水同时配制混凝土，进行强度等指标对比试验，以验证其适用性。

海水和严重污染的河水、湖水不得作为贫混凝土拌和用水。

(五)外加剂

贫混凝土所用的外加剂主要有减水剂、引气剂以及调整新拌混凝土施工性能的外加剂。其具体技术要求见第七章路面混凝土配合比设计。

二、基层贫混凝土配合比要求

(一)强度

基层贫混凝土的设计强度应符合表 6-11 的规定。

表 6-11 基层贫混凝土的设计强度标准值 (单位:MPa)

交通等级	特重	重	中等	使用场合
7d 抗压强度(≥)	10.0	7.0	5.0	施工质量控制
28d 抗压强度(≥)	15.0	10.0	7.0	配合比设计与钻芯
28d 弯拉强度(≥)	3.0	2.0	1.5	路面设计，检查验收

表 6-11 中 7d 抗压强度用于施工及质量验收检验；28d 抗压强度用于配合比设计计算，也可用于质量控制和验收检验；28d 弯拉强度主要用于双面层路面结构设计计算。在

使用7d和28d抗压强度控制住贫混凝土基层质量的前提下,对相同原材料和同一个配合比,所对应的弯拉强度波动并不大。

(二)工作性

贫混凝土工作性与面层铺筑所使用的施工方式要求相同。贫混凝土的坍落度及最大单位用水量宜满足相应施工方式表6-12的要求。基层贫混凝土中宜掺用粉煤灰,以保证工作性、平整度、外观及长期强度。

表6-12　不同路面施工方式混凝土坍落度及最大单位用水量

摊铺方式	滑模摊铺机摊铺		轨道摊铺机摊铺		三辊轴机组摊铺		小型机具摊铺	
出机坍落度(mm)	40～70		40～60		30～50		10～40	
摊铺坍落度(mm)	20～50		20～40		10～30		0～20	
最大单位用水量	碎石	卵石	碎石	卵石	碎石	卵石	碎石	卵石
(kg/m^3)	160	155	156	153	153	148	150	145

(三)耐久性

满足耐久性要求的贫混凝土最大水灰(胶)比及最大单位用水量宜符合表6-13的要求。贫混凝土基层在国内刚开始使用,积累的数据不多,表中数据有待更多的工程充实。

表6-13　贫混凝土最大水灰(胶)比及最大单位用水量

交通等级	特重	重	中等	最大单位用水量(kg/m^3)
最大水灰比	0.65	0.68	0.70	180
抗冻最大水灰(胶)比	0.60	0.63	0.65	170

在基层受冻地区,贫混凝土中应加引气剂,并控制贫混凝土含气量为4%±1%。贫混凝土基层处在面板底部,一般较少直接接触冰雪水或盐碱水,所以含气量比面板规定宽松。当对贫混凝土基层抗冲刷性及抗冻耐久性所规定的最大水灰比或最大单位用水量不能满足时,宜使用引气型减水剂。当高温摊铺坍落度损失较大时,可使用引气缓凝(保塑)型减水剂。

(四)经济性

贫混凝土又称经济混凝土,为了保证其摊铺工作性,十分有必要掺较大量的粉煤灰,其经济性通过低强度要求已经有了保证,不必规定经济性要求。

三、贫混凝土配合比参数确定

(一)抗压强度

配制28d抗压强度,应按式(6-2)计算:

$$f_{cu,0} \geqslant f_{cu,k} + tS \tag{6-2}$$

式中　$f_{cu,0}$——贫混凝土配料28d抗压强度,MPa;

$f_{cu,k}$——立方体28d设计抗压强度标准值,MPa,按表6-11交通等级取值;

t——抗压强度保证率系数,高速公路取1.645,一级公路取1.28,二级公路取

1.04；

S——抗压强度标准差，按不小于6组统计资料取值，无统计资料或试件组数小于6组时，可取2.5MPa。

（二）水灰比

水灰比应按式(6-3)计算：

$$\frac{W}{C}=\frac{Af_{ce}}{f_{cu,0}+ABf_{ce}} \tag{6-3}$$

式中 $\frac{W}{C}$——水灰比；

f_{ce}——水泥实际抗压强度，MPa，按式(6-4)确定：

$$f_{ce}=\gamma\cdot f_{cek} \tag{6-4}$$

A、B——回归系数，碎石及碎卵石贫混凝土 $A=0.46$、$B=0.07$，卵石贫混凝土 $A=0.48$、$B=0.33$；

f_{cek}——水泥抗压标号强度，MPa；

γ——水泥抗压强度富余系数，可按统计资料取值，无统计资料时，可在1.08～1.13范围内取值。

由28d抗压强度式(6-2)计算出的水灰比，应与满足耐久性要求的水灰比相比较，两者当中取小值。

（三）水泥用量

贫混凝土基层的水泥用量一般为路面混凝土相应施工方式的50%，满足黏聚性、振捣密实度及平整度要求需略高一些。贫混凝土水泥用量可按下式确定：

$$C_p=0.5\zeta C_0=\zeta C'_p \tag{6-5}$$

式中 C_p、C'_p——贫混凝土、面层之半单位水泥用量，kg/m^3；

ζ——工作性及平整度放大系数，取1.15～1.3；

C_0——相应施工方式面板混凝土单位水泥用量，kg/m^3。

掺用粉煤灰时，胶材总量可按式(6-6)计算：

$$J=C'_p+f=0.5\,C_0(1+\lambda\mu) \tag{6-6}$$

式中 J——胶材总量，水泥 C'_p 加粉煤灰 f 的总用量，kg/m^3；

λ——粉煤灰掺量，0.30～0.40；

μ——粉煤灰超掺系数。

基层贫混凝土单位水泥用量宜控制在160～230kg/m^3之间，最小不得低于160kg/m^3；在最大冻土深度不小于500cm的基层受冻地区，最小水泥用量不得低于180kg/m^3。掺粉煤灰时，水泥用量宜在130～175kg/m^3之间，最小不宜低于130kg/m^3；胶材总量宜在220～270kg/m^3之间。基层受冻并掺粉煤灰时的最小水泥用量不宜低于150kg/m^3。

（四）单位用水量

通过满足贫混凝土抗压强度的水灰比及满足施工要求的单位水泥用量，可计算出单位用水量；掺粉煤灰时通过满足抗压强度的水胶比及满足施工要求的胶材总量，可计算出单位用水量。单位用水量也可经过试拌或试铺试验确定,但应同时满足表6-13耐久性规定的最大单位用水量及最大水胶比。

(五)砂率

按砂的细度模数由表6-14初步选取砂率,并通过基层表面无缺陷试铺,最终确定砂率。贫混凝土基层由于所使用的水泥用量较低,无抗滑要求,但有抗冲刷性要求。因此,其砂率比面层小一些,但也不能小得过多,以免基层表面麻面而影响基层表面的平整度。表6-14中的砂率比普通混凝土路面平均小4%左右。

表6-14　基层贫混凝土的砂率

砂的细度模数		2.2~2.5	2.5~2.8	2.8~3.1	3.1~3.4	3.4~3.7
砂率 S_p(%)	碎石混凝土	24~28	26~30	28~32	30~34	32~36
	卵石混凝土	22~26	24~28	26~30	28~32	30~34

注:碎卵石可在碎石和卵石之间取插值。

(六)砂、石材料用量

砂、石材料用量可用普通混凝土密度法或体积法计算,在采用体积法计算时,若同时有抗冻性要求,掺用了引气剂或引气减水剂,应计入含气量 $\alpha=4\%$。

(七)粉煤灰

各级粉煤灰的贫混凝土中取代水泥的粉煤灰最大限量均宜控制在40%以内。贫混凝土配合比设计宜使用超量取代法,各级粉煤灰的超量取代系数可按表7-19选用。

四、配合比的确定与施工控制

(一)实验室基准配合比确定、调整及验证

由上述各经验公式估算得出的贫混凝土配合比,应在实验室内按下述程序和《公路工程混凝土试验规程》(JTJ053)规定方法进行如下各项试配检验、调整及验证。

1.优选外加剂品种和掺量

除三、四级公路采用真空脱水工艺混凝土路面和无抗冻要求的贫混凝土基层外,各级公路的各种路面、桥面混凝土均应掺用外加剂,并应按水泥适应性要求试拌优选适宜的外加剂品种及其最佳掺量。

2.拌和物试拌试验

按各经验公式估算出的配合比,首先检验各种混凝土拌和物是否满足施工规范规定的不同摊铺方式最佳工作性要求。检验项目包括含气量、坍落度及其损失或振动黏度数。在工作性和含气量不满足相应摊铺方式的要求时,可保持水灰比不变,调整单位用水量、外加剂掺量和砂率。满足计算弯拉强度及耐久性要求计算得到的单位水泥用量、粉煤灰掺量、钢纤维体积率不得减小。

3.混凝土容重及含气量调整

采用密度法计算的配合比,应实测拌和物容重,并应按实测容重调整配合比,调整时水灰比增大,水泥用量不得减少,调整后的配合比复测拌和物容重偏差为±2.5%。按体积法和密度法计算配合比,应实测拌和物含气量 α(%)及其偏差是否满足表6-15的规定,不满足要求时,应增减引气剂掺量,达到规定含气量。

表 6-15 贫混凝土基层适宜含气量推荐值

最大粒径(mm)	贫混凝土无抗冻性要求	贫混凝土有抗冻性要求	贫混凝土有抗盐冻要求
19.0	4.0±1.0	5.0±0.5	6.0±0.5
26.5	3.5±1.0	4.5±0.5	5.5±0.5
31.5	3.0±1.0	4.0±0.5	5.0±0.5

4.强度及耐久性检验

在满足上述拌和物工作性和含气量要求的前提下,按标准试验及养生方法,并以选定水灰(胶)比为中心,增减 2～4 个计算水灰(胶)比,变化幅度 0.02;也可保持计算水灰(胶)比不变,以选定的单位水泥用量为中心,增减 2～4 个单位水泥用量,变化幅度 15～20kg/m^3。制作弯拉强度、抗压强度、抗冻性、耐磨性或干缩等试件,检验各种混凝土 7d 或 28d 试配弯拉强度、抗压强度、耐久性等(有抗冻性要求的地区,抗冻性为必测项目,耐磨性及干缩为选测项目)。

5.配合比复检

施工单位实验室根据满足上述全部要求的实测结果提出的配合比,并经监理或建设方中心实验室验证,亦能满足要求者,方可确定为实验室基准配合比。

(二)拌和楼试拌配合比

贫混凝土的实验室配合比应通过大型拌和楼实际拌和检验,并应根据料场砂石料含水量、拌和物实测容重、含气量、坍落度及其损失,调整单位用水量、砂率和外加剂掺量等,调整时水灰(胶)比不得变动,水泥(胶材)用量不能减少。满足贫混凝土基层摊铺施工方式的工作性、28d(或 7d)试配弯拉强度、抗压强度和耐久性等要求后,得出拌和楼试拌配合比。拌和楼试拌配合比应通过监理旁站并签认。

室内配合比确定后,实际路面铺筑前,还应进行大型拌和楼配合比试拌检验,检验通过,其配合比方可用于摊铺。其主要原因是室内所用的是小型搅拌机,与大拌和楼相比,容积大小差别很大,对加水量有影响;搅拌方式有差异,按试验标准:室内为单卧轴强制搅拌机时,现场大拌和楼多为双卧轴型;拌和时间不同,室内拌和不好,可以延长时间,直到拌和好为止,现场大拌和楼有小时产量的要求,拌和时间通过控制计算机程序设定,这对于相同引气剂掺量时的含气量、拌和物容重影响较大;加之原材料的含水量、清洁度等均有变异,含水量影响加水量、砂石料配量,砂石料的清洁度对贫混凝土弯拉强度、收缩性、耐久性影响较大。因此,试铺前的拌和楼试拌试验是必要的。

拌和楼试拌可按上述要求与试铺分成两个阶段分别进行。在摊铺机械已经准备好的条件下,允许与摊铺试验路段合并进行。试拌调整完毕拌和物的有关参数后,即可投入试验路段试铺。这样无须再调整加水量,同时可以得到铺筑现场的技术指标合格与否的重要信息,并缩短了施工准备所耗费的时间。

(三)施工现场配合比的微调与现场控制

1.从严控制水泥用量和水灰比

考虑施工中原材料含泥量、含水量变化和施工变异性等因素,水泥用量宜比拌和楼试拌配合比增大 5～10kg/m³,但不得减小。施工水灰比应维持不变,并不得增大。

2.微调外加剂掺量

经拌和楼试拌调整好的配合比,可根据施工季节、气温和运距等的变化,微调缓凝(高效)减水剂、引气剂或保塑剂的掺量,保持摊铺现场的坍落度始终适宜于铺筑,且波动最小。不允许大幅度调整。

3.调整或微调加水量

在降雨后施工应根据当天不同时间的气温及砂石料实际含水量变化,保持水灰比不变,微调加水量,同时微调砂石料用量,其他配合比参数不得变更,保持现场适宜摊铺的工作性基本不变,并尽可能稳定。此项工作应由实验室检测人员进行。微调是为了满足施工当天不同气温的蒸发量变化或砂石料堆内外含水量不同所采取的必要控制及稳定措施,微调工作由拌和楼机手进行。微调时,应保持水灰比不变,按砂石料含水率减小加水量,并按计算值增大砂石料用量。

4.施工配合比审批

实际使用的施工配合比应通过不少于 200m 试验路段的试铺验证,至少在满足 7d 弯拉强度或抗压强度后,通过监理和建设方批准,方可在施工中使用。这是建设方和监理对施工方进行施工质量监督和控制中的重要环节,没有得到审批的配合比不得使用。

五、施工工艺

在特重、重交通公路上,贫混凝土基层的施工可采用普通混凝土面层的四种施工方式:滑模摊铺机、轨道摊铺机、三辊轴机组及小型机具等方式。有条件时,宜采用与面板相同的机械施工方式铺筑贫混凝土基层。贫混凝土基层的施工方法与水泥混凝土路面的施工方法相同,除此之外,还应符合下列规定。

(一)设接缝

贫混凝土基层当 28d 实测弯拉强度超过 1.8MPa 时,应设置与面板接缝位置和尺寸相对应的纵横向缩缝。缩缝宜采用硬切缝法施工,切缝深度不宜小于 1/4h(板厚),最浅不宜小于 5cm,并使用沥青灌缝。高速公路和一级公路,上基层表面设有滑动封闭层时,基层与面层的横向缩缝在行车前进方向宜前后错开 30～50cm;其他公路应与面层接缝对齐。前者用于定向车辆防断板,后者用于混向车流时改善面板受力特性,当车辆作用在一块面板上时,贫混凝土基层两块板同时受力,但应注意,为了防止前错 30～50cm 的断板,此时应在贫混凝土基层表面设置滑动封层、防裂层或在相对滑动范围内采取防裂措施。

(二)接缝钢筋

贫混凝土基层纵缝可不设拉杆,缩缝可不设传力杆,胀缝可不设钢筋支架补强,但应设传力杆,并应设胀缝板,且保证不连浆,应在面层胀缝位置对应设胀缝,胀缝板顶部宜与贫混凝土基层表面齐平。

(三)钢筋网设置

在基层设计为贫混凝土基层的高填方、填挖方交界路段、桥头、构筑物顶面至面层底部距离小于 40cm 的管、箱涵部位,当面层中设计为双层钢筋网时,可将面板中的下层钢筋网移至贫混凝土基层中间,面层中设置上(单)层钢筋网,以增大抵抗惯性矩和承载能力。

(四)挖补要求

贫混凝土基层中的单一裂缝断板可不挖除,但须粘贴防裂层处理;两条断板缝、分叉断板或破碎板必须挖除重铺。

第三节 沥青稳定碎石基层施工

一、原材料及技术要求

(一)集料

粗集料应洁净、干燥、表面粗糙。细集料应洁净、干燥、无风化、无杂质,并有适当的颗粒级配。矿粉必须采用石灰岩中的强基性岩石等憎水性石料经磨细得到。原材料中的泥土杂质应除净。矿粉应干燥、洁净,能自由地从矿粉仓中流出。在实际施工中,应按《公路工程集料试验规程》(JTJ058)的规定进行检验。检验的项目和要求如表6-16所示。

表6-16 沥青稳定碎石混合料集料试验项目

集料	项目	单位	标准	试验方法
粗集料	筛分析			干筛法
	吸水率	%	≤3.0	网篮法
	毛体积相对密度		≥2.5	网篮法
	针片状指数	%	≤18	针片状颗粒含量试验
	压碎值	%	≤28	集料压碎值试验
	<0.075mm颗粒含量	%	≤1	水洗法
细集料	表观相对密度		≥2.5	容量瓶法
	含泥量	%	≤3	水洗法
	砂当量	%	≥60	砂当量法
	亚甲蓝值	g/kg	≤25	亚甲蓝法
	棱角性(流动时间)	s	≥30	标准漏斗流动时间法
矿粉	表观密度	g/cm^3	≥2.50	李氏比重瓶法
	含水量	%	≤1	烘干法
	粒度范围 <0.6mm	%	100	矿粉筛分法(水洗法)
	<0.15mm	%	90~100	
	<0.075mm	%	75~100	

(二)沥青

对重载交通路面的基层,夏季气温高,高温持续时间长的路段,宜采用稠度大、60℃黏度大的沥青。对于冬季寒冷地区,宜选用稠度小、低温延度大的沥青。对于日温差、年温差大的地区宜选用针入度大的沥青。推荐选用70号以上的道路重交通沥青。

对于选用的沥青,应根据《公路工程沥青及沥青混合料试验规程》(JTJ052)的要求,对表6-17所列的沥青性能指标进行检验。

二、混合料配合比设计

(一)集料级配设计

混合料级配是决定混合料性能的重要因素。密级配沥青稳定碎石混合料的设计级配宜在表 6-18 范围内。

表 6-17　沥青性能指标

试验项目	技术要求	试验规程
针入度(25℃,100g,5s),0.1mm	60～80	T0604
延度(15℃,5cm/min),cm	≮100	T0605
软化点 $T_{R\&B}$	44～54	T0606
60℃黏度(Pa·s)	≮180	ASTM D4402
135℃黏度(Pa·s)	实测	ASTM D4402
密度(g/cm³)	实测	T0603
闪点(℃)	≮230	T0611
溶解度(%)	≮99	T0607
含蜡量(%)	≯2	T0615
RTFOT 或 TFOT 残留物		
质量损失(%)	≯0.8	T0609
针入度比,25℃,%	≮55	T0604
延度(25℃,5cm/min),cm	≮100	T0605

表 6-18　密级配沥青稳定碎石混合料级配范围

筛孔尺寸(mm)	质量通过百分率(%)		
	特粗式		粗粒式
	ATB—40	ATB—30	ATB—25
53	100		
37	90～100	100	
31.5	75～92	90～100	100
26.5	65～85	70～90	90～100
19	49～71	53～72	60～80
16	43～63	44～66	48～68
13.2	37～57	39～60	42～62
9.5	30～50	31～51	32～52
4.75	20～40	20～40	20～40
2.36	15～32	15～32	15～32
1.18	10～25	10～25	10～25
0.6	8～18	8～18	8～18
0.3	5～14	5～14	5～14
0.15	3～10	3～10	3～10
0.075	2～6	2～6	2～6

根据公路等级、工程性质、气候条件、交通条件、材料品种等因素，通过对条件大体相当的工程使用情况进行调查研究后调整确定，必要时允许超出规定的级配范围。调整工程设计级配范围，宜遵循以下原则：首先根据确保高温抗车辙能力，同时兼顾低温抗裂性能的要求，配合比设计宜适当减少公称最大粒径附近的粗集料用量，减少 0.6mm 以下部分细集料用量，使中等粒径集料较多，形成 S 形级配曲线，并取中等或偏高水平的设计孔隙率；根据公路等级和施工设备的控制水平确定的工程设计级配范围应比表 6-18 所示的级配范围窄，其中 4.75mm 和 2.36mm 通过率的上下限宜小于 12%；混合料的配合比设计应充分考虑施工性能，使沥青混合料容易摊铺和压实，避免造成严重的离析。

(二)确定最佳油石比

根据表 6-18 推荐的级配范围，结合实体工程实际情况确定设计级配范围，并根据各种原材料的筛分结果，设计级配的公称最大粒径，并确定粗细集料的分界点，粗细集料的分界点一般为与 0.22 倍的最大公称粒径最接近的筛孔尺寸。根据组成材料的筛分结果，采用图解法或电算法，计算符合要求的级配范围的各组成材料用量比例。通常情况下，合成级配曲线宜尽量接近设计级配范围的中限，尤其应使 0.075mm、2.36mm 和 4.75mm 筛孔的通过量尽量接近设计级配范围的中限。

确定最佳油石比的方法中最常用的仍然是马歇尔方法。但沥青稳定碎石属于大粒径沥青混合料，新规范规定 ATB—40、ATB—30 必须采用大马歇尔方法，ATB—25 可以采用大马歇尔方法，也可采用标准马歇尔方法。但一些研究表明，ATB—25 采用大马歇尔方法相对较好。大马歇尔方法是相对于标准马歇尔方法提出的，这两种方法的击实参数和试验技术指标列于表 6-19。

表 6-19　马歇尔试验项目和试验技术指标

试验指标	单位	标准马歇尔	大马歇尔
公称最大粒径	mm	≤26.5	≥26.5
试件尺寸	mm	ϕ101.6×63.5	ϕ152.4×95.3
锤的质量	kg	4.53	10.20
落锤高度	mm	457	457
击实次数(双面)	次	75	112
空隙率 *VV*	%	3～6	
沥青饱和度 *VFA*	%	55～75	
矿料间隙率 *VMA*，不小于	%	11	
稳定度，不小于	kN	6.0	13.5
流值，不大于	mm	4.5	6.0
浸水马歇尔残留稳定度比，大于	%	75	75
冻融劈裂强度比，大于	%	70	70
劈裂强度	MPa	实测	
密度	g/cm³	实测	

在工程中一般根据经验预估适宜的沥青用量(或油石比)，然后以预估的油石比为中值，按一定间隔(对于沥青稳定碎石一般为 0.3%～0.4%)，取 5 个或 5 个以上的油石比

制备马歇尔试件，每组试件的个数不少于4个。对制备好的马歇尔试件测定其密度、孔隙率、稳定度和流值等指标，并计算沥青饱合度。根据这些指标绘制成曲线，以密度最大值、空隙率范围中值（或要求的目标空隙率）、稳定度最大值和饱和度范围中值分别对应的油石比 a_1、a_2、a_3、a_4 的平均值作为 OAC_1。当密度和稳定度未出现峰值时，以空隙率的中值或要求的目标空隙率所对应的沥青用量为 OAC_1。以符合全部沥青混合料技术标准的 $OAC_{min} \sim OAC_{max}$ 的中值为 OAC_2，$(OAC_1 + OAC_2)/2$ 即为沥青最佳用量 OAC。

三、生产配合比的确定

根据以上确定的级配和最佳沥青用量，经检验符合配合比设计技术标准和配合比设计检验要求，以此作为目标配合比，供拌和机械确定各冷料仓的供料比例、进料速度及试拌使用。

确定生产配合比，对于间歇式拌和楼，应按规定方法取样测试各热料仓的材料筛分结果，确定各热料仓的配合比，供拌和楼控制室使用，并取目标配合比设计的最佳沥青用量 OAC、$OAC \pm 0.3\%$ 等三个沥青用量进行马歇尔试验和试拌，通过室内试验及从拌和楼取样试验综合确定生产配合比的最佳沥青用量，由此确定的最佳沥青用量和目标配合比设计的最佳沥青用量差值不宜大于0.2%。对连续式拌和机可省略生产配合比设计步骤。

确定生产配合比后，要对生产配合比进行验证。拌和楼按生产配合比结果进行试拌，铺筑试验段，并取样进行马歇尔试验，同时从路上钻芯观察空隙率的大小，由此确定生产用的标准配合比。标准配合比的矿料级配中，至少应包括0.075mm、2.36mm、4.75mm及最大公称粒径筛孔的通过率接近优选的工程设计级配范围的中值，并避免在0.3～0.6mm处出现“驼峰”。对确定的标准配合比，宜再次进行车辙试验和水稳定性检验。

四、施工工艺

密级配沥青稳定碎石属于热拌沥青混合料，其施工方法与其他的热拌沥青混合料施工方法相同。具体的施工工艺请参照有关沥青混合料的施工方法执行。但施工时要注意以下几点：①拌和时要注意对拌和楼热料仓的筛网合理调整，由于沥青用量较低，集料较粗，故所需的拌和时间要长一些；②由于厚度较大，摊铺时的摊铺速度宜控制在2m/min以下，以保证更均匀地喂送混合料，并由熨平板提供更多的振动压实；③碾压时，在混合料降到120℃之前完成复压，在降到90℃之前完成终压。

第四节　粒料类基层施工

一、技术要求

（一）级配碎石

1.原材料及技术要求

1)碎石

轧制碎石的材料可以是各种类型的坚硬岩石、圆石或矿渣。用于轧制碎石的圆石的粒径应是碎石最大粒径的 3 倍以上；矿渣应是已崩解稳定的，其干密度和质量应比较均匀，干密度不小于 960kg/m^3。碎石中的扁平、长条颗粒的总含量应不超过 20%（高质量级配碎石要求不超过 10%，次高质量级配碎石要求不超过 15%），碎石中不应有黏土、植物等有害物质。级配碎石基层石料的压碎值应满足表 6-20 的要求。

表 6-20　级配碎石或碎砾石所用石料的压碎值

公路等级	高速、一级公路		二级公路		二级以下公路	
层 位	基层	底基层	基层	底基层	基层	底基层
压碎值	≯26%	≯30%	≯30%	≯35%	≯35%	≯40%

2)石屑或细集料

石屑或其他细集料可以使用一般碎石场的细筛余料，最好是利用轧制碎石集料时的细筛余料，或专门轧制的细碎石集料，也可以用天然砂砾或粗砂代替石屑。天然砂砾的颗粒尺寸应该合适，必要时应筛除其中的超尺寸颗粒。天然砂砾或粗砂应有较好的级配。

2. 级配组成

级配碎石或级配碎砾石用做基层或底基层时，其颗粒组成及塑性指数应该满足表 6-21的规定。同时，级配曲线应接近圆滑，某种尺寸的颗粒不应过多或过少。

表 6-21　级配碎石混合料的颗粒组成范围

层位/公路等级		基层		底基层	
		二级以下公路	高速、一级公路	二级以下公路	高速、一级公路
通过右侧筛孔(mm)的质量百分率(%)	53.0			100	
	37.5	100		85～100	100
	31.5	90～100	100	69～88	83～100
	19.0	73～88	85～90	40～65	54～84
	9.5	49～69	52～74	19～43	29～59
	4.75	29～54	29～54	10～30	17～45
	2.36	17～37	17～37	8～25	11～35
	0.6	8～20	8～20	6～18	6～21
	0.075	0～7②	0～7②	0～10	0～10
	液限(%)	＜28	＜28	＜28	＜28
	塑性指数	＜6 或 9①	＜6 或 9①	＜6 或 9	＜6 或 9

注：①在潮湿多雨地区，塑性指数不大于 6，其他地区塑性指数不大于 9。

②对于无塑性的混合料，小于 0.075mm 的颗粒含量应接近高限。

有条件时，级配碎石用于一级和高速公路的基层，其集料必须采用锤式和反击式破碎，且压碎值不得大于 23%。

(二)级配砾石

1. 原材料及技术要求

级配砾石用做基层时,砾石的最大粒径不应超过 37.5mm;用做底基层时,砾石的最大粒径不应超过 53mm。砾石颗粒中细长及扁平颗粒含量不应超过 20%,形状不合格的颗粒含量超过 20%时,应掺入部分合乎规格的石料。级配砾石的集料压碎值应满足表 6-22的规定。

表 6-22　级配砾石的集料压碎值

公路等级	高速、一级公路		二级公路		二级以下公路	
层 位	基层	底基层	基层	底基层	基层	底基层
压碎值	—	≯30%	≯30%	≯35%	≯35%	≯40%

2. 级配组成

级配砾石基层的颗粒组成及塑性指数应满足表 6-23 的规定。同时,级配曲线应接近圆滑,某种尺寸的颗粒不应过多或过少。

表 6-23　级配砾石基层的集料级配范围

通过下列筛孔(mm)的质量百分率(%)									液限(%)	塑性指数
53	37.5	31.5	19	9.5	4.75	2.36	0.6	0.075		
100	90~100	81~94	63~81	45~66	27~51	16~35	8~20	0~7②	<28	<6 或 9①
	100	90~100	73~88	49~69	29~54	17~35	8~20	0~7②	<28	<6 或 9①
		100	85~100	52~74	29~54	17~30	8~20	0~7②	<28	<6 或 9①

注:①潮湿多雨地区的基层采用塑性指数不大于 6,其他地区采用塑性指数不大于 9。

②对于无塑性的混合料,小于 0.075mm 的颗粒含量应接近高限。

在年降水量小于 600mm 的半干旱和干旱地区,地下水位对土基没有影响时,在塑性指数偏大的情况下,塑性指数与 0.5mm 以下细土含量的乘积不大于 120;在潮湿多雨地区,乘积不大于 100。当级配砾石试件的干密度(在最佳含水量下制作)与工地规定达到的干密度相同时,浸水 4d 的承载比应不小于 160%。

用做底基层的砂砾、砂砾土或其他粒状材料应有好的级配,并位于表 6-24 的范围内。当底基层集料在最佳含水量下制作,集料的干密度与工地规定达到的干密度相同时,浸水 4d 的承载比不小于 40%(轻交通)~60%(中等交通)。

表 6-24　级配砾石底基层的集料级配范围

通过下列筛孔(mm)的质量百分率(%)						液限(%)	塑性指数
53	37.5	9.5	4.75	0.6	0.075		
100	80~100	40~100	25~85	8~45	0~15	<28	<9

二、施工工艺

(一)级配碎石

1. 厂拌法施工

厂拌法施工工艺流程按图 6-5 进行。

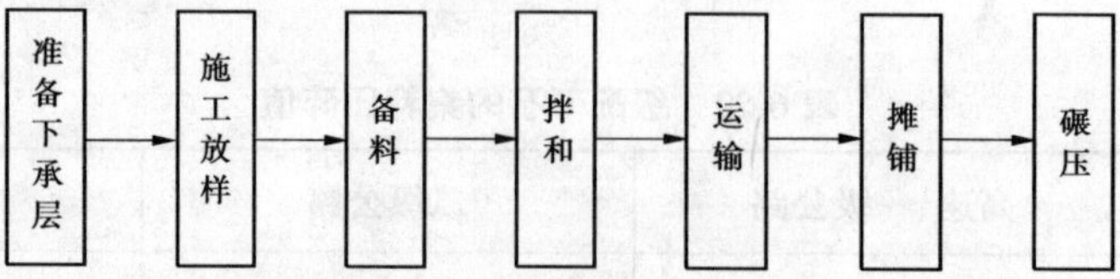

图 6-5　厂拌法施工工艺流程

1)准备下承层

基层的下承层是底基层及其以下部分,底基层的下承层可能是土基也可能还包括垫层。如果下承层是土基,不论是路堤或路堑,必须用 12～15t 三轮压路机或等效的碾压机械进行碾压检验(压 3～4 遍)。在碾压过程中,如发现土过干、表面松散,应适当洒水;如土过湿,发生"弹簧"现象,应采取挖开晾晒、换土、掺石灰或粒料等措施进行处理。

对于底基层应进行压实度检查(或碾压检验),对于柔性底基层还应进行弯沉测试。凡不符合要求的路段,必须根据具体情况,分别采取补充碾压、换填好的材料、挖开晾晒等措施进行处理,使达到规定要求。还应逐个断面检查下承层标高是否符合设计要求,如果有低洼和坑洞,应仔细填补和压实;搓板和辙槽应刮除,松散处应耙松、洒水并重新碾压,达到平整密实。

2)施工放样

施工放样同水泥稳定粒料。

3)备料

为了保证级配碎石的级配符合规定,一般至少选择大粒径、小粒径和石屑三种规格进行备料,如果条件许可或工程质量要求较高时,最好采用大粒径、中粒径、小粒径和石屑四种规格进行备料。

4)拌和

级配碎石混合料可以在中心站用多种机械,如使用强制式拌和机、卧式双转轴桨叶式拌和机等进行集中拌和,但都必须有自动计量系统,且料斗的数量应按设计要求与备料的规格数相匹配。还应注意,在正式拌制级配碎石之前,必须先调试所有的厂拌设备,使混合料的颗粒组成和含水量都达到规定要求。

5)运输

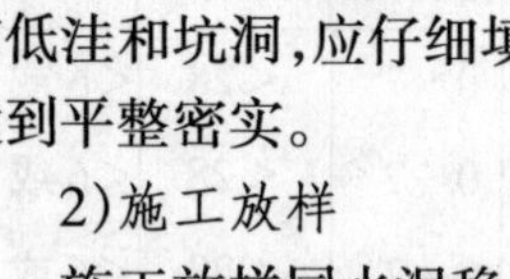

图 6-6　装料次序示意图

由于级配碎石材料的特殊性,容易在装料、运输和卸料的过程中产生粗细料离析。因此,在装料时,拌和机的出料口距离车箱的高度应尽可能小,且装料次序应按图 6-6 进行(车辆载重量较小时按一层装料,车辆载重量较大时按二层装料),以避免装料和运输过程中发生粗细料离析。

6)摊铺

碎石混合料摊铺可用沥青混合料摊铺机、水泥混凝土摊铺机或专用的稳定土摊铺机械摊铺,摊铺机最好装有双夯锤。摊铺机后面应设专人消除粗细集料离析现象。

7)碾压

摊铺机摊铺混合料后,用振动压路机、三轮压路机进行碾压,碾压方法同路拌法。

8)接缝的处理

如用摊铺机摊铺混合料,靠近摊铺机当天未压实的混合料,可与第二天摊铺的混合料一起碾压,但应注意此部分混合料的含水量。必要时应人工补洒水,使其含水量达到规定的要求。如用平地机摊铺混合料,每天的工作缝可按路拌法的方法处理。

尽量避免纵向接缝。如摊铺机的摊铺宽度不够,必须分两幅摊铺时,宜采用两台摊铺机一前一后相隔 5～8m 同步向前摊铺混合料。在仅有一台摊铺机的情况下,可先在一条摊铺带摊铺一定长度后,再开到另一条摊铺带上摊铺,然后一起进行碾压。纵缝必须垂直相接,不应斜接,并按下述方法处理:

(1)在前一幅摊铺时,在靠后一幅的一侧用方木或钢模板作支撑,方木或钢模板的高度与级配碎石层的压实厚度相同。

(2)在摊铺后一幅之前,将方木或钢模板除去。

(3)如在摊铺前一幅时未用方木或钢模板作支撑,靠边缘的 30cm 左右难以压实,而且形成一个斜坡,在摊铺后一幅时,应先将未完全压实的部分和不符合路拱要求的部分挖松并补充洒水,待后一幅混合料摊铺后一起进行整平碾压。

2.路拌法施工

路拌法施工工艺流程按图 6-7 进行。

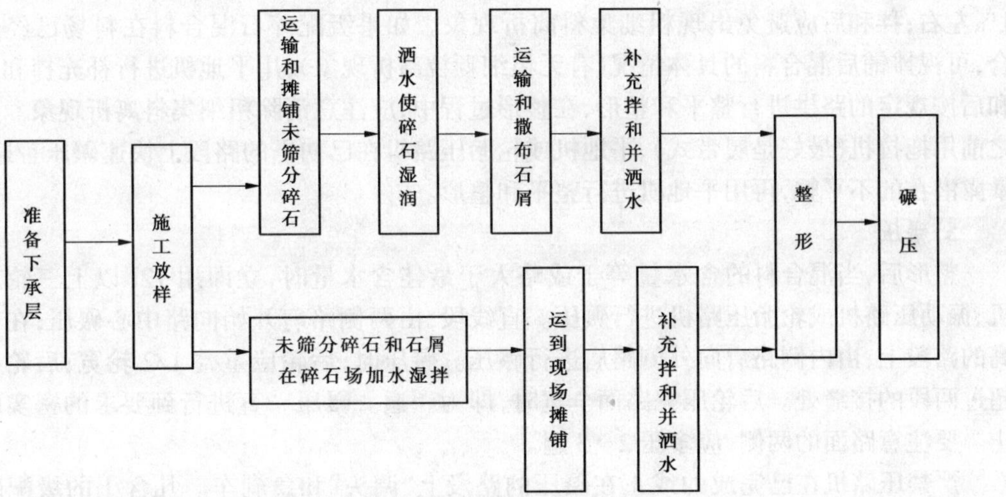

图 6-7　路拌法施工工艺流程

1)准备下承层、施工放样

下承层的准备和施工放样同厂拌法。

2)备料

根据各路段基层或底基层的宽度、厚度及预定的压实干密度并按确定的配合比分别计算各段需要的未筛分碎石和石屑的数量或不同粒级碎石和石屑的数量,并计算每车料的堆放距离。

在料场洒水使未筛分碎石的含水量较最佳含水量大1%左右,以减少运输过程中集料离析现象(未筛分碎石的最佳含水量约为4%)。

3)运输和摊铺集料

集料装车时,应控制每车料的数量基本相等。在同一料场供料的路段内,由远到近将料按计算的距离卸置于下承层上。如预定级配碎石所用未筛分碎石和石屑分别运到路段上再进行拌和,则石屑不预先运送到路上。

集料在下承层上的堆置时间不应过长,运送集料较摊铺集料工序宜只提前数天。集料过早运送到路上,原先含水量合适的集料水分会蒸发,集料变干;在雨季施工时,碎石过早堆放在路上,下雨时,料堆会变成滞水坑,使堆下下承层的含水量明显增大,影响下承层强度的均匀性,在后面的施工碾压过程中,甚至会产生局部"弹簧"现象。应事先通过试验确定集料的松铺系数(或压实系数,它是混合料的松铺干密度与压实干密度的比值)。人工摊铺混合料时,其松铺系数一般为1.40~1.50;平地机摊铺混合料时,其松铺系数一般为1.25~1.35。摊铺完毕后要检验松铺材料层的厚度(松铺厚度=压实厚度×松铺系数),看其是否符合预计要求。如果不满足要求,应进行减料或补料工作。

4)拌和及整形

拌和机械的选用直接影响质量,应尽可能优先选用机械化程度较高的机械。用稳定土拌和机拌和2遍以上,拌和深度应直到级配碎石层底。一般需拌和5~6遍。拌和过程中,用洒水车洒足所需的水分。拌和结束时,混合料的含水量应均匀,并较最佳含水量大1%左右;拌和后应避免出现粗细集料离析现象。如果级配碎石混合料在料场已经过混合,可视摊铺后混合料的具体情况(有无粗细颗粒离析现象),用平地机进行补充拌和。拌和后按规定的路拱进行整平和整形,在整形过程中,应注意消除粗细集料离析现象。整平之前用拖拉机(最好是履带式)、平地机或轮胎压路机在已初平的路段上快速碾压一遍,以暴露潜在的不平整,再用平地机进行整平和整形。

5)碾压

整形后,当混合料的含水量等于或略大于最佳含水量时,立即用12t以上三轮压路机、振动压路机或轮胎压路机进行碾压。直线段,由两侧路肩开始向路中心碾压;在有超高的路段上,由内侧路肩向外侧路肩进行碾压。碾压时,后轮应重叠1/2轮宽;后轮必须超过两段的接缝处。后轮压完路面全宽时,即为一遍。碾压一直进行到要求的密实度为止。要注意路面的两侧,应多压2~3遍。

严禁压路机在已完成的或正在碾压的路段上"调头"和急刹车。凡含土的级配碎石层,都应进行滚浆碾压,一直压到碎石层中无多余细土泛到表面为止。滚到表面的浆(或事后变干的薄层土)应清除干净。

6)横缝和纵缝的处理

两作业段的衔接处应搭接拌和。第一段拌和后,留5~8m不进行碾压。第二段施工时，与前段留下的未压部分一起拌和整平后进行碾压。

应避免纵向接缝。在必须分两幅铺筑时，纵缝应搭接拌和。前一幅全宽碾压密实，在后一幅拌和时，应将相邻的两幅边部约30cm搭接拌和，整平后一起碾压密实。

(二)级配砾石

级配砾石基层的施工工艺流程按图6-8进行。

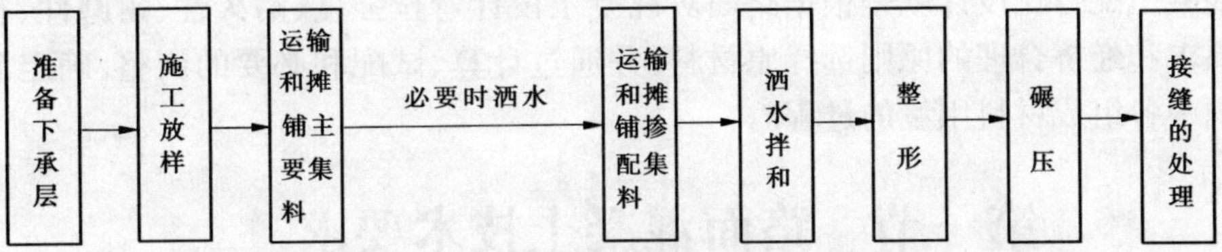

图6-8　级配砾石基层的施工工艺流程

(1)下承层的准备和施工放样。与级配碎石路拌法施工方法相同。

(2)计算材料用量。根据各路段基层或底基层的宽度、厚度及预定的干密度，计算各段需要的干集料数量。如级配砾石采用两种集料合成时，分别计算两种集料的数量；根据料场集料的含水量以及所用运料车辆的吨位，计算各车材料的堆放距离。

(3)运输和摊铺集料。与级配碎石施工中方法相同。

(4)拌和及整形。与级配碎石施工中方法相同，但应注意如果用平地机拌和时，每一作业段的长度宜为300～500m。拌和时，平地机刀片应调整至合适的角度，一般需拌和5～6遍。拌和过程中，用洒水车洒足所需的水分，拌和结束时，混合料的含水量应该均匀，并较最佳含水量大1%左右，并没有粗细颗粒离析现象。如发现粗细颗料离析现象，应及时用平地机进行补充拌和。拌和结束后，用平地机将拌和均匀的混合料按规定的路拱进行整平和整形。

(5)碾压。与级配碎石路拌法施工方法相同。

(6)接缝的处理。与级配碎石基层厂拌法施工方法相同。

参考文献

[1] 公路路面基层施工技术规范(JTG034—2000).北京：人民交通出版社，2002
[2] 公路沥青路面施工技术规范(JTG F40—2004).北京：人民交通出版社，2004
[3] 孙江.公路路面基层施工.北京：人民交通出版社，2001
[4] 孙德栋，彭波.沥青路面设计与施工技术.郑州：黄河水利出版社，2003
[5] 傅智，金志强.水泥混凝土路面施工与养护技术.北京：人民交通出版社，2003
[6] 赵炜诚，韩志强，许志鸿.采用贫混凝土基层的水泥混凝土路面厚度优化.同济大学学报，2003(9)
[7] 傅智，廖昭鼎，等.滑模摊铺贫混凝土基层.公路，2001(4)
[8] 王秉纲，郑木莲.水泥混凝土路面设计与施工.北京：人民交通出版社，2004

第七章　路面混凝土配合比设计

路面混凝土配合比设计就是根据路面对混凝土设计弯拉强度、耐久性、耐磨性、和易性等技术要求和经济合理的原则选择原材料,并通过计算、试配和必要的调整,确定混凝土单位体积中各组成材料用量的过程。

第一节　路面混凝土技术要求

水泥混凝土路面板直接承受车辆荷载的冲击、摩擦和反复弯曲作用,同时由于长期暴露在严峻环境条件下,板中的温度、湿度经常随环境的变化而受到影响。因此,要求路面混凝土应具备优良的技术性质,即优良的工作性、高强和耐久性等。

一、工作性

工作性又称和易性,通常认为它包含流动性、可塑性、稳定性和易密性这四方面的含义。混凝土拌和物在施工拌和、运输、浇筑、捣实和抹面等过程中不分层、不离析、不泌水,能均匀密实填充在结构物模板内,即具有良好的工作性。

良好的工作性是使混凝土质量均匀、获得高性能,因而安全可靠的前提。没有良好的工作性就不可能有良好的耐久性。例如,不均匀的拌和物(离析、泌水)会造成混凝土分层和不密实,出现孔洞和蜂窝等严重缺陷。路面混凝土属于干硬性混凝土,对流动性要求不高,这点有别于其他建筑行业。防止离析和泌水是路面混凝土重点关注的内容,根据路面混凝土摊铺机械的特点,对于新拌路面混凝土施工坍落度可控制在 1～5cm 条件下,此时新拌混凝土具有较低的坍落度(坍落度损失小)及与各种施工机具的振捣能力和速度相匹配的最优施工和易性、匀质性和稳定性。

对于一般混凝土,当粗集料最大粒径不超过 40mm 时,通常在直观评价水泥混凝土拌和物黏聚性、保水性良好的基础上,用坍落度测定混凝土拌和物的流动性作为工作性的指标,但对坍落度小于 1cm 的干硬性混凝土,可采用维勃稠度仪测定其工作性。

二、强度

通常水泥混凝土路面在车辆荷载和温度荷载反复弯拉作用下,可能产生疲劳断裂破坏。因此,水泥混凝土路面设计、施工和质量评定的首要技术指标是弯拉强度,这一点与其他水泥混凝土结构中使用抗压强度作为第一强度指标是不同的。这对路面混凝土提出了要有较高的弯拉强度的要求。

水泥混凝土的强度以 28d 龄期的弯拉强度控制。当混凝土浇筑后 90d 内不开放交通时,可采用 90d 龄期的弯拉强度控制。各交通等级的混凝土弯拉强度标准值不得低于表 7-1 的规定。条件许可时,应尽量采用较高的设计强度,特别是特重交通的道路。

表 7-1　路面混凝土弯拉强度标准值　（单位:MPa）

交通等级	特重	重	中等	轻
普通路面混凝土	5.0	5.0	4.5	4.0
钢纤维路面混凝土	6.0	6.0	5.5	5.0

混凝土板厚计算是以弯拉强度作为控制指标。因此,在计算中所采用的混凝土弹性模量也应根据抗折试验确定。混凝土抗折弹性模量试件尺寸、制作方式以及加荷方式与抗折强度试验相同,并规定用挠度法,取 $P_{0.5}$ 级(即 $0.5f_{ce}$)时的割线模量为标准。鉴于弯拉弹性模量测试比较费时,又难以测准,在无条件做测试时,可根据混凝土弯拉强度按表 7-2建议的数据范围选用。

为了保证耐久性、耐磨性、抗冻性等要求,除弯拉强度外,路面混凝土的抗压强度也不应太低。路面混凝土要求的弯拉强度与抗压强度见表 7-2。

表 7-2　路面混凝土弯拉弹性模量经验参考值

弯拉强度(MPa)	1.0	1.5	2.0	2.5	3.0	3.5	4.0	4.5	5.0	5.5
弯拉弹性模量(GPa)	10	15	18	21	23	25	27	29	31	33
抗压强度(MPa)	5.0	7.7	11.0	14.9	19.3	24.2	29.7	35.8	41.8	48.4

此外,水泥混凝土路面通常在承受温度荷载和车辆荷载重复作用时,会在低于静载一次作用下的极限应力值时出现破坏。路面混凝土疲劳强度随应力重复作用次数的增加而降低,因此要求路面混凝土有较好的抗疲劳性能。

三、耐久性

路面混凝土除了满足上述工作性和强度要求外,还要求具有优良的耐久性。对路面混凝土,由于无遮盖而裸露在大气中,长期受到风霜雨雪的侵蚀,因此耐久性的首要指标是抗冻性;其次对路面混凝土因受车辆轮胎的磨耗作用,还要求其有较高的耐磨性,这是其他建筑结构所没有的。

研究表明,密实度是混凝土耐久性的关键,而获得密实的混凝土,水灰比又是关键。由于混凝土耐久性试验周期长,不易进行,故在一般情况下,都在混凝土配合比设计时,采用限制最大的水灰比和限制最小的水泥用量,来满足道路混凝土耐久性的要求。路面混凝土的主要磨损形式是疲劳磨损和磨粒磨损,提高路面混凝土抗磨损能力的措施,就是提高混凝土的断裂韧性,降低脆性,减少原生缺陷,提高硬度或降低弹性模量。

此外,水泥混凝土路面上存在着大量因混凝土变形而设置的纵、横接缝,从路面使用角度看,这些接缝无疑是混凝土路面最薄弱、最易破坏的部位。所以,路面混凝土不仅要求较高的抗折强度,而且还应具有较小的弹性模量和结构刚度、较小的温度变形及干缩性能。只有水泥混凝土路面板具有小变形能力,才能减小各种接缝的张开位移量。这一方面可增强各种接缝对荷载的传递能力,增强混凝土路面板对边角断裂、碎裂的抵抗能力;

另一方面,水泥混凝土路面板的小变形性能降低了对填缝材料苛刻的技术要求,使其更经久耐用,有利于保持水泥混凝土路面板上最易破坏接缝部位的完好率。这不仅有利于增强水泥混凝土路面的舒适性,而且有利于降低路面的维护费用,提高其运营经济性。因此,小变形性能是水泥混凝土路面对混凝土材料提出的客观使用要求。

第二节　原材料技术要求

水泥混凝土通常由水泥、粗集料、细集料和水四部分组成。20 世纪 60 年代开始,减水剂等外掺剂的发明成为混凝土的第五组分,混凝土进入高强或高工作性阶段。90 年代以来,出于经济和环保以及对混凝土耐久性的考虑,粉煤灰成为高强高性能混凝土的第六组分。因此,本节主要讨论路面混凝土对水泥、粉煤灰、粗集料、细集料、外掺剂和水等的技术要求。

由于水泥混凝土路面是在露天环境下承受车轮冲击、振动、疲劳的动载结构物,同时又要求达到 20～30 年的设计基准期。因此,原材料要求应比一般静载结构更高、更严格,原则上路面混凝土所使用的原材料应是目前国内市场上能够供应的一等品或优等品。

一、水泥

水泥是路面混凝土中最重要的原材料,其质量直接影响混凝土路面的弯拉强度、抗冲击振动性能、疲劳循环周次和耐久性等关键物理力学性能和路用品质。同时,在路面混凝土组成材料中水泥所耗费的费用最高,所以在选择混凝土组成材料时,对水泥品种和强度等选择必须慎重。

(一)水泥的品种、强度与强度等级

由于路面工程所承受的外界环境非常苛刻,建筑业和其他土木工程行业使用的水泥不一定全部适合公路水泥混凝土路面工程使用。路面水泥混凝土用水泥应具有抗折强度高、收缩小、耐磨和耐久性好以及弹性模量低等技术品质,各交通等级路面水泥各龄期的抗折强度、抗压强度应符合表 7-3 的规定。

表 7-3　各交通等级路面水泥各龄期的抗折强度、抗压强度

交通等级	特重交通		重交通		中、轻交通	
龄期(d)	3	28	3	28	3	28
抗压强度(MPa),≥	25.5	57.5	22.0	52.5	16.0	42.5
抗折强度(MPa),≥	4.5	7.5	4.0	7.0	3.5	6.5

1. 特重、重交通公路必须使用旋窑水泥

高速、一级和重交通二级公路混凝土路面用各种水泥推荐采用旋窑生产的质量稳定、性能可靠的水泥,除非特殊情况,不得使用立窑生产的水泥。对特重和重交通水泥路面上特别规定采用旋窑水泥的主要理由是立窑水泥在烧成过程中,一窑与另一窑质量不同;同一窑中,窑中间和边缘、窑上部与下部的烧成温度不同,导致立窑水泥游离 CaO 和 MgO

含量较高,水泥体积稳定性较差。立窑水泥熟料中,矿物成分、抗折强度和质量变异性均较大,实际工程中检验出的问题较多。例如其游离 CaO 超过 2% 和 MgO 超过 7% 很常见,安定性也经常存在问题。研究表明,即使安定性合格的水泥,水泥熟料中的游离 CaO 和 MgO 含量对路面混凝土的耐动载交通的疲劳循环周次有 3～5 倍的影响,成为影响混凝土路面使用寿命能否达到 30 年的关键因素。对此,应充分认识和理解静载结构与动载混凝土路面对水泥要求的实质性差别。

由于目前我国旋窑水泥产量仅占水泥总产量的 1/3 左右,如果全部交通等级限制只能使用旋窑水泥,许多地方确有困难,在这种条件下,我们也不能排斥矿物成分、安定性、抗折强度和质量变异性都能控制住的高质量立窑水泥在中、轻交通二级以下公路上使用。

2. 路面使用的水泥品种

我国与所有发达国家不同的一点是有特种道路硅酸盐水泥。我国道路硅酸盐水泥标准 GB13693—92 的各项技术指标基本上符合高速公路水泥混凝土路面使用技术要求。因此,在各等级的公路水泥混凝土路面工程中,应优先使用道路硅酸盐水泥。

特重、重交通公路更应优先使用道路硅酸盐水泥,宜采用硅酸盐水泥、普通硅酸盐水泥,中、轻交通的路面可采用矿渣硅酸盐水泥。其他混合水泥不得在混凝土路面中使用。

3. 正常施工条件下宜使用普通型水泥,不宜使用 R 型水泥

在低温天气、有快通要求的路段或快速修复工程中,可采用 R 型水泥。由于 R 型早强水泥的水化放热量大、温度峰值高而集中,凝结时间相对较短,不利于控制断板和温度裂缝,更不便于拌和物远距离运输,特别是在夏季热天施工时不得采用。但在冬季负温度条件下,有利于蓄热保温和养生、尽早达到抗冻临界强度;抢修工程有利于加快施工速度和混凝土凝结硬化,满足尽快开放交通的需要。所以冬季和抢修工程推荐采用 R 型水泥。

4. 以实测抗折强度来选择和使用水泥

首先现行水泥规范中所规定的强度等级是由抗压强度确定的,并不完全代表水泥的抗折强度,而水泥混凝土路面第一力学指标是弯拉强度。其次,目前路面混凝土所用水灰比与水泥标准软练砂浆的水灰比一致,此时水泥的抗折强度是混凝土弯拉强度不可逾越的上限。若水泥的抗折强度不高,即使强度等级满足要求,也可能做不到按可靠度理论要求配制 28d 弯拉强度均值的要求。所以,应以水泥实测抗折强度大于等于 7.5～8.0MPa 为标准选择高速公路路面用水泥。水泥的实测抗折强度越高,对保障混凝土路面的抗折强度越有利。

表 7-3 在要求抗折强度的同时,也对水泥的抗压强度提出了要求,主要是因为在水泥的采购和使用时必须明确其强度等级,水泥在公路路面工程中使用的前提是强度等级必须符合要求,同时抗折强度也应符合要求。水泥强度是强度等级和抗折强度双指标要求,两者应同时满足。

(二)水泥的矿物组成、物理性能等路用品质要求

各交通等级路面所用水泥的矿物组成、物理性能等路用品质要求符合表 7-4 的规定。

水泥进场时每批量应附有齐全的矿物组成、物理力学指标合格的检验证明,并应在使用前对水泥的安定性、凝结时间、标准稠度用水量、抗折强度、细度、耐磨性等主要技术指标检验合格后,方可使用。水泥存放时间不得超过 3 个月。

表 7-4 各交通等级路面用水泥化学成分和物理指标

水泥性能	特重、重交通路面	中、轻交通路面
铝酸三钙	不宜＞7.0%	不宜＞9.0%
铁铝酸四钙	不宜＜15.0%	不宜＜12.0%
游离氧化钙	不得＞1.0%	不得＞1.5%
氧化镁	不得＞5.0%	不得＞6.0%
三氧化硫	不得＞3.5%	不得＞4.0%
碱含量	$Na_2O+0.658K_2O\leqslant 0.6\%$	怀疑有碱活性集料时，≤0.6%；无碱活性集料时，≤1.0%，
安定性	雷氏夹或蒸煮法检验必须合格	蒸煮法检验必须合格
28d 干缩率	不得＞0.09%	不得＞0.10%
标准稠度需水量	不宜＞28%	不宜＞30%
烧失量	不得＞3.0%	不得＞5.0%
比表面积	宜在 300～450m²/kg	
细度(80μm)	筛余量不得＞10.0%	
初凝时间	不早于 1.5h	
终凝时间	不迟于 10h	
耐磨性	不得＞3.6kg/m²	
混合材种类	不得掺窑灰、煤矸石、火山灰和黏土，有抗盐冻要求时不得掺石灰、石粉	

(三)水泥在路面上使用前必须经混凝土试配检验

路面工程水泥的选用，除各项路用品质必须满足表 7-3 和表 7-4 的规定外，在路面开工前，必须进行混凝土配合比试验，根据其配制的抗折强度、耐久性和工作性优选适宜的水泥品种、强度等级以及厂家。路面混凝土各项技术指标满足要求方可使用，且水泥种类、强度等级和厂家一旦选定，不得随意变更。

(四)水泥包装和温度控制

1. 水泥包装要求

公路水泥混凝土路面施工技术规范规定，机械摊铺宜选用散装水泥，在散装水泥供应不上时，可采用吨包装或大袋装水泥或粉煤灰，但应配备拆包和泵送水泥、粉煤灰的设备。远距离运输，允许使用吨包装和袋装水泥。机械摊铺时，50kg 一袋小包装水泥往往用量过大，实践证明，因拆包不及，一般不能满足使用要求。小型机具及三辊轴机具铺筑路面时，工程规模小、进度慢，可使用袋装水泥。

2. 水泥的出厂温度和搅拌温度

现行水泥规范 GB175—1999 和 GB13693—92 对水泥的出厂温度没有限制，在我国南方各省夏季热天，水泥运到工地的温度为 70～90℃，混凝土搅拌时的温度为 60～80℃，已经在滑模机械化施工中出现了严重的温度开裂问题。水泥的出厂温度没有限制显然是不行的。因此，水泥混凝土路面施工技术规定水泥的出厂温度：南方不宜高于 65℃，北方地区不宜高于55℃；混凝土搅拌时的水泥温度：南方不宜高于60℃，北方地区不宜高于50℃。低温施工时水泥温度不宜低于10℃。混凝土出搅拌机的温度宜为10～35℃。

限制水泥温度的主要目的是为了降低水化反应速度，严防温差开裂。温度裂缝出现与否，不仅与水泥温度有关，而且取决于当地的基础平均气温及降温速率，即取决于温差值的大小，因此水泥温度宜按南北不同的基础气温分别加以控制。按南北方不同基础气温分别控制时，首先是为了防止温度裂缝的发生；其次，照顾到水泥厂热天降低水泥稳定的难度，如规定拌和时水泥温度不得高于50℃，但在我国南方夏季施工时实际上很难做到。在南方如海南、广东、广西、云南、福建等省份，基础平均气温高而稳定，基本上没有夜间冷冲击，即使水泥温度较高，比如60℃，但温差不高，不足以引起温差开裂，可以适当放宽要求。但在长江流域以北，应按施工规范规定温度执行，严防形成潜在的板内温差裂缝。

低温条件下混凝土搅拌时，水泥温度不宜低于10℃。这是国际上对低温和负温条件下混凝土路面施工公认的水泥控制温度。这一是保证水泥尽快达到抗冻临界强度；二是低于此温度，水泥的水化反应过慢，凝结时间过长，不便于水泥混凝土路面铺筑后抗滑构造制作及养生工序等的进行。

高温施工时，混凝土拌和物的初凝时间不得小于3h，否则必须对原材料采取降温或混凝土缓凝或保塑措施；低温施工时，混凝土拌和物的终凝时间不得大于10h，否则应采取必要的促凝或早强措施。

二、粉煤灰

(一)粉煤灰品质

粉煤灰是一种活性掺合料，掺在路面混凝土中，必须满足活性高的要求，只能使用Ⅰ、Ⅱ级干排灰，只有静电除尘装置中2、3、4级电厂的干排及磨细粉煤灰才符合路面使用要求。施工经验表明，结块或湿粉煤灰在新拌混凝土中会发生搅拌不开的粉煤灰小团块，这与泥块和高风化岩石集料一样，严重影响混凝土的强度，并使路面出现许多坑洞，影响行驶质量和路面耐久性，因此不得使用结块灰和湿灰。Ⅲ级粉煤灰不能在水泥混凝土路面工程中使用。贫混凝土基层中可使用Ⅲ级灰，但不得使用等外灰。

粉煤灰的分级和质量指标见表7-5。

表7-5　粉煤灰的分级和质量指标

粉煤灰等级	细度(45μm气流筛筛余量)(%)	烧失量(%)	需水量比(%)	含水量(%)	Cl^-(%)	SO_3(%)	混合砂浆活性指数	
							7d	28d
Ⅰ	≤12	≤5	≤95	≤1.0	<0.02	≤3	≥75	≥85(75)
Ⅱ	≤20	≤8	≤105	≤1.0	<0.02	≤3	≥70	≥80(62)
Ⅲ	≤45	≤15	≤115	≤1.5	—	≤3	—	—

注：1.45μm气流筛的筛余量换算为80μm水泥筛的筛余量时换算系数约为2.4。

2.混合砂浆的活性指数为掺粉煤灰的砂浆和水泥砂浆的抗压强度比的百分率，适用于所配制混凝土强度等级大于C40的混凝土；当配制混凝土强度等级小于C40时，混合砂浆的活性指数要求满足28d括号中的数值。

粉煤灰活性指数表示粉煤灰对强度的贡献率。路面混凝土中掺粉煤灰希望有更高的化学活性，使混凝土具备更高的长期弯拉强度。Cl^- 含量和 SO_4^{2-} 的规定，对粉煤灰越来越多地使用在钢筋混凝土、钢纤维混凝土路面和桥面，其抗锈蚀和抗硫酸盐腐蚀等耐久性来说是极为关键的，这时必须要有防锈蚀要求，在无筋、无钢纤维混凝土中，此项规定允许放宽。含水量表达的是粉状粉煤灰的吸湿性能，含水量的要求对于防止粉煤灰结块和对混凝土拌和均匀性影响较大。

(二)粉煤灰的使用要求

在水泥混凝土路面和贫混凝土基层工程中使用粉煤灰的基本原则是扬其长而避其短。首先，必须保证水泥混凝土路面的28d强度要求；而后，利用其长期强度高的特点增加抵抗超载的强度储备，以利延长路面使用寿命，保障水泥混凝土路面弯拉强度、抗疲劳性和耐久性。其具体使用要求是：

(1)在混凝土路面或贫混凝土基层中使用粉煤灰时，应确切了解所用水泥中已经加入的掺合料种类和数量。

(2)粉煤灰进货应有等级检验报告，并宜采用散装干(磨细)粉煤灰。粉煤灰的储存、运输等要求与水泥相同，使用粉煤灰的搅拌楼应增加1个水泥罐仓装粉煤灰。计量时，先称水泥，然后累计计量粉煤灰。

(3)路面混凝土中使用粉煤灰必须有适宜掺量控制。在高速公路水泥混凝土路面上，视所使用的水泥种类，在使用硅酸盐水泥时，粉煤灰的极限掺量不得大于30%，普通水泥中允许有不大于15%的混合材料，则粉煤灰掺量不应大于15%。粉煤灰掺量限制是水泥及外掺粉煤灰能够全部水化的最高掺量要求，同时也是路面抗冲、耐磨和抗疲劳性能的要求。

研究表明，粉煤灰主要化学成分是活性 SiO_2 和 Al_2O_3，在混凝土中的化学反应属于二次反应，其反应的激发剂是水泥反应后释放出的 $Ca(OH)_2$ 和原有的石膏，它与水泥之间有一个完全化学反应的剂量配伍关系。资料表明，粉煤灰最多可完全反应量为纯硅酸盐水泥的28%。超过总混合材料30%必定有一些粉煤灰是不可能反应而产生强度的，多余的粉煤灰和石粉及土一样是有害的。这是在路面混凝土中使用粉煤灰必须注意的。

(4)路面混凝土掺用粉煤灰时，其配合比计算应按超量取代法进行，超掺部分代替砂，并减少砂用量。

三、粗集料

在水泥混凝土材料中，粗集料起着构造混凝土结构骨架的作用。粗集料质量的好坏直接影响到混凝土的抗压强度、弯拉强度、干缩性能以及使用寿命。

(一)物理力学指标

对于路面混凝土来说，除了重视粗集料本身的强度之外，还应引起注意的因素是粒径、粒形、表面状况、级配以及软弱颗粒和石粉含量等，这些因素既影响混凝土的强度，又影响新拌和混凝土的工作性。因此，理想的粗集料应是质地坚硬、耐久、洁净的碎石、碎卵石和卵石，并应符合表7-6的规定。

表 7-6　碎石、碎卵石和卵石的技术指标

项　目	技术要求		
	Ⅰ级	Ⅱ级	Ⅲ级
碎石压碎指标(%)	＜10	＜15	＜20
卵石压碎指标(%)	＜12	＜14	＜16
坚固性(按质量损失计)(%)	＜5	＜8	＜12
针片状颗粒含量(按质量计)(%)	＜5	＜15	＜20
含泥量(按质量计)(%)	＜0.5	＜1.0	＜1.5
泥块含量(按质量计)(%)	0	＜0.2	＜0.5
有机物含量(比色法)	合格	合格	合格
硫化物及硫酸物(按 SO_3 质量计)(%)	＜0.5	＜1.0	＜1.0
岩石抗压强度	火成岩≮100MPa;变质岩≮80MPa;水成岩≮60MPa		
表观密度	＞2 500kg/m³		
松散堆积密度	＞1 350kg/m³		
空隙率	＜47%		
碱—集料反应	经碱—集料反应试验后,试件无裂缝、酥裂、胶体外溢等现象,在规定试验龄期的膨胀率应小于 0.10%		

高速公路、一级公路、二级公路及有抗(盐)冻要求的三、四级公路混凝土路面使用的粗集料级别应不低于Ⅱ级,无抗(盐)冻要求的三、四级公路混凝土路面可使用Ⅲ级粗集料。有抗(盐)冻要求时,Ⅰ级粗集料吸水率不应大于 1.0%,Ⅱ级粗集料吸水率不应大于 2.0%。

(二)公称最大粒径

粗集料的最大粒径过大,会降低路面混凝土弯拉强度,且粒径过大由于暴露的粗集料不耐冲击、易脱落,耐磨性变差,在混凝土卸料、摊铺中粗集料离析增大,不利于铺筑匀质混凝土路面。因此,要求用做路面混凝土的粗集料,卵石最大公称粒径不宜大于 19.0mm;碎卵石最大公称粒径不宜大于 26.5mm;碎石最大公称粒径不宜大于 31.5mm。

(三)粗集料级配

粗集料级配的优劣首先影响新拌混凝土的工作性、黏聚性、匀质性和可振动密实性。良好的级配所提供的较大嵌锁力直接影响到弯拉强度和单位水泥用量,其次还影响水灰比和单位用水量,同时决定着塑性收缩和硬化混凝土的干缩变形和抗冻耐久性。所以,从严控制路面混凝土粗集料级配,使路面混凝土形成具有嵌锁力的骨架密实结构,对改善其路用品质和抗磨耐久性具有现实意义。为此,公路水泥混凝土路面施工技术规范规定,路面混凝土粗级配应符合表 7-7 合成级配的要求。

用做路面混凝土的粗集料不得使用不分级的统料,应该按最大公称粒径的不同采用 2～4 个粒径的集料进行掺配。当 2 级级配石料不符合级配要求时,应当采用 3 级或 4 级级配的集料。

表 7-7　粗集料级配范围

类型		方孔筛尺寸(mm)							
		2.36	4.75	9.50	16.0	19.0	26.5	31.5	37.5
		累计筛余(以质量计)(%)							
合成级配	4.75～16	95～100	85～100	40～60	0～10	0			
	4.75～19	95～100	85～95	60～75	30～45	0～5	0		
	4.75～26.5	95～100	90～100	70～90	50～70	25～40	0～5	0	
	4.75～31.5	95～100	90～100	75～90	60～75	40～60	20～30	0～5	0
粒级	4.75～9.5	95～100	80～100	0～15	0				
	9.5～16		95～100	80～100	0～15	0			
	9.5～19		95～100	85～100	40～60	0～15	0		
	16～26.5			95～100	55～70	25～40	0～10	0	
	16～31.5			95～100	85～100	55～70	25～40	0～10	0

四、细集料

由于水泥混凝土路面在车轮作用下有表面抗滑耐磨的要求,并非任何土建工程可使用的砂均可用于混凝土路面。又由于水泥混凝土路面对粗集料的要求比沥青路面相对较低,一般国内外所做的水泥混凝土路面不对粗集料的磨光值提出要求,对普通混凝土路面、钢筋混凝土路面及钢纤维混凝土路面表面基本要求是不裸露粗集料,要求表面砂浆层的充分包裹,除非施工中有低噪声技术要求而裸露的粗集料,一般水泥混凝土路面上若建成初期就裸露粗集料视为一种病害。所以,水泥混凝土路面上的抗滑耐磨即安全耐久性等功能要求主要依赖细集料。对细集料本身的硅质含量即硬度、细粉含量、颗粒度即细度模数及其稳定性的要求比其他土建工程结构要高得多、严格得多。

(一)细集料的种类和技术要求

1. 细集料的种类

细集料可采用质地坚硬、耐久、洁净的天然砂、人工砂。天然砂包括河砂、湖砂、山砂、淡化海砂;人工砂包括机制砂和混合砂。新水泥混凝土路面施工技术规范与以往的规范相比是在天然砂中扩展了淡化海砂和人工砂,在人工砂中扩展了机制砂和混合砂。河砂经过长期水流冲洗,粒形较圆、较洁净,质量较好,路面混凝土应优先采用河砂;海砂的 Cl^-、SO_4^{2-} 和贝类壳含量较高,须经冲洗处理,满足氯盐、硫酸盐和有机质含量规定,可用于无筋混凝土路面;山砂的含泥量大,软弱颗粒较多,但只要不超标仍可使用。机制砂的粒形很差,石粉含量较高,新拌混凝土工作性差,相同工作性的水灰比大,弯拉强度及耐磨性等指标不易满足,当控制住石粉和土含量、采用减水率较高的外加剂时,也可生产合格的水泥混凝土路面。

2．细集料的技术要求

路面用细集料的技术要求应符合表 7-8 的规定。

表 7-8　细集料技术指标

项　目	技术要求		
	Ⅰ级	Ⅱ级	Ⅲ级
机制砂单粒级最大压碎指标(%)	<20	<25	<30
氯化物(按 Cl^- 质量计)(%)	<0.01	<0.02	<0.06
坚固性(按质量损失计)(%)	<6	<8	<10
云母(按质量计)(%)	<1.0	<2.0	<2.0
天然砂、机制砂含泥量(按质量计)(%)	<1.0	<2.0	<3.0
天然砂、机制砂泥块含量(按质量计)(%)	0	<1.0	<2.0
机制砂 *MB* 值<1.4 或合格石粉含量(按质量计)(%)	<3.0	<5.0	<7.0
机制砂 *MB* 值≥1.4 或不合格石粉含量(按质量计)(%)	<1.0	<3.0	<5.0
有机物含量(比色法)	合格		
轻物质(按质量计)(%)	1.0		
硫化物及硫酸物(按 SO_3 质量计)(%)	<0.5		
机制砂母岩抗压强度	火成岩≮100MPa；变质岩≮80MPa；水成岩≮60MPa		
表观密度	>2 500kg/m³		
松散堆积密度	≥1 350kg/m³		
空隙率	<47%		
碱—集料反应	经碱—集料反应试验后，由砂配制的试件无裂缝、酥裂、胶体外溢等现象，在规定试验龄期的膨胀率应小于 0.10%		

砂按表 7-8 的技术要求分为Ⅰ级、Ⅱ级、Ⅲ级。混凝土强度等级大于 C60 时宜用Ⅰ级砂；混凝土强度等级为 C30～C60 及有抗冻、抗渗或其他要求时宜用Ⅱ级砂；混凝土强度等级小于 C30 时宜用Ⅲ级砂。高速公路、一级公路、二级公路及有抗(盐)冻要求的三、四级公路混凝土路面使用的砂应不低于Ⅱ级，无抗(盐)冻要求的三、四级公路混凝土路面可使用 Ⅲ级砂。

(二)细集料细度模数和级配要求

1．细度模数和级配

砂按细度模数 M_x 分为 3 个区：Ⅰ区粗砂($M_x=3.1$～3.7)、Ⅱ区中砂($M_x=2.3$～3.0)、Ⅲ区细砂($M_x=1.6$～2.2)。各区砂级配要求见表 7-9。

路面普通混凝土、钢筋混凝土及钢纤维混凝土用天然砂的级配曲线宜为Ⅱ区，可使用Ⅰ区偏细粗砂和Ⅲ区偏粗细砂，细度模数应在 2.0～3.5 之间。路面混凝土同一配合比用砂的细度模数变化范围不应超过 0.3，否则，应分别堆放，并调整配合比中的砂率后使用。

表 7-9　细集料级配范围

砂分级	方孔筛尺寸(mm)					
	0.15	0.30	0.60	1.18	2.36	4.75
	累计筛余(以质量计)(%)					
粗砂	90～100	80～95	71～85	35～65	5～35	0～10
中砂	90～100	70～92	41～70	10～50	0～25	0～10
细砂	90～100	55～85	16～40	0～25	0～15	0～10

2. 砂粗细、细度模数和比表面积的关系

研究表明,对混凝土工作性影响很大的砂比表面积与其细度模数之间成反比线性关系,其细度模数越大,比表面积越小。因此,砂的细度模数可以较好地反映砂的粗细程度和比表面积。

为了保证水泥混凝土路面弯拉强度和表面砂浆的耐磨性能,路面混凝土宜采用细度模数为 2.0～3.5 的中砂、中粗砂和偏细粗砂。这项规定主要是从提高表面的耐磨性出发提出的。实质上,在水泥路面通车运行 1～2 年后,路面轮迹部位的抗滑性能与横向力系数关键取决于砂的硬度及细度模数,因为水泥浆总归是先于砂被磨掉的,暴露的凸起物将是砂颗粒,而正是凸起的砂颗粒为路表面提供了足够的抗滑性能和横向力系数。当砂过细时,表面水泥浆磨损后,细砂所能提供的路面安全性指标(横向力系数)过低;当砂过粗时,不仅拌和物泌水较严重,而且平整度难以保证,粗砂中毫米级的砂数量较多,表面上一个 3mm 以上的砂粒,就足以影响到 3m 直尺 3mm 的平整度。

(三)机制砂的技术要求

在我国大西南各省区相当多的地方很难找到天然河砂,只有生产的破碎机制砂。新编公路水泥混凝土路面施工技术规范对机制砂使用有下述规定:路面和桥面所使用的机制砂除应满足表 7-8 和表 7-9 规定外,特别是硅质含量不小于 25%,同样适应于机制砂,还应检验砂浆磨光值 *PMV* 且宜大于 35,不宜使用耐磨性较差的泥岩、页岩、板岩等水成岩类母岩品种生产机制砂。配制机制砂混凝土应同时掺引气高效减水剂。

1. 磨光值

施工规范对机制砂的磨光值提出沥青路面集料中的最大要求:*PMV* 不小于 35,同时,对强度较低、耐磨性较差的机制砂母岩品种亦加以适当限制,破碎机制砂的岩石品种亦应保证硅质含量。生产机制砂的母岩强度:火成岩不小于 100MPa;变质岩不小于 80MPa;水成岩不小于 60MPa。目的是提高机制砂水泥混凝土路面的抗滑性能与横向力系数,保证路面运营的安全性。母岩的强度、硅质含量及耐磨性提高后,机制砂的破碎生产效率会降低,砂的成本会有所提高,这是无法避免的。另一方面,若再做加铺层,成本会提高。

2. 含泥量和石粉含量

机制砂中含泥量和石粉含量的控制一直是公路界面临的难题。显然,石粉含量不能与土等同对待,石粉的化学活性与表面物理特性比土强得多,在我国Ⅱ型硅酸盐水泥中,允许掺入 5%以内的生石灰岩石粉。试验表明,即使将其掺入混凝土中,同样具有一定的化学反应活性。当石粉和土总量不超过12%时,应掺引气高效减水剂达到压低单位用水量和水灰比,有效控制拌和物工作性、稠度,提高抗滑、耐磨性,保证强度及耐久性之目的。

(四)淡化海砂的技术要求

在我国许多沿海地区,河砂资源紧缺或运距较远,价格为海砂的2~4倍。施工规范首次允许二级及二级以下公路混凝土路面使用海砂。为了防止钢筋混凝土路面及钢纤维混凝土路面产生严重锈蚀或其他化学侵蚀破坏,施工技术规范不是笼统称海砂,而明确讲淡化海砂,即使用淡水冲洗或雨水冲淋过的海砂、海水浸湿时间有限的河口附近河海混合砂,并规定全部缩缝设传力杆混凝土路面不宜使用淡化海砂,钢筋混凝土及钢纤维混凝土路面和桥面不得使用淡化海砂。

在混凝土路面工程中,淡化海砂的技术要求除应符合表7-8和表7-9的规定外,为防止碱—集料反应,淡化海砂带入每立方米混凝土中的含盐量不大于1.0kg,碎贝壳等甲壳类动物残留物含量不大于1.0%,并要求与河砂进行对比试验,验证淡化海砂应对砂浆磨光值、混凝土凝结时间、耐磨性、弯拉强度等无不利影响。

五、水

新拌混凝土用水及养护用水中,不得含有影响混凝土质量的油、酸、盐类及有害物质,海水不能用做搅拌及养护路面混凝土用水。饮用水一般均适用于混凝土;非饮用水,经化验符合下列要求时也可使用:①硫酸盐含量(按 SO_4^{2-} 计)小于0.002 7mg/mm^3;②含盐量不大于0.005mg/mm^3;③pH值不小于4;④不得含有油污、泥和其他有害杂质。

六、外加剂

(一)路面常用外加剂种类和使用目的

在现代水泥混凝土路面材料科学中,外加剂成为制作优质混凝土路面的不可或却的组分,在公路水泥混凝土路面工程中主要使用如下各类外加剂。

1. 减水剂

减水剂按其减水率大于或小于15%分为高效减水剂和普通减水剂,还有早强减水剂、缓凝减水剂、缓凝高效减水剂、引气减水剂。各级公路路面混凝土宜选择减水率高、坍落度损失较小、凝结时间可调控的复合型减水剂。高温施工时宜选用引气缓凝减水剂或引气高效缓凝(保塑)减水剂,低温施工宜使用引气早强高效减水剂。使用减水剂等外加剂的目的是改善工作性、降低水灰比和节约水泥。

2. 调整新拌混凝土施工性能的外加剂

调整新拌混凝土性能,满足施工要求的外加剂有调整凝结时间的缓凝剂、控制新拌混凝土坍落度损失的保塑剂和冬季施工使用的促凝剂、防冻剂和早强剂。

(二)路用外加剂的质量等级

鉴于水泥混凝土路面的重要性,施工规范规定外加剂的产品质量应达到一等品的要求,一般公路路面不允许使用合格品。路用外加剂的产品质量应符合表7-10的各项技术性能指标。供应商应提供有相应资质外加剂检测机构的品质检验报告,检验报告应说明外加剂的主要化学成分,认定对人员无毒副作用。

表 7-10　混凝土外加剂产品的技术性能指标

试验项目		普通减水剂	高效减水剂	早强减水剂	缓凝高效减水剂	缓凝减水剂	引气减水剂	早强剂	缓凝剂	引气剂
减水率(%),不小于		8	15	8	15	8	12	—	—	6
泌水率比(%),不小于		95	90	95	100	100	70	100	100	70
含气量(%)		≤3.0	≤3.0	≤4.0	<4.5	<5.5	>3.0			>3.0
凝结时间(min)	初凝	-90~	-90~	-90~	>+90	>+90	-90~	-90~	>+90	-90~
	终凝	+120	+120	+90			+120	+90		+120
抗压强度比(%),不小于	1d	—	140	140	—	—	—	135	—	—
	3d	115	130	130	125	100	115	130	100	95
	7d	115	125	115	125	110	110	110	100	95
	28d	110	120	105	120	110	100	100	100	90
收缩率比(%),28d,不大于		120	120	120	120	120	120	120	120	120
抗冻标号		50	50	50	50	50	200	50	50	200
对钢筋锈蚀作用		应说明对钢筋无锈蚀危害								

注:1. 除含气量外,表中数据为掺外加剂混凝土与基准混凝土差值或比值。

2. 凝结时间指标“-”表示提前,“+”表示延缓。

(三)引气剂的使用

施工规范规定二级及二级以上公路路面混凝土中应使用引气剂,有抗冰冻、抗盐冻要求的地区的各级公路路面、桥面、护栏、路缘石、路肩石及贫混凝土基层必须使用引气剂。引气剂应选用表面张力降低值大、水泥稀浆中起泡容量多而细密、泡沫稳定时间长、不溶残渣少的产品。引气剂的主要作用是改善和易性、降低泌水性、提供富浆平整的表面;提高弯拉强度,降低抗折模量,改善荷载和温度变形性能;提高抗渗性、抗冻性和耐候性。引气剂同时有减水的作用。

(四)混凝土路面工程外加剂的使用技术

路面混凝土中使用最多的外加剂是引气剂和缓凝(高效)减水剂。所有外加剂的剂量都是按单位水泥用量的百分数计算的。若在大型搅拌楼上使用的是液体,应按原液或粉剂的质量占每盘混凝土中水泥用量的百分数计算,再按一次加入的溶液体积换算为适宜浓度,并按此浓度配制外加剂的稀释溶液。如果使用粉状外加剂,则按粉末的质量占每盘混凝土中水泥用量的百分数计算,再按一次加入的溶液体积换算为适宜浓度。使用粉状外加剂时,应有 12h 以上的溶解时间,使用时应加强搅拌均匀。对于其沉淀物,每 1～3d 要彻底清理一次。实验室中使用的外加剂按搅拌混凝土体积中的水泥用量计算外加剂原液或粉末质量,精确称量后,稀释于全部拌和用水中。

通常情况下,引气剂与水泥不存在化学不适应问题,但存在剂量不适应问题。达到同样含气量的引气剂掺量直接与水泥或混凝土中的混合材料,特别是粉煤灰、火山灰、窑灰和水泥碱度有关,前三种混合材料的含量越高,则达到相同含气量的引气剂掺量就越大。

碱度高的水泥,相同含气量时引气剂掺量小。在混凝土中掺用粉煤灰的条件下,达到规定含气量的引气剂剂量将成倍增加,这是使用混合水泥和掺混合材料的混凝土应该了解和妥善解决的问题。

减水剂在应用于混凝土拌和之前,必须了解其与所用水泥的适应性,只要用水泥浆或砂浆加上厂家推荐剂量的减水剂,检测一下减水剂的减水率就可以判断化学和剂量适应性如何。若检验中减水剂不仅不减水反而增水,混合料不是变稀而是变得更硬,则该减水剂在化学上不适应,不得使用。在厂家推荐剂量时,达到或超过减水剂规范规定的减水率,则可按推荐剂量和最优掺量使用。当达不到减水剂规范规定的减水率,至少有其1/2、2/3的减水率时,可能为剂量不适应问题,可增加3～5个剂量,做混凝土试验,找到适应这种水泥的最优减水剂剂量,再按其使用。最优剂量为减水率增加迅速和不再明显增加的拐点(饱和)用量。一般而言,所用的水泥中的矿物含量,特别是铝酸盐含量、碱度、混合材料等与基准水泥越接近,厂家推荐的外加剂剂量和减水率与实际越接近。三者含量较高的水泥,由于其较强的吸附作用,剂量不适应问题较为明显。

如果减水剂按推荐掺量使用,减水效率不明显或连规定的一半都达不到,可以判断是伪劣产品。这样的减水剂液体中含固量仅为20%左右(用烘干法测)和原液浓度过低,水过多(一般要求液体外加剂的含固量不小于40%),粉状减水剂焦化炭化颗粒过多,溶解度差或减水剂载体如粉煤灰等含量过大。

外加剂的掺量应由混凝土试配试验确定。引气剂的适宜掺量可由搅拌机口的拌和物含气量进行控制。引气剂与减水剂或高效减水剂等其他外加剂复配在同一水溶液中时,应保证其共溶性,防止外加剂溶液发生絮凝现象。如产生絮凝现象,应分别稀释、分别加入。

第三节　普通路面混凝土配合比设计

一、配合比设计要求

普通路面混凝土的配合比设计在兼顾经济性的同时,应满足下列三项技术要求:

(1)混凝土路面设计弯拉强度的要求。各交通等级路面板的28d设计弯拉强度标准值 f_r 应符合表7-1的规定。

(2)工作性。滑模摊铺机的拌和物最佳工作性及允许范围应符合表7-11的规定。轨道摊铺机、三辊轴机组、小型机具摊铺的路面混凝土坍落度应满足表7-12的规定。

表7-11　混凝土路面滑模摊铺最佳工作性及允许范围

指标	坍落度 S_l(mm)		振动黏度系数
	卵石混凝土	碎石混凝土	η(N·s/m²)
最佳工作性	20～40	25～50	200～500
允许波动范围	5～55	10～65	100～600

注:1.滑模摊铺机适宜的摊铺速度应控制在0.5～2.0m/min之间。

2.本表适用于设超铺角的滑模摊铺机;对不设超铺角的滑模摊铺机,最佳振动黏度系数为250～600N·s/m²。最佳坍落度卵石为10～40mm,碎石为10～30mm。

表 7-12 不同路面施工方式混凝土坍落度 （单位：mm）

摊铺方式	轨道摊铺机摊铺	三辊轴机组摊铺	小型机具摊铺
出机坍落度	40～60	30～50	10～40
摊铺坍落度	20～40	10～30	0～20

(3)耐久性。根据当地路面无抗冻性、有抗冻性或有抗盐冻性要求及混凝土最大公称粒径，路面混凝土含气量及允许偏差宜符合表 7-13 的规定。

表 7-13 路面混凝土含气量及允许偏差(%)

最大公称粒径(mm)	无抗冻性要求	有抗冻性要求	有抗盐冻性要求
19.0	4.0±1.0	5.0±0.5	6.0±0.5
26.5	3.5±1.0	4.5±0.5	5.5±0.5
31.5	3.5±1.0	4.0±0.5	5.0±0.5

各交通等级路面混凝土满足耐久性要求的最大水灰(胶)比和最小单位水泥用量应符合表 7-14 的规定。

表 7-14 混凝土满足耐久性要求的最大水灰(胶)比和最小单位水泥用量

公路技术等级		高速、一级公路	二级公路	三、四级公路
最大水灰(胶)比		0.44	0.46	0.48
抗冰冻要求最大水灰(胶)比		0.42	0.44	0.46
抗盐冻要求最大水灰(胶)比		0.40	0.42	0.44
最小单位水泥用量(kg/m^3)	42.5 级	300	300	290
	32.5 级	310	310	305
抗冰(盐)冻时最小单位水泥用量(kg/m^3)	42.5 级	320	320	315
	32.5 级	330	330	325
掺粉煤灰时最小单位水泥用量(kg/m^3)	42.5 级	260	260	255
	32.5 级	280	270	265
抗冰(盐)冻掺粉煤灰时最小单位水泥用量(42.5 级水泥)(kg/m^3)		280	270	265

注：1. 掺粉煤灰，并有抗冰(盐)冻性要求时，不得使用 32.5 级水泥。

2. 水灰(胶)比计算以砂石料的自然风干状态计(砂含水量≤1.0%，石子含水量≤0.5%)。

3. 处在除冰盐、海风、酸雨或硫酸盐等腐蚀性环境中，或在大纵坡等加减速车道上的混凝土，最大水灰(胶)比可比表中数值降低 0.01～0.02。

在海风、酸雨、除冰盐或硫酸盐等腐蚀性环境影响范围内的混凝土路面和桥面，在使用硅酸盐水泥时，应掺加粉煤灰、磨细矿渣或硅灰掺合料，不宜单独使用硅酸盐水泥，可使用矿渣水泥或普通水泥。

二、配合比设计步骤

(一)计算配合比

根据公路等级所规定的设计弯拉强度及其他技术性能的要求，通过理论和经验公式，计算初步配合比。

(二)实验室配合比

根据计算配合比,采用施工实际材料进行路面混凝土实验室内试拌,检验拌和物的工作性,即坍落度、振动黏度和含气量,观察黏聚性、泌水及离析与否,并判断新拌混凝土可施工密实性。按标准条件搅拌、成型并养护标准弯拉强度、抗压强度试件,有条件成型耐磨和抗冻性试件检验耐久性。检验各项工作性、物理力学指标、耐久性和经济性。如果达不到上述要求,则应调整计算配合比,确定既符合工作性、强度和耐久性要求,又较经济的实验室配合比。

(三)搅拌楼试拌配合比

通过200m试验段路面,进行搅拌楼实际拌和试验,并检验工作性、含气量、混凝土耐久性和试配弯拉强度等指标是否满足要求。在此基础上确定搅拌楼试拌配合比。试验确定。采用假定混凝土密度法计算时,应根据料场砂石料含水率拌和的混凝土实测密实度,调整单方混凝土粗集料用量、用砂量和加水量,但水泥用量、外加剂掺量一般不得随意变更。搅拌楼试拌配合比使用的试料堆上未清洗的砂石料,一般含泥量较大,不超过规范规定时,要增加10kg/m^{3}左右水泥用量,为正式施工做好准备。

(四)施工配合比

在施工过程中,按当时气候条件下运输混凝土坍落度损失情况,在水泥用量不变的情况下,经搅拌楼试拌配合比调整好的配合比中缓凝减水剂剂量,可根据施工气温变化情况进行微调,加水量可按照搅拌站砂石料含水量变化情况微调,其他参数不得随意变更。应准确确定外加剂的浓度和剂量,外加剂宜配制成溶液泵入搅拌锅。在满足机械施工、所有物理力学指标、耐久性和路面平整度、抗滑技术要求的条件下,得出施工配合比。施工配合比确定后,不得随意变更。

三、配合比设计方法

(一)计算配合比

1. 确定路面混凝土的试配弯拉强度

路面混凝土配制28d弯拉强度的均值可按下式确定:

$$f_c = \frac{f_r}{1 - 1.04c_v} + ts \tag{7-1}$$

式(7-1)可以等价为:

$$f_c = \frac{f_r}{(1 - 1.04c_v)(1 - tc_v)}$$

式中 f_c——配制28d弯拉强度的均值,MPa;

f_r——设计弯拉强度标准值,MPa,见表7-1;

c_v——弯拉强度变异系数,应按统计数据在表7-15的规定范围内取值,在无统计数据时,弯拉强度变异系数应按设计取值,如果施工配制弯拉强度超出设计给定的弯拉强度变异系数上限,则必须改进机械装备和提高施工控制水平;

s——弯拉强度试验样本的标准差,MPa;

t——保证率系数，应按表 7-16 确定。

表 7-15　各级公路混凝土路面弯拉强度变异系数允许变化范围

公路技术等级	高速公路	一级公路		二级公路	三、四级公路	
路面安全等级	一级	二级		三级	四级	
目标可靠指标	1.64	1.28		1.04	0.84	
目标可靠度(%)	95	90		85	80	
施工要求达到的管理水平	优	优	良	良	良	中
混凝土弯拉强度变异水平等级	低	低	中	中	中	高
弯拉强度变异系数 c_v 允许变化范围	0.05~0.10	0.05~0.10	0.10~0.15	0.10~0.15	0.10~0.15	0.15~0.20

表 7-16　保证率系数 t

公路技术等级	判别概率 p	样本数 n(组)				
		3	6	9	15	20
高速公路	0.05	1.36	0.79	0.61	0.45	0.39
一级公路	0.10	0.95	0.59	0.46	0.35	0.30
二级公路	0.15	0.72	0.46	0.37	0.28	0.24
三、四级公路	0.20	0.56	0.37	0.29	0.22	0.19

2. 计算水灰(胶)比

1)按路面混凝土要求配制强度计算水灰比

根据粗集料的类型，水灰比可分别按下列统计公式计算：

碎石或碎卵石混凝土
$$\frac{W}{C}=\frac{1.5684}{f_c+1.0097-0.3595f_s} \tag{7-2}$$

卵石混凝土
$$\frac{W}{C}=\frac{1.2618}{f_c+1.5492-0.4709f_s} \tag{7-3}$$

式中　$\frac{W}{C}$——水灰比；

f_s——水泥实测 28d 弯拉强度，MPa。

掺用粉煤灰时，应计入超量取代法中代替水泥的那一部分粉煤灰用量(代替砂的超量部分不计入)，用水胶比$\frac{W}{C+F}$代替水灰比$\frac{W}{C}$。

2)按耐久性校核水灰比

按表 7-14 的规定确定按耐久性要求的最大水灰比。在满足弯拉强度计算值和耐久性两者要求的水灰(胶)比中取小值。

3．选择和确定砂率

无论用何种施工方式摊铺水泥混凝土路面，都要求均匀性好、波动小的低坍落度的新拌混凝土，并应按照对工作性和外观质量影响最大的砂的比表面积原理来选择最优砂率。砂的粗细与细度模数成线性正比关系；细度模数与比表面积成线性反比关系。砂越粗，细度模数越大，比表面积越小，要求的最优砂率越大；砂越细，细度模数越小，则要求的最优砂率越小。

砂率可根据砂的细度模数和粗集料种类，查表 7-17 取值。在软做抗滑槽时，砂率在表 7-17 的基础上可增大 1%～2%。

表 7-17　砂的细度模数与最优砂率的关系

砂的细度模数		2.2～2.5	2.5～2.8	2.8～3.1	3.1～3.4	3.4～3.7
砂率 S_P(%)	碎石	30～34	32～36	34～38	36～40	38～42
	卵石	28～32	30～34	32～36	34～38	36～40

注：碎卵石可在碎石和卵石混凝土之间内插取值。

4．计算单位用水量

根据粗集料种类和表 7-11、表 7-12 中适宜的坍落度，分别按下列经验式计算单位用水量（砂石以自然风干状态计）：

碎石　$$W_0 = 104.97 + 0.309S_L + 11.27\frac{C}{W} + 0.61S_P \tag{7-4}$$

卵石　$$W_0 = 86.89 + 0.370S_L + 11.24\frac{C}{W} + 1.00S_P \tag{7-5}$$

式中　W_0——不掺外加剂与掺合料时混凝土的单位用水量，kg/m^3；

S_L——坍落度，mm；

S_P——砂率，(%)；

$\frac{C}{W}$——灰水比，水灰比之倒数。

单位用水量计算值与表 7-18 中的规定最大单位用水量相比，取两者中的小值。若实际单位用水量仅掺引气剂不满足所取数值，则应掺用引气（高效）减水剂，三、四级公路也可采用真空脱水工艺。

表 7-18　不同路面施工方式最大单位用水量

摊铺方式	滑模摊铺		轨道摊铺		三辊轴机组摊铺		小型机具摊铺	
最大单位用水量 (kg/m^3)	碎石	卵石	碎石	卵石	碎石	卵石	碎石	卵石
	160	155	156	153	153	148	150	145

注：1．表中的最大单位用水量为采用中砂、粗细集料为风干状态的取值，采用细砂时，应使用减水率较大的（高效）减水剂。

2．使用碎卵石时，最大单位用水量可取碎石与卵石之中值。

掺外加剂的混凝土单位用水量应按下式计算：

$$W_{0w} = W_0\left(1 - \frac{\beta}{100}\right) \tag{7-6}$$

式中　W_{0w}——掺外加剂混凝土的单位用水量，kg/m^3；

β——所用外加剂剂量的实测减水率，%。

5. 计算单位水泥用量和引气剂掺量

单位水泥用量可按下式计算确定：

$$C_0 = \frac{C}{W}W_0 \tag{7-7}$$

式中　C_0——单位水泥用量，kg/m^3。

计算值与表7-14规定的最小单位水泥用量值比较，取两者中的大值。同时，要求最大单位水泥用量不宜大于400kg/m^3；掺粉煤灰时，最大单位胶材总量不宜大于420kg/m^3。最小水泥用量规定是满足弯拉强度和耐久性的要求，最大单位水泥用量规定是满足小变形和抗裂性的要求。

引气剂掺量可按下式确定：

$$Y_0 = C_0 \times \frac{Q_y}{\beta_y}$$

式中　Y_0——引气剂掺量，kg/m^3；

Q_y——设计含气量，%；

β_y——引气剂掺量与引气量的关系。

6. 计算粗、细集料用量

砂、石料用量可按假定密度法或绝对体积法计算。其中假定密度法计算式为：

$$\begin{cases} C_0 + W_0 + S_0 + G_0 = \gamma_h \\ S_0/(S_0 + G_0) \times 100 = S_P \quad (\%) \end{cases} \tag{7-8}$$

绝对体积法计算式为：

$$C_0/\gamma_c + W_0/\gamma_w + S_0/\gamma_s + G_0/\gamma_g + 100A = 1\,000 \tag{7-9}$$

式中　C_0、W_0、S_0、G_0——混凝土中水泥、水、砂和石子用量，kg/m^3；

γ_h——欲配制路面混凝土的密度，一般在2 400～2 600kg/m^3；

γ_c——混凝土中水泥的密度，一般在3 100～3 150kg/m^3；

γ_w——混凝土中水的密度，1 000kg/m^3；

γ_s、γ_g——砂、石料的表观密度，kg/m^3；

A——设计含气量，(%)，在用绝对体积法设计配合比时，应考虑含气量。

由式(7-8)或式(7-9)均可解得砂、石料用量。对比这两种方法，假定密度法中只有一个混凝土密度不确定数据，而绝对体积法中有数个不确定数据，需要试拌前有试验确定，累计误差较大。因此，假定密度法的计算精度略高一些，通过试拌测定混凝土密度，很快就能确定配合比。绝对体积法需试拌调整，计算较复杂，难度较大。

采用超量取代法掺用粉煤灰时，超量部分应代替砂，并折减用砂量。经计算得到的配合比，应验算单位粗集料填充体积率，且不宜小于70%。粗集料填充体积率＝每立方米混凝土粗集料/表观密度。

7．粉煤灰用量

路面混凝土掺用粉煤灰时，其配合比计算应按超量取代法进行，超掺部分代替砂，并折减用砂量。粉煤灰的超量取代系数可按表7-19初选。

表7-19　各级粉煤灰的超量取代系数

粉煤灰等级	Ⅰ	Ⅱ	Ⅲ
超量取代系数 k	1.1～1.4	1.3～1.7	1.5～2.0

按照粉煤灰在水泥中的二次反应理论，粉煤灰最大可反应量为纯硅酸盐水泥的28%，所以在硅酸盐水泥52.5级中的最大可反应的粉煤灰掺量不得超过水泥用量的30%。粉煤灰掺量应根据水泥中原有的掺合料数量和混凝土弯拉强度、耐磨性等要求由试验确定。代替水泥的粉煤灰掺量：Ⅰ型硅酸盐水泥宜≤30%；Ⅱ型硅酸盐水泥宜≤25%；道路水泥宜≤20%；普通水泥宜≤15%；矿渣水泥不得掺粉煤灰。

（二）配合比检验和优化调整

1．混凝土配合比的试配调整

由于混凝土材料科学仍处于试验和经验科学阶段，强调无论采用何种方法计算，都必须经过试配试验，不能只根据计算配合比进行施工。首先，检验施工原材料是否符合要求；其次，配时要参照《公路水泥混凝土路面设计技术规范》中混凝土配合比参数的要求；再次，试配混凝土的工作性、含气量、弯拉强度、耐久性等应符合路面混凝土的要求和水泥混凝土路面设计、施工规范的要求；最后，进行新拌混凝土密度调整，使物料误差最小。

2．综合优化的正交试验设计法

在以前的研究中，讨论了各种原材料的技术要求和各个配合比参数的单参数综合优化。由于各个参数的优化集合是简单的综合优化，它很难得出各个参数的重要性等级和各个参数之间的交互作用。另一种综合优化的方法是正交试验法，它能够弥补上述不足。有条件的重点高速公路、一级公路路面工程均应采用正交试验法，以综合优化路面混凝土配合比。

为了减小实验室工作量或了解各配合比参数对坍落度、弯拉强度等关键指标的影响，可用正交试验设计来组织和进行试验。使用正交试验方法，首先，要特别注意选定因素之间的交互作用，由于存在交互作用，正交试验的分析结果不是单因素试验规律，一般不能应用于生产过程中的单因素调整；其次，应严格把握试验精度，所有试验数据的误差保证在4%～6%，如某个数据偏差大，会造成整个正交试验失败，减小试验工作量的目的不仅没有达到反而会成倍增大。正交试验一则要求试验技能较高，二则必须相当细心谨慎。

3．实验室配合比及其调整、检验

在实验室的混凝土试配调整前，应将计算绝干配合比换算为砂石料饱和面干含水率下的配合比。在路面混凝土配合比计算中使用的是绝干砂石料，这种状态首先与工程实际不符，其次由于绝干砂石料的快速吸水，对试验中的混凝土性能影响较大。为了稳定待检测的混凝土性能，试验中应采用砂石料的饱和面干状态进行试验，需要测出砂石料的饱和面干含水率，按照饱和面干含水率换算单位原材料用量：

$$\begin{cases} G_h = G_0(1 + W_g) \\ S_h = S_0(1 + W_s) \\ W_h = W_0 - (G_0 W_g + S_0 W_s) \end{cases} \tag{7-10}$$

式中　G_h、S_h、W_h——饱和面干含水率时的石、砂、水单位用量，kg/m³；

G_0、S_0、W_0——绝干状态下石、砂、水单位用量，kg/m³；

W_g、W_s——用小数表示的石、砂饱和面干含水率。

试验时，应将单方配合比换算为实验室强制搅拌机额定容量的称量值。

计算和经验配合比在实验室中试拌调整的内容如下：

(1)试配检验新拌混凝土的工作性。在上述计算配合比的基础上，还要根据本工地的原材料进行试配检验，提出工作性符合相应路面施工方式要求的实验室配合比。试配时，在加水量中应按单位用水量扣除砂石料的含水量，所有外加剂均应用拌和水稀释后使用。根据所使用的搅拌机容量和预留抗折强度、抗压强度试件的数量，将计算配合比中的每立方米质量换算为一次拌和的材料用量。

混合料使用实验室立轴或卧轴强制式搅拌机拌和，新拌混凝土应检测其坍落度和振动黏度系数，根据所使用的水泥混凝土路面施工方式，达到表7-11、表7-12的要求。夏季热天施工，考虑坍落度的损失快，选表中最大值；冬季施工，选表中最小值；其他季节，新拌混凝土运输过程中，坍落度亦有损失，选偏大值计算出搅拌机的坍落度。同时观察新拌混凝土的黏聚性、泌水离析、振实难易程度和成型试件抹面情况。如果新拌混凝土出现过稀、坍落度过大、振动黏度系数过小、流浆离析现象，则砂石料用量不足，可通过保持水灰比和砂率不变，同时增大砂石料用量进行调整；反之，新拌混凝土过干、坍落度过小、振动黏度系数过大、黏聚性不足，则砂石料用量过大，可通过保持水灰比和砂率不变，同时减少砂石料用量进行调整。每次调整幅度在2%左右，重复拌和时间不得超过20min，直到符合要求为止。

(2)含气量检验。路面混凝土的抗折强度、抗冻性、耐候性和干缩变形量的大小，主要与新拌混凝土含气量有关。检测含气量结果若超过或小于表7-13规定的含气量，则应适当减小或加大引气剂剂量，该盘新拌混凝土不得成型试件，必须达到规定含气量的新拌混凝土方可制作抗折强度等试件。

(3)新拌混凝土密度检验和配合比调整。如果采用假定混凝土密度法计算的配合比，必须通过振实成型的试件校核假定密度。无论密度偏大或偏小，都应对密度进行换算，换算系数为：

$$\beta = \gamma_{sc} / \gamma_c$$

式中　γ_{sc}——实测混凝土密度，kg/m³；

γ_c——假定混凝土密度，kg/m³。

$$\begin{cases} S_{0h} = S_h(1 \pm \beta) \\ G_{0h} = G_h(1 \pm \beta) \\ W_{0h} = W_h \pm S_h \cdot \beta \cdot W_s \pm G_h \cdot \beta \cdot W_g \end{cases} \tag{7-11}$$

式中　当 $\gamma_{sc} > \gamma_c$ 时，用减法；当 $\gamma_{sc} < \gamma_c$ 时，用加法；

S_{0h}、G_{0h}、W_{0h}——混凝土密度换算后的砂、石、水单位用量，kg/m^3；

其他符号含义同前。

(4)检测弯拉强度、抗压强度。满足上述三项新拌混凝土技术要求的混凝土，通过采用试验规程规定的强制搅拌机、振动台、试件、成型及养生方式，制作成15cm×15cm×55cm的抗折强度试件、15cm×15cm×15cm的抗压强度试件作强度校核。使用标准养护温度(20±2)℃和相对湿度90%养生试件，至少制作3组试件，1组为基准配合比，另外2组分别增减水灰比0.05，用水量与计算配合比相同，改变单位水泥用量，测定7d、28d强度值。检验抗折强度是否达到试配强度的要求，同时检验抗压强度，一般碎石混凝土应不小于35MPa，砾石混凝土应不小于40MPa。

(5)检测耐久性。有条件时还应检验耐磨性，高速公路耐磨性的具体指标待研究和积累数据。

有抗冻性要求的应检验抗冻性，严寒地区路面混凝土抗冻标号不宜小于F250，寒冷地区不宜小于F200。有抗盐冻要求的地区，可进行抗盐冻试验。

当施工当地发现有碱—集料反应、对集料活性有怀疑或使用的水泥碱度超过0.6%时，应检验潜在碱—集料反应。

上述原材料和混凝土调整试配检验合格的配合比即为实验室配合比。

(三)施工配合比检验和调整

1. 大型搅拌楼试拌配合比

实验室配合比在工地投入正式施工前，必须在试铺路面时使用施工搅拌楼进行大容量拌和试验，搅拌楼标定应由法定计量单位完成。一方面检验搅拌楼的拌和效果，另一方面，应对下述内容进行复检：

(1)测量砂石料的含水率，并与搅拌楼上显示的含水率进行精度对比和校准。按公式(7-9)计算搅拌锅容量的砂石料和水用量。根据搅拌楼外加剂容器容量和外加剂掺量换算出稀释溶液的浓度。

(2)检测水泥、砂石料和水等原材料和新拌混凝土温度。

(3)新拌混凝土密度、坍落度、工作性、和易性、黏聚性、含气量检测和调整，方法与实验室相同。

(4)新拌混凝土的坍落度损失和凝结特性检测。在施工当时气温条件下，检测新拌混凝土坍落度损失和初凝、终凝时间，为计算搅拌楼和摊铺时坍落度的控制值、最大运输距离和时间的确定提供依据。无论气温如何，均应满足路面混凝土初凝时间不得小于3h。夏季热天施工一般需要加入保塑剂和缓凝剂；冬季负温施工时，需要加入早强防冻剂。

(5)制作抗折强度、抗压强度试件并检测其强度。在上述原材料和新拌混凝土工作性检测合格的条件下，用试验规程规定的标准方法制作抗折强度、抗压强度试件，并检测强度。抗压强度可使用抗折强度断头，但须用0.95～0.97的换算系数折算为标准抗压强度值。

上述方法同样适用于对搅拌楼拌和混凝土质量的评定和搅拌工艺制度的制定，如压缩搅拌时间后，混凝土匀质性是否达到要求等。

在工地搅拌楼试拌中，只允许按砂石料含水量的变化和施工气温微调加水量，其他配合比参数不允许改变。在具备砂石料含水量自动检测和坍落度或主电机转矩自动反馈控制系统的搅拌楼上,这项工作由搅拌楼上的自动控制系统完成,只需检测坍落度是否为表 7-11或表 7-12 中给定施工方式的偏大值。微量调整加水量所造成水灰比的变化不允许超过 0.01,由此调整和确定的大型搅拌楼混凝土配合比可提交施工使用。

2. 施工配合比控制

施工配合比控制的任务是当施工气温、原材料发生变化,特别是砂石料含水量或含泥量等变化时,进行必要的微调。目的是保证混凝土的基本配合比参数实质上不变化,使施工的混凝土路面的工作性、弯拉强度和耐久性达到设计要求。施工配合比控制的内容如下。

1)检验施工现场原材料的质量及其波动

混凝土路面在大规模施工过程中,首先要控制好原材料的进货质量,水泥、砂石料、外加剂均要定期分批按施工规范的要求进行检验。不合格的原材料不得进场;合格的原材料,当材质有波动时,要及时调整配合比满足施工质量要求。根据一般的施工经验,水泥质量或厂家变化时,要特别加以注意,不同厂家的同标号同品种的水泥不得灌入同一个水泥仓内。当水泥的实际抗折强度变小时,要注意增大单位水泥用量。砂的细度模数在施工中也会有所变化,影响到振动黏度系数、坍落度和滑模摊铺质量,要每 1 000m^3 左右检验一次,并根据细度模数的变化适当增减砂率,保证工作性基本不变化。已经检验过抗折强度的水灰比不得变大,单位水泥用量不得变小。

2)搅拌楼计量精度的标定和检验

搅拌楼在开始施工前,必须经过法定计量机构的标定。即使使用状况良好的搅拌楼也要标定,计量误差要符合有关规定。施工进行一个月左右,必须对搅拌楼的计量精度进行自检,若发现超过允许误差范围,应进行重新标定。

搅拌混凝土时,应使用标定好的自动计量称料系统,禁止使用手工操作上料。自动称量系统发生故障,不得进行滑模摊铺混凝土路面的施工,必须排除故障,并证明称料精度在允许误差范围以内后,方可开始搅拌滑模混凝土。始终保持良好的计量精度是保证滑模摊铺混凝土材料的均匀稳定性、保证其施工质量的前提条件,否则,塌边、拉裂和麻面将难以防止。

3)根据砂石料的实际含水率调整单位用水量

由于天气条件的不同,砂石料的含水量总是在变化,每段时间的含水量都不同,堆上和堆内不同,受到降雨的影响则更大。对不同时间含水量的变化,要随时监测含水量,根据砂石料含水量的大小,计算或由搅拌楼自动调整砂石料用量和加水量。当实测得砂的含水量 W_s、粗集料的含水量 W_g,S、G、W 分别代表搅拌楼试拌提供的配合比中的砂、石和水的用量,则施工使用的砂、石料和用水量为:

$$\begin{cases} S_0 = S(1 + W_s) \\ G_0 = G(1 + W_g) \\ W_0 = W - (SW_s + GW_g) \end{cases} \tag{7-12}$$

四、配合比设计示例

(一)普通路面混凝土配合比设计

某高速公路拟采用水泥混凝土路面，交通等级属特重交通，试设计路面混凝土配合比。

【设计资料】

水泥为42.5级普通硅酸盐水泥，密度 $\rho_c=3.1\text{g/cm}^2$，实测28d胶砂抗折强度 $f_s=8.2\text{MPa}$；粗集料为石灰石碎石，最大粒径31.5mm，级配合格，表观密度 $\rho'_G=2.78\text{g/cm}^3$，实测工地含水率为2.0%；细集料为中砂，表观密度 $\rho'_s=2.73\text{g/cm}^3$，实测工地含水率为5.0%，其他各项指标均符合技术要求。水采用自来水。外加剂采用FDN高效减水剂，掺量1%，减水率15%。要求采用滑模施工工艺摊铺路面。

【设计步骤】

(一)初步配合比

1. 确定混凝土的28d试配抗折强度

由表7-1可查，特重交通水泥混凝土设计弯拉强度为5.0MPa。高速公路要求强度变异系数水平等级处于低级，由表7-15可查得 c_v 在0.05～0.10之间，在此取0.075。样本数要求6组，取保证率系数0.79。由式(7-1)可确定28d试配弯拉强度为：

$$f_c=\frac{f_r}{(1-1.04c_v)(1-tc_v)}=\frac{5.0}{(1-1.04\times0.075)(1-0.79\times0.075)}=5.76(\text{MPa})$$

2. 计算水灰比 $\dfrac{W}{C}$

碎石混凝土的水灰比可按式(7-2)计算：

$$\frac{W}{C}=\frac{1.568\,4}{f_c+1.009\,7-0.359\,5f_s}=\frac{1.568\,4}{5.76+1.009\,7-0.359\,5\times8.2}=0.410\,4$$

查表7-14，按耐久性要求(抗冰冻要求)的最大水灰比为0.42，故取计算水灰比为0.410 4。

3. 选择和确定砂率

由砂细度模数为2.5，查表7-17可得最优砂率 $S_P=32\%$。

4. 计算单位用水量

取滑模施工的坍落度40mm，则计算单位用水量为：

$$\begin{aligned}W_0&=104.97+0.309S_L+11.27\frac{C}{W}+0.61S_P\\&=104.97+0.309\times40+\frac{11.27}{0.410\,4}+0.61\times32\\&=164.3(\text{kg/m}^3)\end{aligned}$$

由表7-18查得，滑模施工经验最大单位用水量为160kg/m³，计算所得用水量过大，原因在于计算所得单位用水量的公式是不使用外加剂的条件下得出的。由此可知不使用减水剂是不行的。拟采用CTE松香引气剂，预拌混凝土一般为每10kg水泥使用该引气剂 1mg 时,其空气量增加 0.5%～1.0%。混凝土的含气量 3%～6%时,减水率 6%左右。

由表 7-13 可知,要求含气量 5.0%左右,因此该引气剂减水率约为 6.0%,则掺加外加剂的混凝土单位用水量为:

$$W_{0w} = W_0\left(1 - \frac{\beta}{100}\right) = 164.3 \times (1 - 6.0\%) = 154(\text{kg/m}^3)$$

符合滑模施工经验碎石混凝土最大单位用水量为 160kg/m³ 的要求,因此单位用水量为 154kg/m³。

5. 计算水泥用量和外加剂掺量

单位水泥用量:

$$C_0 = \frac{C}{W} W_0 = 154/0.410\,4 = 375(\text{kg/m}^3)$$

引气剂掺量:

$$Y_0 = C_0 \times \frac{Q_y}{\beta_y} = 375 \times \frac{5.0\%}{0.8\%} \times 0.01\% = 0.234(\text{kg/m}^3)$$

6. 计算砂、石用量

$$\begin{cases} \dfrac{375}{3.1} + \dfrac{G_0}{2.78} + \dfrac{S_0}{2.73} + \dfrac{154}{1} + 5.0 = 1\,000 \\ \dfrac{S_0}{S_0 + G_0} = 32\% \end{cases}$$

解得:

$$S_0 = 637\text{kg/m}^3$$

$$G_0 = 1\,353\text{kg/m}^3$$

骨架密实结构嵌锁力校核:1 353/1 720=78.6%>70%,符合要求。

由此可得初步配合比为:

$C_0 : W_0 : S_0 : G_0 = 375\text{kg/m}^3 : 154\text{kg/m}^3 : 637\text{kg/m}^3 : 1\,353\text{kg/m}^3$, $Y_0 = 0.234\text{kg/m}^3$。

(二)试拌调整

按上式初步定出的配合比拌制 30L 混凝土拌和料,测得其坍落度为 3.5cm,观察黏性和保水性稍差,砂率偏小。进行调整使砂率提高到 $\beta_s = 33\%$,重新计算配合比为:$C_0 = 375\text{kg/m}^3$, $W_0 = 154\text{kg/m}^3$, $S_0 = 657\text{kg/m}^3$, $G_0 = 1\,333\text{kg/m}^3$。

按此配合比重新配制 30L 混合料,测得其坍落度为 4.3cm,黏聚性和保水性良好,整个工作性符合要求。

(三)测定强度,确定实验室配合比

同时拌制 $W/C = 0.39$、0.42、0.45 三组水泥混凝土,每组做 3 个小梁,试件养护 28d,测得其弯拉强度分别为 6.37MPa、5.87MPa、5.34MPa。最后选定 $W/C = 0.42$ 时的配合比为实验室配合比,即:

$C_0 : W_0 : S_0 : G_0 = 367\text{kg/m}^3 : 154\text{kg/m}^3 : 637\text{kg/m}^3 : 1\,353\text{kg/m}^3$, $Y_0 = 0.234\text{kg/m}^3$。

(四)施工配合比换算

由于实验室采用的砂、石材料为绝干状态,因而当现场砂、石含水率为 5.0%、2.0%时的施工配合比为:

$$C = 367\text{kg/m}^3$$
$$S = 637 \times (1 + 5.0\%) = 669(\text{kg/m}^3)$$
$$G = 1\ 353 \times (1 + 2.0\%) = 1\ 380(\text{kg/m}^3)$$
$$W = 154 - 637 \times 5.0\% - 1\ 353 \times 2.0\% = 95(\text{kg/m}^3)$$

因此,施工配合比为:

$C : W : S : G = 367\text{kg/m}^3 : 95\text{kg/m}^3 : 669\text{kg/m}^3 : 1\ 380\text{kg/m}^3, Y_0 = 0.234\text{kg/m}^3$。

(二)掺粉煤灰路面混凝土配合比设计

设计示例资料同上,添加Ⅰ级粉煤灰。试进行该混凝土配合比设计。

【设计步骤】

(一)计算混凝土基准配合比

$C_0 : W_0 : S_0 : G_0 = 375\text{kg/m}^3 : 154\text{kg/m}^3 : 637\text{kg/m}^3 : 1\ 353\text{kg/m}^3, Y_0 = 0.234\text{kg/m}^3$。

(二)粉煤灰

粉煤灰按超掺法计算,按粉煤灰全部反应为28%的原则,已知水泥品种为普通硅酸盐水泥,粉煤灰最大掺量为25%,考虑耐磨性,现取掺量15%。由于粉煤灰等级为Ⅰ级,选取超量取代系数为1.4,则:

粉煤灰取代水泥量　　$F_{01} = 375 \times 15\% = 56(\text{kg/m}^3)$

粉煤灰超量部分质量　$F_{02} = 56 \times (1.4 - 1) = 22(\text{kg/m}^3)$

粉煤灰总量　　　　　$F_0 = F_{01} + F_{02} = 56 + 22 = 78(\text{kg/m}^3)$

(三)粉煤灰混凝土中单位水泥用量

$$C_f = 375 - 56 = 319(\text{kg/m}^3)$$

(四)粉煤灰混凝土中单位砂用量

$$S_f = 637 - \frac{22}{2.2} \times 2.73 = 610(\text{kg/m}^3)$$

(五)粉煤灰混凝土中各材料用量

通过上述计算,初步配合比为:

$C_f : W_f : S_f : G_f = 319\text{kg/m}^3 : 154\text{kg/m}^3 : 610\text{kg/m}^3 : 1\ 353\text{kg/m}^3, Y_0 = 0.234\text{kg/m}^3$。

(六)试拌调整,确定实验室配合比

校核调整方法同前。

五、特殊气候条件下的施工配合比调整

(一)热天施工时配合比的调整

夏季热天施工水泥混凝土路面,日照强烈,砂石料和水泥的温度均较高,中午温度更高,蒸发率很大,在正午施工时,要考虑运输、摊铺过程中的蒸发水量,适当微调单位用水量,使蒸发后的用水量满足设计水灰比的要求。也可在热天施工时,适当增加缓凝减水剂的剂量,延长缓凝时间,保证施工作业。

运距较远时,运输车辆要加以覆盖,保证运输的混凝土表面集料不被太阳晒干。当在年温度最高的夏季施工时,应组织夜间施工,以避开气温最高的时间,保证混凝土路面质量。

(二)雨天施工配合比的调整和施工防雨

雨季施工砂石料的含水量变化很大,如砂的含水量一般为2%~3%,但降雨后可超过15%以上,粗集料的含水量从1%左右可增大至5%~7%。在这种情况下,首先,必须搭建防雨篷;其次,按照降雨条件减少加水量,否则混凝土将因大量塌边无法正常施工。调整的目的是保持水灰比不变,从而保证工作性、强度和耐久性。

雨天施工路面必须在摊铺现场和搅拌站砂石料堆设置和准备防雨篷,禁止使用淋水砂石料搅拌抗折强度不合格的混凝土,路面刚摊铺好的抗滑构造应不被雨水冲刷。雨天施工的停工降雨量是当混凝土表面水泥浆被雨水淋后,表面砂粒暴露为必须停工的状态。小雨对施工的影响并不大,而且一般雨水无法进入混凝土内部。但是,雷阵雨的影响很大,由于滑模摊铺无模板支持,大雨将冲垮横坡低侧边沿,必须准备防雨设施,以备万一。要有专人负责天气预报,雨天不得强行施工水泥混凝土路面。

(三)冬季负温施工配合比调整

冬季负温滑模施工水泥混凝土路面的研究表明,在采用防冻剂、引气剂和保温蓄热法施工时,最低气温为-10℃以上,并保持混凝土路面板内部温度在养生期间均大于5℃。混凝土路表面结冰温度不采用防冻剂时为-3℃左右,当气温低于此温度时,必须采取覆盖保温措施。任何情况下,不允许混凝土路面表面结冰受冻。要采取必要措施,提高和保持拌和水的温度,路面摊铺时,混凝土温度应不低于10℃。冬季负温施工的路面混凝土宜采用大水泥用量,高热的42.5R、52.5R型硅酸盐或道路水泥,单位水泥用量不宜低于360kg,水灰比不宜大于0.42。

采用上述配合比,适当加大水泥用量,保持较小水灰比,同时优选使用防冻剂、引气剂和保温蓄热法施工方式,最低气温为-10℃,也可以保证滑模摊铺混凝土路面的抗折强度和抗压强度满足设计和施工规范的要求。这项研究表明,水泥混凝土路面与沥青路面不同,当采取有效的冬季施工措施时,在冬季负温条件下,也可以进行滑模摊铺混凝土路面施工,并能够保证路面质量。

第四节　其他路面混凝土配合比设计

一、钢纤维混凝土配合比设计

(一)配合比设计技术要求

1. 弯拉强度

1)设计弯拉强度标准值

各交通等级公路钢纤维混凝土路面板28d设计弯拉强度标准值 f_{rf} 应符合表7-1要求。

2)试配弯拉强度均值

试配钢纤维混凝土28d弯拉强度的均值应按式(7-1)计算,但须将式中混凝土各符号替代为钢纤维混凝土,即以 f_{cf} 和 f_{rf} 代替 f_c 和 f_r。

2．工作性

1)坍落度

在保证振实的前提下,钢纤维混凝土拌和物宜使用较低坍落度的拌和物,具体见表7-20,不得使用钢纤维"结团"的拌和物。

表7-20　不同施工方式钢纤维混凝土坍落度

摊铺方式	滑模摊铺	轨道摊铺	三辊轴机组摊铺	小型机具摊铺
出机坍落度	30～50	20～40	20～30	10～30
摊铺坍落度	10～30	5～25	5～15	0～15

注:适宜摊铺的现场坍落度不应变化,出搅拌机坍落度可根据气温、运距等适度调整。

2)钢纤维混凝土应掺高效减水剂

钢纤维混凝土掺高效减水剂时的单位用水量可按表7-21初选,再由拌和物实测坍落度确定。

表7-21　钢纤维混凝土单位用水量

拌和物条件	种类	最大公称粒径 D_m(mm)	单位用水量(kg/m^3)
$L_f/d_f=50$;$\rho_f=60\%$;坍落度20mm;中砂,细度模数2.5;水灰比0.42～0.50	碎石	9.5、16.0	215
		19.0、26.5	200
	卵石	9.5、16.0	208
		19.0、26.5	190

注:1．钢纤维长径比增减10,单位用水量相应增减10kg/m^3。

2．钢纤维体积率每增减0.5%,单位用水量相应增减8kg/m^3。

3．坍落度为10～50mm变化范围内,相对于坍落度20mm每增减10mm,单位用水量相应增减7kg/m^3。

4．细度模数在2.0～3.5范围内,砂的细度模数每增减0.1,单位用水量相应减增1kg/m^3。

不掺高效减水剂的钢纤维混凝土单位用水量不能查表7-21。钢纤维混凝土中必须掺高效减水剂的规定不仅是提高工作性的要求,更重要的是保证基体混凝土的强度、硬度和耐磨性。从钢纤维混凝土改善工作性同时提高耐磨性而言,必须依赖混凝土基体特别是表面的低水灰比、高强度和高硬度,而不取决于钢纤维。因此,钢纤维混凝土路面首先是必须掺高效减水剂,在保证工作性的同时,确保基体混凝土的强度和耐磨性;其次,钢纤维混凝土工作性差一些,施工中严禁随意在表面洒水,使表面水灰比过大,耐磨性丧失。

3．耐久性

从耐久性角度,高抗冲击韧性、高抗裂性、高抗疲劳极限是钢纤维混凝土的优势。这里对改善耐久性进行的要求主要是从表面不暴露钢纤维、保证平整度、抗 Cl^- 腐蚀、抗酸碱、耐磨性等方面考虑提出的。同时,考虑钢纤维混凝土在表面振捣条件下的密实度和满足摊铺要求的工作性。

1)最大水灰(胶)比和最小水泥用量

各级公路路面钢纤维混凝土满足耐久性要求的最大水灰(胶)比和最小单位水泥用量应符合表 7-22 的规定。当实际水灰比不能满足此项规定时,应掺(缓凝)高效减水剂等。

表 7-22　钢纤维混凝土满足耐久性要求的最大水灰(胶)比和最小单位水泥用量

公路等级		高速、一级公路	二级公路	三、四级公路
最大水灰(胶)比		0.47	0.49	0.50
抗冰冻要求最大水灰(胶)比		0.45	0.46	0.48
抗盐冻要求最大水灰(胶)比		0.42	0.43	0.46
最小单位水泥用量 (kg/m^3)	42.5 级	360	360	350
	32.5 级	370	370	365
抗冰(盐)冻要求最小单位水泥用量(kg/m^3)	42.5 级	380	380	375
	32.5 级	390	390	385
掺粉煤灰时最小单位水泥用量(kg/m^3)	42.5 级	320	320	315
	32.5 级	340	340	335
抗冰(盐)冻掺粉煤灰最小单位水泥用量(42.5 级水泥)(kg/m^3)		330	330	325

钢纤维混凝土的最大特点是水泥用量较大,若没有充足的水泥用量和用砂量,钢纤维混凝土难以被水泥浆或砂浆包裹,表面会暴露钢纤维混凝土和粗集料。因此,它比普通混凝土路面的水泥用量高得多。

2)钢纤维混凝土防锈蚀规定

钢纤维混凝土严禁采用海水、海砂,不得掺加氯盐及氯盐类早强剂、防冻剂等外加剂。严防 Cl^- 造成钢纤维长期锈蚀。

3)腐蚀环境下宜加掺合料

处在海风、酸雨、硫酸盐及除冰盐等环境中的钢纤维混凝土路面宜掺用符合表 7-5 规定中Ⅰ、Ⅱ级粉煤灰,桥面宜掺用硅灰与 S95 和 S105 级磨细矿渣。

施工实践证明,混凝土路面掺钢纤维是目前已知的最有效的主要抗冰冻及抗盐冻剥蚀措施。因此,施工规范对钢纤维混凝土含气量没有提出要求。但含氯、除冰盐造成钢纤维锈蚀,在既要防盐冻又要防锈蚀情况下,可使用不锈钢纤维、抛法兰钢纤维或非铁质的其他类型纤维。

4. 经济性

钢纤维路面混凝土的经济性要求:首先,应在保证行车安全性和钢纤维质量的前提下,选择性能价格比优良的钢纤维,即应优选掺量少而性能优良具有锚固台外形的钢纤维;其次,掺高效减水剂,保证钢纤维路面不被提前磨损,钢纤维混凝土路面的使用寿命长的优势才能发挥出来,长寿命就是最好的经济性。

5. 钢纤维掺量与板厚

从提高弯拉强度和最大限度减小板厚而言,钢纤维抗拉强度越高,掺量越大越有利。

但是掺量越大,施工难度越大,在仅采用表面振捣的条件下钢纤维混凝土难以达到其要求的密实度。采用大型机械施工时,一般当钢纤维掺量接近或超过1.0%时,摊铺就相当困难,正常应使用在0.6%~0.8%范围内,设计规范规定为0.65%~0.75%,才能够或方便于机械摊铺。因此,表7-23给出了各级公路钢纤维混凝土钢纤维掺量体积率、板厚折减系数与推荐路面、加铺层和桥面板厚建议值。这是按上述钢纤维混凝土路面中钢纤维承受的最大弯拉强度应力分析计算,并结合河北宣大,云南曲陆、曲胜,广东京珠北等高速公路滑模摊铺钢纤维混凝土试验路段总结出的经验。

表7-23　各级公路钢纤维混凝土路面和桥面钢纤维掺量体积率、板厚折减系数及板厚

公路等级	钢纤维掺量体积率(%)	0.4	0.6	0.8	1.0	1.2
	板厚折减系数	0.80	0.75	0.70	0.65	0.60
高速公路、一级公路	路面推荐厚度(mm)	210	200	190	180	170
	桥面推荐厚度(mm)	120	110	100	90	80
其他等级公路	路面推荐厚度(mm)	180	170	160	150	140
	桥面推荐厚度(mm)	110	100	90	80	70

(二)配合比设计步骤

1. 计算和确定水灰比

以钢纤维混凝土配制28d弯拉强度 f_{cf} 替换 f_c,计算出基体混凝土的水灰比。基体混凝土水灰比根据粗集料的类型,可分别按下列统计公式计算:

碎石或碎卵石混凝土
$$\frac{W}{C}=\frac{1.5684}{f_{cf}+1.0097-0.3595f_s} \tag{7-13}$$

卵石混凝土
$$\frac{W}{C}=\frac{1.2618}{f_{cf}+1.5492-0.4709f_s} \tag{7-14}$$

式中　$\frac{W}{C}$——水灰比;

f_s——水泥实测28d弯拉强度,MPa。

掺用粉煤灰时,应计入超量取代法中代替水泥的那一部分粉煤灰用量(代替砂的超量部分不计入),用水胶比$\frac{W}{C+F}$代替水灰比$\frac{W}{C}$。

按表7-22确定满足耐久性要求的最大水灰比,并与钢纤维混凝土基体的水灰比计算值比较,取两者中较小值。

2. 钢纤维掺量体积率的确定

钢纤维掺量体积率宜在0.60%~1.0%范围内初选,当板厚折减系数小时,体积率宜取上限;当长径比大时,宜取较小值;有锚固端者宜取较小值。

3. 单位用水量

按不同摊铺方式要求的钢纤维混凝土拌和物坍落度查表7-20,由粗集料种类、最大公称粒径初选单位用水量 W_{0f}。

4. 单位水泥用量

应按下式计算:

$$C_{0f} = \frac{C}{W} W_{0f} \tag{7-15}$$

式中 C_{0f}——钢纤维混凝土的单位水泥用量, kg/m^3;

W_{0f}——钢纤维混凝土的单位用水量, kg/m^3。

取计算值和满足耐久性要求表 7-22 的规定值两者当中较大值,保证弯拉强度和耐久性同时满足,但不宜大于 $500kg/m^3$。

5. 砂率确定

可按式(7-16)计算,也可按表 7-24 初选。钢纤维混凝土砂率宜在 38%~50%之间。

$$S_{Pf} = S_P + 10\rho_f \tag{7-16}$$

式中 S_{Pf}——钢纤维混凝土砂率,(%);

ρ_f——钢纤维掺量体积率,(%)。

表 7-24 钢纤维混凝土砂率选用值(%)

拌和物条件	最大公称粒径 19mm 碎石	最大公称粒径 19mm 卵石
$L_f/d_f = 50$; $\rho_f = 1.0\%$; $W/C = 0.5$; 砂细度模数 $M_x = 3.0$	45	40
L_f/d_f 增减 10	±5	±3
ρ_f 增减 0.10%	±2	±2
W/C 增减 0.1	±2	±2
砂细度模数 M_x 增减 0.1	±1	±1

6. 砂石料用量计算

与普通路面混凝土基本相同,仅多出钢纤维单方用量 F_0。为了便于参照,在此列出密度法和体积法的砂石料用量计算公式。

密度法:

$$\begin{cases} C_{0f} + F_{0f} + W_{0f} + S_{0f} + G_{0f} = \gamma_{cf} \\ S_{0f}/(S_{0f} + G_{0f}) \times 100\% = S_{Pf} \end{cases}$$

式中 C_{0f}、F_{0f}、W_{0f}、S_{0f}、G_{0f}——水泥、钢纤维、水、砂和石子的密度, kg/m^3;

γ_{cf}——假定钢纤维混凝土的密度,可取 2 450~2 580 kg/m^3。

体积法:

$$C_{0f}/\gamma_c + F_{0f}/\gamma_f + W_{0f}/\gamma_w + S_{0f}/\gamma_s + G_{0f}/\gamma_g + 100A = 1\,000$$

式中 γ_c、γ_f、γ_w、γ_s、γ_g——水泥、钢纤维、水、砂和石子的密度, kg/m^3;

A——设计含气量,(%)。

对于重要路面、桥面工程应采用正交试验法进行钢纤维混凝土配合比优选。

(三)配合比确定与调整

由上述各经验公式推算得出的钢纤维混凝土配合比,应在实验室内按下述步骤和《公路工程水泥混凝土试验规程》(JTJ053)规定方法进行试配检验和调整:

(1)首先检验各种混凝土拌和物是否满足不同摊铺方式的最佳工作性要求。检验项目包括含气量、坍落度及其损失、振动黏度系数、改进 *VC* 值、外加剂品种及其最佳掺量。在工作性和含气量不满足相应摊铺方式要求时,可在保持水灰(胶)比不变的前提下调整单位用水量、外加剂掺量或砂率,不得减小满足计算弯拉强度及耐久性要求的单位水泥用量和钢纤维掺量体积率。

(2)对于采用密度法计算的配合比,应实测拌和物表观密度,并应按表观密度调整配合比,调整时水灰比不得增大,单位水泥用量、钢纤维掺量不得减小,调整后的拌和物表观密度允许偏差为±2.0%。实测拌和物含气量 a(%)及其偏差应满足表 7-13 的规定,不满足要求时,应调整引气剂掺量直至达到规定含气量。

(3)以初选水灰(胶)比为中心,按 0.02 增减幅度选定 2～4 个水灰(胶)比,制作试件,检验各种混凝土配制 7d 和 28d 弯拉强度、抗压强度、耐久性等指标(有抗冻性要求的地区,抗冻性为必测项目,耐磨性及干缩为选测项目)。也可保持计算水灰(胶)比不变,以初选单位水泥用量为中心,按 15～20kg/m^3 增减幅度选定 2～4 个单位水泥用量;钢纤维混凝土还应以选定的钢纤维掺量为中心,按 0.1%增减幅度选定 2～4 个钢纤维掺量,制作试件并做上述各项检验。

(4)施工单位通过上述各项指标检验提出的配合比,在经监理或建设方中心实验室验证合格后,方可确定为实验室基准配合比。

(5)实验室的基准配合比应通过搅拌楼实际拌和检验和不小于 200m 试验路段的验证,并应根据料场砂石料含水量、拌和物实测密度含气量、坍落度及其损失,调整单位用水量、砂率或外加剂掺量。调整时,水灰(胶)比、单位水泥用量、钢纤维掺量体积率不得减小。考虑施工中原材料含泥量、泥块含量、含水量变化和施工变异性等因素,单位水泥用量应适当增加 5～10kg。满足试拌试铺的工作性、28d(至少 7d)配制弯拉强度、抗压强度和耐久性等要求的配合比,经监理或建设方批准后可确定为施工配合比。

(6)根据施工季节、气温和运距等的变化,可微调缓凝(高效)减水剂、引气剂或保塑剂的掺量,保持摊铺现场的坍落度始终适宜于铺筑,且波动最小。降雨后,应根据每天不同时间的气温及砂石料实际含水量变化,微调加水量,同时微调砂石料称量,其他配合比参数不得变更,维持施工配合比基本不变。雨天或砂石料变化时应加强控制,保持现场拌和物工作性始终适宜摊铺和稳定。

二、碾压混凝土配合比设计

(一)配合比设计要求

1. 配制弯拉强度

碾压混凝土配制 28d 弯拉强度均值 f_{cc} 可按式(7-17)计算。

$$f_{cc} = \frac{f_r + f_{cy}}{1 - 1.04c_v} + ts \tag{7-17}$$

式中　f_{cc}——碾压混凝土配制 28d 弯拉强度均值,MPa;

f_{cy}——碾压混凝土压实安全弯拉强度,可按式(7-18)计算。

$$f_{cy} = \frac{a}{2}(y_{c1} + y_{c2}) \tag{7-18}$$

式中　y_{c1}——弯拉强度试件标准压实度(95%);

y_{c2}——路面芯样压实度下限值(由芯样压实度统计得出);

a——相应于压实度变化 1%的弯拉强度波动值(通过试验得出)。

2. 工作性

碾压混凝土出搅拌机口的改进 *VC* 值宜为 5～10s;碾压时的改进 *VC* 值宜控制在(30±5)s。试验中的试样表面出浆评分应为 4～5 分,并不应低于 4 分。

3. 耐久性

处于严寒和寒冷地区的碾压混凝土面层或基层,应掺加引气剂,其含气量宜符合表 7-13的规定。面层碾压混凝土满足耐久性要求的最大水灰(胶)比和最小单位水泥用量应符合表 7-25 的规定。

表 7-25　面层碾压混凝土满足耐久性要求的最大水灰(胶)比和最小单位水泥用量

公路等级		二级公路	三、四级公路
最大水灰(胶)比		0.40	0.42
抗冰冻要求最大水灰(胶)比		0.38	0.40
抗盐冻要求最大水灰(胶)比		0.36	0.38
最小单位水泥用量(kg/m^3)	42.5 级	290	280
	32.5 级	305	300
抗冰(盐)冻要求最小单位水泥用量(kg/m^3)	42.5 级	315	310
	32.5 级	325	320
掺粉煤灰时最小单位水泥用量(kg/m^3)	42.5 级	255	250
	32.5 级	265	260
抗冰(盐)冻掺粉煤灰最小单位水泥用量(42.5 级水泥)(kg/m^3)		260	265

(二)碾压混凝土级配

碾压混凝土比普通混凝土粗集料级配要求严格,更接近于沥青混合料合成级配的设计要求。面层碾压混凝土粗、细集料合成级配宜符合表 7-26 的要求,基层应符合《公路路面基层施工技术规范》(JTJ034)水泥稳定粒料的级配规定。

表 7-26　面层碾压粗、细集料合成级配范围

筛孔尺寸(mm)	19.0	9.50	4.75	2.36	1.18	0.60	0.30	0.15
通过百分率(%)	90～100	50～70	35～47	25～38	18～30	10～23	5～15	3～10

(三)粉煤灰的使用

较大掺量粉煤灰的碾压混凝土更容易压实,压实度更高,弯拉强度也更高。这与普通混凝土掺加粉煤灰的胶凝理论并不矛盾。多掺的粉煤灰有利于混凝土振动碾压密实后形成粗、细集料的骨架结构,多掺部分只起到填充密实微细集料作用,一旦骨架密实形成,就不会构成对混凝土收缩、强度等危害。超掺部分粉煤灰的主要缺点已被高压实功能的骨架密实结构在某种程度上克服。因此,碾压混凝土中粉煤灰超量系数 k:Ⅰ级灰可取 1.4～1.8;Ⅱ级灰可取 1.6～2.0;碾压混凝土基层和复合式路面底层用Ⅲ级灰可取 1.8～2.0。

(四)外加剂的使用

绝大多数外加剂仅在普通混凝土中经过各种性能试验检验,但并非使用在特干硬性碾压混凝土中,市场上更无专用于碾压混凝土的外加剂。所以,即使满足了普通混凝土的外加剂,在碾压混凝土中使用时,必须通过试配试验来认可和优选,才能最终确定。

(五)正交试验法

重要工程碾压混凝土的配合比确定应使用正交试验法,一般工程可采用简捷经验法。

(1)不掺粉煤灰的碾压混凝土正交试验可选用水量、水泥用量、粗集料填充体积率三个因素;掺粉煤灰的碾压混凝土可选用水量、基准胶材总量、粉煤灰掺量、粗集料填充体积率四个因素。每个因素选定 3 个水平,选用 $L_9(3^4)$ 正交表安排试验方案。

(2)对正交试验结果进行直观及回归分析,回归分析的考察指标为 VC 值及抗离析性、弯拉强度或抗压强度、抗冻性或耐磨性。根据直观分析结果并依据所建立的单位用水量及弯拉强度推定经验公式,综合考虑拌和物工作性,确定满足 28d 弯拉强度或抗压强度、抗冻性或耐磨性等设计要求的正交初步配合比。

施工规范在普通混凝土和钢纤维混凝土配合比中,也均规定重大工程应采用正交试验法,但对如何进行正交试验法却没有明确的规定。为此,可参照碾压混凝土的正交试验法进行。对于普通混凝土,可将三因素中的粗集料填充体积率改为砂率,钢纤维混凝土中则宜将粗集料填充体积率改为钢纤维体积率,其他不变化,进行直观或回归分析。

(六)简捷经验法

1. 不掺粉煤灰的碾压混凝土配合比计算步骤

(1)按式(7-19)计算单位用水量。

$$W_{0c} = 137.7 - 20.55\lg VC \tag{7-19}$$

式中　W_{0c}——碾压混凝土的单位用水量,kg/m^3;

VC——碾压混凝土拌和物改进 VC 值,s。

(2)按式(7-20)计算灰水比,并取计算值与表 7-25 中规定值两者中的小值。

$$\frac{C}{W}=\frac{f_{cc}}{0.2156f_s}-0.798 \tag{7-20}$$

(3)按式(7-21)计算单位水泥用量,并取计算值与表7-25中规定值两者中的大值。

$$C_{0c}=W_{0c}\times\frac{C}{W} \tag{7-21}$$

式中 C_{0c}——碾压混凝土的单位水泥用量,kg/m³。

(4)按表7-27选定配合比中粗集料填充体积率。

表7-27 粗集料填充体积率

砂细度模数 M_x	2.4	2.6	2.8	3.0
粗集料填充体积率 V_g(%)	75	73	71	69

(5)按式(7-22)计算粗集料单位体积用量。

$$G_{0c}=\gamma_{cc}\frac{V_g}{100} \tag{7-22}$$

式中 G_{0c}——碾压混凝土粗集料单位体积用量,kg/m³;

γ_{cc}——碾压混凝土单位质量,kg/m³;

V_g——粗集料填充体积率,(%)。

(6)根据 G_{0c}、C_{0c}、W_{0c} 及相应原材料密度,按体积法计算用砂量 S_{0c}。计算时应计入设计含气量。

(7)按式(7-23)计算单位外加剂用量。

$$Y_{0c}=y\times C_{0c} \tag{7-23}$$

式中 Y_{0c}——碾压混凝土中单位外加剂用量,kg/m³;

y——外加剂掺量。

2. 掺粉煤灰的碾压混凝土配合比计算步骤

(1)按表7-27选定粗集料填充体积率 V_g,由式(7-22)计算粗集料单位体积用量 G_{0c}。

(2)按表7-19初选粉煤灰超量取代系数 k,并按经验或正交试验分析结果选定代替水泥的粉煤灰掺量 F_c。

(3)按式(7-24)计算单位用水量。

$$W_{0fc}=135.5-21.1\lg VC+0.32F_c \tag{7-24}$$

式中 W_{0fc}——掺粉煤灰的碾压混凝土单位用水量,kg/m³;

F_c——代替水泥的粉煤灰掺量,(%)。

(4)按式(7-25)计算单位体积基准胶材总量。

$$J=200(f_{cc}-7.22+0.025F_c+0.023V_g) \tag{7-25}$$

式中 J——碾压混凝土中单位体积基准胶材总量,kg/m³。

(5)按式(7-26)计算单位水泥用量,并取计算值与表7-25中规定值两者中的大值。

$$C_{0fc} = J\left(1 - \frac{F_c}{100}\right) \tag{7-26}$$

式中　C_{0fc}——掺粉煤灰的碾压混凝土单位水泥用量，kg/m³。

(6)按式(7-27)计算单位粉煤灰总用量。

$$F_{cc} = C_{0fc} \times F_c \times k \tag{7-27}$$

式中　F_{cc}——单位粉煤灰总用量，kg/m³；

k——粉煤灰超量取代系数。

(7)按式(7-28)计算总水胶比，应取计算值与表7-25规定值两者中的小值。

$$J_z = \frac{W_{0fc}}{C_{0fc} + F_{cc}} \tag{7-28}$$

式中　J_z——碾压混凝土中总水胶比。

(8)根据 G_{0c}、C_{0fc}、F_{cc}、W_{0fc} 及相应原材料密度按体积法计算单位用砂量 S_{0c}。计算时应计入设计含气量。

(9)按式(7-29)计算单位外加剂用量。

$$Y_{0fc} = y_f(C_{0fc} + F_{cc}) \tag{7-29}$$

式中　Y_{0fc}——掺粉煤灰的碾压混凝土单位外加剂用量，kg/m³；

y_f——掺粉煤灰的碾压混凝土外加剂掺量。

(七)配合比确定与调整

配合比确定与调整同钢纤维混凝土配合比确定与调整基本一致，在此不再赘述。

第八章 水泥混凝土面层施工技术

第一节 施工准备

施工前的准备工作是水泥混凝土路面施工的重要组成部分,此工作做得充分与否直接影响工程能否有秩序按计划顺利进行。因此,必须深入了解现场,制订出几个方案,加以比较,选出最合理、最经济的方案,作为整个工程的施工指导。

一、施工组织设计

开工前,建设单位应组织设计、施工、监理单位进行技术交底。施工单位应根据设计图纸、合同文件、摊铺方式、机械设备、施工条件等确定混凝土路面施工工艺流程、施工方案,并编制详细的切实可行的施工组织设计,确定施工实施方案。这些是指导施工、加强计划、控制预算、保证质量、完成任务的必要措施。

施工组织设计包括如下内容:

(1)确定施工组织机构,明确各个部门的岗位职责,分工明确,各尽其责。

(2)编制工程施工进度计划表。施工进度计划表要简明扼要、易于看懂,在执行时基本能符合实际情况,并能从中反映出施工安排是否合理、劳动力的调配是否得当、施工作业方案是否切实可行等情况。

(3)编制施工现场平面图,包括职工宿舍、食堂,并根据现场情况,确定堆放材料、机具、拌和站等位置以及运输路线等。

(4)建立具备相应资质的现场实验室,并通过试验经技术经济分析比较后确定料场。同时对原材料、配合比和路面全部技术指标进行全面质量控制和检测,提供符合交工检验、竣工验收、ISO或全面质量管理和计量支付要求的自检结果。

(5)路面摊铺前,施工道路上的各种桥涵、通道等构造物应提前建成,或者应有施工便道,并确保输送混凝土的道路基本平整、畅通,不得延误运输时间或碾坏基层或桥面,施工中的交通运输应配备专人进行管制,保证施工有序、安全进行。

(6)采用机械化施工方式铺筑二级及其以上公路混凝土路面时,摊铺现场和拌和场之间应建立快速有效的通信联络,这对大型机械施工的效率、进度及劳动生产率影响很大。在施工进行中,指挥台应有专人及时进行生产调度和指挥。

二、拌和场设置

拌和场设置应根据运输工具和混凝土的连续拌和的最短时间和混凝土的运输、摊铺、振捣、做面,以至浇筑完毕的允许最长时间以及拌和机的能量而定。因此,工地应根据机具配备等实际情况和现场有足够的堆料场地和水泥仓库,以及充足的水源、电源等,确定拌和场的设置地点和浇筑里程。

拌和场布置原则如下：

(1)拌和场内部布置应满足原材料储运、混凝土运输、供水、供电、钢筋加工等使用要求，并尽量紧凑、减少占地。

(2)拌和场应保障拌和、清洗、养生用水的供应，并保证水质。供水量不足时，拌和场应设置与日拌和量相适应的蓄水池。

(3)拌和场应保证充足的电力供应，电力总容量应满足全部施工用电设备、夜间施工照明及生活用电的需要。

(4)应确保摊铺机械、运输车辆及发电机等动力设备的燃料供应，离加油站较远的工地宜协调油料储备库。

(5)拌和场原材料与混凝土运输车辆不应相互干扰。拌和楼下装车部位宜采用厚度不薄于200mm的混凝土铺装层，并应设置清洗污水排放管沟、积水坑或清洗拌和楼的废水处理回收设备。

此外，应确保施工期间的水泥和粉煤灰供应。供应不足或运距较远时，应储备和使用袋装水泥或袋装粉煤灰，并准备水泥仓库、拆包及输送入灌设备。水泥仓库应覆盖或设置顶篷防雨，并应设置在地势较高处，严禁水泥、粉煤灰受潮或浸水。施工前，宜储备正常施工一个月以上的砂石料。砂石料场应建在排水通畅的位置，其底部应采用胶凝材料处置或水泥混凝土硬化处理。不同规格的砂石料之间应有隔离设施，并设标识牌，严禁混杂。在低温天、雨天、大风天及日照强烈的条件下，应在砂石料堆的上部架设顶篷或覆盖帆布、塑料薄膜等，覆盖砂石料数量不宜少于正常施工一周的用量。

三、原材料与设备的检查

在施工准备阶段，应依据混凝土路面设计要求、工程规模，对当地及周边的水泥、钢材、粉煤灰、外加剂、砂石料、水资源、电力、运输等状况进行实地调研，确认符合铺筑混凝土路面的原材料的质量、品种、规格，原材料的供应量、供应强度和供给方式、运距等。通过调研优选，初步选择原材料供应商。

开工前，工地实验室对计划使用的原材料进行质量检验和混凝土配合比优选，监理应对原材料抽检和配合比试验验证，报请业主正式审批；应根据路面施工进度安排，保证及时地供给符合规范要求的各种原材料，不合格原材料不得进场。所有原材料进出场应进行称量、登记、保管或签发；应将相同料源、规格、品种的原材料作为一批，分批量检验和储存。

施工前必须对机械设备、测量仪器、基准线或模板、机具、工具及各种试验仪器等进行全面的检查、调试、校核、标定、维修和保养。主要施工机械的易损零部件应有适量储备。

四、路基、基层和封层的检查

对桥头、软基、高填方、填挖方交界等处的路基段，应进行连续沉降观测，并采取切实有效的措施保证路基的稳定性。基层纵、横坡通常与面层一致，但横坡可略大0.15%～0.20%，并不得小于路面横坡。

面层铺筑前,应对基层进行全面的破损检查。对所有挤碎、隆起、空鼓的基层应清除,并使用相同的基层料重铺,同时设胀缝板横向隔开,胀缝板应与路面胀缝或缩缝上下对齐。当基层产生非扩展性温缩、干缩裂缝时,应灌沥青密封防水,并在裂缝处粘贴油毡、土工布或土工织物,其覆盖密度不应小于 1 000mm,距裂缝最窄处不得小于 300mm。当基层产生纵向扩展裂缝时,应分析原因,采取有效的路基稳固措施根治裂缝,且宜在纵向裂缝所在的整个面板内,距板底 1/3 高度增设补强钢筋网,补强钢筋网到裂缝端部不宜短于 5m。基层被碾坏成坑或破损面积较小的部位,应挖除并采用贫混凝土局部修复,对表面严重磨损裸露粗集料的部位,宜采用沥青封层处理。

在高速、一级公路的半刚性基层表面宜喷洒热沥青和石屑($2\sim3m^3/100m^2$)做滑动封层,或做乳化沥青稀浆封层。沥青封层或乳化沥青稀浆封层的厚度不宜小于 5mm。在各等级公路有可能被水淹没浸泡路面的路段,可采用较厚的坚韧塑料薄膜或密闭土工膜覆盖基层防水。当封层出现局部损坏时,摊铺前应采用相同的封层材料进行修补。经质量检验合格并由监理签认后,方可铺筑水泥混凝土面层。

第二节 混凝土拌和与运输

一、拌和

(一)拌和设备配置

采用滑模、轨道、三辊轴机组摊铺时,拌和场配置的混凝土总拌和生产能力可按式(8-1)计算,并按总拌和能力确定所要求的拌和楼数量和型号。

$$M = 60\mu bhv_t \tag{8-1}$$

式中 M——拌和楼总拌和能力,m^3/h;

b——摊铺宽度,m;

v_t——摊铺速度,m/min,$v_t \geqslant 1m/min$;

h——面板厚度,m;

μ——拌和楼可靠性系数,一般取 1.2~1.5,拌和楼可靠性高时取较大值,反之取较小值,拌和钢纤维混凝土或坍落度要求较低时,取较大值。

不同摊铺方式所要求的拌和楼最小配置容量应满足表 8-1 规定要求。一般可配备 2~3 台拌和楼,最多不宜超过 4 台。拌和楼的规格和品牌尽可能统一,条件许可时,应优先选配间歇式拌和楼,也可使用连续式拌和楼。

表 8-1 混凝土路面不同摊铺方式的拌和楼最小配置容量 (单位:m^3/h)

摊铺宽度	滑模摊铺	轨道摊铺	三辊轴机组摊铺	小型机具摊铺
单车道 3.75~4.5m	≥100	≥75	≥50	≥25
双车道 7.5~9m	≥200	≥150	≥100	≥50
整幅宽≥12.5m	≥300	≥200	—	—

每台拌和楼应至少配备 2 个水泥罐仓,如掺粉煤灰还应至少配备 1 个粉煤灰罐仓,当水泥的日用量很大,需要两家以上的水泥厂供应水泥时,不同厂家的水泥,应清仓再灌,并分罐存放。严禁粉煤灰与水泥混罐。

(二)拌和技术要求

每台拌和楼在投入生产前,必须进行标定和试拌。在标定有效期满或拌和楼搬迁安装后,均应重新标定。施工中应每 15d 校验一次拌和楼计量精确度。拌和楼配料计量偏差不得超过表 8-2 的规定。不满足时,应分析原因,排除故障,确保拌和计量精确度。采用计算机自动控制系统的拌和楼时,应使用自动配料生产,并按需要打印每天(周、旬、月)对应路面摊铺桩号的混凝土配料统计数据及偏差。

表 8-2　拌和楼配料计量允许偏差(%)

项目	水泥	掺合料	钢纤维	砂	粗集料	水	外加剂
高速公路、一级公路每盘	±1	±1	±2	±2	±2	±1	±1
高速公路、一级公路累计每年	±1	±1	±1	±2	±2	±1	±1
其他公路	±2	±2	±2	±3	±3	±2	±2

应根据拌和物的黏聚性、均质性及强度稳定性试拌确定最佳拌和时间。一般情况下,单立轴式拌和机总拌和时间宜为 80～120s,全部原材料到齐后的最短纯拌和时间不宜短于 40s;行星立轴和双卧轴式拌和机总拌和时间为 60～90s,最短纯拌和时间不宜短于 35s;连续双卧轴拌和楼的最短拌和时间不宜短于 40s,最长总拌和时间不应超过高限值的 2 倍。

外加剂应以稀释溶液加入,其稀释用水和原液中的水量,应从拌和加水量中扣除。使用间歇拌和楼时,外加剂溶液浓度应根据外加剂掺量、每盘外加剂溶液筒的容量和水泥用量计算得出。连续式拌和楼应按流量比例控制加入外加剂。加入拌和锅的外加剂溶液应充分溶解,并拌和均匀。有沉淀的外加剂溶液,应每天清除一次稀释池中的沉淀物。拌和引气混凝土时,拌和楼一次拌和量不应大于其额定拌和量的 90%。纯拌和时间应控制在含气量最大或较大时。粉煤灰或其他掺合料应采用与水泥相同的输送、计量方式加入,粉煤灰混凝土的纯拌和时间应比不掺的延长 10～15s。当同时掺用引气剂时,宜通过试验适当增大引气剂掺量,以达到规定含气量。

拌和过程中,拌和物质量检验与控制应符合表 8-3 的规定。低温或高温天气施工时,拌和物出料温度宜控制在 10～35℃,并应测定原材料温度、拌和物温度、坍落度损失率和凝结时间等。

拌和物应均匀一致,有生料、干料、离析或外加剂、粉煤灰成团现象的非均质拌和物严禁用于路面摊铺。一台拌和楼的每盘之间及各拌和楼之间,拌和物的坍落度最大允许偏差为 ±10mm。拌和坍落度应为最适宜摊铺的坍落度值与当时气温下运输坍落度损失值二者之和。

表 8-3　混凝土拌和物的质量检验项目和频率

检验项目	检验频率	
	高速、一级公路	其他公路
钢纤维体积率	每工班测 2 次,有变化随时测	每工班测 1 次,有变化随时测
含气量	每工班测 2 次,有抗冻要求不少于 3 次	每工班测 1 次,有抗冻要求不少于 3 次
温度、凝结时间、水化发热量	冬、夏季施工,气温最高最低时,每工班至少测 1~2 次	冬、夏季施工,气温最高最低时,每工班至少测 1 次
VC 值及稳定性 压实度、松铺系数	碾压混凝土作复合式路面底层时,检查频率与其他公路相同	每工班测 3~5 次,有变化随时测
水灰比及稳定性	每 5 000m^3 抽检 1 次,有变化随时测	
坍落度及均匀性	每工班测 3 次,有变化随时测	
坍落度损失率	开工、气温较高和有变化随时测	
振动黏度系数	试拌、原材料和配合比有变化随时测	
泌水率	必要时测	
表观密度	每工班测 1 次	
离析	随时观察	

二、运输

(一)运输车辆配备

应选配车况优良、载重量 5~20t 的自卸车,自卸车后挡板应关闭紧密,运输时不漏浆撒料,车箱板应平整光滑。远距离运输或摊铺钢筋混凝土路面及桥面时,宜选配混凝土罐车。机械摊铺系统配套的运输车数量可按式(8-2)计算:

$$N = 2n(1 + \frac{S\gamma_c m}{v_q g_q}) \tag{8-2}$$

式中　N——汽车辆数;

n——相同产量拌和楼台数;

S——单程运输距离,km;

γ_c——混凝土密度,t/m^3;

m——一台拌和楼每小时生产能力,m^3/h;

v_q——车辆的平均运输速度,km/h;

g_q——汽车载重能力,t/辆。

(二)运输技术要求

应根据施工进度、运量、运距及路况,选配车型和车辆总数。总运输能力应比总拌和能力略有富余,确保新拌混凝土在规定时间内运到摊铺现场。运输到现场的拌和物必须具有适宜摊铺的工作性。不同摊铺工艺的混凝土拌和物从出料到运输、铺筑完毕的允许最长时间应符合表 8-4 的规定。不满足时应通过试验加大缓凝剂或保塑剂的剂量。对于已超过表 8-4 规定的允许最长时间的混凝土不得用于路面摊铺。

表 8-4　混凝土拌和物从出料到运输、铺筑完毕允许最长时间

施工气温*(℃)	到运输完毕允许最长时间(h)		到铺筑完毕允许最长时间(h)	
	滑模、轨道	三辊轴、小机具	滑模、轨道	三辊轴、小机具
5~9	2.0	1.5	2.5	2.0
10~19	1.5	1.0	2.0	1.5
20~29	1.0	0.75	1.5	1.25
30~35	0.75	0.5	1.25	1.0

*　指施工时间的日间平均气温,使用缓凝剂延长凝结时间后,本表数值可增加 0.25~0.5h。

使用自卸车运输混凝土最远运输半径不宜超过 20km。装料前应清净运输车辆的厢罐并洒水润壁,排干积水。拌和楼卸料落差不应大于 2m,装料时自卸车应挪动车位,自卸车起步和停车应平稳,减小运输过程中颠簸,以防拌和物离析。

混凝土运输过程中应防止漏浆、漏料和污染路面,途中不得随意耽搁,混凝土一旦在车内停留超过初凝时间,应采取紧急措施处置,严禁混凝土硬化在车厢(罐)内。在烈日、大风、雨天和低温天远距离运输时,自卸车应遮盖混凝土,罐车宜加保温隔热套。

运输车辆在模板或导线区调头或错车时,严禁碰撞模板或基准线。一旦碰撞,应立即重新测量纠偏。车辆倒车及卸料时,应有专人指挥。卸料应到位,严禁碰撞摊铺机和前场施工设备及测量仪器。卸料完毕,车辆应迅速离开。碾压混凝土卸料时,车辆应在前一辆车离开后立即倒向摊铺机,并在机前 10~30cm 处停住,不得撞击摊铺机。然后换成空挡,并迅速升起料斗卸料,靠摊铺机推动前进。

第三节　小型机械组合施工

小型机械组合施工是水泥混凝土路面最古老而传统的施工方式。它技术成熟,施工便捷,不需要大型设备。小型机具施工虽然机械化程度很低,施工质量受操作人员的素质影响较大,施工速度慢。但由于我国经济水平限制和施工的需要,目前在二级及二级以下公路中,这种施工方法仍得到广泛的应用。

一、机具配置

小型机具性能应稳定可靠,操作简易,维修方便,机具配套应与工程规模、施工进度相适应。选配的成套机械、机具应符合表 8-5 的要求。

表 8-5 小型机具施工配套机械、机具配置

工作内容	机械机具名称、规格	数量、生产能力
钢筋加工	钢筋锯断机、折弯机、电焊机	根据需要定规格和数量
测量	水准仪、经纬仪	根据需要定规格和数量
架设模板	与路面厚度等高 3m 长槽钢模板、固定钢钎	数量不少于 3d 摊铺用量
搅拌	强制式拌和楼，单车道≥25m^3/h，双车道≥50m^3/h	总拌和生产能力及拌和楼数量根据施工规模和进度由计算确定
	装载机	2～3m^3
	发电机	≥120kW
	供水泵和蓄水池	单车道≥100m^3，双车道≥200m^3
运输	5～10t 自卸车	数量由匹配计算确定
振实	手持振捣棒，功率≥1.1kW	每 2m 宽路面不少于 1 根
	平板振动器，功率≥2.2kW	每车道路面不少于 1 个
	振捣整平梁，刚度足够，2 个振动器功率≥1.1kW	每车道路面不少于 1 个振动器，每车道路面不少于 1 根振动梁
	现场发电机功率≥30kW	不少于 2 台
提浆整平	提浆滚杠直径 15～20mm，表面光滑无缝钢管，壁厚≥3mm	长度适应铺筑宽度，一次摊铺单车道路面 1 根，双车道路面 2 根
	叶片式或圆盘式抹面机	每车道路面不少于 1 台
	3m 刮尺	每车道路面不少于 2 根
	手工抹刀	每米宽路面不少于 1 把
真空脱水	真空脱水机有效抽速≥15L/s	每车道路面不少于 1 台
	真空吸垫尺寸不小于 1 块板	每台吸水机应配 3 块吸垫
抗滑构造	工作桥	不少于 3 个
	人工拉毛齿耙、压槽器	根据需要定数量
切缝	软锯缝机	根据需要定数量
	手推锯缝机	根据进度定数量
磨平	水磨石磨机	需要处理欠平整部位时
灌缝	填缝机具	根据需要定规格和数量
养生	洒水车 4.5～8.0t	按需要定数量
	压力式喷洒机或喷雾器	根据需要定规格和数量
	工地运输车 4～6t	按需要定数量

为保证混凝土浇捣工作不中断，施工不停顿，工地应有备用拌和机和发电机组及一定数量的机修人员，以备机具和电源发生故障时临时应急之用。

二、模板安装

(一)模板技术要求

1. 边侧模板

施工模板应采用刚度足够的槽钢、轨模或钢制边侧模板,不应使用木模板、塑料模板等其他易变形的模板。模板的精确度应符合表 8-6 的规定。

表 8-6　模板(加工矫正)允许偏差

施工方式	高度偏差(mm)	局部变形(mm)	垂直边夹角(°)	顶面平整度(mm)	侧面平整度(mm)	纵向变形(mm)
三辊轴机组	±1	±2	90±2	±1	±2	±2
轨道摊铺机	±1	±2	90±1	±1	±2	±1
小型机具	±2	±3	90±3	±2	±3	±3

钢模板的高度应为面板设计厚度,模板长度宜为 3~5m。需设置拉杆时,模板应设拉杆插入孔。每米模板应设置 1 处支撑固定装置,见图 8-1。模板垂直度用垫木楔方法调整。

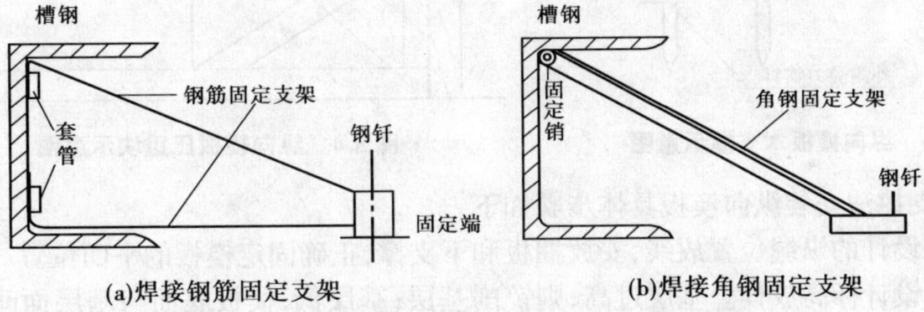

图 8-1　(槽)钢模板焊接钢筋或角钢固定示意图

2. 端头模板

横向施工缝端模板应按设计规定的传力杆直径和间距设置传力杆插入孔和定位套管。两边缘传力杆到自由边的距离不宜小于 150mm。每米设置 1 个垂直固定孔套。工作缝端模侧立面见图 8-2。模板数量应根据施工进度和施工气温确定,并应满足拆模周期内周转需要。一般情况下,模板或轨模总量不宜少于 3~5d 摊铺的需要。

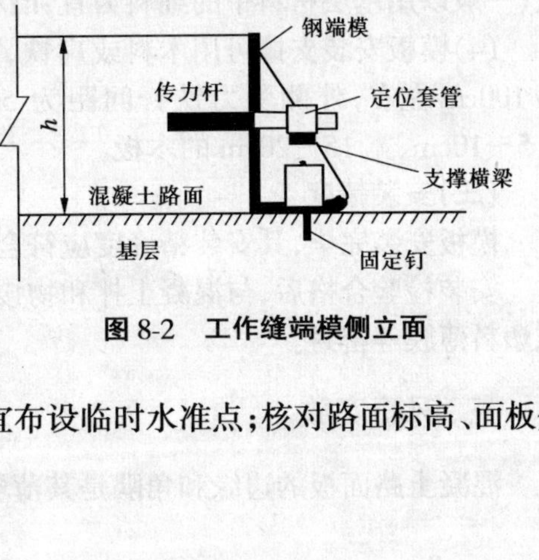

图 8-2　工作缝端模侧立面

(二)模板安装

支模前在基层上应进行模板安装及摊铺位置的测量放样,每 20m 应设中心桩,每 100m 宜布设临时水准点;核对路面标高、面板分块、胀缝和构造物位置。

纵横曲线路段应采用短模板，每块模板中点应安装在曲线切点上，以便顺畅过渡曲线，并使混凝土用量最省。

摊铺前，应根据车道宽度安装两边模板。立模时应设有足够的支撑，使模板能承受摊铺、振实、整平设备的负载行进、冲击和振动时不发生位移，确保混凝土在振实时不松动或变形。模板内侧面、顶面和底面均应刨光，模板中的孔眼、小裂纹应用油灰或水泥纸筋石灰嵌平，并在模板内侧均匀薄涂一层废机油或肥皂水，以利脱模。模板应安装稳固、顺直、平整无扭曲，拼接应严密无缝隙，角隅应平整无缺，不得有底部漏浆、前后错茬、高低错台等现象。严禁在基层上挖槽，嵌入安装模板。

纵向模板的安装可采用捆板支撑法（见图 8-3）或压重支模法（见图 8-4）。压重支模法在施工中需要大量的压重块（通常每延米不少于 150kg），来抵抗混凝土面层在振捣时产生的侧压力，以保证模板不外移。这种方法施工麻烦，效率低且效果差，因此目前基本上已被捆板支撑法所取代，在此不再详细介绍。

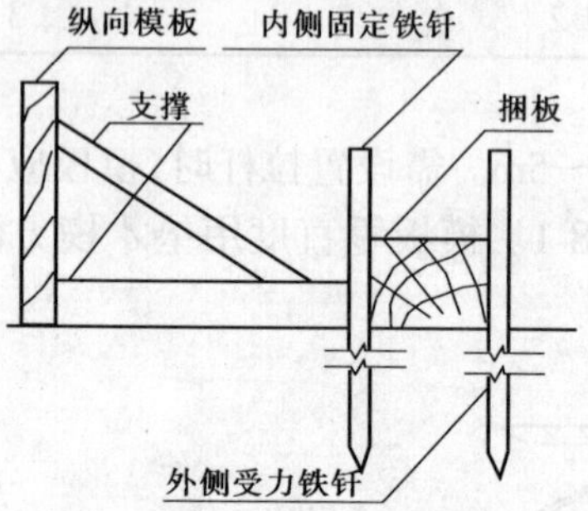

图 8-3　纵向模板木支撑示意图

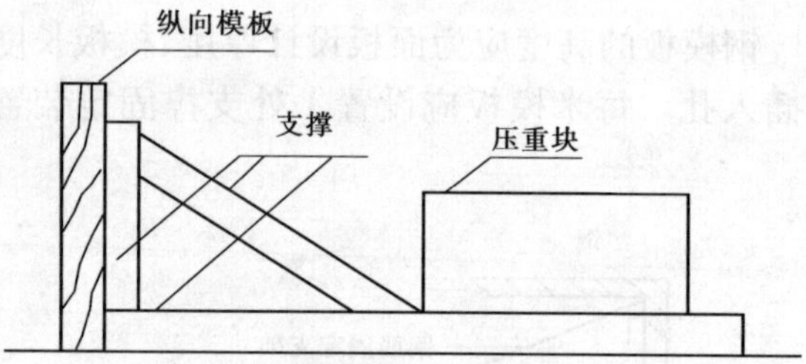

图 8-4　纵向模板压重块示意图

捆板支撑法安装纵向模板具体步骤如下：

(1)按设计的纵缝位置放线，安放捆板和下支撑，正确固定模板的平面位置。

(2)按设计标高放样。基层过高，则铲削基层；基层低，模板底面与基层面间有空隙，则应用原基层材料的细料垫实，使模板顶面标高符合路面设计标高，并用模板支撑（斜撑条）固定。

(3)模板底面与基层面接触处的接缝，应在模板外侧沿缝隙处紧贴模板修筑防漏三角坡（一般以用基层材料中的细料为宜，旧料或新料均可采用）。

(4)模板安装支撑可用木料或扁铁，支撑间的距离为 40cm 左右；内侧固定铁钎间距为 100cm 左右，外侧受力铁钎间距为 50cm 左右。内外铁钎位置应交错，捆板可用厚 7.5～10cm、宽 15～20cm 的木板。

(三)安装精度

模板安装完毕，其安装精确度应符合表 8-7 的规定。

安装检验合格后，与混凝土拌和物接触的表面应涂脱模剂或隔离剂，接头应粘贴胶带或塑料薄膜等密封。

三、钢筋安放

混凝土路面板的边缘和角隅是其薄弱环节，易受车轮荷载作用而遭破坏，故对交通繁重的道路，应设置边缘钢筋和角隅钢筋。在窨井和进水口周围设置钢筋及钢筋网。加工预制和安放必须进行隐蔽工程质量检验，并做好检验记录。

表 8-7　模板安装精确度要求

检测项目		三辊轴机组	轨道摊铺机	小型机具
平面偏位(mm)，≤		10	5	15
摊铺宽度偏差(mm)，≤		10	5	15
面板厚度(mm)	代表值	-3	-3	-4
	合格值	-8	-8	-9
纵断高程偏差(mm)		±5	±5	±10
横坡偏差(%)		±0.10	±0.10	±0.20
相邻板高差(mm)		1	1	2
顶面接茬 3m 尺平整度(mm)，≤		1.5	1	2
模板接缝宽度(mm)，≤		3	2	3
侧向垂直度(mm)，≤		3	2	4
纵向垂直度(mm)，≤		3	2	4

(一)边缘钢筋

设置在离板边缘不小于 50mm 处，一般用 1 根或 2 根直径 10～16mm 的钢筋，用预制混凝土垫块垫托。垫块厚度一般以 40mm 为宜，垫块间距不大于 800mm。两根钢筋间距不应小于 100mm。纵向边缘钢筋一般只放在同一块板内，即不得超过缩缝，以免妨碍板的翘曲，有时也可穿过缩缝，但不得穿过胀缝。为加强锚固能力，钢筋两端应向上弯起，见图 8-5(a)。在浇筑混凝土过程中，钢筋中间应保持平直，不得变形挠曲，并防止位移。在混凝土路面的起终点处，为加强板的横向边缘，通常也设置横向边缘钢筋。配制钢筋长度不够时可用电焊焊接，如果采用铅丝绑扎要有 30d 的搭接长度(d 为钢筋的直径)，点焊焊接也要保持 10d 的焊接长度。

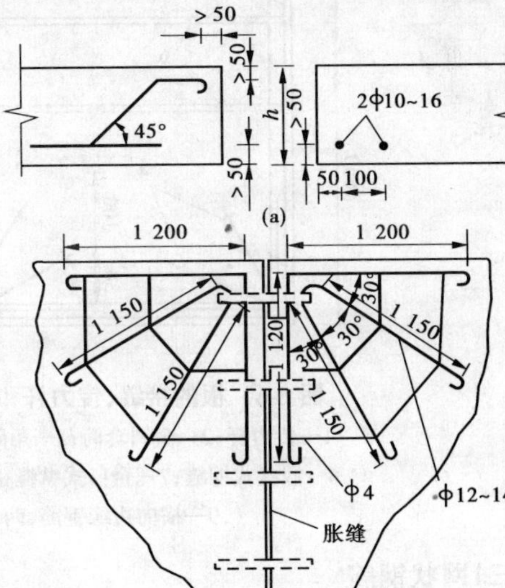

图 8-5　边缘钢筋和角隅钢筋的布置　(尺寸单位：mm)

(a)边缘钢筋；(b)角隅钢筋

(二)角隅钢筋

设置在胀缝两旁板的角隅处，一般可用直径为 12～14mm 的钢筋弯成如图 8-5(b)所示的形状。角隅钢筋应在混凝土浇筑振实至与设计厚度差 5cm 左右时安放。距胀缝和板边缘各为 10cm,平铺就位后,继续浇筑上部混凝土。

此外,在交叉口处,板角常形成锐角,此时也应在板的锐角处设置角隅钢筋,以避免板角断裂。图 8-6 为混凝土面板的接缝、传力杆、纵横向边缘钢筋和角隅钢筋布置示意图。由于车轮驶在紧靠板边以及边角的概率较小,对于交通不太繁重的路段,一般可不设置边缘钢筋和角隅钢筋。但在车辆出入频繁的工厂、仓库、码头等处仍需设边缘钢筋和边缘的角隅钢筋。

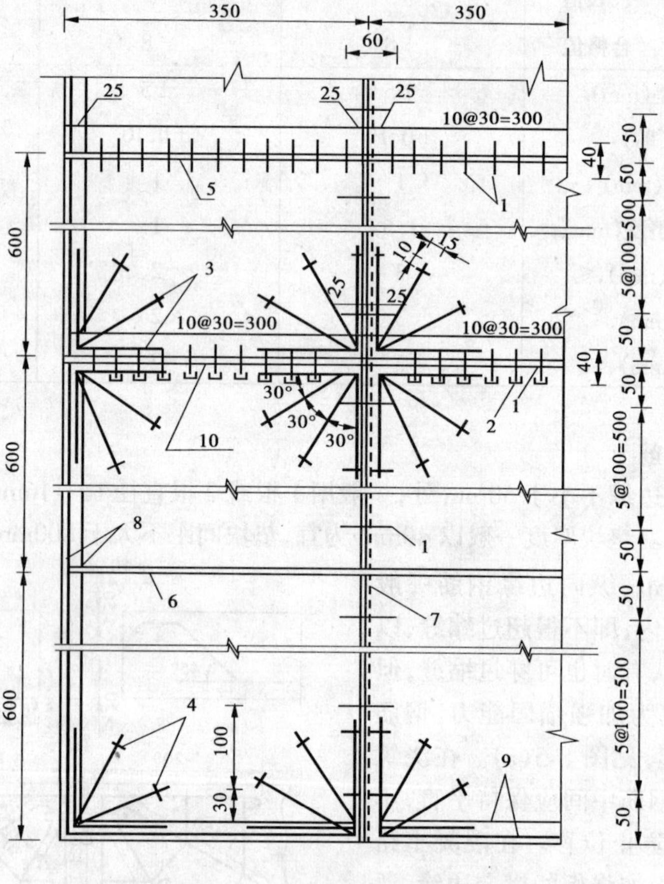

图 8-6　板的接缝、传力杆和钢筋布置图(尺寸单位:mm)

1—传力杆;2—金属套筒;3—角隅钢筋;4—钢筋支架;5—工作缝;
6—假缝式缩缝;7—企口式纵缝;8—纵向边缘钢筋,两端向上弯起;
9—横向边缘钢筋,两端向上弯起;10—胀缝

(三)网状钢筋

当混凝土路面某一段路地基比较松软,或水文情况不良时,需用钢筋网将混凝土板加固。可采用直径 6～10mm 的钢筋,纵横交叉布置并就地绑扎成网,或预先焊接成网,钢筋网所用钢筋的型号、直径、间距位置均应符合设计要求。

为减轻由于气温急剧降低所引起的裂缝,或老路基上加宽新路基,钢筋网应布置在路面板的上部,特殊情况下,网片可设在路面板的下部,不得将钢筋网设置在混凝土板的中间。全面网状钢筋一般可以穿过缩缝,但不可穿过胀缝。钢筋网的安放应符合设计要求。若安放上下两层钢筋网,钢筋网的保护层均不应小于40mm。下层网片必须用预制水泥混凝土垫块垫托。上层网片应在混凝土浇筑至预定高度并已振实整平后安放。浇筑混凝土必须在脚手板上进行,严禁踩踏钢筋网片,以免网片变形挠曲。钢筋网的长度、宽度、方格间距、网片平坦度、上下网片位置和上下保护层厚度等的允许偏差均不应超过10mm。

四、混凝土摊铺

混凝土拌和物摊铺前,应将基层表面杂物清除干净并在应摊铺前洒水湿润,同时对模板的位置及支撑稳固情况,传力杆、拉杆的安设等进行全面检查,合格后,方可开始摊铺。

摊铺过程中应设专人指挥自卸车,尽量准确卸料。人工布料应用铁锹反扣,严禁抛掷和耧耙。运到浇筑现场的混合料如有离析现象,应用铁铲翻拌均匀。摊铺时用铁铲撒铺混合料,不得扬撒抛掷,以免混凝土发生离析。在模板附近,需用方铲扣铲法撒铺混合料,并插捣几下,使浆水捣出,以免发生空洞、蜂窝现象。人工摊铺混凝土拌和物的坍落度应控制在5～20mm之间,拌和物松铺系数 K 宜控制在1.10～1.25之间,料偏干,取较高值;反之,取较低值。摊铺时应考虑振实后的下沉量。摊铺时可在模板顶面加一厚约25mm的木条,以防振动时混凝土混合料外溢。木条可用U形铁夹子紧卡在模板顶上,随摊铺进度向前移动。

每仓混凝土板厚在22cm以下时,可一次摊铺捣实,厚度超过22cm时,应分两次摊铺,分层振实。分两层摊铺时,下层摊铺厚度约为总厚度的3/5(边摊铺、边整平、边振实),振实后,紧接摊铺上层,并整平振实。每仓混凝土板的摊铺振实工作应连续进行,不得中途间断。若有特殊的原因,在初凝时间内被迫停工时,中断施工的一块混凝土板上应用湿麻布覆盖,以防假凝。恢复施工时,应将此处混凝土耙松补浆后再继续浇筑。若停工超过混凝土初凝时间,应作施工缝处理。施工缝应设在缩缝处。若无法设在缩缝处,其位置应设在板的正中部分。超过初凝时间的混凝土混合料严禁继续使用,严禁分散铺于混凝土板底层,已经摊铺的必须予以清除。因故造成1h以上停工或达到2/3初凝时间致使拌和物无法振实时,应在已铺筑好的面板端头设置施工缝,废弃不能被振实的拌和物。

在摊铺传力杆处的混凝土混合料时,应先摊铺下半层。用插入式振动机振实,并校正传力杆位置后,再浇上半层。摊铺前,纵向企口缝应全面均匀涂刷沥青,其厚度约为2mm。涂刷工作在拆模后纵缝表面稍干时进行(此时混凝土板暂停湿治)。并应注意,沥青温度不够不刷,表面有泥沙不刷,刷后还应逐段检查。

若浇筑过程中遇雨,应在事前准备好的防雨篷内进行摊铺、振实和抹面工作。

五、混凝土振实

(一)插入式振捣棒振实

在待振横断面上,每车道路面应使用2根振捣棒,组成横向振捣棒组,沿横断面连续振捣密实,并应注意路面板底、内部和边角处不得欠振或漏振。振捣棒在每一处的持续时间,应以拌和物全面振动液化,表面不再冒气泡和泛水泥浆为限,不宜过振,也不宜少于30s。振捣棒的移动间距不宜大于500mm,至模板边缘的距离不宜大于200mm。应避免碰撞模板、钢筋、传力杆和拉杆。振捣棒插入深度宜离基层 30～50mm，振捣棒应轻插慢提，不得猛插快拔，严禁在拌和物中推行和拖拉振捣棒振捣。振捣时，应辅以人工补料，应随时检查振实效果，模板、拉杆、传力杆和钢筋网的移位、变形、松动、漏浆等情况，并及时纠正。

（二）振动板振实

在振捣棒已完成振实的部位，可开始振动板纵横交错两遍全面提浆振实，每车道路面应配备 1 块振动板。振动板移位时，应重叠 100～200mm，振动板在一个位置的持续振动时间不应少于 15s。振动板须由两人提拉振动和移位，不得自由放置或长时间持续振动。移位控制以振动板底部和边缘泛浆厚度（(3±1)mm）为限。缺料的部位，应辅以人工补料找平。

（三）振动梁振实

每车道路面宜使用 1 根振动梁。振动梁应具有足够的刚度和质量，底部应焊接或安装深度 4mm 左右的粗集料压实齿，保证(4±1)mm 的表面砂浆厚度。振动梁应垂直路面中线沿纵向拖行，往返 2～3 遍，使表面泛浆均匀平整。在振动梁拖振整平过程中，缺料处应使用混凝土拌和物填补，不得用纯砂浆填补；料多的部位应铲除。

（四）注意事项

混凝土铺筑到厚度一半后，先采用 2.2～3.0kW 的平板式振动板（见图 8-7）振捣一遍，然后加高铺筑混凝土到顶，等初步整平后换用 1.2～1.5kW 的平板式振动板再振捣一遍。振捣时，振捣器沿纵向一行一行地由路边向路中移动，每次移动平板时前后位置的搭头重叠面为 20cm 左右（约为 1/3 平板宽度），不得漏振。振动板在每一位置的振动时间一般为 15～25s，不得过久，应以振至混凝土混合料泛浆、不明显下降、不冒气泡、表面均

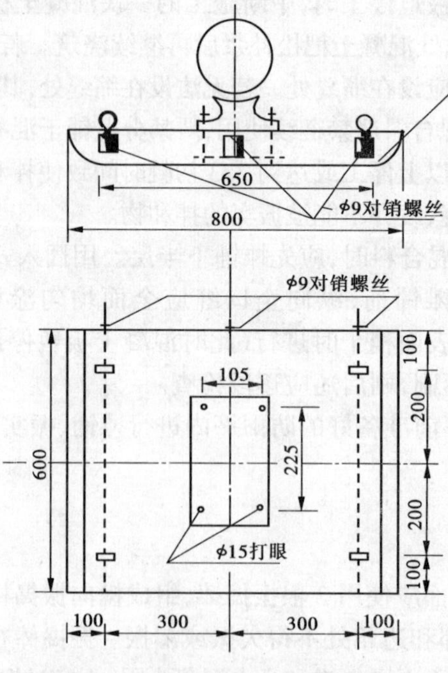

图 8-7　平板式振动板

匀为度。在模板边缘、传力杆和企口处、窨井及进水口附近等不易振到的地方，应改用高频率插入式振动板振捣，振动时应将振动棒垂直上下缓慢抽动，每次移动间距不得大于作用半径的 1.5 倍。插入式振动板与模板的间距一般为 10cm 左右，严禁在传力杆上振捣，以免损坏邻板边缘混凝土。经平板振动板整平后的混凝土表面应基本平整，无明显的凹凸痕迹。然后用振动梁(见图 8-8)振实整平。振动夯样板在振捣时其两端应搁在两侧纵向模板上，或搁在已浇好的两侧水泥板上，作为控制路面标高的依据。

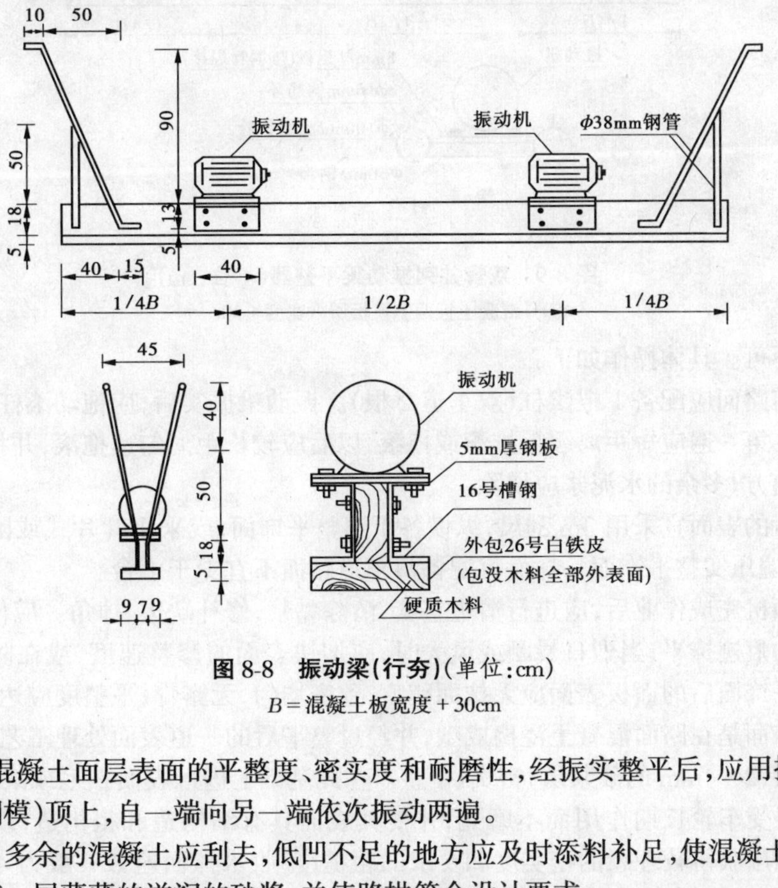

图 8-8　振动梁(行夯)(单位:cm)

B = 混凝土板宽度 + 30cm

为提高混凝土面层表面的平整度、密实度和耐磨性，经振实整平后，应用振动梁搁在纵向模板(侧模)顶上，自一端向另一端依次振动两遍。

夯打时，多余的混凝土应刮去，低凹不足的地方应及时添料补足，使混凝土表面平整，不露石子，有一层薄薄的滋润的砂浆，并使路拱符合设计要求。

混凝土振实后，安装嵌缝板前，应进一步进行整平工作。用双管并列振动夯样平整器(见图 8-9)或铁滚筒边整平边目测检查，其操作方法同振动夯样板。双管并列振动夯样平整器的振动机与机座、机座钢板与 8mm 厚底盘承托钢板之间，安装时均必须衬垫 5mm 厚橡皮板或用弹簧螺丝安装，且两台振动机必须同向安装。在整平检查过程中，若发现仍有局部不够平整之处，必须及时进行处理。混凝土表面严禁采用砂浆涂抹，“补浆”找平。

六、整平饰面

水泥混凝土路面整平饰面、收水抹面及扫毛(或滚槽)技术操作的好坏，与严格掌握混凝土的收水时间、及时做好抹面工作有关。

整平饰面包括滚杠提浆整平、抹面机压浆整平饰面、精整饰面三道工序，这三道整平

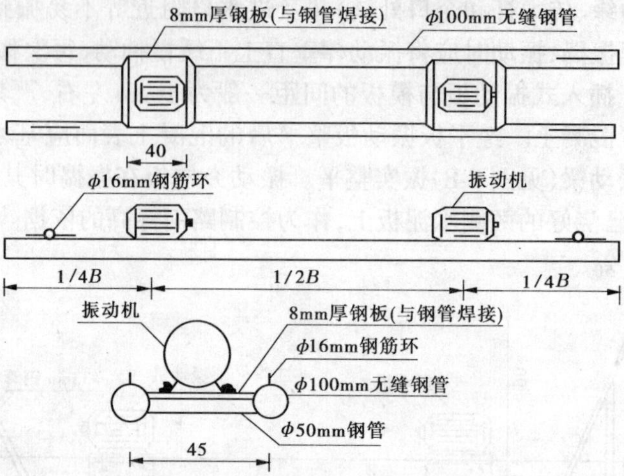

图 8-9 双管并列振动梁平整器(单位:cm)

B=混凝土板两侧模板所占宽度+30cm

工序缺一不可。具体操作如下:

每车道路面应配备1根滚杠(双车道2根)。振动梁振实后,应拖动滚杠往返2~3遍提浆整平。第一遍应短距离缓慢推滚或拖滚,以后应较长距离匀速拖滚,并将水泥浆始终赶在滚杠前方,多余的水泥浆应铲除。

拖滚后的表面宜采用3m刮尺,纵横各1遍整平饰面,或采用叶片式或圆盘式抹面机往返2~3遍压实整平饰面。抹面机配备每车道路面不宜少于1台。

在抹面机完成作业后,应进行清边整缝,清除黏浆,修补缺边、掉角。应使用抹刀将抹面机留下的痕迹抹平,当烈日暴晒或风大时,应加快表面的修整速度,或在防雨篷遮阴下进行。精平饰面后的面板表面应无抹面印痕,致密均匀,无露骨,平整度应达到规定要求。

收水抹面是在路面混凝土浇捣成型,并经过整平后的一道表面处理工艺,其目的是使表面磨耗层(2~4mm的砂浆层)密实、平整。在此基础上进行表面扫毛或滚槽处理,使路面表面能经受车轮长期作用而不磨光,并使其表面具有细构造和粗构造,以确保行车安全。为使面层获得较理想的密实度和要求的粗糙度,收水抹面遍数一般为4遍。可按下列要求进行。

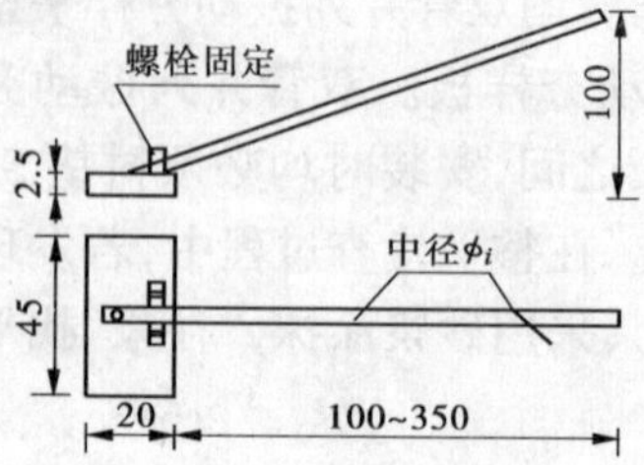

图 8-10 长柄木抹(单位:cm)

(1)第一遍收水抹面应在整平饰面工作完毕的15min(根据气候掌握)后进行,主要是驱除泌水和压下石子。第一次初步抹平可先用长45cm、宽20cm、厚2.5cm的长柄木抹(俗称大木盒,上装有3.5m长的竹竿),另一端离地高度为1m(见图8-10)。使用时将大木盒在混凝土表面进行来回抹平,操作人员站在水泥的侧边上操作,顺横坡方向拖抹一遍,来回抹面重叠1/2。冬季施工抹面时间应适当延长,如果立即收水抹面,由于混凝土流动性较大,不易控制其平整度而造成纵向波浪形。木抹在表面拖抹后,能获得较好的毛面,有利于水分的蒸发,从结构上讲,水泥浆与细集料分布在面层上也比较均匀。待水分稍蒸发后,过10～15min,第二次抹面可用大铁抹拖抹。大铁抹长、宽尺寸同木抹,厚度采用2～4mm的钢板制成,并做成两边比中间低2mm的坡度,使铁抹面在路面上来回拖抹时,不致为混凝土面所吸住。拖抹的方向与要求同木抹。该种工具在表面拖抹时,不必向下加压。

(2)第一、第二遍抹平结束后,表面蒸发较大,若继续采用木抹或铁抹进行拖抹,因混凝土表面所受单位面积压力不足而达不到密实的效果,故改用泥板(其长宽尺寸均为26cm,厚度为1mm的钢板)仔细抹光。同一个面层至少用泥板抹4遍。第二、第三遍吸水抹面除继续驱除泌水外,还应进行整平抹光工作。操作时,第一遍抹面泥板与路面的交角应为5°,以后各遍由于表面层的水分逐渐蒸发和减少,因此每遍以5°的角度增加,即第二遍抹面时交角为10°,以此类推。抹面时手腕动作要灵活,用力须均匀,泥板来回抹面重叠应为泥板长度的1/3～1/2,站在工作桥上进行操作。工作桥可用厚5～7.5cm、宽15～20cm、长比车道宽略长其两沿下部钉有10cm高的方木。操作时将工作桥的方木搁在两边的纵向模板上,或放在已浇筑好的邻板上。工作桥可随工作需要搬移,严禁操作人员直接站在混凝土面层上工作。收水抹面各遍时间间隔可参考表8-8,除与施工温度有关系外,还受日照、风力、水泥用量等因素的影响,故实际操作时还需根据当时情况确定。

(3)当混凝土处于初凝终止状态、表面尚湿润时,应进行第4遍抹面,把混凝土表面砂浆进一步挤压紧密。表面平整后,多余水基本排除蒸发,此时用食指稍微加压按下去能出现2mm左右深度的凹痕,或泥板加压抹面能出现水光,即为最佳扫毛时间,这种情况下扫出的路表面纹理,其深度能达到1mm左右。目前扫毛工具习惯上采用芦花扫帚和棕刷,滚槽则用滚槽器。扫毛或滚槽时应顺坡方向进行,为形成沟通的沟槽而利于排水,扫毛或滚槽工具应在整个板面上一次进行,中途不得停留或分两次。操作人员站在脚手板上,从第一条纵缝模板开始,手刷扫毛或滚槽工具接触混凝土表面,脚同时移动走向另一块纵缝模板上。

表8-8　收水抹面各遍间隔时间参考值

水泥品种	施工温度(℃)	间隔时间(min)	水泥品种	施工温度(℃)	间隔时间(min)
普通水泥	0	35～40	矿渣水泥	0	55～70
	10	30～35		10	40～55
	20	15～25		20	25～40
	30	10～15		30	15～20

(4)从开始嵌入嵌缝板直到扫毛或滚槽结束取出嵌缝板的这段时间,夏季施工每隔15min将嵌缝板上下抽动一下,再慢慢回复至原位,让其混凝土中的泌出水通过上下抽动,在两者之间产生一层水膜,起润滑作用,可避免黏附,不至于最后抽出嵌缝板时损坏混凝土侧边。冬季施工每隔30min应上下抽动一下。

(5)抹面过程中,严禁采用洒水、撒干水泥、补浆等方法找平。混凝土面层整平抹光成型后，应平坦、密实、无抹痕，不露石子，无砂眼和气眼，并有一定的粗糙度。

(6)对路面的接缝，应将其两旁混凝土整平并使其侧壁垂直，相邻两边要齐平。当嵌缝板抽出后，要清除缝内遗留的砂浆等物，并用1/4圆弧形镘刀把缝缘顶角抹成半径为0.7cm的小圆角，以免日后顶角被车轮压坏，并为填缝料在夏季溢出时留出余地。

七、接缝施工

(一)胀缝施工

当胀缝不设传力杆时，可先在接缝处安装一个表面与路拱形式相同、高度等于板厚的木模板，用钢钎固定。当浇捣的一侧混凝土具有一定强度并拆去胀缝模板后，再在混凝土侧壁下部贴上一层胀缝填缝板（油浸甘蔗板或软木板），长度等于一个车道宽，高为3/4板厚。在填缝板顶上放置临时嵌缝板，宽为2cm，高为1/4板厚或6cm，长为一个车道宽。它们的接触面必须紧密，以防浇筑混凝土时砂浆流入，影响胀缝的作用。安放好后，再浇筑另一侧混凝土，待其凝固后，提出压缝板，再浇灌填缝料。当缝下需设置垫枕时，应在整平压实基层时预先做好。

(二)缩缝施工

混凝土浇捣完毕后，经过养生混凝土强度达到20%～30%设计强度或抗压强度达到8～12MPa时即可切割。按照缩缝或纵缝的位置使用切缝机切割成缝，其宽度为6～8mm。切缝时必须掌握切缝时间，防止因温差影响使混凝土早期出现裂缝。

(三)工作缝施工

施工时浇筑摊铺时间不得过长，允许的最长间歇时间，应按所用水泥的凝结时间及混凝土硬化条件确定。如无试验资料，间歇一般不宜超过1h。因故停工在1h以内时，可将已捣实的混凝土用湿麻袋盖上，等恢复工作时将此混凝土耙松再继续铺筑；如停工1h以上，应作施工缝处理，其位置一般应设在缩缝处，如遇特殊情况，其位置也可在每块混凝土块的正中部分，但施工缝必须设置端头模板和传力杆，杆上不设套筒。

(四)纵缝施工

企口式纵缝的作用是将一块板的荷载传递一部分到相邻一块板上去，同时因路面有横向坡度以及混凝土板热胀冷缩，行车使用后水泥混凝土板常会出现向路边两旁滑移，造成纵缝拉开变宽，因此都在纵向板之间设纵向模板拉杆。

八、模板拆除及矫正

当混凝土抗压强度不小于8.0MPa时方可拆模。当缺乏强度实测数据时，边侧模板的允许最早拆模时间（是指从混凝土面板精整成型后开始计算）宜符合表8-9的规定。当达不到要求，不能拆除端模时，可空出一块面板，重新起头摊铺，空出的面板待两端均可拆模后再补做。

拆模不得损坏板边、板角和传力杆、拉杆周围的混凝土，也不得造成传力杆和拉杆松动或变形。模板拆卸宜使用专用拔楔工具，严禁使用大锤强击拆卸模板。拆下的模板应将黏附的砂浆清除干净，并矫正变形或局部损坏，矫正精度应符合表8-7的要求。

表 8-9　混凝土路面板的允许最早拆模时间　　　　(单位:h)

昼夜平均气温(℃)	−5	0	5	10	15	20	25	≥30
硅酸盐水泥、R 型水泥	240	120	60	36	34	28	24	18
道路、普通硅酸盐水泥	360	168	72	48	36	30	24	18
矿渣硅酸盐水泥	−	−	120	60	50	45	36	24

第四节　三辊轴机组施工

三辊轴机组是“自行驱动辊轴式水泥混凝土摊铺整平机”的简称,通常由三辊轴整平机、振捣机等组成。与小型机具相比,三辊轴机组具有设备简单且便宜、劳动强度低、施工质量受人为因素影响小等优点。在二级及二级以下公路中可采用三辊轴机组施工,但必须配备保证中下部面板密实度的密集排振支架措施。

一、设备配置

(一)三辊轴整平机

三辊轴整平机的主要技术参数应符合表 8-10 的规定。板厚 200mm 以上宜采用直径 168mm 的辊轴;桥面铺装或厚度较小的路面可采用直径 219mm 的辊轴。轴长宜比路面宽度长出 600～1 200mm。振动轴的转速不宜大于 380r/min。

(二)振捣机

三辊轴整平机是小型机具的改进,是将平板振捣器与滚杠结合改进而成的。因此,在高等级公路施工中,仅靠三辊轴整平机是不能保证面板中下部路面混凝土振捣密实的,必须同时配备一台安装插入式振捣棒组的排式振捣机。振捣棒的直径宜为 50～100mm,间距不应大于其有效作用半径的 1.5 倍,并不大于 500mm。插入式振捣棒组的振动频率可在 50～200Hz 之间选择,当面板厚度较大和坍落度较小时,宜使用 100Hz 以上的高频振捣棒。该机宜同时配备螺旋布料器和松方控制刮板,并具备自动行走功能。

表 8-10　三辊轴整平机的主要技术参数

型号	轴直径(mm)	轴速(r/min)	轴长(m)	轴质量(kg/m)	行走机构质量(kg)	行走速度(m/min)	整平轴距(mm)	振动功率(kW)	驱动功率(kW)
5001	168	300	1.8～9	65±0.5	340	13.5	504	7.5	6
6001	219	300	5.1～12	77±0.7	568	13.5	657	17	9

(三)振捣梁

当桥面铺装厚度小于 150mm 时,可采用振捣梁。振捣频率宜为 50～100Hz,振捣加速度宜为 4～5g(g 为重力加速度)。

(四)拉杆插入机

当一次摊铺双车道路面时应配备纵缝拉杆插入机,并配备插入深度控制和拉杆间距调整装置。

二、工作原理及工艺流程

三辊轴机为三辊轴机组的主导设备,具有振密、摊铺、提浆和整平功能,其主体部分为一根起振密、摊铺、提浆作用的偏心振动轴和两根起驱动整平作用的圆心轴。振动轴始终向后旋转,而其他两根轴则可以前后旋转。三辊轴机工作时,机械向前运动,振动轴向后旋转,同时通过偏心振动,使拌和物液化,振动轴在自重和动力作用下切入液化的拌和物,并向前推挤甩出拌和物,从而实现摊铺、振密、提浆的功能。由于振动轴的偏心振动,使拌和物表面形成有规律的波浪。同时当混凝土拌和物的坍落度较小或布料高度过高时,振动轴前会有过多的拌和物堆积,三辊轴机向前移动时,会因受阻而产生"爬坡"现象,导致拌和物表面的不平整。后面的两根轴在模板上平滚,消除这种不平整,从而实现整平功能。

三辊轴机向前移动时,振动过后形成的波浪会马上由后面的两根整平轴消除。但向后移动时,振动形成的波浪只能当三辊轴机掉头向前移动时才能消除,如果三辊轴机不能及时掉头,形成的波浪会留在拌和物表面上,从而影响路面质量。因此,施工时必须采用前进振动、后退静滚的方式。

三辊轴机机身较轻,操作简便灵活,而且有较强的摊铺能力,施工实践表明,在供料充足的情况下,摊铺速度可达40~50延米/h,照此计算,两台三辊轴机的摊铺能力相当于一台大型轨道摊铺机或滑模摊铺机。三辊轴机可能会由于磨损等原因,振动轴达不到设定转速和振幅,或者出现弯曲变形,使路面出现波浪,达不到平整度要求,因此必须经常检查维修。

三辊轴机组的施工工艺流程与小型机具施工接近。不同之处有两点:一是使用排式振捣机代替手持式振捣棒;二是将振捣梁和滚杠两道工序合成为三辊轴整平机一道。三辊轴机组施工时,推荐使用真空脱水工艺和硬刻槽来保证表面的耐磨性和抗滑性。其工艺流程:布料→密集排振→拉杆安装+人工补料→三辊轴整平→(真空脱水)→(精平饰面)→拉毛→切缝→养生→(硬刻槽)→填缝。

三、铺筑作业

(一)卸料、布料

应有专人指挥车辆均匀卸料。布料应与摊铺速度相适应,不适应时应配备适当的布料机械。坍落度为10~40mm的拌和物,松铺系数为1.12~1.25。坍落度大时取低值,坍落度小时取高值。超高路段,横坡高侧取高值,横坡低侧取低值。

(二)密排振实

混凝土拌和物布料长度大于10m时,可开始振捣作业。密排振捣棒组间歇插入振实时,每次移动距离不宜超过振捣棒有效作用半径的1.5倍,并不得大于500mm,振捣时间宜为15~30s。排式振捣机连续拖行振实时,作业速度宜控制在4m/min以内,具体作业速度视振实效果可由式(8-3)计算。

$$v = 1.5\frac{R}{t} \tag{8-3}$$

式中　v——排式振捣机作业速度,m/s;

t——振捣密实所必需的时间,s,一般为15～30s;

R——振捣棒的有效作用半径,m。

排式振捣机应匀速缓慢、连续不间断地振捣行进。其作业速度以拌和物表面不露粗集料、液化表面不再冒气泡并泛出水泥浆为准。

(三)拉杆安装

面板振实后,应随即安装纵缝拉杆。单车道摊铺的混凝土路面,在侧模预留孔中应按设计要求插入拉杆;一次摊铺双车道路面时,除应在侧模孔中插入拉杆外,还应在中间纵缝部位使用拉杆插入机在1/2板厚处插入拉杆,插入机每次移动的距离应与拉杆间距相同。

(四)三辊轴整平机作业

三辊轴整平机按作业单元分段整平,作业单元长度宜为20～30m,振捣机振实与三辊轴整平两道工序之间的时间间隔不宜超过15min。三辊轴滚压振实料位宜高于模板顶面5～20mm,过高时应铲除,过低应及时补料。在一个作业单元长度内,三辊轴整平机应采用前进振动、后退静滚方式作业,宜分别进行2～3遍。最佳滚压遍数应经过试铺确定。

在三辊轴整平机作业时,应有专人处理轴前料位的高低情况,过高时,应辅以人工铲除,轴下有间隙时,应使用混凝土找补。滚压完成后,将振动辊轴抬离模板,用整平轴前后静滚整平,直到平整度符合要求、表面砂浆厚度均匀为止。表面砂浆厚度宜控制在(4±1)mm,三辊轴整平机前方表面过厚、过稀的砂浆必须刮除丢弃。

三辊轴机组施工最关键的是料位高差和振动滚压遍数的控制。料位高差和坍落度、整平机的质量和振捣烈度有关。坍落度大,高差小;整平机质量大或振捣烈度大,高差大。反之亦然。另一方面,振动滚压遍数并非越多越好,一般需要2～3遍。滚压遍数与三辊轴机型、坍落度及物料松铺高差的关系可参见表8-11。

表8-11　振平混凝土表面所需的三辊轴振动滚压遍数

布料高度(mm) \ 坍落度 S_L(mm)	进口5001型,$L=9$m,$M=2\,095$kg			国产,$L=12$m,$d=21.90$mm,$M=2\,095$kg		
	2	4	6	2	4	6
1.5	3	5	8	1	2	2
4.0	2	3	5	1	1	2
6.0	1	2	3	1	1	1

(五)精平饰面

应采用3～5m刮尺,在纵、横两个方向进行精平饰面,每个方向不少于2遍。也可采用旋转抹面机密实精平饰面2遍。刮尺、刮板、抹面机、抹刀饰面的最迟时间不得迟于规定的铺筑完毕允许最长时间。

三辊轴机组摊铺时,饰面是相当重要的,若无饰面工具,可用刮刀和刮板人工纵横向认真反复刮平。直接使用三辊轴整平机滚过的表面,平整度通常达不到 3m 尺不大于 3mm 的要求。因此,必须配备饰面工具,认真操作,精心施工。

第五节 轨道摊铺机施工

轨道摊铺机施工具有机械结构简单、造价较低、机组的机械组成比较灵活、操作方便、工作可靠、故障少且易维修以及路面质量较好等优点。与滑模摊铺相比,轨模安装误差及轨模下的地基可能发生变形,铺筑后的路面的几何尺寸和平整度略差于滑模摊铺,安装模板费时费钱,所用轨道和模板的数量较大,铺筑不同厚度的路面需用不同的模板,且轨模板过重,对轨道和模板的安装精度较高,劳动强度大,施工效率低。轨道式施工适用于一级及以下公路。

一、设备配置

轨道摊铺机的选型应根据路面车道数或设计宽度按表 8-12 的技术参数选择。最小摊铺宽度不得小于单车道 3.75m。

表 8-12 轨道摊铺机的基本技术参数

项目	发动机功率(kW)	最大摊铺宽度(m)	摊铺厚度(mm)	摊铺速度(m/min)	整机质量(t)
三车道轨道摊铺机	33~45	11.75~18.3	250~600	1~3	13~38
双车道轨道摊铺机	15~33	7.5~9.0	250~600	1~3	7~13
单车道轨道摊铺机	8~22	3.5~4.5	250~450	1~4	≤7

混凝土路面施工前必须做好各种机械的检修工作,以便施工时能正常运行。混凝土的拌和与摊铺成型是轨道式摊铺机施工的主要工序。因此,应把混凝土摊铺机作为第一主导机械,把拌和机作为第二主导机械。主导机械的选择应能满足施工质量和工程进度要求。拌和机与摊铺机应互相匹配,拌和质量、拌和能力、技术可靠性及工作效率等应能满足要求。在保证主导机械发挥最大效率的前提下,选用的配套机械要尽可能少。

确保混凝土拌和质量的关键是选用质量符合规定的原材料、拌和机技术性能满足要求、拌和时配合比计量准确。采用轨道摊铺机施工时,拌和设备应附有可自动准确计量的供料系统。

二、工作原理

轨道式施工是在基层上铺设两条轨道模板,作为路面侧面支撑和路型定位,模板顶面作为路面表面基准,施工机械行驶在轨道上进行布料、振动密实、成型、表面修整和拉毛、养生等混凝土路面摊铺的施工方法。

轨道式摊铺机按布料方式不同有刮板式、箱式和螺旋式三种类型,摊铺时将卸在基层上或摊铺箱内的混凝土拌和物按摊铺厚度均匀地充满轨模范围内。刮板式摊铺机本身能在轨道上前后自由移动，刮板旋转时将卸在基层上的混凝土拌和物向任意方向摊铺。这种摊铺机质量轻，容易操作，易于掌握，使用较普遍，但摊铺能力较小。箱式摊铺机摊铺时，先将混凝土拌和物通过卸料机一次卸在钢制料箱内，摊铺机向前行驶时料箱内的混合料摊铺于基层上，通过料箱横向移动按松铺厚度准确均匀地刮平拌和物。螺旋式摊铺机由可以正向和反向旋转的螺旋布料器将拌和物摊平，螺旋布料器的刮板能准确地调整高度。螺旋式摊铺机的摊铺质量优于前述两种摊铺机，摊铺能力较大，目前一般都采用螺旋式摊铺机。

三、轨模安装

轨道式摊铺机的整套机械在轨模上前后移动，并以轨模为基准控制路面的高程。摊铺机的轨道与模板同时进行安装，轨道固定在模板上，然后统一调整定位，形成的轨模既是路面边模又是摊铺机的行走轨道。轨道摊铺应采用长度为3m的专用钢制轨模，轨模底面宽度宜为高度的80%，轨道用螺栓、垫片固定在模板支座上，模板应使用钢钎与基层固定。轨道顶面应高出模板20～40mm，轨道中心至模板内侧边缘的距离宜为125mm，如图8-11所示。

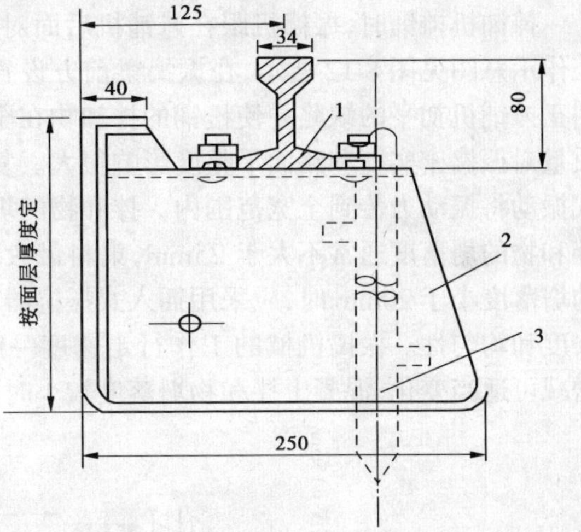

图8-11　轨道模板(尺寸单位:mm)

1—轨道;2—模板;3—钢钎

模板要有足够的横向刚度，能承受机组的质量。轨模数量应根据施工进度配备并能满足周转要求，连续施工时至少需配备3个全工作量的轨模。轨模安装时必须精确控制高程，做到轨模平直、接头平顺，否则将影响路面的外观质量和摊铺机的行驶性能。轨模的安装质量和精度应符合表8-7的要求。

四、铺筑作业

(一)布料

使用轨道摊铺机前部配备的螺旋布料器或可上下、左右移动的刮板布料，料堆不得过高过大，亦不得缺料。可使用挖掘机、装载机或人工辅助布料。螺旋布料器前的拌和物应保持在面板以上100mm左右，布料器后宜配备松铺高度控制刮板。也可使用有布料箱的轨道摊铺机精确布料，箱式轨道摊铺机料斗出料口关闭时，装进拌和物并运到布料位置后，轻轻打开料斗出料口，待拌和物堆成“堤状”，左右移动料斗布料。

轨道摊铺时的适宜坍落度按振捣密实情况宜控制在20～40mm之间。不同坍落度时的松铺系数 K 可参考表8-13确定，并按此计算出松铺高度。

当施工钢筋混凝土路面时，宜选用(2台)箱型轨道摊铺机分两层两次布料，可在第一层布料完成后，将钢筋网片安装好，再进行表面第二层布料，然后一次振实，也可两次布料两次振实，中间安装钢筋网。采用双层两遍摊铺钢筋混凝土路面时，下部混凝土的布料与摊铺长度应根据钢筋网片的长度和第一层混凝土的凝结情况而定，且不宜超过 20m。

表 8-13　松铺系数 K 与坍落度 S_L 的关系

坍落度 S_L(mm)	5	10	20	30	40	50	60
松铺系数 K	1.30	1.25	1.22	1.19	1.17	1.15	1.12

(二)振实作业

摊铺机摊铺时，振捣机跟在摊铺机后面对拌和物作进一步的整平和捣实。振捣机的工作示意图见图 8-12 所示，在振捣梁前方设置一道长度与铺筑宽度相同的复平梁，用于纠正摊铺机初平的缺陷并使松铺的拌和物在全宽范围内达到正确的高度，复平梁的工作质量对振捣密实度和路面平整度影响很大。复平梁后面是一道弧面振动梁，以表面平板式振动将振动力传到全宽范围内。拌和物的坍落度及集料粒径对振动效果有很大影响，拌和物的坍落度通常不大于 25mm，集料最大粒径控制在 40mm 以下。当混凝土拌和物的坍落度小于 20mm 时，应采用插入式振捣器对路面板的边部进行振捣，以达到应有的密实度和均匀性。振捣机械的工作行走速度一般控制在 0.8m/min，但随拌和物坍落度的增减可适当变化，混凝土拌和物坍落度较小时可适当放慢速度。

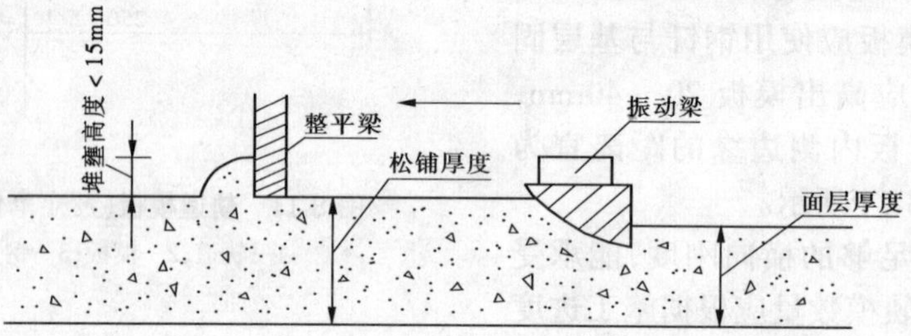

图 8-12　振捣机的工作示意图

轨道摊铺机应配备振捣棒组，振捣方式有斜插连续拖行及间歇垂直插入两种，当面板厚度超过 150mm，坍落度小于 30mm 时，必须插入振捣。连续拖行振捣时，宜将作业速度控制在 0.5～1.0m/min 之间，并随着坍落度的大小而增减。间歇振捣时，在一处混凝土振捣密实后，将振捣棒组缓慢拔出，再移动到下一处振实，移动距离不宜大于 500mm。轨道摊铺机应配备振动板或振动梁对混凝土表面进行振捣和修整，振动梁的振捣频率宜控制在 50～100Hz，偏心轴转速调节到 2 500～3 500r/min。经振捣棒组振实的混凝土，宜使用振动板振动提浆，并密实饰面，提浆厚度宜控制在(4±1)mm。

(三)整平饰面

振捣密实的混凝土表面用能纵向移动或斜向移动的表面整修机整平。纵向表面整修机工作时，整平梁在混凝土表面纵向往返移动，通过机身的移动将混凝土表面整平。斜向表面整修机通过一对与机械行走轴线成 10°左右的整平梁作相对运动来完成整平作业，其中一根整平梁为振动梁。机械整平的速度决定于混凝土的易整修性和机械特性。机械行走的轨模顶面应保持平顺，以便整修机械能顺畅通行。整平时应使整平机械前保持高度为10～15cm的壅料，并使壅料向较高的一侧移动，以保证路面板的平整，防止出现麻面及空洞等缺陷。往复式整平滚筒前的混凝土堆积物应涌向横坡高的一侧，保证路面横坡高端有足够的料找平。及时清理因整平推挤到路面边缘的余料，以保证整平精度和整平机械在轨道上的作业行驶。轨道摊铺机上宜配备纵向或斜向抹平板。纵向抹平板随轨道摊铺机作业行进可左右贴表面滑动并完成表面修整；斜向抹平板作业时，抹平板沿斜向左右滑动，同时随机身行进，完成表面修整。

（四）纹理制作

制作纹理时用纹理制作机在路面上拉毛、压槽或刻纹，纹理深度控制在1～2mm范围内；在不影响平整度的前提下，提高混凝土路面的构造深度，可提高路面的抗滑性能。纹理应与路面前进方向垂直，相邻板的纹理应相互沟通以利排水。纹理制作从混凝土表面无波纹水迹开始，过早或过晚均会影响纹理质量。

（五）接缝施工

接缝施工质量的好坏将直接影响到混凝土路面的使用性能及养护维修工作量的大小，各类接缝的施工应做到位置准确、构造及质量符合设计及规范要求。

第六节　滑模摊铺机械施工

滑模摊铺机施工技术是用自带滑动模板的摊铺机，沿设在基层的基准线自动转向和自动找平，一次性完成布料、振动密实、成型、表面修整和拉毛、养生等水泥混凝土路面摊铺工序。它是目前混凝土路面摊铺中速度最快、工程质量最好、施工规模巨大的现代化、机械化和智能化的先进技术。因此，滑模摊铺施工技术适合于各等级的公路。

一、设备配置

滑模摊铺机可按特大、大、中、小四个级别的基本技术参数选择。无论是哪种设备，首先必须满足施工路面、路肩、路缘石和护拦等的基本要求；其次摊铺机本身的工作配置件要齐全，应配备螺旋或刮板布料器、松方高度控制板、振动排气仓、夯实杆或振动搓平梁、自动抹平板、侧向打拉杆及同时摊铺双车道的中部打拉杆装置。滑模摊铺路面时，应配备1台挖掘机或装载机辅助布料。对于采用前置钢筋架法设置缩缝传力杆的路面、钢筋混凝土路面、桥面和桥头搭板，应选配下列适宜的布料机械：侧向上料的布料机、侧向上料的供料机、带侧向上料机构的滑模摊铺机、挖掘机加料斗侧向供料、吊车加短便桥钢凳，车辆直接卸料、吊车加料斗起吊布料。

高速、一级公路施工，宜选配能一次摊铺2～3个车道宽度（7.5～12.5m）的滑模摊铺机；二级及二级以下公路路面的最小摊铺宽度不得小于单车道设计宽度。硬路肩的摊铺宜选配中、小型多功能滑模摊铺机，并宜连体一次摊铺路缘石。滑模摊铺机可按表8-14的基本技术参数选择。

滑模摊铺系统机械配套宜符合表8-15的要求。所配备的硬刻槽机数量及刻槽能力、锯缝机数量及切缝能力应与滑模摊铺进度相适应。

表 8-14 滑模摊铺机的基本技术参数

项目	三车道滑模摊铺机	双车道滑模摊铺机	多功能单车道滑模摊铺机	路缘石滑模摊铺机
发动机功率(kW)	200～300	150～200	70～150	≤80
摊铺宽度(m)	12.5～16.0	3.6～9.7	2.5～6.0	<2.5
摊铺厚度(mm)	0～500	0～500	0～400 护拦高度 800～1 900	<450
摊铺速度(m/min)	0～3	0～3	0～3	0～5
空驶速度(m/min)	0～5	0～5	0～9	0～9
行走速度(m/min)	0～15	0～18	0～15	0～10
履带数(个)	4	2～4	2,3,4	2,3
整机自重(t)	57～135	22～50	12～27	≤10

表 8-15 滑模摊铺机施工主要机械和机具配套

工作内容	名称	机型及规格
钢筋加工	钢筋锯断机、折弯机、电焊机	根据需要确定规格和数量
测量基准线	水准仪、经纬仪、全站仪	根据需要确定规格和数量
	基准线、线桩及紧线器	300 个桩、5 个紧线器、3 000m 基准线
拌和	强制式拌和楼	≥50(m^3/h),数量由计算确定
	装载机	2～3m^3
	发电机	≥120kW
	供水泵和蓄水池	≥250m^3
运输	运输车	4～6m^3,数量由匹配计算确定
	自卸车	4～24m^3,数量由匹配计算确定
摊铺	布料机、挖掘机、吊车等布料设备	根据需要确定规格和数量
	滑模摊铺机 1 台	技术参数见表 8-14
	手持振捣棒、整平梁、模板	根据人工施工接头需要定
抗滑	拉毛养生机 1 台	与滑模摊铺机同宽
	人工拉毛齿耙、工作桥	根据需要确定规格和数量
	硬刻槽机 刻槽宽度≥500mm,功率≥7.5kW	数量与摊铺进度匹配
切缝	软锯缝机	根据需要确定规格和数量
	常规锯缝机或支架锯缝机	根据需要确定规格和数量
	移动发电机	12～60kW,数量由施工需要确定
磨平	水磨石磨机	需要处理欠平整部位时
灌缝	填缝机或插胶条工具	根据需要确定规格和数量
养生	压力式喷洒机或喷雾器	根据需要确定规格和数量
	工地运输车	4～6t,按需要确定数量
	洒水车	4.5～8t,按需要确定数量

滑模摊铺前台设备配套有重型和轻型之分，重型配置前台有布料机、摊铺机和拉毛养生机，施工钢筋混凝土路面和桥面非常便捷，但前台设备越多，出故障的概率也越高。目前国内大部分为轻型配置，只有一台摊铺机，人工辅助工作量大，且需其他设备辅助施工钢筋混凝土路面。

二、工作原理及工艺流程

滑模式摊铺机施工混凝土路面不需要轨模，摊铺机支承在四个液压缸上，两侧设置有随机移动的固定滑模，摊铺厚度通过摊铺机上下移动来调整。滑模式摊铺机一次通过即可完成摊铺、振捣、整平等多道工序，作业过程如图 8-13 所示。

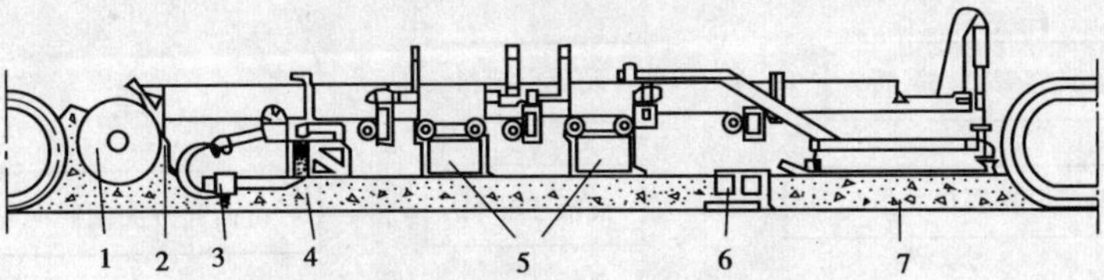

图 8-13 滑模式摊铺机摊铺过程

1—螺旋式布料器；2—刮平器；3—振捣器；4—刮平板；5—搓动式振捣板；6—光面带；7—混凝土面层

铺筑混凝土时，首先由螺旋式布料器将堆积在基层上的混凝土拌和物横向铺开，刮平器进行初步刮平，然后振捣器进行捣实，随后刮平板进行振捣后的整平，形成密实而平整的表面，再使用搓动式振捣板对拌和物进行振实和整平，最后用光面带进行光面。整面作业与轨道摊铺机施工基本相同，但滑模摊铺机的整面装置均由电子液压系统控制，精度较高。

滑模摊铺应按图 8-14 所示施工工艺流程进行施工。

三、铺筑作业

(一)现场准备

所有施工设备和机具均应处于良好状态，并全部就位。基层、封层表面及履带行走部位应清扫干净。为了使面板底部正常凝结硬化，提供设计所需要的弯拉强度，摊铺面板位置应洒水湿润，但不得积水。热天高温条件下，有沥青封闭层或老沥青路面加铺时，可喷洒白色石灰膏降温。为了保证纵缝顺直及防水密封，横向连接摊铺时，前次摊铺路面纵缝溜肩胀宽部位应切割顺直，侧边拉杆应校正扳直，缺少的拉杆应钻孔锚固植入，纵向施工缝的上半部缝壁应满涂沥青。板厚控制必须在摊铺前的拉线上进行，否则摊铺后不合格将很难弥补。当板厚偏薄时，以往的方法是洗刨基层，但实践中发现洗刨基层的效果并不好：一是基层表面损伤，有微裂缝，且基层厚度不足；二是洗刨后的基层部位与平整基层对面板的摩阻力相差过大，会造成路面运行的前两年内断板大大增加。因此，必须严格控制基层标高，同时，在面板标高误差范围内，可适当调整面板(拉线)高程，但应在 30m 以上长度内调整。

(二)基准线设置

基准线是为摊铺机上的 4 个水平传感器和 2 个方向传感器提供一个精确的与路面平

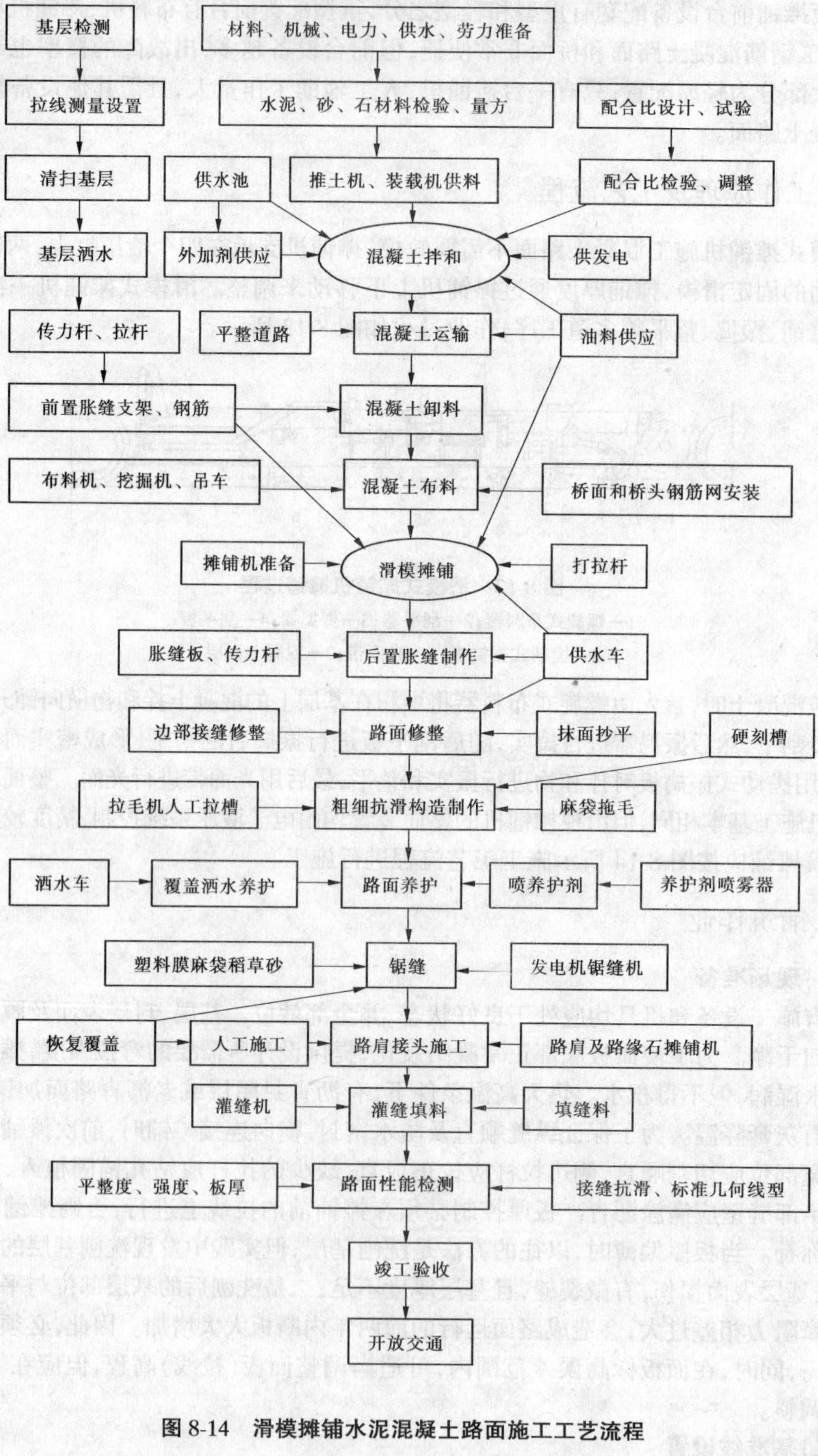

图 8-14 滑模摊铺水泥混凝土路面施工工艺流程

行的水平(横坡)和直线(转弯)方向平面参考系。路面摊铺的几何精度和平整度很大程度上取决于基准线的测设精度。水平参考系的精度一般是由测桩水平面与基准线之间保持相同的距离来控制和保证。所以,准确安装设置基准线对于滑模摊铺极其重要。

摊铺基准设置方式有拉线、滑靴、铝方管和多轮支架等,我国通常使用拉线方式,滑模摊铺混凝土路面的拉线设置与沥青路面非常接近。基准线设置形式有单向坡双线式、单向坡单线式和双向坡双线式三种。所摊铺的混凝土面板横向坡度为单向坡,而拉线位于摊铺机两侧(双线),这种拉线形式称为单向坡双线式,两条拉线间反映路面横坡,顺直段平面上两条拉线相等并平行。所摊铺的混凝土面板横向坡度为单向坡,而拉线仅位于摊铺机其中一侧(单线),已铺好的一侧不拉线,这种拉线形式称为单向坡单线式。单向坡单线形式在路面分多幅(或两幅)摊铺的情况下,于后幅摊铺时采用,这时修筑好的路面、边沟或缘石可作为摊铺机的不拉线一侧的平面参考系。所摊铺的混凝土面板横向坡度为双向坡,而拉线位于摊铺机两侧(双线),这种拉线形式称为双向坡双线式,顺直段平面上两条拉线完全平行,并对应高层相等,拉线上没有横坡。

基准线宽度除应保证摊铺宽度外,尚应满足两侧 650～1 000mm 横向支距的要求。基准线桩纵向间距:直线段不应大于 10m,竖、平曲线路段视曲线半径大小应加密布置,最小 2.5m。线桩固定时,基层顶面到夹线臂的高度宜为 450～750mm。基准线桩夹线臂夹口到桩的水平距离宜为 300mm。基准线桩应钉牢固。单根基准线的最大长度不宜大于 450m。基准线拉力不应小于 1 000N。

基准线的设置精确度应符合表 8-16 规定。板厚测定时,在基准线上单车道一个横断面测 3 点、双车道一个横断面测 5 点,断面平均板厚不应小于其代表值,极小值不小于极值。每 200m 测 10 个断面,其均值为该路段平均板厚,路段平均板厚不小于设计板厚。不满足上述要求,不得摊铺面板。

表 8-16　基准线设置精确度要求

项目	中线平面偏位(mm)	路面宽度偏位(mm)	面板厚度(mm)		纵断高程偏位(mm)	横坡偏差(%)	连接纵缝高差(mm)
			代表值	极值			
规定值	≤10	≤+15	≥-3	≥-8	±5	±0.10	±1.5

基准线设置后,严禁扰动、碰撞和振动。一旦碰撞变位,应立即重新测量纠正。多风季节施工,应缩小基准线桩间距。

(三)布料

滑模摊铺机前的正常料位应在螺旋布料器叶片最高点以下,不得缺料。卸料、布料应与摊铺速度相协调。当坍落度在 10～50mm 时,布料松铺系数宜控制在 1.08～1.15 之间。布料机与滑模摊铺机之间施工距离宜控制在 5～10m。摊铺钢筋混凝土路面、桥面或搭板时,严禁任何机械开上钢筋网、胀缝支架。防止将钢筋网压变形、变位或贴底。

(四)施工参数设定与校准

摊铺开始前,应对摊铺机进行全面性能检查和正确的施工部件位置参数设定。摊铺机各工作机构施工位置的正确设定是滑模摊铺技术中的最关键的技术环节之一,也是摊铺机调试当中的最主要的内容。

首先,振捣棒下缘位置应在挤压板最低点以上,振捣棒的横向间距不宜大于450mm,均匀排列;两侧最边缘振捣棒与摊铺边沿距离不宜大于250mm。振捣棒的位置是保证面板不产生纵向收缩裂缝的关键,振捣棒随滑模摊铺机拖行时,将粗集料推开,形成其中无粗集料的砂浆暗沟,而砂浆的干缩量是混凝土的20倍。所以,如果主要振捣棒掉下来,摊铺后的路面带有发亮的砂浆条带,则路面纵向极易开裂。摊铺时振捣棒最低点的位置必须设置在路表面以上,以防开裂。挤压底板前倾角宜设置为3°左右。提浆夯板位置宜在挤压底板前缘以下5~10mm之间。挤压底板前倾角大小和提浆夯板深度与滑模摊铺机的推进阻力和挤压力大小关系很大,也是横向拉裂与否的关键要素。必须设定在最佳位置,方可正常摊铺。

两边缘超铺高程根据拌和物稠度宜在3~8mm间调整。搓平梁前沿宜调整到与挤压板后沿高程相同,搓平梁的后沿比挤压底板后沿低1~2mm,并与路面高程相同。滑模摊铺机首次摊铺路面,应挂线对其铺筑位置、几何参数和机架水平度进行调整和校准,正确无误后,方可开始摊铺。

在开始摊铺的5m内,应在铺筑行进中对摊铺出的路面标高、边缘厚度、中线、横坡度等参数进行复核测量。所摊铺的路面精确度应控制在表8-16的规定范围内。摊铺开始,必须对所摊出的路面标高、厚度、宽度、中线、横坡度等技术参数进行仪器测量。机手应根据测量结果及时微调摊铺机上传感器、挤压板、拉杆打入深度及压力、抹平板的压力及侧模边缘位置。侧模边缘位置是在方向传感器一侧用钢尺测量其到拉线的距离来确定的,摊铺中线误差的消除通过在行进中调整方向传感器横杆距离来实现,所有这些调整都必须在摊铺行进中逐渐缓慢地进行调整,严禁停机调整,防止路面出现剧烈调整的棱槽。当出现了严重影响平整度的棱槽时,必须要废弃部分路面重做。从摊铺机起步到调整到正常摊铺,应在10m内完成。摊铺效果达到要求的摊铺机设置应固定并保护起来,不允许非机手更改。

(五)摊铺与振捣

滑模摊铺必须一遍铺成,达到振动密实、排气充分、挤压平整、外观规矩之目的,不能倒车重铺。既不能漏振、欠振,造成麻面或拉裂,也不得过振、提浆过厚,形成塌边或溜肩现象,这就要求振捣频率必须达到与速度和料稠度最优匹配。挤压前仰角相当于手工抹面的抹刀倾角,稠度不同,粗糙度不同,推力差别很大,存在一个与混合料工作性匹配的最适宜的角度。

操作滑模摊铺机应缓慢、匀速、连续不间断地作业。摊铺速度应根据拌和物稠度、供料多少和设备性能控制在0.5~3.0m/min之间,一般宜控制在1m/min左右。严禁料多追赶,然后随意停机等待、间歇摊铺。拌和物稠度发生变化时,应先调振捣频率,后改变摊铺速度。应随时调整松方高度板控制进料位置,开始时宜略设高些,以保证进料。正常摊铺时应保持振捣仓内料位高于振捣棒100mm左右,料位高低上下波动宜控制在±30mm之内。挤压底板的料与振动仓内的混凝土之间始终应保持相互间压力的均衡,避免挤压力忽大忽小而影响平整度。

正常摊铺时,振捣频率可在6 000~11 000r/min之间调整,宜采用9 000r/min左右,应防止混凝土过振、欠振或漏振。应根据混凝土的稠度大小，随时调整摊铺的振捣频率或速度。摊铺机起步时，应先开启振捣棒振捣2～3min，再缓慢平稳推进。摊铺机脱离混凝土后，应立即关闭振捣棒组。

滑模摊铺机满负荷时可铺筑的路面最大纵坡为上坡5%、下坡6%。上坡时，挤压底板前仰角宜适当调小，并适当调小抹平板压力；下坡时，前仰角宜适当调大，并适当调大抹平板压力。板底不小于3/4长度接触路表面时抹平板压力适宜。滑模摊铺机施工的最小弯道半径不应小于50m；最大超高横坡不宜大于7%。滑模摊铺弯道和渐变段路面时，单向横坡，使滑模摊铺机跟线摊铺，应随时观察并调整抹平板内外侧的抹面距离，防止压垮边缘。摊铺中央路拱时，计算机控制条件下，输入弯道和渐变段边缘及拱中几何参数，计算机自动控制生成路拱；手控条件下，机手应根据路拱消失和生成几何位置，在给定路段范围内分级逐渐消除和调成路拱。进出渐变段时，保证路拱的生成和消失，保证弯道和渐变段路面几何尺寸的正确性。

单车道摊铺时，应视路面设计要求配置一侧或双侧打纵缝拉杆的机械装置。侧向打拉杆装置的正确插入位置应在挤压底板的中间或偏后部。拉杆打入分手推、液压、气压几种方式，压力应满足一次打(推)到位要求，不允许多次打入或人工后打。滑模摊铺是没有固定模板的快速施工方式，在毫无支撑的软混凝土路面边侧或中间打拉杆，易造成塌边和破坏。

两个以上车道摊铺时，除侧向打拉杆的装置外，还应在假纵缝位置配置一个以上中间拉杆自动插入装置。该装置有机前插和机后插两种配置。前插时应保证拉杆的设置位置，后插时要消除插入上部混凝土的破损缺陷，应有振动搓平梁或局部振动板来保证修复插入缺陷和其插入部位混凝土的密实度。带振动搓平梁和振动修复板的滑模摊铺机应选择机后插入式，其他滑模摊铺机可使用机前插入式。打入的拉杆必须处在路面板厚中间位置。中间和侧向拉杆打入的高低误差均不得大于±2cm；前后误差不得大于±3cm。机手应随时密切观察所摊铺的路面效果，注意调整和控制摊铺速度，振捣频率，夯实杆、振动搓平梁和抹平板位置、速度和频率。软拉抗滑构造时表面砂浆层厚度宜控制在4mm左右，硬刻槽路面的砂浆表层厚度宜控制在2～3mm。

连接摊铺时，滑模摊铺机一侧履带上前次水泥混凝土路面的养护时间应控制在7d以上，最短不得少于5d。同时，钢履带底部应铺橡胶垫或使用挂有胶履带的滑模摊铺机，防止履带损伤前幅路面。纵向连接摊铺路面时，应对连接纵缝部位进行人工修整，连接纵缝的横向平整度应符合不同公路等级的要求。连接摊铺后幅路面的纵缝横向平整度：高速公路、一级公路平均不应大于2mm，极值不应大于3mm；二、三级公路平均不应大于3mm，极值不应大于5mm。用钢丝刷刷干净黏附在前幅路面上的砂浆，应刷出粗细抗滑构造。

(六)注意事项

摊铺中应经常检查振捣棒的工作情况和位置。路面出现麻面或拉裂现象时，必须停机检查或更换振捣棒。摊铺后，路面上出现发亮的砂浆条带时，必须调高振捣棒位置，使其底缘在挤压底板的后缘高度以上，以防止路面出现麻面或开裂。摊铺宽度大于7.5m时，若左右两侧拌和物稠度不一致，摊铺速度应按偏于一侧设置，并应将偏稀一侧的振捣棒频率迅速调小。

水泥混凝土路面滑模摊铺是否拉裂与内聚强度、内摩阻角和最大剪切位移有关。当滑模摊铺新拌混凝土坍落度在0～70mm范围内变化时，内聚强度在2.0～34.6kPa内变化，内摩阻角在37°～60°内变化，最大剪切位移在70～180mm内变化，拌和物可调整的范围相当宽，可以采取增大水灰比、降低砂灰比、增大含气量、掺粉煤灰或减水剂等改善拌和物工作性的措施，减小剪应力和增大最大剪切位移来防止拉裂。混凝土振实后，金属板挤压滑移拉裂的可能性将大大降低。同等条件下，未振捣密实的混凝土更容易被拉裂，在施工中，可通过调整拌和物稠度、停机待料时间、挤压底板前仰角、起步及摊铺速度等来控制和消除横向拉裂现象。

在混凝土供应不上或拌和楼出现机械故障等情况下，停机等待时间不得超过当时气温下混凝土初凝时间的4/5，超过此时间，应将滑模摊铺机开出摊铺工作面，并做施工缝。当滑模摊铺机出现机械故障，应紧急通知后方拌和楼停止生产，在故障停机时间内，滑模摊铺机内混凝土尚未初凝，能够排除故障，允许继续摊铺。否则，应尽快将滑模摊铺机拖出摊铺工作面，正常后，重新起步摊铺。

遇到平面交叉口、收费站广场或匝道变宽段路面时，只要摊铺宽度小于滑模摊铺机固定宽度，可采用滑模摊铺机跨一侧或两侧模板施工方式，模板顶面应粘贴橡胶垫，模板顶面高程应低于路面高程3mm，滑模摊铺机的振捣仓在模板上部应加隔板，施工时应关闭隔板外侧的振捣棒。

四、路面修整及其他

滑模摊铺过程中应采用自动抹平板装置进行抹面。对少量局部麻面和明显缺料部位，应在挤压板后或搓平梁前补充适量拌和物，由搓平梁或抹平板机械修整。滑模摊铺的混凝土面板在下列情况下，可用人工进行局部修整：

(1)用人工操作抹面抄平器，精整摊铺后表面的小缺陷。但不得在整个表面加薄层修补路面标高。

(2)对纵缝边缘出现的倒边、塌边、溜肩现象，应顶侧模或在上部支方铝管进行边缘补料修整。

(3)对起步和纵向施工接头处，应采用水准仪抄平并采用大于3m的靠尺边测边修整。

滑模摊铺结束后，必须及时清洗滑模摊铺机，进行当日保养等，并宜在第二天硬切横向施工缝，也可当天软作横向施工缝。应丢弃端部的混凝土和摊铺机振动仓内遗留下的纯砂浆，两侧模板应向内各收进20～40mm，收口长度宜比滑模摊铺机侧模板略长。施工缝部位应设置传力杆，并应满足路面平整度、高程、横坡和板长要求。在开始摊铺和施工接头时，应做好端头和结合部位的平整度，防止工作缝结合部低洼跳车。接头宁高勿低，高了可以磨平，而低了则无法补救。

第七节　接缝、抗滑构造施工与养生

一、接缝施工

(一)纵向接缝

1. 纵向施工缝

采用滑模施工时，纵向施工缝的拉杆可用摊铺机的侧向拉杆装置插入。

采用固定模板施工方式时，应在振实过程中，从侧模预留孔中手工插入拉杆。纵向模板拉杆(见图 8-15)的安装方法如下：

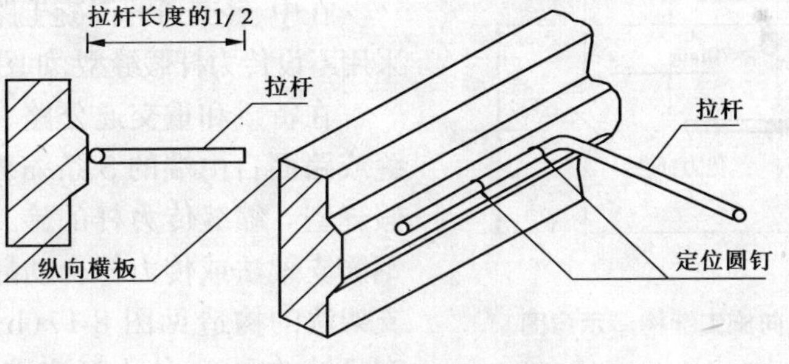

图 8-15　拉杆安装示意图

(1)预先将拉杆从中点起弯成直角立模后，将拉杆按设计位置竖贴凸榫表面用 2 道或 3 道圆钉托住，上下卡紧而不卡死，应使外伸的半根拉杆能原位转动。

(2)摊铺混凝土时应先将外伸的半根拉杆向上转动，浇筑振实到拉杆位置后，放下拉杆就位，再继续浇筑拉杆上面的混凝土。

(3)拆模后预留外露部分的拉杆(即用圆钉固定在凸榫表面上的半根)，用钢管作套筒扳手缓缓地回直。

当浇筑另一幅路面时，应先在凹槽壁上涂抹沥青，再在槽上部嵌好压缝板，然后摊铺混凝土。拆除凸榫模板时，应注意不要损伤混凝土板的企口，特别是凹槽的上部混凝土。

对平式纵缝和横向工作缝，在已凝固的侧混凝土板边壁上应涂沥青，并嵌上压缝板，再浇筑另一侧混凝土。

2. 纵向缩缝

当机械一次摊铺宽度大于两个以上车道，或者一次铺筑宽度大于 4.5m 时，应采用假缝拉杆型纵缝，纵缝位置应按车道宽度设置，并用切缝法当即锯切假纵缝。在摊铺过程中用专用的拉杆插入装置插入拉杆。

钢筋混凝土路面、桥面和搭板的纵缝拉杆可由横向钢筋延伸穿过接缝代替。钢纤维混凝土路面切开的假纵缝由于有钢纤维提供的拔出力可不设拉杆，施工真纵缝中因为没有钢纤维，与普通混凝土路面一样应设拉杆。

3. 拉杆的施工保护

插入的侧向拉杆应牢固，不得松动、碰撞或拔出。若发现拉杆松脱或漏插，应在横向相邻路面摊铺前钻孔重新植入。当发现拉杆可能被拔出时，宜进行拉杆拔出力（握裹力）检验。

（二）横向接缝

1.横向施工缝

每天摊铺结束或摊铺中断时间超过30min时，应设置横向施工缝，其位置宜与胀缝或缩缝重合，确有困难不能重合时，施工缝应采用设螺纹传力杆的企口缝形式，以保证横向施工缝具有良好的荷载传递能力且拉成整体板。这种板中施工缝也会由于面板混凝土干缩形成微细裂缝，所以也需要切缝和填缝。横向施工缝应与路中心线垂直。横向施工缝在缩缝处采用平缝传力杆型，见图8-16。

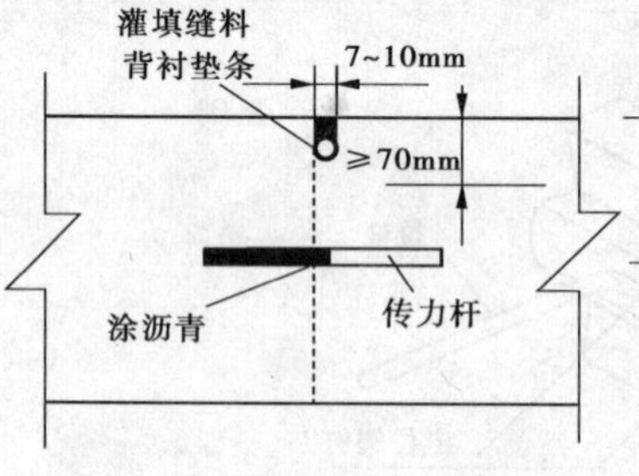

图8-16 横向施工缝构造示意图

2.横向缩缝

在中、轻交通的混凝土路面上，横向缩缝可采用不设传力杆假缝型，如图8-17(a)所示。

在特重和重交通公路、收费广场、邻近胀缝或路面自由端的3条缩缝应采用设传力杆假缝型。缩缝传力杆的施工方法可采用前置钢筋支架法或传力杆自动插入装置（DBI）法，支架法的构造见图8-17(b)。钢筋支架应具有足够的刚度，传力杆应准确定位，摊铺之前

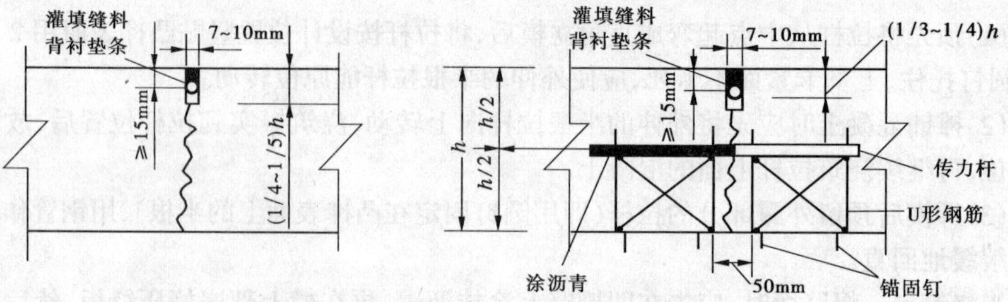

(a)不设传力杆假缝型 (b)设传力杆假缝型

图8-17 横向缩缝构造

应在基层表面放样，并用钢钎锚固，宜使用手持振捣棒振实传力杆高度以下的混凝土，然后机械摊铺。传力杆无防黏涂层一侧应焊接，有涂料一侧应绑扎。用DBI法置入传力杆时，应在路侧缩缝切割位置作标记，保证切缝位于传力杆中部。传力杆设置方式有两种：一是用滑模摊铺机配备的传力杆自动插入装置（DBI）在摊铺时置入；二是使用前置钢筋支架法施工。后者传力杆设置精确度有保证，但在没有布料机的情况下，影响摊铺速度，且投资增大。使用传力杆自动插入装置（DBI）时，最大坍落度不得大于50mm；在过稀的料中，传力杆有可能因自重移位，最小坍落度不宜小于10mm；过硬的路面，整机质量不足以将整排传力杆振压到位。传力杆插入造成的上部破损缺陷应由振动挫平梁进行彻底修复。

3. 胀缝

普通混凝土路面的胀缝应设置胀缝补强钢筋支架、胀缝板和传力杆。胀缝构造如图 8-18 所示。补强钢筋支架,不仅是机械连续施工胀缝的需要,而且是胀缝两侧增强抗拉强度、抵抗胀缝拉应力破坏所必需的。

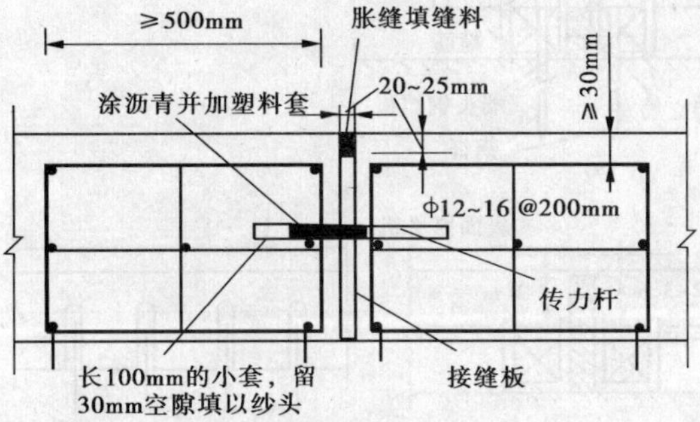

图 8-18　胀缝构造示意图

钢筋混凝土和钢纤维混凝土路面可不设钢筋支架。胀缝宽 20～25mm,使用沥青或塑料薄膜滑动封闭层时,胀缝板及填缝宽度宜加宽到 25～30mm。传力杆一半以上长度的表面应涂防黏涂层,端部应戴活动套帽,套帽材料与尺寸应符合要求。胀缝板应与路中心线垂直与缝壁垂直;缝隙宽度一致;缝中完全不连浆。

胀缝应采用前置钢筋支架法施工,也可预留一块面板,高温时再铺封。前置法施工,应预选加工、安装和固定胀缝钢筋支架,并在使用手持振捣棒振实胀缝板两侧的混凝土后再摊铺。宜在混凝土未硬化时,剔除胀缝板上部的混凝土,嵌入(20～25)mm×20mm 的木条,整平表面。胀缝板应连续贯通整个路面板宽度。

机械化施工混凝土路面时,胀缝可在连续铺筑混凝土拌和物的过程中完成(如图 8-19 所示),也可在施工终了时完成(如图 8-20 所示)。

在连续铺筑混凝土拌和物的过程中施工胀缝时,传力杆和接缝板的固定与安装按图 8-19 所示进行。施工时用方木、钢挡板及钢钎固定胀缝板,钢钎间距 1m。在摊铺机前方,先在路面胀缝的传力杆范围内铺筑混凝土拌和物,用两个插入式振捣器在胀缝两侧 0.5～1.0m 的范围内对称均匀地捣实。摊铺机摊铺至胀缝两侧各 0.5m 范围内时,将振动梁提起,拔去钢钎,拆除方木和挡板。留下的空隙用混凝土拌和物填充并用插入式振捣器捣实,人工进行粗面,并通过摊铺机的振荡修平梁进行最终修平。待接缝板以上的混凝土硬化后用锯缝机按接缝板的位置和宽度锯两条缝,凿除接缝板之上的混凝土和临时插入物,然后用填缝料填满。这种施工方法可确保接缝施工质量,胀缝的外观也较好。

施工终了时设置胀缝时,传力杆和接缝板的安装和固定按图 8-20 所示进行。先浇筑传力杆以下的混凝土拌和物,用插入式振捣器振捣密实,并注意校正传力杆的位置,然后再摊铺传力杆以上的混凝土拌和物。摊铺机摊铺胀缝另一侧混凝土时,先拆除端头钢挡板及钢钎,然后按要求铺筑混凝土拌和物。填缝时必须将接缝板以上的临时插入物清除。

(三)拉杆、胀缝板、传力杆及其套帽、滑移端设置

拉杆、胀缝板、传力杆及其套帽、滑移端设置精确度应符合表 8-17 的要求。

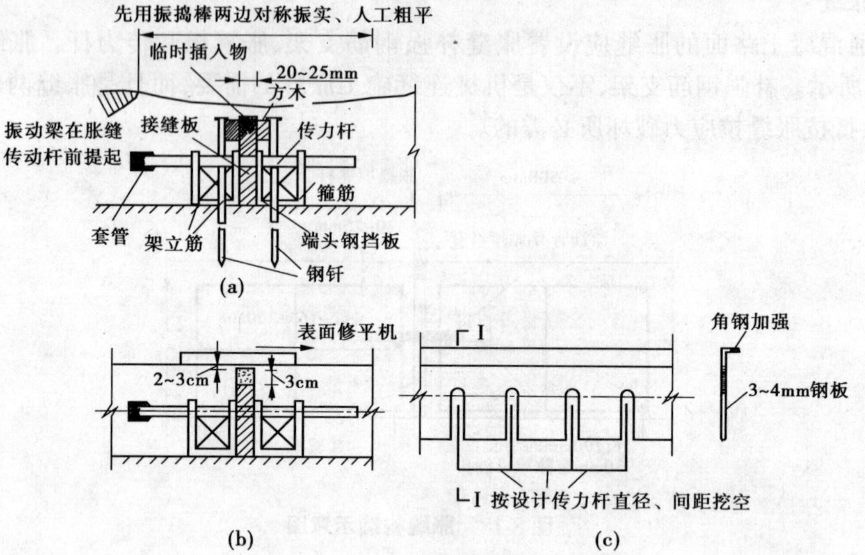

图 8-19　机械化连续铺筑的施工胀缝

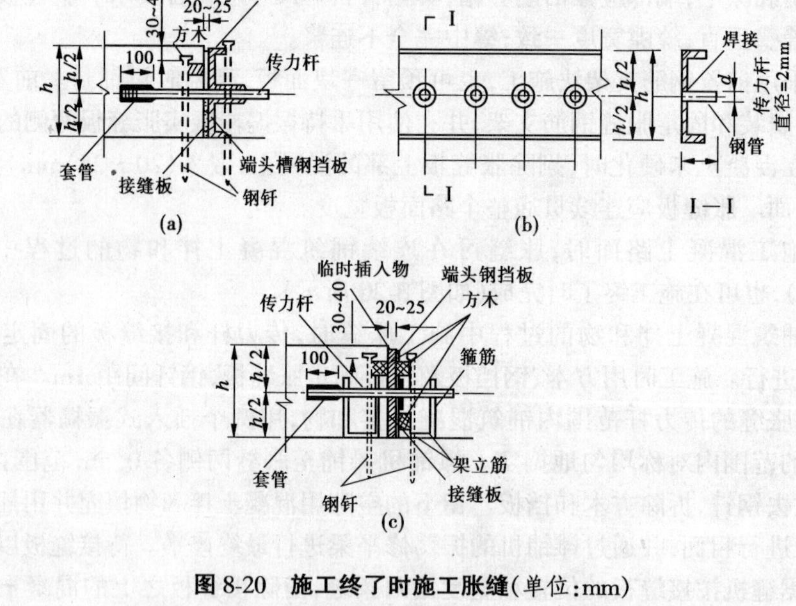

图 8-20　施工终了时施工胀缝（单位：mm）

(a)传力杆固定装置；(b)端头槽钢挡板；(c)安装、固定传力杆和接缝板

(四)切缝

贫混凝土基层、各种混凝土面层、加铺层、桥面和搭板的纵、横向缩缝均应采用切缝法施工。常用的切缝设备有软切缝机、普通切缝机、支架切缝机等。切缝方式有全部硬切缝、软硬结合切缝和全部软切缝三种，具体切缝方式的选用，应由施工期间该地区路面摊铺完毕到切缝时的昼夜温差确定，宜参照表 8-18 选用。当降雨后刮风引起路面温度骤降，面板温差在表中规定范围内时，应提早切缝。

表 8-17　拉杆、胀缝板、传力杆及其套帽、滑移端设置精确度

项目	允许偏差(mm)	测量位置
传力杆端上下左右偏斜偏差	10	在传力杆两端测量
传力杆在板中心上下左右偏差	20	以板面为基准测量
传力杆沿路面纵向前后偏位	30	以缝中心线为准
拉杆深度偏差及上下左右偏斜偏差	10	以板厚和杆端为基准测量
拉杆端及在板中上下左右偏差	20	杆两端和板面测量
拉杆沿路面纵向前后偏位	30	纵向测量
胀缝传力杆套帽长度不小于 100mm	10	以封堵帽端起测
缩缝传力杆滑移端长度大于 1/2 杆长	20	以传力杆长度中间起测
胀缝板倾斜偏差	20	以板底为准
胀缝板的弯曲和位移偏差	10	以缝中心线为准

表 8-18　根据施工气温所推荐的切缝方式

昼夜温差(℃)	切缝方式	缩缝切深
＜10	最长时间不得超过 24h	硬切缝 1/4～1/5 板厚
10～15	软硬结合切缝,每隔 1～2 条提前软切缝,其余用硬切缝补切	软切深度不应小于 60mm;不足者应硬切补深到 1/3 板厚,已断开的缝不补切
＞15	宜全部软切缝,抗压强度一般为 1～1.5MPa,人可行走。软切缝不宜超过 6h	软切缝深不大于等于 60mm,未断开的接缝,应硬切补深到不小于 1/4 板厚

对分幅摊铺的路面应在先摊铺的混凝土板横缩缝已断开的部位作标记。在后摊铺的路面上应对齐已断开的横缩缝提前软切缝。分幅横向连接摊铺纵缝有拉杆的水泥路面,对先铺路面已经断开的缩缝,为防止拉杆传递拉应变而导致后铺路面在硬切缝之前断板,应提前软切缝。

已设置拉杆的假纵缝和设有传力杆的缩缝,切缝深度应为 1/3～1/4 板厚,并不小于 70mm,纵、横缩缝宜同时切缝,已插入拉杆的假纵缝必须加深切缝以防止传力杆端部混凝土路面断裂;无传力杆缩缝的切缝深度应为 1/4～1/5 板厚,并不小于 60mm。最迟切缝时间不宜超过 24h。纵向缩缝的切缝要求应与横向缩缝相同。

缩缝切缝宽度宜控制在 4～6mm,锯片厚度不宜小于 4mm,切缝时锯片晃度不应大于 2mm。可先用薄锯片锯切到要求深度,再使用 6～8mm 厚锯片或叠合锯片扩宽填缝槽,填缝槽深度宜为 25～30mm,宽度宜为 7～10mm,以保证接缝不因嵌入较大粒径的坚硬石子而崩边角,同时兼顾填缝材料不致因拉应变过大而过早拉裂失去密封防水效果。施工中应注意区分切缝、断开缝与填缝槽的宽度与深度(见图 8-21)。

高速公路和一级公路及路基高度大于等于 10m 的高边坡、软基及填挖交界路段、桥

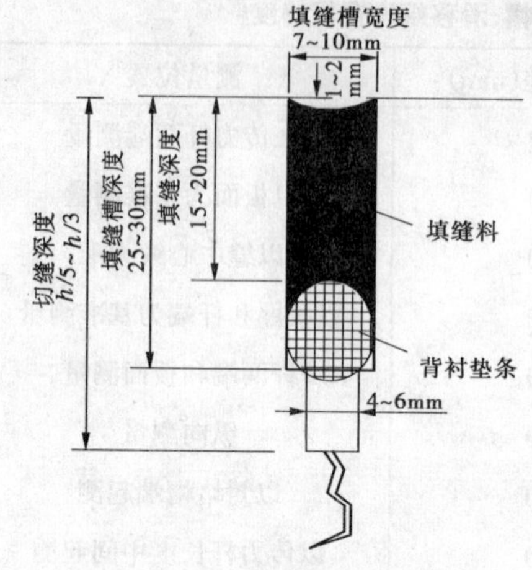

图 8-21　缩缝切缝、填缝(槽)、垫条细部尺寸

头搭板、桥面板的纵向施工缝,应在上半部涂满沥青,然后硬切缝,并填缝,以防止水从这些部位的纵缝渗到桥面、易沉降变形的高填方、桥头等基层中去。二级及其以下公路一般路段的纵向施工缝在上半部涂满沥青后,可不切缝,特殊路段根据当地路面冲刷破坏程度自定。

在变宽度路面上,宜先切缝划分板宽,匝道上的纵缝宜避开轮迹位置。在弯道加宽段、渐变段、平面交叉口和匝道进出口横向加宽或变宽路面上,横向缩缝切缝必须缝对缝,无法对齐时,可采用小转角折线缩缝,相邻板的横向缩缝切口必须对齐,允许偏差不得大于 5mm。其原因是纵缝有拉杆传递拉开变形,将未对缝的面板拉断。若不对缝,又不允许拉断,变宽路面纵缝两侧应采用钢筋混凝土或配边缘补强钢筋。

(五)填缝

各类接缝的槽口均须作填缝处理,以免杂物和水进入。通常在混凝土板养生期满后及时填缝。未填缝之前严禁车辆行驶,以免板缝和角隅损坏。填缝前须将进入缝内的砂、石、凝结的泥浆等杂物用切缝机清除,再使用压力大于等于 0.5MPa 的压力水流或压缩空气彻底清除接缝中的尘土及其他污染物,确保缝壁及内部清洁、干燥。为确保接缝防水密封效果,填缝料与缝壁要求紧密黏结。因此,缝壁检验以擦不出灰尘为标准,合格后方可进行填缝工作。填缝工作主要包括填缝、填缝质量控制和填缝料养生等。

1. 填缝

1)缩缝填缝

缩缝填缝根据填缝料不同,可分为常温填缝和加热填缝两种。

常温填缝使用常温聚(氨)酯、硅树脂类、氯丁橡胶类、沥青橡胶类等填缝料时,应按规定比例将两组分材料按 1h 填缝量混拌均匀后使用。填缝料配制要求随配随用。

加热填缝使用沥青玛𤧛脂类、聚氯乙烯胶泥类、改性沥青类等填缝料时,应将填缝料加热至规定温度。加热过程中应将填缝料融化,拌和均匀,并保温使用。

2)胀缝填缝

路面胀缝和桥台隔离缝等应在填缝前凿去接缝板顶部嵌入的木条,涂黏结剂后,嵌入胀缝专用多孔橡胶条或灌进适宜的填缝料,当胀缝的宽度不一致或有啃边、掉角等现象时,必须填缝。考虑胀缝变形量,胀缝中的填缝料宜采用多孔橡胶条,而不宜使用各种密实型的填缝材料,以防止热天被挤出、带走或磨掉,冬季会收缩成槽。

填缝有特制的填缝小车,如图 8-22 所示。小车由一个填料漏斗和 4 个小轮组成,操作时小车沿接缝灌浇前进。若无填缝车可用鸭嘴壶代替。填缝一般高于板面 1～2mm,冷缩后用铁烫平并洒上少量石粉。

2. 填缝质量控制

同时考虑接缝结构的完好性与填缝料的最大拉应变两方面因素的协调平衡下，水泥路面缩缝填缝槽的形状系数宜控制在2左右，适宜的填缝槽宽度应为7～10mm；挤压嵌入直径9～12mm的泡沫塑料背衬条，填缝深度宜为15～20mm，并不小于15mm，见图8-21。

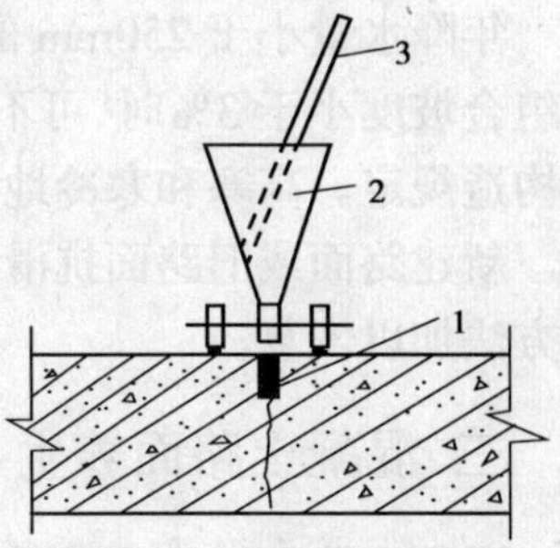

图8-22　浇灌填缝料用小车

1—假缝；2—漏斗；3—插杆

填缝顶面热天应与板面齐平，冷天应填为凹液面，中心低于板面1～2mm。填缝必须饱满、均匀、厚度一致并连续贯通；填缝料不得缺失、开裂和渗水。使用单锯片切缝，不断开时缝宽为6～8mm，断开后为7～10mm。若填缝时达不到6mm，可扩缝，也可直接使用台阶锯片切缝。

3. 填缝料养生

常温施工式填缝料的养生期，低温天宜为24h，高温天宜为12h。加热施工式填缝料的养生期，低温天宜为2h，高温天宜为6h。在填缝料养生期间应封闭交通。常温反应固化型及加热施工填缝料均须封闭交通养生。

二、抗滑构造施工

摊铺完毕或精整平表面后，宜使用钢支架拖挂1～3层叠合麻布、帆布或棉布，洒水湿润后作拉毛处理。布片接触路面的长度以0.7～1.5m为宜，细度模数偏大的粗砂，拖行长度取小值；砂较细时取大值。人工修整表面时，宜使用木抹。用钢抹修整过的光面，必须再作拉毛处理，以恢复细观抗滑构造。混凝土路面摊铺后，均应用软拖麻袋等作拉毛处理。

当工程规模较大，施工速度较快(当日施工进度超过500m)时，抗滑构造制作宜选用拉毛机械施工。没有拉毛机时，可在混凝土表面泌水完毕20～30min内采用人工拉槽方式进行拉槽，槽深2～4mm，槽宽3～5mm，槽间距15～25mm。可施工等间距或不等间距抗滑槽，为减小噪声，宜采用后者。衔接间距应保持一致。

特重和重交通混凝土路面宜采用硬刻槽，凡使用圆盘、叶片式抹面机精平后的混凝土路面、钢纤维混凝土路面必须采用硬刻槽方式制作抗滑沟槽。硬刻槽应在抗压强度达到40%后开始，并宜在两周内完成。硬刻槽机有普通手推式、支架式及自行式三种，刻槽方法也有等间距和不等间距两种。槽深3～5mm，槽宽3mm，槽间距在12～24mm之间随机调整。在我国北方高寒和寒冷地区，冬季有可能积水结冰的路面上，深槽或矩形槽有可能存在冻胀破坏问题，因此硬刻槽的形状宜使用上宽(6mm)下窄(3mm)的梯形槽。硬刻槽机重量宜重不宜轻，一次刻槽宽度不应小于500mm，硬刻槽时不应掉边角，亦不得中途抬起或改变方向，并保证硬刻槽到面板边缘。硬刻槽后应随即将路面冲洗干净，并恢复路面的养生。

一般路段可采用横向槽或纵向槽，在弯道或要求减噪的路段宜使用纵向槽。对于一些安全性较高或以降噪要求为主的特殊路段，如弯道、减小噪声路段，可优先使用纵向槽。纵向槽的侧向力系数大，安全性高，噪声小。

年降水量小于250mm的地区的各级公路混凝土路面，或者年降水量为250～500mm而组合坡度小于3%时，可不拉毛和刻槽；组合坡度大于等于3%时，应执行一般路段的抗滑构造规定。高寒和寒冷地区混凝土路面的停车带边板和收费站广场，可不制作抗滑沟槽。新建路面或旧路面抗滑构造不满足要求时，可采用磨平后再采用硬刻槽或喷砂打毛等方法加以恢复。

三、混凝土路面养生

混凝土路面铺筑完成或软作抗滑构造完毕后应立即开始养生。养生是水泥混凝土路面施工作业中的最后一道工序，也是保证水泥混凝土路面弯拉强度、抗冲击振动、抗疲劳性、耐磨性、抗(盐)冻性及耐久性等性能能否实现的关键工序之一，必须加以重视。

机械摊铺的各种混凝土路面、桥面及搭板宜采用喷洒养生剂同时保湿覆盖的方式养生。在雨天或养生用水充足的情况下，也可采用覆盖保湿膜、土工毡、土工布、麻袋、草袋、草帘等洒水湿养生方式，保持混凝土表面始终处于潮湿状态，但不宜使用围水养生方式。

混凝土路面采用喷洒养生剂养生时，喷洒应均匀，成膜厚度应足以形成完全密闭水分的薄膜，喷洒后的表面不得有颜色差异。喷洒时间宜在表面混凝土泌水完毕后进行。喷洒高度宜控制在0.5～1m，最小喷洒剂量不得少于0.30～0.35kg/m^2，不得使用易被雨水冲刷掉的和对混凝土强度、表面耐磨性有影响的养生剂。当喷洒一种养生剂达不到90%以上有效保水率要求时，可采用两种养生剂各喷洒一层或喷一层养生剂再加覆盖的方法。

保湿膜是一种新型的养生材料和方式，底部是吸水保湿膜，上部为黑色吸热隔水塑料薄膜，保温、保湿效果较好，薄膜厚度(韧度)应合适，宽度应大于覆盖面600mm，两条薄膜对接时，搭接宽度不应小于400mm，养生期间应始终保持薄膜完整盖满。昼夜温差大于10℃以上的地区或日平均温度小于等于5℃施工的混凝土路面应采取保温保湿养生措施。

覆盖塑料薄膜养生的初始时间，以不压坏细观抗滑构造为准。

养生时间应根据混凝土弯拉强度增长情况而定，不宜小于设计弯拉强度的80%，应特别重视前7d的保湿(温)养生。一般养生天数宜为14～21d。高温天一般不宜少于14d，低温天不宜少于21d，掺粉煤灰的混凝土路面，最短养生时间不宜少于28d，低温天应适当延长。混凝土板养生初期，严禁人、畜、车辆通行，在达到设计强度40%后，行人方可通行。在路面养生期间，平交道口应搭建临时便桥。面板达到设计弯拉强度后，方可开放交通。

参考文献

[1] 吴初航，陈海燕，谢炯，等. 水泥混凝土路面施工及新技术. 北京：人民交通出版社，2000
[2] 傅智. 水泥混凝土路面施工技术. 上海：同济大学出版社，2004
[3] 公路水泥混凝土路面施工技术规范(JTG F30—2003). 北京：人民交通出版社，2003
[4] 傅智，金志强. 水泥混凝土路面施工与养护技术. 北京：人民交通出版社，2003

第九章　水泥混凝土路面施工质量控制

第一节　工程质量检验评定方法

一、工程质量检验与评定依据

工程质量检验和评定是依据交通部颁布的《公路工程质量检验评定标准》(JTJ071)(简称“质量检评标准”)进行的,该标准是公路工程质量检验和等级评定的标准尺度,是质量监督部门进行质量检查鉴定、监理工程师进行质量检查认定、施工单位质量自检、分项工程交接验收以及工程竣工验收质量评定的依据。对于部分省市依据“质量检评标准”结合本省市实际情况制定的《公路工程质量检验评定标准》,质量检验评定时应同时满足省市质量检评标准的规定。

按照“质量检评标准”对公路水泥混凝土路面进行工程质量检验时,具体试验检测还要以设计文件和《公路水泥混凝土路面设计规范》与《公路水泥混凝土路面施工技术规范》的有关规定为依据。设计文件中对路面结构尺寸、材料的要求是试验检测的基本依据,路面施工过程的工艺要求、施工阶段材料的强度和变形控制应以施工技术规范为依据。

对于新结构或采用新材料、新工艺的水泥混凝土路面以及有特殊要求的水泥混凝土路面,业主和承包商签订的施工合同应注明对其的质量要求、质量评定参照的方法(参照国外行业或国内其他行业的标准规范),质量评定应以合同规定的有关条款为依据。

二、工程质量评定单元

“质量检评标准”根据工程建设任务、规模以及施工管理、质量控制的要求,在施工准备阶段将工程建设项目划分为单位工程、分部工程和分项工程三级。

单位工程是建设项目中,根据业主下达的任务或签订的合同,具有独立施工条件,可以单独作为成本计算对象的工程。单位工程包括路基工程、路面工程、大中桥梁工程、互通立交工程、隧道工程、交通安全设施及环保工程等七类。

分部工程是在单位工程中按结构部位、路段长度及施工特点或施工任务等进行划分,将单位工程划分为若干个分部工程。就路面单位工程而言,可根据路段长度划分为若干个路面分部工程。

分项工程是在分部工程中按不同的施工方法、材料、工序及路段长度等进行划分,在分部工程中划分为若干个分项工程。在路面分部工程中包括面层、基层、底基层、垫层、联结层等。

有关路面单位工程中分部和分项工程具体划分如表 9-1 所示。

施工单位、工程监理单位和建设单位应按相同的工程项目划分进行工程质量的监控和管理。

为了确保主要工程的质量，在以上评定单元划分中将分部工程和分项工程分为主要(主体)工程与一般工程，在质量评定计分时分别赋予2和1的权值。表9-1中带*的工程即为权重为2的主要工程。

表9-1 路面单位工程中分部和分项工程划分

单位工程	分部工程	分项工程
路面工程 (每10km或每标段)	路面工程* (1～3km路段)	底基层、基层*、面层*、垫层、联结层、路缘石、人行道、路肩、路面边缘排水系统等

三、工程质量评分方法

施工单位在各分项工程施工完成后，按照"质量检评标准"所列基本要求，通过实测项目和外观鉴定进行自查，填写"分项工程质量检验评定表"，提交真实、完整的自检资料，并对工程质量进行评分。监理工程师应按规定要求对工程质量进行检查，对施工自检资料进行签认和评分。质量监督部门根据抽检资料和确认的施工自检资料以及监理工程师的质量管理资料对工程质量逐级进行评定。

工程质量检验评分以分项工程为评定单元，采用100分制评分方法进行评分。在分项工程评分的基础上，逐级计算各相应分部工程、单位工程的评分值以及建设项目的单位工程优良率和评分值。

(一)分项工程质量评分方法

分项工程质量评定是建设项目工程质量评定的基础。分项工程质量检验的内容包括基本要求、实测项目、外观鉴定和质量保证资料四个部分，只有在其使用的原材料、半成品、成品及施工工艺符合基本要求的规定，且无严重外观缺陷和质量保证资料真实并基本齐全时，才能对分项工程质量进行检验评定。

涉及结构安全和使用功能的重要实测项目为关键项目(如结构层厚度、半刚性基层强度和压实度、水泥混凝土弯拉强度等)，其合格率不得低于90%，且检测值不得超过规定极值，否则必须进行返工处理。

实测项目的规定极值是指任一单个检测值都不能突破的极限值，不符合要求时该实测项目为不合格。

分项工程的评分值满分为100分，按实测项目采用加权平均法计算。存在外观缺陷或资料不全时，须予减分。

$$\text{分项工程得分} = \frac{\sum[\text{检查项目得分} \times \text{权值}]}{\sum \text{检查项目权值}} \tag{9-1}$$

$$\text{分项工程评分值} = \text{分项工程得分} - \text{外观缺陷减分} - \text{资料不全减分} \tag{9-2}$$

1.基本要求检查

各分项工程所列基本要求，包含了规范的主要点，对施工质量优劣具有关键作用，应按基本要求对工程进行认真检查，经检查不符合基本要求规定时，不得进行工程质量的检验和评定。

2. 实测项目计分

实测项目是对规定检查项目采用现场抽样方法，按照规定频率和下列计分方法对分项工程的施工质量直接进行检测计分。

检查项目一般按单点(组)测定值是否符合标准要求进行评定，并按合格率计分。检查项目合格率和评分值按下列公式计算：

$$\text{检查项目合格率}(\%) = \frac{\text{检查合格的点(组)数}}{\text{该检查项目的全部检查点(组)数}} \times 100 \qquad (9\text{-}3)$$

$$\text{检查项目得分} = \text{检查项目合格率} \times 100 \qquad (9\text{-}4)$$

对于水泥混凝土弯拉强度、基层压实度与强度、结构层厚度等检查项目，应按数理统计方法进行评定计分。

3. 外观缺陷减分

对工程外表状况应逐项进行全面检查，如发现外观缺陷，应进行减分。对于较严重的外观缺陷，施工单位须采取合适的措施进行整修处理，否则不予检验和评定。

4. 资料不全减分

施工单位应有完整的施工原始记录、试验数据、分项工程自检数据等质量保证资料，并进行整理分析，负责提交齐全、真实和系统的施工资料和图表。工程监理单位负责提交齐全、真实和系统的监理资料。质量保证资料包括以下六个方面：

(1)所用原材料、半成品和成品质量检验结果。

(2)材料配比、拌和加工控制检验和试验数据。

(3)地基处理、隐蔽工程施工记录。

(4)各项质量控制指标的试验记录和质量检验汇总图表。

(5)施工过程中遇到的非正常情况记录及其对工程质量影响分析。

(6)施工过程中如发生质量事故，经处理补救后，达到设计要求的认可证明文件等。

当分项工程的施工资料和图表残缺，缺乏最基本的数据，或有伪造涂改资料时，不予检验和评定。资料不全者应予减分，减分幅度视资料不全情况，每款减 1~3 分。

(二)分部工程和单位工程质量评分方法

分项工程和分部工程区分为一般工程和主要(主体)工程，为确保主要工程的质量，分部工程和单位工程评分采用加权平均值计算法确定相应的评分值，即：

$$\text{分部(单位)工程评分值} = \frac{\sum[\text{分项(分部)工程评分值} \times \text{相应权值}]}{\sum \text{分项(分部)工程权值}} \qquad (9\text{-}5)$$

分项(分部)工程的权值如表 9-1 所示。

(三)合同段和建设项目工程质量评分方法

合同段和建设项目工程质量评分值按《公路工程竣(交)工验收办法》计算。

四、工程质量等级评定方法

工程质量评定等级分为合格和不合格，按分项工程、分部工程、单位工程、合同段和建设项目的顺序逐级评定。

(一)分项工程质量等级评定

分项工程评分值不小于75分者为合格,小于75分者为不合格;对于机电工程、属于工厂加工制造的桥梁金属构件等,评分值不小于90分者为合格,小于90分者为不合格。

评定不合格的分项工程,经加固、补强、返工、调测,满足设计要求后,可以重新评定其质量等级,但由于加固、补强往往改变了结构外形,造成历史缺陷,因此计算分部工程评分值时按其复评分值的90%计算。这样有利于保证工程质量,同时可提高施工单位的质量意识。

(二)分部工程质量等级评定

所属各分项工程全部合格,则该分部工程评为合格;所属任一分项工程不合格,则该分部工程为不合格。

(三)单位工程质量等级评定

所属各分部工程全部合格,则该单位工程评为合格;所属任一分部工程不合格,则该单位工程为不合格。

(四)合同段和建设项目质量等级评定

合同段和建设项目所含单位工程全部合格,其工程质量等级为合格;所属任一单位工程不合格,则合同段和建设项目为不合格。

第二节　基层施工质量控制

公路路面基层施工质量管理的内容包括所用材料的标准试验、铺筑试验段、施工过程中的质量管理和检查验收(工序间),在施工过程中必须建立健全的工地试验、质量检查及工序间交接验收等项制度。试验、检验必须做到原始记录齐全、数据真实可靠,工地实验室应能进行所用基层材料的各项试验,还应具备进行现场压实度和平整度检查的能力,应配备弯沉测量的仪具和路面钻机。各个工序完结以后,均应进行检查验收,经检验合格后,方可进行下一工序施工,凡经检验不合格的路段,必须进行补救,使其达到要求。

一、材料质量控制

在组织现场施工前以及在施工过程中,原材料(包括土)或混合料发生变化时,必须对拟采用的材料进行规定的基本性质试验,评定材料质量和性能是否符合要求。对用做底基层和基层的原材料,应进行表9-2所列的试验。对初步确定使用的底基层混合料,包括掺配后不用结合稳定的材料,应进行表9-3所列的试验。

表9-2　底基层和基层原材料的试验项目

试验项目	材料名称	目的	频度	仪器和试验方法
含水量	土、砂砾、碎石等集料	确定原始含水量	每天使用前测2个样品	烘干法、酒精燃烧法,含水量快速测定仪
颗粒分析	砂砾、碎石等集料	确定级配是否符合要求,确定材料配合比	每种土使用前测2个样品,使用过程中每2 000m^{3}测2个样品	筛分法

续表 9-2

试验项目	材料名称	目的	频度	仪器和试验方法
液限、塑限	土、级配砾石或级配碎石中0.5mm以下的细土	求塑性指数，审定是否符合规定	每种土使用前测2个样品，使用过程中每2 000m^3测2个样品	液限塑限联合测定法测液限；滚搓法塑限试验测塑限
相对毛体积密度、吸水率	砂砾、碎石等	评定粒料质量、计算固体体积率	使用前测2个样品，砂砾使用过程中每2 000m^3测2个样品，碎石种类变化时重做2个样品	网篮法或容积1 000mL以上的比重瓶法
压碎值	砂砾、碎石等	评定石料的抗压碎能力是否符合要求	使用前测2个样品，砂砾使用过程中每2 000m^3测2个样品，碎石种类变化时重做2个样品	集料压碎值试验
有机质和硫酸盐含量	土	确定土是否适宜于用石灰或水泥稳定	对土有怀疑时做此试验	有机质含量试验、易溶盐试验
有效钙、氧化镁	石灰	确定石灰质量	做材料组成设计和生产使用时分别测2个样品，以后每月测2个样品	石灰的化学分析
水泥标号和终凝时间	水泥	确定水泥的质量是否适宜应用	做材料组成设计时测1个样品，料源或标号变化时重测	水泥胶砂强度检验方法、水泥凝结时间检验方法
烧失量	粉煤灰	确定粉煤灰是否适用	做材料组成设计前测2个样品	烧失量试验

表 9-3　底基层和基层混合料的试验项目

试验项目	目　的
重型击实试验	求最佳含水量和最大干密度，以规定工地碾压时的合适含水量和应达到的最小干密度；确定制备强度试验和耐久性试验的试件所应用的含水量和平均干密度；确定制备承载比试件的材料含水量
承载比	求工地预期干密度下的承载比，确定材料是否适宜做基层或底基层
抗压强度	进行材料组成设计，选定最适宜于用水泥或石灰稳定的土(包括粒料)；确定施工中所用的结合料剂量；为工地提供评定质量的标准
延迟时间	对已定水泥剂量的混合料，确定延迟时间对混合料密度和抗压强度的影响，并据此确定施工允许的延迟时间

二、试验段铺筑

《公路路面基层施工技术规范》规定，在底基层和基层正式开工前，应铺筑试验段，对于无结合料的粒料基层，铺筑试验段的目的是要确定以下主要项目：

(1)用于施工的集料配合比。

(2)材料的松铺系数。

(3)标准施工方法：①集料数量的控制；②集料摊铺方法和适用机具；③合适的拌和机械、拌和方法、拌和深度和拌和遍数；④集料含水量的增加和控制方法；⑤压实机械的选择和组合，压实的顺序、速度和遍数；⑥整平和整形的合适机具和方法；⑦拌和、运输、摊铺和碾压机械的协调和配合；⑧密实度的检查方法，初定每一作业段的最小检查数量。

(4)每一作业段的合适长度。

(5)一次铺筑的合适厚度。

对于水泥稳定土、石灰稳定土和石灰工业废渣稳定土基层，通过铺筑试验段，除确定以上所列五条外，还应确定控制结合料的数量和拌和均匀的方法。对于水泥稳定土基层，还应包括通过严密组织拌和、洒水、整形、碾压等工序，缩短延迟时间，规定允许的拌和时间。

三、施工质量管理

对于基层施工过程中的质量管理，规范有下列规定：

(1)施工过程中的质量管理包括外形尺寸控制和检查以及质量控制和检查。

(2)外形尺寸检查项目、频率和质量标准应符合表 9-4 的要求。

(3)质量控制项目、频率和质量标准应符合表 9-5 的要求。

(4)对于无机结合料稳定基层，应取钻件(俗称路面芯样)检验其整体性。水泥稳定基层的龄期 7～10d 时，应能取出完整的钻件。二灰稳定基层的龄期 20～28d 时，应能取出完整的钻件。

表 9-4　外形尺寸检查项目、频率和质量标准

工程类别	项目		频率	质量标准	
				高速公路和一级公路	一般公路
底基层	纵断高程(mm)		二级和二级以下公路每 20 延米 1 点；高速公路和一级公路每 20 延米 1 个断面，每个断面 3～5 个点	+5，-15	+5，-20
	厚度(mm)	均值	每 1 500～2 000$m^2$6 个点	-10	-12
		单个值		-25	-30
	宽度(mm)		每 40 延米 1 处	0 以上	0 以上
	横坡度(%)		每 100 延米 3 处	±0.3	±0.5
	平整度(mm)		每 200 延米 2 处，每处连续 10 尺(3m 直尺)	12	15

续表 9-4

工程类别	项目		频率	质量标准	
				高速公路和一级公路	一般公路
基层	纵断高程(mm)		二级和二级以下公路每 20 延米 1 点;高速公路和一级公路每 20 延米 1 个断面,每个断面 3～5 个点	+5,-10	+5,-15
	厚度(mm)	均值	每 1 500～2 000m²6 个点	-8	-15
		单个值		-10	-20
	宽度(mm)		每 40 延米 1 处	0 以上	0 以上
	横坡度(%)		每 100 延米 3 处	±0.3	±0.5
	平整度(mm)		每 200 延米 2 处,每处连续 10 尺(3m 直尺)	8	12
			连续式平整度仪的标准差(mm)	3.0	

表 9-5　质量控制项目、频率和质量标准

工程类别	项目	频率	质量标准
无结合料底基层	含水量	据观察,异常时随时试验	在规范规定范围内
	级配	据观察,异常时随时试验	在规范规定范围内
	拌和均匀性	随时观察	无粗细集料离析现象
	压实度	每一作业段或不大于 2 000m² 检查 6 次以上	96%以上,填隙碎石以固体体积率表示,不小于 83%
	塑性指数	每 1 000m²1 次,异常时随时试验	小于规范规定值
	承载比	每 3 000m²1 次,异常时随时试验	不小于规范规定值
	弯沉值检验	每一评定段(不超过 1km)每车道 40～50 个测点	95%(二级及二级以下公路)或 97.7%(高速公路和一级公路)概率的上波动界限不大于计算得到的容许值
无结合料基层	含水量	据观察,异常时随时试验	在规范规定范围内
	级配	每 2 000m²1 次	在规范规定范围内
	拌和均匀性	随时观察	无粗细集料离析现象
	压实度	每一作业段或不大于 2 000m² 检查 6 次以上	级配集料基层 98%以上,中间层 100%,填隙碎石固体体积率 85%
	塑性指数	每 1 000m²1 次,异常时随时试验	小于规范规定值
	集料压碎值	据观察,异常时随时试验	不超过规范规定值
	承载比	每 3 000m²1 次,异常时随时试验	不小于规范规定值
	弯沉值检验	每一评定段(不超过 1km)每车道 40～50 个测点	95%(二级及二级以下公路)或 97.7%(高速公路和一级公路)概率的上波动界限不大于计算得到的容许值

续表 9-5

工程类别	项目		频率	质量标准
水泥或石灰稳定土及综合稳定土	级配		每 2 000m^{2}1 次	在规范规定范围内
	集料压碎值		据观察,异常时随时试验	不超过规范规定值
	水泥或石灰剂量		每 2 000m^{2}1 次,至少 6 个样品,用滴定法或用直读式测钙仪试验,并与实际水泥或石灰用量校核	不小于设计值 -1.0%
	含水量	水泥稳定土	据观察,异常时随时试验	在规范规定范围内
		石灰稳定土		
	拌和均匀性		随时观察	无灰条、灰团,色泽均匀,无离析现象
	压实度	稳定细粒土	每一作业段或不超过2 000m^2 检查 6 次以上	二级及二级以下公路 93%以上,高速公路和一级公路 95%以上
		稳定中粒土和粗粒土		二级及二级以下公路的底基层 95%,基层 97%;高速公路和一级公路的底基层 96%,基层 98%
	抗压强度		稳定细粒土,每一作业段或每 2 000m^{2}6 个试件;稳定中粒土和粗粒土,每一作业段或 2 000m^{2}6 个或 9 个试件	符合规范规定要求
石灰工业废渣稳定土	延迟时间		每个作业段 1 次	不超过规范规定
	配合比		每 2 000m^{2}1 次	石灰剂量不小于设计值 -1%(当石灰剂量少于 4%时,为不小于设计值 -0.5%)以内
	级配		每 2 000m^{2}1 次	在规范规定范围内
	含水量		据观察,异常时随时试验	最佳含水量 $\pm1\%$(二灰土为 $\pm2\%$)
	拌和均匀性		随时观察	无灰条、灰团,色泽均匀,无离析现象
	压实度	二灰土	每一作业段或不超过 2 000m^2 检查 6 次以上	二级及二级以下公路 93%以上;高速公路和一级公路 95%以上
		其他含粒料的石灰工业废渣		二级及二级以下公路的底基层 95%,基层 97%;高速公路和一级公路的底基层 96%,基层 98%
	抗压强度		稳定细粒土,每一作业段或每 2 000m^{2}6 个试件;稳定中粒土和粗粒土,每一作业段或2 000m^{2}6 个或 9 个试件	符合规定要求

如果路面钻机取不出水泥稳定基层或二灰稳定基层的完整钻件,则应找出不合格基层的界限,进行返工处理。

四、检查验收

公路基层进行检查验收的目的是判定完成的路面结构是否满足设计文件与施工规范的要求。检查内容包括工程竣工后的外形和质量。

判定路面结构层质量是否合格(即满足要求)时,以1km长的路段为评定单位;采用大流水作业施工法时,也可以以每天完成的路段为评定单位。通常检查包括以下几个方面:

检查施工原始记录,对上述检查内容进行初步评定。

进行抽样检查。抽样必须是随机的,不能有任何倾向性。压实度、厚度、水泥(石灰)剂量检测样品、抗压强度试件样品等应现场随机取样。

竣工工程外形的检查项目、频度和质量标准应符合下列要求:

(1)石灰稳定土及石灰稳定粒料基层和底基层检查项目及检验标准见表9-6、表9-7。外观鉴定要求:表面平整密实、无坑洼;施工接茬平整。

表9-6　石灰土基层和底基层实测项目

项次	检查项目		规定值可允许偏差				检查方法和频率	权值
			基层		底基层			
			高速一级公路	其他公路	高速一级公路	其他公路		
1	压实度(%)	代表值	—	95	95	93	按规范规定检查,每200m每车道检查2处	3
		极值	—	91	91	89		
2	平整度(mm)		—	12	12	15	3m直尺:每200m测2处×10尺	2
3	纵断高程(mm)			+5,−15	+5,−15	+5,−20	水准仪:每200m测4个断面	1
4	宽度(mm)		不小于设计值		不小于设计值		尺量:每200m测4处	1
5	厚度(mm)	代表值	—	−10	−10	−12	按规范规定检查,每200m每车道检查1点	2
		合格值	—	−20	−25	−30		
6	横坡(%)		—	±0.5	±0.3	±0.5	水准仪:每200m测4个断面	1
7	强度(MPa)		符合设计要求		符合设计要求		按规范规定检查	3

(2)水泥稳定土基层和底基层检查项目及检验标准同石灰土基层和底基层,具体见表9-6;水泥稳定粒料基层和底基层检查项目及检验标准见表9-8。

外观鉴定要求:表面平整密实、无坑洼,无明显离析、松散、软弹现象,边线整齐;施工接茬平整、稳定。

(3)石灰粉煤灰稳定土基层和底基层检查项目及检验标准同石灰土基层和底基层,具体见表9-6;石灰粉煤灰稳定粒料基层和底基层检查项目及检验标准同水泥稳定粒料基层和底基层,具体见表9-8。

外观鉴定要求:表面平整密实、无坑洼;施工接茬平整、无缝隙。

表 9-7　石灰稳定粒料基层和底基层实测项目

项次	检查项目		规定值可允许偏差				检查方法和频率	权值
			基层		底基层			
			高速一级公路	其他公路	高速一级公路	其他公路		
1	压实度（%）	代表值	—	3	96	95	按规范规定检查，每 200m 每车道检查 2 处	3
		极值	—		92	91		
2	平整度(mm)		—	12	2	15	3m 直尺：每 200m 测 2 处×10 尺	2
3	纵断高程(mm)		—	+5，−15	+5，−15	+5，−20	水准仪：每 200m 测 4 个断面	1
4	宽度(mm)		不小于设计值		不小于设计值		尺量：每 200m 测 4 处	1
5	厚度(mm)	代表值	—	2	−10	−12	按规范规定检查，每 200m 每车道检查 1 点	2
		合格值	—		−25	−30		
6	横坡(%)		—	±0.5	1	±0.5	水准仪：每 200m 测 4 个断面	1
7	强度(MPa)		符合设计要求		符合设计要求		按规范规定检查	3

表 9-8　水泥稳定粒料基层和底基层实测项目

项次	检查项目		规定值可允许偏差				检查方法和频率	权值
			基层		底基层			
			高速一级公路	其他公路	高速一级公路	其他公路		
1	压实度（%）	代表值	98	3	96	95	按规范规定检查，每 200m 每车道检查 2 处	3
		极值	94		92	91		
2	平整度(mm)		8	12	2	15	3m 直尺：每 200m 测 2 处×10 尺	2
3	纵断高程(mm)		+5，−10	+5，−15	+5，−15	+5，−20	水准仪：每 200m 测 4 个断面	1
4	宽度(mm)		不小于设计值		不小于设计值		尺量：每 200m 测 4 处	1
5	厚度(mm)	代表值	−8	2	−10	−12	按规范规定检查，每 200m 每车道检查 1 点	2
		合格值	−15		−25	−30		
6	横坡(%)		±0.3	±0.5	1	±0.5	水准仪：每 200m 测 4 个断面	1
7	强度(MPa)		符合设计要求		符合设计要求		按规范规定检查	3

(4)级配碎(砾)石基层和底基层检查项目及检验标准见表 9-9。

外观鉴定要求：表面平整密实，边线整齐，无松散现象。

(5)填隙碎石基层和底基层的检查项目和检验标准见表 9-10。

外观鉴定要求：表面平整密实，边线整齐，无松散现象。

表 9-9　级配碎(砾)石基层和底基层实测项目

项次	检查项目		规定值可允许偏差				检查方法和频率	权值
			基层		底基层			
			高速一级公路	其他公路	高速一级公路	其他公路		
1	压实度(%)	代表值	98	98	96	96	按规范规定检查,每 200m 每车道检查 2 处	3
		极值	94	94	92	92		
2	弯沉(0.01mm)		符合设计要求		符合设计要求		按规范规定方法检查	3
3	平整度(mm)		8	12	12	15	3m 直尺:每 200m 测 2 处×10 尺	2
4	纵断高程(mm)		+5,−10	+5,−15	+5,−15	+5,−20	水准仪:每 200m 测 4 个断面	1
5	宽度(mm)		不小于设计值		不小于设计值		尺量:每 200m 测 4 处	1
6	厚度(mm)	代表值	−8	−10	−10	−12	按规范规定检查,每 200m 每车道检查 1 点	2
		合格值	−15	−20	−25	−30		
7	横坡(%)		±0.3	±0.5	±0.3	±0.5	水准仪:每 200m 测 4 个断面	1

表 9-10　填隙碎(砾)石基层和底基层实测项目

项次	检查项目		规定值可允许偏差				检查方法和频率	权值
			基层		底基层			
			高速一级公路	其他公路	高速一级公路	其他公路		
1	压实度(%)	代表值	—	85	85	83	灌砂法:每 200m 每车道检查 2 处	3
		极值	—	82	80	80		
2	弯沉(0.01mm)		符合设计要求		符合设计要求		按规范规定方法检查	3
3	平整度(mm)		—	12	12	15	3m 直尺:每 200m 测 2 处×10 尺	2
4	纵断高程(mm)		—	+5,−15	+5,−15	+5,−20	水准仪:每 200m 测 4 个断面	1
5	宽度(mm)		不小于设计值		不小于设计值		尺量:每 200m 测 4 处	1
6	厚度(mm)	代表值	—	−10	−10	−12	按规范规定检查,每 200m 每车道检查 1 点	2
		合格值	—	−20	−25	−30		
7	横坡(%)		—	±0.5	±0.3	±0.5	水准仪:每 200m 测 4 个断面	1

第三节　水泥混凝土面板施工质量控制

混凝土面板是水泥混凝土路面中最为重要的结构层,其施工质量的优劣直接影响到水泥混凝土路面的使用品质和使用寿命,在施工过程中应严格进行质量控制。在各级公路各种混凝土路面铺筑方式的施工中均应建立健全质量检测、管理和保证体系。应按铺筑进度做出质检仪器和人员数量动态计划。施工中应按计划落实质检仪器和人员，对施工各阶段的各项质量指标应做到及时检查、控制和评定，以达到所规定的质量标准，确保施工质量及其稳定性。

一、试验段铺筑

（一）铺筑试验路段的要求

二级及二级以上公路混凝土路面工程，使用滑模、轨道、碾压、三辊轴机组机械施工时，在正式摊铺混凝土路面前，必须铺筑试验路段。试验路段长度不应短于200m，高速公路、一级公路宜在主线路面以外进行试铺。非在主线上摊铺不可的，应做好准备，及时铲除不合格的路面。路面厚度、摊铺宽度、接缝设置、钢筋设置等均应与实际工程相同。没有经验的施工单位无论摊铺任何等级的公路都应做试验路段。有经验的施工单位，由于原材料和混凝土配合比发生了变化，需要检验，同时摊铺机上设定工作参数也必须依据新情况进行调整。

（二）铺筑试验路段的目的

试验路段分为试拌及试铺两个阶段，通过试验路段应达到以下目的。

1. 检验施工设备配套

试拌检验搅拌楼性能及确定合理搅拌制度；试铺检验机械或机具摊铺系统主要机械的性能和生产能力，检验辅助施工机械种类、数量、实际生产能力及配套组合的合理性。提供主要机械性能和生产能力检验结果和改进措施。

2. 试拌检验适宜摊铺的搅拌楼拌和参数

试拌检验搅拌楼拌和的上料速度、拌和容量、搅拌均匀所需时间、新拌混凝土坍落度、振动黏度系数、含气量、泌水离析性、*VC* 值和生产使用的混凝土配合比等。

3. 试铺检验路面摊铺工艺和质量

通过试验路铺筑，检验整套施工工艺流程，包括模板架设固定方式或基准线设置方式，摊铺机械（具）的适宜工作参数包括松铺高度、摊铺速度、振捣与滚压遍数、碾压遍数、压实度、频率调整范围、中间和侧向拉杆打入情况等。

4. 全体施工人员现场施工培训

使全体工程技术及设备操作人员熟悉并掌握各主要机械（具）正确的操作要领和所有工序、工种正确的施工方法。

5. 检验施工组织形式和人员编制

确定人工辅助施工的修整机具、工具、模具的种类和数量，以及发电机、电焊机的数量，钢筋工、混凝土工的劳动力数量和定员位置及拉毛方式等。按施工工艺要求检验施工组织形式和人员编制。

6. 建立健全路面铺筑系统质量管理体系

建立健全混凝土原材料，新拌混凝土坍落度、含气量、泌水量，混凝土弯拉强度、平整度、构造深度、板厚、接缝顺直度等全套技术性能检验手段，熟悉检验方法。建立路面铺筑系统全面质量管理体系。

7.检验配套机械系统的实际生产能力

确定现有配套机械系统的实际生产能力、搅拌产量和铺筑进度,制定施工进度计划。与所要求的生产进度相对照,不达标时,提出按期保质保量完成生产任务的新增设备、人员及施工方案和措施。

8.确定施工管理调度体系

检验无线通讯和快速生产调度指挥系统。

(三)试铺效果的总结

试铺中,施工单位应认真做好记录,监理工程师或质检站应监督检查试验段的施工质量,及时与施工单位商定有关问题。试验段铺筑后,应由业主、施工单位和监理检查试铺效果,提出改进意见和注意事项,施工单位应就各项试验结果、改进措施和注意事项提出试验路段总结报告,上报监理和业主批复,取得正式开工资格。目的是发现问题、改进不足,为正式摊铺做好更充分的准备。

二、施工质量管理

水泥混凝土面板中,施工单位应首先对施工质量随时进行自检。自检项目包括原材料、拌和物和混凝土路面。当施工单位、监理、监督人员发现异常情况时,应加大检测频率,找出原因,及时处理。在恢复正常后,再返回规定的检测频率。高速公路、一级公路应利用计算机实行动态质量管理。

除施工单位自检外,监理、质检单位应按规定频率进行抽检,以控制水泥混凝土拌和、摊铺质量的稳定性。混凝土拌和质量的稳定性取决于原材料稳定性及搅拌楼配料精确度,而路面铺筑的质量稳定性除满足上述条件外,还要求现场水泥路面的铺筑及关键设备如摊铺机、布料机、三辊轴整平机、刻槽机、割缝机等的操作应规范进行。

施工各环节均应控制质量稳定性,搅拌场对每台搅拌楼所生产的拌和物,应按表9-11要求检测。除了满足各种施工工艺的可摊铺性外,应注重控制拌和物的匀质性和检验其工作性参数的稳定性。现场混凝土路面铺筑的关键设备如摊铺机、压路机、布料机、三辊轴整平机、刻槽机、割缝机等的操作应规范稳定。当发现路面三大质量指标:弯拉强度、平整度和板厚不稳定或其他指标未达标时,应停止施工,分析原因,并采取有效的改正措施,经监理批准后,方可复工。

表 9-11　混凝土路面的检验项目、方法和频率

项次	检查项目	检验方法和频率	
		高速公路、一级公路	其他公路
1	弯拉强度	每班留 2～4 组试件,日进度＜500m 取 2 组,≥500m 取 3 组,≥1 000m 取 4 组,测 f_{cs}、$f_{\min}$、c_v	每班留 1～3 组试件,日进度＜500m 取 1 组,≥500m 取 2 组,≥1 000m 取 3 组,测 f_{cs}、$f_{\min}$、c_v
	钻芯劈裂强度	每车道每 3km 钻取 1 个芯样,硬路肩为 1 个车道,测平均 f_{cs}、$f_{\min}$、c_v、板厚 h	每车道每 3km 钻取 1 个芯样,硬路肩为 1 个车道,测平均 f_{cs}、$f_{\min}$、c_v、板厚 h

续表 9-11

项次	检查项目	检验方法和频率	
		高速公路、一级公路	其他公路
2	板厚度	路面摊铺宽度内每100m左右各2处，连接摊铺每100m单边1处，参考芯样	路面摊铺宽度内每100m左右各1处，连接摊铺每100m单边1处，参考芯样
3	3m直尺平整度	每半幅车道100m 2处10尺	每半幅车道200m 2处10尺
	动态平整度	所有车道连续检测	所有车道连续检测
4	抗滑构造深度	铺砂法：每幅200m 2处	铺砂法：每幅200m 1处
5	相邻板高差	尺测：每200m纵横缝2条，每条3处	尺测：每200m纵横缝2条，每条2处
6	连接摊铺纵缝高差	尺测：每200m纵向工作缝，每条3处，每处间隔2m 3尺，共9尺	尺测：每200m纵向工作缝，每条2处，每处间隔2m 3尺，共6尺
7	接缝顺直度	20m拉线测：每200m 6条	20m拉线测：每200m 4条
8	中线平面偏位	经纬仪：每200m 6点	经纬仪：每200m 4点
9	路面宽度	尺测：每200m 6处	尺测：每200m 4处
10	纵断高程	水准仪：每200m 6点	水准仪：每200m 4点
11	横坡度	水准仪：每200m 6个断面	水准仪：每200m 4个断面
12	断板率	数断板面板块占总块数比例	数断板面板块占总块数比例
13	脱皮裂纹露石缺边掉角	量实际面积，并计算与总面积比	量实际面积，并计算与总面积比
14	路缘石顺直度和高度	20m拉线测，每200m 4处	20m拉线测，每200m 2处
15	灌缝饱满度	尺测：每200m接缝测6处	尺测：每200m接缝测4处
16	切缝深度	尺测：每200m 6处	尺测：每200m 4处
17	胀缝表面缺陷	每条观察填缝及啃边断角	每条观察填缝及啃边断角
18	胀缝板连浆	每条胀缝板安装时测量	每条胀缝板安装时测量
	胀缝板倾斜	尺测：每块胀缝板每条两侧	尺测：每块胀缝板每条两侧
	胀缝板弯曲和位移	尺测：每块胀缝板每条3处	尺测：每块胀缝板每条3处
19	传力杆偏斜	钢筋保护层仪：每车道4根	钢筋保护层仪：每车道3根

注：1. 路面钻芯劈裂强度应换算为实际面板弯拉强度进行质量评定。
2. 钢纤维混凝土弯拉强度试验见施工规范有关规定。

混凝土路面除应按表 9-11 的检查项目和频率检测外，其中平整度、弯拉强度和板厚三大关键质量指标的检验要求尚应符合下列规定：

(1)3m 直尺检测平整度，只反映小波长的不平整度，不反映大波长，因而只能作为施工过程中的质量控制检测项目。车载式平整度仪检测动态平整度，精确度较高，能较客观地反映路面在设计车速行驶中平整度的实际情况，可作为二级及二级以上公路交工验收时工程质量的评定依据。但在施工养护期间，为防止压坏路面，平整度检测车不能在路面上检测。高速公路、一级公路水泥路面可以用动态平整度仪检测的结果作为交工验收时工程质量的评定依据。《施工规范》与《公路工程质量检验评定标准》(JTG F80/1—2004)不同的是提出了 3m 直尺检测平整度合格率的规定。

(2)混凝土路面弯拉强度的评价，以从搅拌楼生产的混凝土中随机取样，在标准振动台上制作、标准养生的小梁弯拉强度为准。路面混凝土弯拉强度的施工检查频率见表 9-11。应按照《公路工程水泥混凝土试验规程》(JTJ053—94)规定的标准取样方式、模具、制作方法、养生和压断方式测弯拉强度和断块抗压强度。断块抗压强度仅作参考。弯拉强度应采用三参数评价，即平均弯拉强度合格值、最小值和统计变异系数。各级公路弯拉强度合格标准规定见《水泥混凝土路面施工技术规范》(JTG F30—2003)中的有关规定。

(3)应在水泥混凝土面层摊铺前通过基准线或模板严格控制板厚。具体检验标准为：行车道横坡低侧面板厚度和厚度平均值两项指标均应满足设计厚度允许偏差。同时，板厚统计变异系数应符合设计规定。

在混凝土路面铺筑过程中，路面技术指标的质量检验评定标准应符合表 9-12 的规定。

表 9-12　各级公路混凝土路面铺筑质量要求

项次	检查项目		允许值	
			高速公路、一级公路	其他公路
1	弯拉强度①(MPa)		100%符合施工技术规范附录 A.1 的规定	
2	板厚度(mm)		代表值≥－5；极值≥－10；c_v 值符合设计规定	
3	平整度	σ(mm)	≤1.2	≤2.0
		IRI(m/km)	≤2.0	≤3.2
		3m 直尺最大间隙 Δh(mm)	≤3(合格率应≥90%)	≤5(合格率应≥90%)
4	抗滑构造深度(mm)	一般路段	0.7～1.10	0.5～0.9
		特殊路段②	0.8～1.2	0.6～1.0
5	相邻板高差(mm)		≤2	≤3
6	连接摊铺纵缝高差(mm)		平均值≤3；极值≤5	平均值≤5；极值≤7
7	接缝顺直度(mm)		≤10	
8	中线平面偏位(mm)		≤20	
9	路面宽度(mm)		≤±20	

续表 9-12

项次	检查项目	允许值	
		高速公路、一级公路	其他公路
10	纵断高程(mm)	±10	±15
11	横坡度(%)	±0.15	±0.25
12	断板率(‰)	≤2	≤4
13	脱皮印痕裂纹露石缺边掉角(‰)	≤2	≤3
14	路缘石顺直度和高度(mm)	≤20	≤20
15	灌缝饱满度(mm)	≤2	≤3
16	切缝深度(mm)	≥50	≥50
17	胀缝表面缺陷	不应有	不宜有
18	胀缝板连浆(mm)	≤20	≤30
	胀缝板倾斜(mm)	≤20	≤25
	胀缝板弯曲和位移(mm)	≤10	≤15
19	传力杆偏斜(mm)	≤10	≤13

注：①路面钻芯劈裂强度应换算为实际面板弯拉强度进行质量评定。

②特殊路段是指高速公路、一级公路的立交、平交、变速车道等处；其他公路是指急弯、陡坡、交叉口或集镇附近。

施工单位的质检结果应按表 9-12 的规定，以 1km 为单位进行整理。对于滑模、轨道、碾压和三辊轴机组机械铺筑混凝土路面的关键工序宜拍摄照片或进行录像，作为现场记录保存。

三、检查验收

混凝土路面完工后，施工单位应全线以每 1km 为一个评定路段，按表 9-12 的要求和按施工过程规定的检验项目、频率，提交全线检测结果、施工总结报告及全部原始记录等齐全资料，申请交工验收。业主、监理和质检部门收到施工单位的申请交工验收报告并确认资料齐全后，首先应对照施工单位交工自检报告数据与监理、质检部门在施工阶段进行的抽检数据是否吻合，然后按表 9-12 规定的检查项目和验收频率进行交工检查和验收。发现异常情况，应按下述规定进行处理：

(1)评定路面混凝土弯拉强度，除采用小梁标准试件弯拉强度作为评定标准外，还应进行路面钻芯取样，并以圆柱体劈裂强度折算的弯拉强度值作为路面强度不足的返工判定依据。二级及二级以下公路路面混凝土弯拉强度可按式(9-6)、式(9-7)计算，满足，则可通过；不满足时，应通过试验得到各自工程的统计公式，试验组数不宜少于 10 组。

石灰岩、花岗岩碎石混凝土：

$$f_c = 1.868 f_{sp}^{0.871} \tag{9-6}$$

式中　f_c——混凝土标准小梁弯拉强度，MPa；

f_{sp}——混凝土直径150mm圆柱体的劈裂强度,MPa。

玄武岩碎石混凝土:

$$f_c = 3.035 f_{sp}^{0.423} \tag{9-7}$$

高速公路、一级公路应按工程所用的原材料和配合比,通过试验得到各自工程的统计公式,试验组数不宜小于15组。

一般情况下,钻芯频率应符合表9-11规定。当小梁弯拉强度不足,有争议时,每公里每车道取3个以上芯样,确定返工与否。用平均弯拉强度合格值、最小值和统计偏差系数三项指标进行最终评定。

当二级以下公路采用砾石混凝土时,用钻芯劈裂强度 f_{sp} 推估弯拉强度 f_c 时,可参考下式估计:

$$f_c = 1.607 + 1.035 f_{sp} \tag{9-8}$$

(2)所有行车道均应连续检测动态平整度,其标准应符合表9-12要求。对局部路段、施工接头、桥面行车明显感到跳动的部位可进行磨平处理,然后硬刻槽恢复抗滑构造。

(3)板厚不足时,应判明工区,返工重铺。

第四节　水泥混凝土路面施工质量评定与检验

本节扼要介绍水泥混凝土路面施工质量与使用性能的检测与评价方法,包括基层压实质量、半刚性基层无侧限抗压强度、水泥混凝土弯拉强度、平整度、水泥混凝土路面抗滑构造深度、结构层厚度检测等。

一、压实度检测方法

压实质量是道路工程施工质量管理最重要的内在指标之一,只有对路基路面结构层进行充分压实,才能保证路基路面的强度、刚度及路面的平整度,并可以保证及延长路基路面的使用寿命。

现场压实质量用压实度表示,对于路基及路面基层,压实度一般是指工地实际达到的干密度与室内标准击实试验所得的最大干密度的比值。

半刚性基层材料的最大干密度按照《公路工程无机结合料稳定材料试验规程》(JTJ057—94)执行,用标准击实法确定,现场密实度(压实度)检测方法主要有灌砂法、环刀法、水袋法、核子密度湿度仪法和钻芯取样法等。对于半刚性基层的压实度应采用灌砂法测定,而且灌砂法是压实度检测的标准方法。当应用核子密度湿度仪法测定时,须经对比试验检验,确认其可靠性。

(一)灌砂法

灌砂法是利用均匀颗粒的砂去置换试洞的体积,它是当前最通用的方法,很多工程中都把灌砂法列为现场测定密度的主要方法。该方法可用于测试各种土或路面材料的密度。其缺点是需要携带较多量的砂,而且称量次数较多,因此它的测试速度较慢。

1.主要仪具与材料

(1)灌砂筒:有大小两种,型式和主要尺寸如图9-1及表9-13所示。储砂筒筒底中心有一个圆孔，下部装一倒置的圆锥形漏斗，漏斗上端开口，直径与储砂筒的圆孔相同。漏斗焊接在一块铁板上，铁板中心有一圆孔与漏斗上开口相接。储砂筒筒底与漏斗之间设有开关。开关铁板上也有一个相同直径的圆孔。

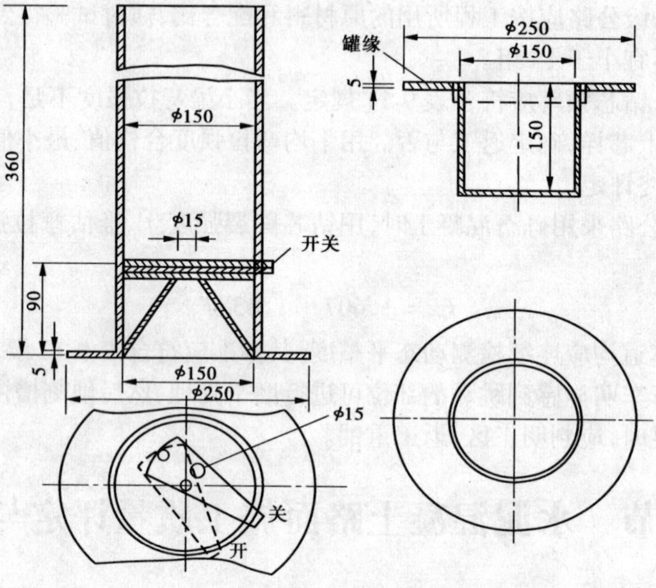

图 9-1　灌砂筒和标定罐(单位:mm)

表 9-13　灌砂筒的主要尺寸

结构		小型灌砂筒	大型灌砂筒
储砂筒	直径(mm)	100	150
	容积(cm^3)	2 120	4 600
流砂孔	直径(mm)	10	15
金属标定罐	内径(mm)	100	150
	外径(mm)	150	200
金属方盘基板	边长(mm)	350	400
	深(mm)	40	50
	中孔直径(mm)	100	150

当集料的最大粒径小于 15mm、测定层的厚度不超过 150mm 时，宜采用 ϕ100mm 的小型灌砂筒测试。当集料的粒径等于或大于 15mm 但不大于 40mm、测定层的厚度超过 150mm 但不超过 200mm 时，应用 ϕ150mm 的大型灌砂筒测试。如集料的最大粒径超过 40mm，则应相应地增大灌砂筒和标定罐的尺寸。如集料的最大粒径超过 60mm，灌砂筒和现场试洞的直径应为 200mm。

(2)金属标定罐：用薄铁板制作的金属罐，上端周围有一罐缘。

(3)基板:用薄铁板制作的金属方盘,盘的中心有一圆孔。

(4)玻璃板:边长500～600mm的方形板。

(5)试样盘:小筒挖出的试样可用饭盒存放,大筒挖出的试样可用300mm×500mm×40mm的搪瓷盘存放。

(6)天平或台秤:称量10～15kg,感量不大于1g。用于含水量测定的天平精度,对细粒土、中粒土、粗粒土宜分别为0.01g、0.1g、1.0g。

(7)含水量测定器具:如铝盒、烘箱等。

(8)量砂:粒径0.30～0.60mm或0.25～0.50mm清洁干燥的均匀砂,20～40kg,使用前须洗净、烘干,并放置足够的时间,使其与空气的湿度达到平衡。

2.试验方法与步骤

1)标定筒下部圆锥体内砂的质量

(1)在灌砂筒筒口高度上,向灌砂筒内装砂至距筒顶15mm左右为止。称取装入筒内砂的质量m_1,准确至1g。以后每次标定及试验都应该维持装砂高度与质量不变。

(2)将开关打开,让砂自由流出,并使流出砂的体积与工地所挖试坑内的体积相当(可等于标定罐的容积),然后关上开关。

(3)不晃动储砂筒内的砂,轻轻地将灌砂筒移至玻璃板上,将开关打开,让砂流出,直到筒内砂不再下流时,将开关关上,并细心地取走灌砂筒。

(4)收集并称量留在板上的砂或称量筒内的砂,准确至1g。玻璃板上的砂就是填满锥体的砂(m_2)。

(5)重复上述测量3次,取其平均值。

2)标定量砂的单位质量γ_s

(1)用水确定标定罐的容积V,准确至1mL。

(2)在储砂筒中装入质量为m_1的砂,并将灌砂筒放在标定罐上,将开关打开,让砂流出,在整个流砂过程中,不要碰动灌砂筒,直到砂不再下流时,将开关关闭。取下灌砂筒,称取筒内剩余砂的质量m_3,准确至1g。

(3)按式(9-9)计算填满标定罐所需砂的质量m_a:

$$m_a = m_1 - m_2 - m_3 \tag{9-9}$$

式中　m_a——标定罐中砂的质量,g;

m_1——装入灌砂筒内的砂的总质量,g;

m_2——灌砂筒下部圆锥体内砂的质量,g;

m_3——灌砂入标定罐后,筒内剩余砂的质量,g。

(4)重复上述测量3次,取其平均值。

(5)按式(9-10)计算量砂的单位质量γ_s:

$$\gamma_s = \frac{m_a}{V} \tag{9-10}$$

式中　γ_s——量砂的单位质量,g/cm^3;

V——标定罐的体积,cm^3。

3)试验步骤

(1)在试验地点,选一块平坦表面,并将其清扫干净,其面积不得小于基板面积。

(2)将基板放在平坦表面上。当表面的粗糙度较大时,则将盛有量砂(m_5)的灌砂筒放在基板中间的圆孔上,将灌砂筒的开关打开,让砂流入基板的中孔内,直到储砂筒内的砂不再下流时关闭开关。取下灌砂筒,并称量筒内砂的质量,m_6,准确至1g。

当需要检测厚度时,应先测量厚度后再进行这一步骤。

(3)取走基板,并将留在试验地点的量砂收回,重新将表面清扫干净。

(4)将基板放回清扫干净的表面上(尽量放在原处),沿基板中孔凿洞(洞的直径与灌砂筒一致)。在凿洞过程中,应注意勿使凿出的材料丢失,并随时将凿出的材料取出装入塑料袋中,不使水分蒸发,也可放在大试样盒内。试洞的深度应等于测定层厚度,但不得有下层材料混入,最后将洞内的全部凿松材料取出。对土基或基层,为防止试样盘内材料的水分蒸发,可分几次称取材料的质量。全部取出材料的总质量为 m_w,准确至1g。

(5)从挖出的全部材料中取出有代表性的样品,放在铝盒或洁净的搪瓷盘中,测定其含水量(w,以%计)。样品的数量如下:用小灌砂筒测定时,对于细粒土,不少于100g;对于各种中粒土,不少于500g。用大灌砂筒测定时,对于细粒土,不少于200g;对于各种中粒土,不少于1 000g;对于粗粒土或水泥、石灰、粉煤灰等无机结合料稳定材料,宜将取出的全部材料烘干,且不少于2 000g,称其质量,m_d,准确至1g。

(6)将基板安放在试坑上,同时将灌砂筒安放在基板中间(储砂筒内放满砂到要求的质量 m_1),使灌砂筒的下口对准基板的中孔及试洞,打开灌砂筒的开关,让砂流入试坑内。在此期间,应注意勿碰动灌砂筒。直到储砂筒内的砂不再下流时,关闭开关。仔细取走灌砂筒,并称量筒内剩余砂的质量,m'_4,准确到1g。

(7)如清扫干净的平坦表面的粗糙度不大,也可省略步骤(2)和步骤(3)的操作。在试洞挖好后,将灌砂筒直接对准放在试坑上,中间不需要放基板。打开筒的开关,让砂流入试坑内。在此期间,应注意勿碰动灌砂筒。直到储砂筒内的砂不再下流时,关闭开关,仔细取走灌砂筒,并称量剩余砂的质量,m_4,准确至1g。

(8)仔细取出试筒内的量砂,以备下次试验时再用。若量砂的湿度已发生变化或量砂中混有杂质,则应该重新烘干、过筛,并放置一段时间,使其与空气的温度达到平衡后再用。

3.计算

1)计算填满试坑所用的砂的质量 m_b

灌砂时,若试坑上放有基板,则:

$$m_b = m_1 - m_4 - (m_5 - m_6) \tag{9-11}$$

灌砂时,若试坑上不放基板,则:

$$m_b = m_1 - m'_4 - m_2 \tag{9-12}$$

式中 m_b——填满试坑所用的砂的质量,g;

m_1——灌砂前灌砂筒内砂的质量,g;

m_2——灌砂筒下部圆锥体内砂的质量,g;

m_4、m'_4——灌砂后，灌砂筒内剩余砂的质量，g；

m_5-m_6——灌砂筒下部圆锥体内及基板和粗糙表面间砂的合计质量，g。

2)计算试坑材料的湿密度 ρ_w(g/cm^3)

$$\rho_w=\frac{m_w}{m_b}\times\gamma_s \tag{9-13}$$

式中　m_w——试坑中取出的全部材料的质量，g；

γ_s——量砂的单位质量，g/cm^3。

3)计算试坑材料的干密度 ρ_d(g/cm^3)

$$\rho_d=\frac{\rho_w}{1+0.01w} \tag{9-14}$$

式中　w——试坑材料的含水量，(%)。

在水泥、石灰、粉煤灰等无机结合料稳定土的场合，可按下式计算干密度 ρ_d(g/cm^3)：

$$\rho_d=\frac{m_d}{m_b}\times\gamma_s \tag{9-15}$$

式中　m_d——试坑中取出的稳定土的烘干质量，g。

当试坑材料组成与击实试验的材料有较大差异时，可用试坑材料作标准击实，求取实际的最大干密度。

4.试验中应注意的问题

灌砂法是施工过程中最常用的试验方法之一。此方法表面上看起来较为简单，但实际操作时常常不好掌握，并会引起较大误差，又因为它是测定压实度的依据，故经常是质量检测监督部门与施工单位之间发生矛盾或纠纷的环节，因此应严格遵循试验的每个细节，以提高试验精度。为使试验做得准确，应注意以下几个环节：

(1)量砂要规则。如果重复使用时一定要注意晾干，处理一致，否则将影响量砂的松方密度。

(2)每换一次量砂，都必须测定松方密度，漏斗中砂的质量也应该每次重测。因此，量砂宜事先准备充足数量。切勿到试验时临时找砂，就会或者不做试验，仅使用以前的数据。

(3)地表面处理要平，只要表面凸出一点(即便 1mm)，就会使整个表面高出一薄层，其体积便算到试坑中去了，这就影响试验结果。因此，该方法一般宜采用放上基板先测定一次粗糙表面消耗的量砂，按式(9-11)计算填坑的砂量，只有在非常光滑的情况下方可省去此步骤操作。

(4)在挖坑时试坑周壁应笔直，避免出现上大下小或上小下大的情形，这样就会使检测密度偏大或偏小。

(5)灌砂时检测厚度应为整个碾压层厚，不能只取上部或者取到下一个碾压层中。

(二)核子密度湿度仪法

核子密度湿度仪法是利用放射性元素(通常是 γ 射线和中子射线)测量土或路面材料的密度和含水量。这类仪器的特点是测量速度快，需要人员少。其缺点是放射性物质对人体有害，另外需要打洞的仪器，在打洞过程中会使洞壁附近的结构遭到破坏，影响测定的准确性。对于核子密度湿度仪法，可作施工控制使用，但需与常规方法比较，以验证其可靠性。

当测定土基或半刚性材料的压实密度及含水量时，打洞后采用直接透射法，测定层的厚度不宜大于20cm。测定沥青混合料面层的压实密度时，采用散射法，所测定沥青面层的层厚应不大于根据仪器性能决定的最大厚度。

1.核子密度湿度仪的标定

测定前，接通电源，预热测定仪，检查仪器性能是否正常，并进行标定。

测定半刚性材料密度时，宜与挖坑灌砂法的结果进行标定。标定方法如下：

选择已压实的路表面，按要求的测定步骤用核子仪测定密度。在测定的同一位置用挖坑灌砂法取样，量测厚度，按规定的标准方法测定材料的密度，对同一种路面厚度及材料类型，在使用前至少测定15处，求取两种不同方法测定的密度的相关关系，其相关系数应不小于0.9。

2.测试位置的选择

按照随机取样的方法确定测试位置，但与距路面边缘或其他物体的最小距离不得小于30cm。当使用直接透射法测定时，应在表面上用钻杆打孔，孔深略深于要求测定的深度，孔应竖直圆滑并稍大于射线源探头；当用散射法测定时，应用细砂填平测试位置路表结构凹凸不平的空隙，使路表面平整，能与仪器紧密接触。

3.测定步骤

如用直接透射法测定，应按图9-2的方法将放射源棒放下插入已预先打好的孔内。如用散射法测定，应按图9-3的方法将核子仪平稳地置于测试位置上。

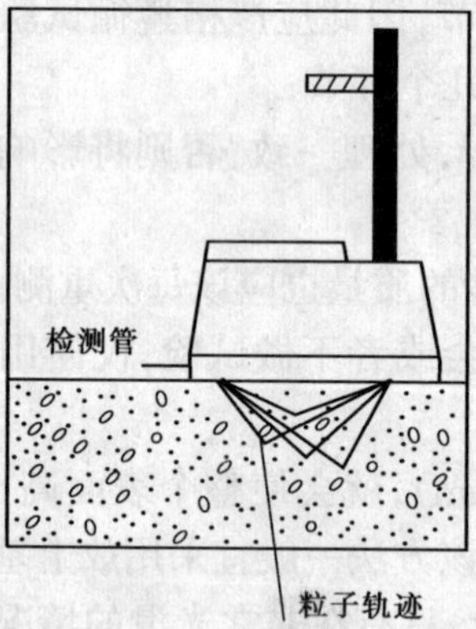

图9-2 用直接透射法测定的方法

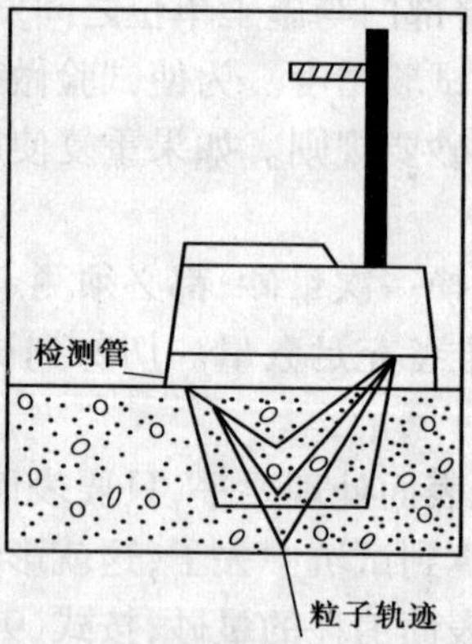

图9-3 用散射法测定的方法

测定时，打开仪器，测试员退出仪器2m以外，按照选定的测定时间进行测量，到达测定时间后，读取显示的各项数值，并迅速关机。

有关各种型号的仪器在具体操作步骤上略有不同，可按照仪器使用说明书进行。

(三)压实度评定

路面基层压实度以1～3km长的路段为检验评定单元，按要求的检测频率及方法进行现场压实度抽样检查，求算每一测点的压实度K_i。

压实度评定要点是：①控制平均压实度的置信下限，以保证总体水平；②规定单点极值不得超出给定值，防止局部隐患；③按合格率区分质量优劣。

检验评定段的压实度代表值 K（算术平均值的下置信界限）为：

$$K = \overline{K} - t_\alpha S/\sqrt{n} \geqslant K_0 \tag{9-16}$$

式中 $\overline{K}$——检验评定段内各测点压实度的平均值；

t_α——t 分布表中随测点数和保证率（或置信度）α 而变的系数，采用的保证率，高速、一级公路基层、底基层为 99%，其他公路基层、底基层为 95%；

S——检测值的标准偏差；

n——检测点数；

K_0——压实度标准值。

对于基层和底基层，当 $K \geqslant K_0$，且单点压实度 K_i 全部大于等于规定值减 2 个百分点时，评定路段的压实度合格率为 100%；当 $K \geqslant K_0$，且单点压实度 K_i 全部大于等于规定极值时，按测定值不低于规定值减 2 个百分点的测点数计算合格率。

当 $K < K_0$ 或某一单点压实度 K_i 小于规定极值时，该评定路段压实度为不合格，相应分项工程评为不合格。

二、无侧限抗压强度检测方法

无侧限抗压强度检测方法适用于测定无机结合料稳定土（包括稳定细粒土、中粒土和粗粒土）试件的无侧限抗压强度用做室内配合比设计试验及现场检测。本试验方法包括：按照预定干密度用静力压实法制备试件以及用锤击法制备试件，应该尽可能用静力压实法制备等干密度的试件。试件都是高∶直径 = 1∶1 的圆柱体。

室内配合比设计试验和现场检测两者在试料准备上是不同的，前者根据设计配合比称取试料并拌和，按要求制备试件；后者则在工地现场取拌和的混合料作试料，并按要求制备试件。

（一）取样频率

在现场按规定频率取样，按工地预定达到的压实度制备试件。每2 000m² 或每工作班制备 1 组试件：不论稳定细粒土、中粒土或粗粒土，当多次变异系数 $c_v \leqslant 10\%$ 时，可为 6 个试件；当 c_v 为 10%～15% 时，可为 9 个试件；当 $c_v > 15\%$ 时，则需 13 个试件。

（二）试模

适用于下列不同土的试模尺寸为：细粒土（最大粒径不超过 10mm）试模的直径×高 = 50mm×50mm；中粒土（最大粒径不超过 25mm）试模的直径×高 = 100mm×100mm；粗粒土（最大粒径不超过 40mm）试模的直径×高 = 150mm×150mm。

（三）试件制备

1. 试料准备

将具有代表性的风干试料（必要时，也可以在 50℃ 烘箱内烘干）用木锤和木碾捣碎，但应避免破碎粒料的原粒径。将土过筛并进行分类。如试料为粗粒土，则除去大于 40mm 的颗粒备用；如试料为中粒土，则除去大于 25mm 或 20mm 的颗粒备用；如试料为细粒土,则除去大于 10mm 的颗粒备用。

在预定做试验的前一天,取有代表性的试料测定其风干含水量。对于细粒土,试样应不少于 100g;对于粒径小于 25mm 的中粒土,试样应不少于1 000g;对于粒径小于 40mm 的粗粒土,试样应不少于2 000g。

按标准方法确定无机结合料混合料的最佳含水量和最大干密度。

2.配制混合料

(1)对于同一无机结合料剂量的混合料,需要制备的相同状态的试件数量(即平行试验的数量)与土类及操作的仔细程度有关。具体按上文取样频率的规定执行。当无法按变异系数确定试件数量时,一般情况下,可按下列规定确定试件数量:对于无机结合料稳定细粒土,至少应制 6 个试件;对于无机结合料稳定中粒土和粗粒土,至少应分别制 9 个和 13 个试件。

(2)称取一定数量的风干土并计算干土的质量,其数量随试件大小而变。对于 50mm×50mm 的试件,1 个试件需干土 180~210g;对于 100mm×100mm 的试件,1 个试件需干土1 700~1 900g;对于 150mm×150mm 的试件,1 个试件需干土5 700~6 000g。

对于细粒土,可以一次称取 6 个试件的土;对于中粒土,可以一次称取 3 个试件的土;对于粗粒土,一次只称取 1 个试件的土。

(3)将称好的土放在长方盘(约 400mm×600mm×70mm)内。向土中加水,对于细粒土(特别是黏性土),使其含水量较最佳含水量小 3%;对于中粒土和粗粒土,可按最佳含水量加水。将土和水拌和均匀后放在密闭容器内浸润备用。如为石灰稳定土和水泥、石灰综合稳定土,可将石灰和土一起拌匀后进行浸润。浸润时间:黏性土 12~24h,粉性土 6~8h,砂性土、砂砾土、红土砂砾、级配砂砾等可以缩短到 4h 左右,含土很少的未筛分碎石、砂砾及砂可以缩短到 2h。

(4)在浸润过的试料中加入预定数量的水泥或石灰并拌和均匀。在拌和过程中,应将预留的 3%的水(对于细粒土)加入土中,使混合料的含水量达到最佳含水量。拌和均匀的加有水泥的混合料应在 1h 内按下述方法制成试件,超过 1h 的混合料应该作废。其他结合料稳定土,混合料虽不受此限,但也应尽快制成试件。

3.按预定的干密度制件

用反力框架和液压千斤顶制件。制备一个预定干密度的试件,需要的稳定土混合料数量 m_1(g)随试模的尺寸而变。

$$m_1 = \rho_d V(1 + 0.01w) \tag{9-17}$$

式中 V——试模的体积,cm^3;

w——稳定土混合料的含水量,(%);

ρ_d——稳定土试件的干密度,g/cm^3。

将试模的下压柱放入试模的下部,但外露 2cm 左右。将称取的规定数量 m_1(g)的稳定土混合料分 2~3 次灌入试模中(利用漏斗),每次灌入后用夯棒轻轻均匀插实。如制备 50mm×50mm 的小试件,则可将混合料一次倒入试模中,然后将上压柱放入试模内,应使其也外露 2cm 左右(即上、下压柱露出试模外的部分应该相等)。

将整个试模(连同上、下压柱)放到反力框架内的千斤顶上(千斤顶下应放一扁球座),

加压直到上、下压柱都压入试模为止。维持压力 1min。解除压力后，取下试模，拿去上压柱，并放到脱模器上将试件顶出(利用千斤顶和下压柱)。称试件的质量 m_2，小试件准确到 1g，中试件准确到 2g，大试件准确到 5g。然后用游标卡尺量试件的高度 h，准确到 0.1mm。

用击锤制件，步骤同前。只是用击锤(可以利用做击实试件的锤，但压柱顶面需要垫一块牛皮或胶皮，以保护锤面和压柱顶面不受损伤)将上、下压柱打入试模内。

(四)养生

试件从试模内脱出并称量后，应立即放到密封湿气箱和恒温室内进行保温保湿养生。但中试件和大试件应先用塑料薄膜包覆。有条件时，可采用蜡封保湿养生。养生时间视需要而定，作为工地控制，通常都只取 7d。整个养生期间的温度，北方地区应保持 20±2℃，南方地区应保持 25±2℃。

养生期的最后一天，应该将试件浸泡在水中，水的深度应使水面在试件顶上约 2.5cm。在浸泡水中之前，应再次称试件的质量 m_3。在养生期间，试件质量的损失应该符合下列规定：小试件不超过 1g，中试件不超过 4g，大试件不超过 10g。质量损失超过此规定的试件，应该作废。

(五)强度测定

(1)将已浸水一昼夜的试件从水中取出，用软的旧布吸试件表面的可见自由水，并称试件的质量 m_4。

(2)用游标卡尺量试件的高度 h_1，准确到 0.1mm。

(3)将试件放到路面材料强度试验仪的升降台上(台上先放一扁球座)，进行抗压试验。试验过程中，应使试件的形变等速增加，并保持速率约为 1mm/min。记录试件破坏时的最大压力 P。

(4)从试件内部取有代表性的样品(经过打破)测定其含水量 w_1。

(六)计算

试件的无侧限抗压强度 R_c 用下列相应的公式计算：

对于小试件
$$R_c = \frac{P}{A} = 0.000\,51P \quad (\text{MPa}) \tag{9-18}$$

对于中试件
$$R_c = \frac{P}{A} = 0.000\,127P \quad (\text{MPa}) \tag{9-19}$$

对于大试件
$$R_c = \frac{P}{A} = 0.000\,057P \quad (\text{MPa}) \tag{9-20}$$

式中　P——试件破坏时的最大压力，N；

　　A——试件的截面面积($A_c = \frac{\pi}{4}D^2$，D 为试件的直径，单位为 mm)。

若干次平行试验的变异系数 c_v(%)应符合下列规定：小试件不大于 10%；中试件不大于 15%；大试件不大于 20%。

(七)强度评定

评定路段试样的平均强度 $\overline{R}$ 应满足下式要求：

$$\overline{R} \geqslant R_d(1 - Z_a c_v) \tag{9-21}$$

式中　R_d——设计抗压强度,MPa;

c_v——试验结果的变异系数(以小数计);

Z_a——标准正态分布表中随保证率而变的系数,高速、一级公路,保证率95%时,$Z_a=1.645$,其他公路,保证率90%时,$Z_a=1.282$。

当路段内半刚性材料强度评为不合格时相应分项工程为不合格。

三、水泥混凝土弯拉强度检测方法

水泥混凝土弯拉强度试验方法应使用标准小梁法或钻芯劈裂法,试件使用标准方法制作,标准养生时间28d。由于弯拉强度试件成型及试验过程比较麻烦,现多用劈裂强度来代替。

快速无破损方法与传统的钻芯劈裂法比较,有较大的优势,但不能代替钻芯的劈裂强度试验结果,也不能代替实验室标准小梁法的弯拉强度,不适宜作为仲裁试验或工程验收的最终依据。

(一)钻芯劈裂法

在硬化的混凝土路面板上钻取芯样,通过劈裂试验测定的芯样劈裂抗拉强度,可作为评定混凝土路面品质的主要指标。

1. 主要仪具

(1)压力机。

(2)劈裂夹具、木质三合板垫条,如图9-4所示。

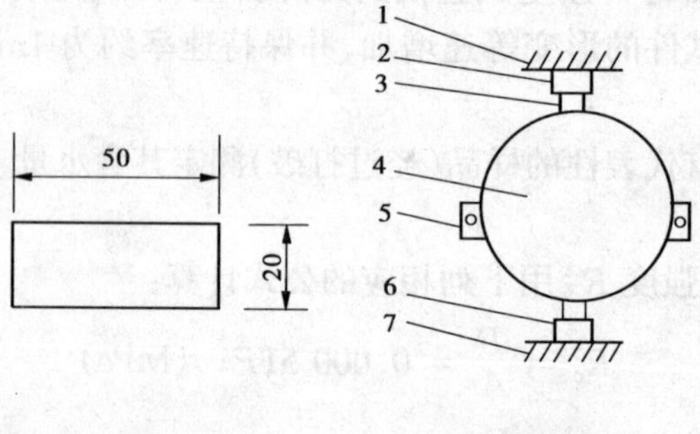

(a)夹具垫条　　(b)劈裂夹具

图9-4　芯样劈裂试验装置示意图(尺寸单位:mm)

1、7—压力机压板;2、6—夹具垫条;3—木质或纤维层;4—试件;5—侧杆

2. 试验方法与步骤

1)检查

(1)外观检查。每个芯样应详细描述有无裂缝、接缝、分层、麻面或离析等情况,必要时应记录以下事项:①集料情况,估计集料的最大粒径、形状及种类,粗、细集料的比例与级配;②密实性,检查并记录存在的气孔及其位置、尺寸与分布情况,必要时应拍下照片。

(2)测量。①测平均直径 d_m,在芯样的中间及两面各1/4处按两个垂直方向测量3对数值确定芯样的平均直径 d_m,精确至1.0mm。②测平均长度 L_m,取芯样直径两端侧面测定钻取后芯样的长度及端面加工后的长度，精确至 1.0mm。

(3)表观密度。如有必要，应测量芯样的表观密度。

2)试验步骤

(1)试件的制作。试件两端平面应与其轴线相垂直，误差不应大于 ±1°，端面凹凸每 100mm 不超过 0.05mm，承压线凹凸不应大于 0.25mm。

(2)湿度控制。试验前试件应在(20±2)℃的水中浸泡 40h，从水中取出后立即进行试验。如有专门要求，可用其他养生或湿度控制条件。

(3)劈裂试验。①将试件、劈裂垫条和垫层如图 9-4 所示放在压力机上，借助夹具两侧杆，将试件对中；②开动压力机，当压力机压板与夹具垫条接近时，调整球座使压力均匀接触试件。当压力加到 5kN 时，将夹具的侧杆抽出，以(60±4)N/s 的速度连续、均匀加荷，直至试件劈裂为止，记下破坏荷载，精确至 0.01kN。

3. 计算

芯样劈裂抗拉强度 R_a 按下式计算：

$$R_a = \frac{2P}{\pi A} = \frac{2P}{\pi d_m L_m} \tag{9-22}$$

式中　R_a——芯样劈裂抗拉强度，MPa，计算结果精确至 0.1MPa；

P——极限荷载，N；

A——芯样劈裂面面积，mm^2；

d_m——芯样截面的平均直径，mm；

L_m——芯样平均长度，mm。

(二)标准小梁法

通过标准小梁法测得的是水泥混凝土的弯拉强度，是水泥混凝土路面施工质量控制的主要指标，也是路面混凝土组成设计的重要参数。

1. 主要仪具

(1)万能试验机或具有 50～300kN 的抗折机。

(2)弯拉加载试验装置：由双点加载压头和活动支座组成。

2. 试验方法与步骤

(1)将达到规定龄期的试件取出，擦干表面，检查试件，如发现试件中部 1/3 长度内有蜂窝等缺陷，则该试件废弃。

(2)从试件一端量起，分别在距端部 50mm、200mm、350mm 和 500mm 处画出标记，分别作为支点(50mm 和 500mm 处)和加载点(200mm 和 350mm 处)的具体位置。

(3)调整万能机上两个可移动支座，使其准确对准试验机上距离压头中心点两侧各 225mm 的位置，随后紧固支座。将试件放在支座上，且侧面朝上，位置对准后，先慢慢施加一个初始荷载，大约 1kN。接着以 0.5～0.7MPa/s 的加荷速度连续加荷，直至试件破坏，记录最大荷载。但当断面出现在加荷点外侧时，试验结果无效。

3. 计算

水泥混凝土弯拉强度通过下式计算：

$$f_{cf} = \frac{FL}{bh^2} \tag{9-23}$$

式中　f_{cf}——水泥混凝土弯拉强度,MPa;

F——极限荷载,N;

L——支座间距,450mm;

b、h——试件的宽和高(标准均为150mm)。

4.注意事项

(1)试验结果的数据处理:试验结果以3个试件的算术平均值为测定值。如任一个测定值与中值的差超过中值的15%,取中值为测定结果;如两个测定值与中值的差都超过15%,该组试验结果作废。

(2)压力机通常有若干加载量程,试验时应选择合适的压力机加载量程,一般要求达到的最大破坏荷载是所选量程的20%~80%,否则可能引起较大的误差。选择的思路是根据混凝土设计强度(或判断可能达到强度),通过强度计算公式反算出在此强度状况下达到的最大荷载,而能够使该荷载进入某量程的20%以上和80%以下的,则是合适的加载量程。

(3)试验要求的加载速率单位是MPa/s,而不是压力机施加力的单位。应根据加载速率要求和实际试验时试件的受压面积将其换算成力的单位,即kN/(mm^2·s)。

(4)试件从养生环境取出后要尽快进行试验,以免试件内部的湿度发生显著改变而影响测定结果。

(三)水泥混凝土弯拉强度评定

1.混凝土弯拉强度的合格标准

试件组数大于10组时,混凝土平均弯拉强度合格判定式为:

$$f_{cs} \geqslant f_r + KS \tag{9-24}$$

式中　f_{cs}——水泥混凝土合格判定平均弯拉强度,MPa;

f_r——设计弯拉强度标准值,MPa;

K——合格判定系数,见表9-14所示;

S——强度标准偏差。

表9-14　合格判定系数

试件组数 n	11~14	15~19	≥20
K	0.75	0.70	0.65

当试件组数为11~19组时,允许有一组最小弯拉强度小于$0.85f_r$,但不得小于$0.80f_r$;当试件组数大于20组时,其他公路允许有一组最小弯拉强度小于$0.85f_r$,但不得小于$0.75f_r$,高速公路和一级公路均不得小于$0.85f_r$;当试件组数等于或少于10组时,试件平均强度不得小于$1.10f_r$,任一组强度不得小于$0.85f_r$。

2.评定标准

当标准小梁合格判定平均弯拉强度f_{cs}和最小弯拉强度$f_{\min}$中有一个不符合上述要求

时,应在不合格路段每公里每车道钻取 3 个以上 ϕ150mm 的芯样,实测劈裂强度,通过各自工程的经验统计公式换算弯拉强度,其平均弯拉强度 f_{cs} 和最小值 f_{min} 必须合格,否则,应返工重铺。

实测项目中,水泥混凝土弯拉强度评为不合格时相应分项工程评为不合格。

四、平整度检测方法

平整度是路面施工质量与服务水平的重要指标之一。它是指以规定的标准量规,间断地或连续地量测路表面的凹凸情况,即平整度。路面的平整度与路面各结构层次的平整状况有着一定的联系,即各层次的平整效果将累积反映到路面表面上,路面面层由于直接与车辆及大气接触,不平整的表面将会增大行车阻力,并使车辆产生附加振动作用。这种振动作用会造成行车颠簸,影响行车的速度和安全、驾驶的平稳和乘客的舒适。同时,振动作用还会对路面施加冲击力,从而加剧路面和汽车机件损坏和轮胎的磨损,并增大油耗。而且,不平整的路面会积滞雨水,加速路面的破坏。因此,平整度的检测与评定是公路施工与养护的一个非常重要的环节。

平整度的测试设备分为断面类及反应类两大类。断面类实际上是测定路面表面凹凸情况的,如最常用的 3m 直尺及连续式平整度仪,还可通过精确测定高程得到;反应类是由于路面凹凸不平引起车辆的振动颠簸,这是司机和乘客直接感受到的平整度指标,因此它实际上是舒适性能指标,最常用的是车载式颠簸累积仪。现已有更新型的自动化测试设备,如纵断面分析仪、路面平整度数据采集系统测定车等。常见的几种平整度测试的方法特点及技术指标比较如表 9-15 所示。国际上通用国际平整度指数 *IRI* 衡量路面行驶舒适性或路面行驶质量,可通过标定试验得出 *IRI* 与标准差 σ 或单向累积值 *VBI* 之间的关系。

表 9-15　平整度测试方法比较

方法	特点	技术指标
3m 直尺法	设备简单,结果直观,间断测试,工作效率低,反映凸凹程度	最大间隙 h(mm)
连续式平整度仪法	设备较复杂,连续测试,工作效率高,反映凸凹程度	标准差 σ(mm)
车载式颠簸累积仪法	设备复杂,连续测试,工作效率高,反映舒适性	单向累积值 *VBI*(cm/km)

(一)3m 直尺法

3m 直尺法有单尺测定最大间隙及等距离(1.5m)连续测定两种,前者常用于施工时质量控制与检查验收,测定时要计算出测定段的合格率。等距离连续测试也可用于施工质量与检查验收,要算出标准差,用标准差来表示平整程度,它与用 3m 连续式平整度仪测定的路面平整度有较好的相关关系。

3m 直尺法主要用于测定压实成型的路面各层表面的平整度,以评定路面的施工质量及使用质量。

1. 选择测试地点

(1)当为施工过程中质量检测需要时,测试地点根据需要确定,可以单杆检测。

(2)当为路面工程质量检查验收或进行路况评定需要时,应首尾相接连续测量10尺。除特殊需要外,应以行车道一侧车轮轮迹(距车道线80~100cm)带作为连续测定的标准位置。

2. 测试要点

(1)在施工过程中检测时,按根据需要确定的方向,将3m直尺摆在测试地点的路面上。

(2)目测3m直尺底面与路面之间的间隙情况,确定间隙为最大的位置。

(3)用有高度标线的塞尺塞进间隙处,量记最大间隙的高度(mm),准确至0.2mm。

(4)施工结束后检测时,按现行《公路工程质量检验评定标准》(JTG F80/1)的规定,每1处连续检测10尺,按上述(1)~(3)的步骤测记10个最大间隙。

3. 计算

单杆检测路面的平整度计算,以3m直尺与路面的最大间隙为测定结果。连续测定10尺时,判断每个测定值是否合格,根据要求计算合格率,并计算10个最大间隙的平均值。

$$合格率 = (合格尺数 / 总测尺数) \times 100\% \tag{9-25}$$

(二)连续式平整度仪法

连续式平整度仪法用于测定路表面的平整度,评定路面的施工质量和使用质量,但不适用于在已有较多坑槽、破损严重的路面上测定。

1. 连续式平整度仪

连续式平整度仪构造如图9-5所示。

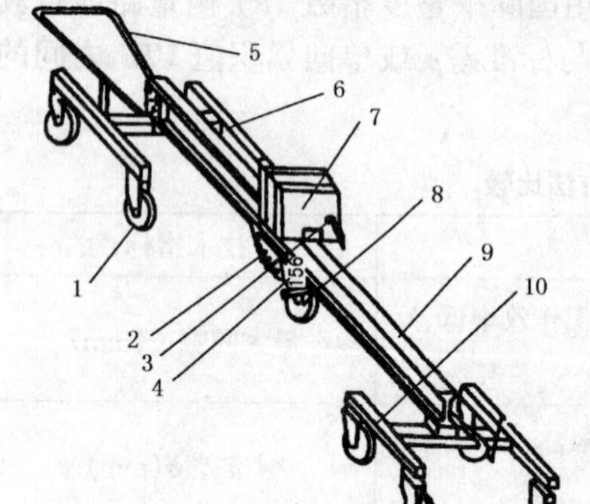

图9-5 连续式平整度仪构造

1—脚轮;2—拉簧;3—离合器;4—测架;5—牵引架;6—前架;7—纵断面绘图仪;8—测定轮;9—纵梁;10—后架

除特殊情况外,连续式平整度仪的标准长度为3m,其质量应符合仪器标准的要求。中间为一个3m长的机架,机架可缩短或折叠,前后各有4个行走轮,前后两组轮的轴间距离为3m。机架中间有一个能起落的测定轮。机架上装有蓄电源及可拆卸的检测箱,检测箱可采用显示、记录、打印或绘图等方式输出测试结果。测定轮上装有位移传感器,自动采集位移数据时,测定间距为10cm,每一计算区间的长度为100m,输出一次结果。当为人工检测、无自动采集数据及计算功能时,应能记录测试曲线。机架头装有一牵引钩及手拉柄,可用人力或汽车牵引。

除连续平整度仪外,还有牵引车(如小面包车)等。

2. 测试要点

(1)选择测试路段路面测试地点,同3m直尺法。

(2)将连续式平整度测定仪置于测试路段路面起点上。

(3)在牵引车的后部,将平整度测定仪的挂钩挂上后,放下测定轮,启动检测器及记录仪,随即启动汽车,沿道路纵向行驶,横向位置保持稳定,并检查平整度检测仪表上测定数字显示、打印、记录的情况。如遇检测设备中某项仪表发生故障,则须停止检测。牵引平整度仪的速度应保持匀速,速度宜为 5km/h,最大不得超过 12km/h。

当测试路段较短时,亦可用人力拖拉平整度仪测定路面的平整度,但拖拉时应保持匀速前进。

3. 计算

(1)连续式平整度测定仪测定后,可按每 10cm 间距采集的位移值自动计算 100m 计算区间的平整度标准差(mm),还可记录测试长度(m)、曲线振幅大于某一定值(3、5、8、10mm 等)的次数、曲线振幅的单向(凸起或凹下)累积值及以 3m 机架为基准的中点路面偏差曲线图,并可加以计算打印。当为人工计算时,在记录曲线上任意设一基准线,每隔一定距离(宜为 1.5m)读取曲线偏离基准线的偏离位移值 d_i。

(2)每一计算区间的路面平整度以该区间测定结果的标准差表示,按式(9-26)计算:

$$\sigma_i = \sqrt{\frac{\sum(\bar{d} - d_i)^2}{N - 1}} \tag{9-26}$$

式中 σ_i——各计算区间的平整度计算值,mm;

d_i——以 100m 为一个计算区间,每隔一定距离(自动采集间距为 10cm,人工采集间距为 1.5m)采集的路面凹凸偏差位移值,mm;

N——计算区间用于计算标准差的测试数据个数。

(3)计算一个评定路段内各区间平整度标准差的平均值、标准偏差和变异系数。

(三)车载式颠簸累积仪法

车载式颠簸累积仪用车辆在路面上通行时后轴与车厢之间的单向位移累积值 *VBI* 来表示路面的平整度,以 cm/km 计。本方法适用于测定路面表面的平整度,以评定路面的施工质量和使用期的舒适性。但不适用于在已有较多坑槽、破损严重的路面上测定。

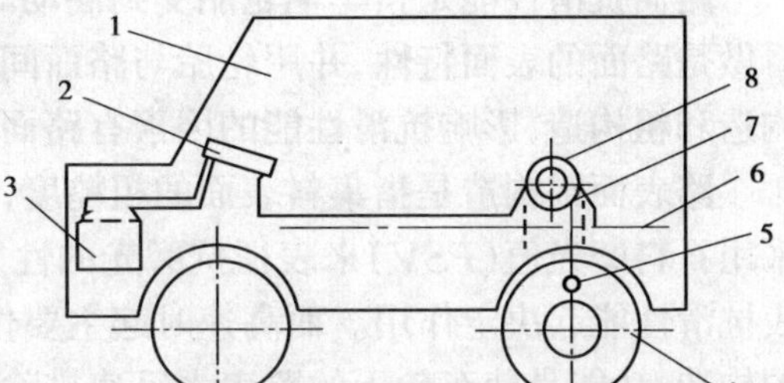

图 9-6 车载式颠簸累积仪

1—测试车;2—数据处理器;3—电瓶;4—后桥;5—挂钩;6—底板;7—钢丝绳;8—颠簸累积仪

1. 车载式颠簸累积仪

车载式颠簸累积仪由机械传感器、数据处理器及微型打印机组成,传感器固定安装在测试车的底板上,如图 9-6 所示。仪器的主要技术性能指标如下:

测试速度	可在 30~50km/h 范围内选定
最小读数	1cm
最大测试幅值	±30cm
最大显示值	9 999cm
系统最高反应频率	5kHz

另外,还应配备测试车,如旅行车、越野车或小轿车等。

2. 工作原理

测试车以一定的速度在路面上行驶,由于路面上的凹凸不平状况,引起汽车的激振,通过机械传感器可测量后轴同车厢之间的单向位移累积值 *VBI*,以 cm/km 计。*VBI* 越大,说明路面平整性越差,人体乘坐汽车时越不舒适。

3. 使用技术要点

(1)仪器安装应准确、牢固,便于操作。

(2)测试速度为 32km/h,一般不宜超过 40km/h。

4. 注意事项

(1)检测结果与测试车机械系统的振动特性和车辆行驶速度有关。减振性能好,则 *VBI* 测值小;车速越高,*VBI* 测值越大。因此,必须通过对机械系统的良好保养和检测时严格控制车速来保持测定结果的稳定性。

(2)用车载式颠簸累积仪测出的颠簸累积值 *VBI*,与用连续式平整仪测得的标准差 σ 的概念不同,但可通过对比试验,建立两者的相关关系,将 *VBI* 值换算为 σ,用于路面平整度评定。

(3)通过大量研究观察,标准差与国际平整度指数 *IRI* 有很好的相关性:$\sigma = 0.6IRI$。

(4)国际平整度指数 *IRI* 是国际上公认的衡量路面行驶舒适性或路面行驶质量的指标。也可通过标定试验,建立 *VBI* 与 *IRI* 的相关关系,将颠簸累积值 *VBI* 换算为国际平整度指数 *IRI*。

五、抗滑性能检测方法

路面抗滑性能是指车辆轮胎受到制动时沿表面滑移所产生的力。通常,抗滑性能被看做是路面的表面特性,并用轮胎与路面间的摩擦系数来表示。表面特性包括路表面细构造和粗构造,影响抗滑性能的因素有路面表面特性、路面潮湿程度和行车速度。

路表面细构造是指集料表面的粗糙度,它随车轮的反复磨耗作用而渐被磨光。通常采用石料磨光值(*PSV*)来表征抗磨光的性能。细构造在低速(30~50km/h 以下)时对路表抗滑性能起决定作用。而高速时起主要作用的是粗构造,它是由路表外露集料间形成的构造,功能是使车轮下的路表水迅速排除,以避免形成水膜。粗构造由构造深度表征。

抗滑性能测试方法有制动距离法、偏转轮拖车法(横向力系数测试)、摆式仪法、构造深度测试法(手工铺砂法、电动铺砂法、激光构造深度仪法)。水泥混凝土路面的抗滑性能应采用铺砂法测定,用构造深度 *TD* 来表示。构造深度是指一定面积的路表面凹凸不平的开口孔隙的平均深度。

(一)手工铺砂法

手工铺砂法适用于测定水泥混凝土路面表面构造深度,用以评定路面表面的宏观粗糙度、路面表面的排水性能及抗滑性能。

1. 主要仪具与材料

(1)人工铺砂仪:由量砂筒、推平板组成。

量砂筒的形状尺寸如图 9-7 所示,一端是封闭的,容积为(25±0.15)mL,可通过称量砂筒中水的质量以确定其容积 V，并调整其高度，使其容积符合要求。带一专门的刮尺将筒口量砂刮平。

推平板的形状尺寸如图 9-8 所示，推平板应为木制或铝制，直径 50mm，底面粘一层厚 1.5mm 的橡胶片，上面有一圆柱把手。

平尺可用 30cm 钢尺代替。

(2)量砂：足够数量的干燥洁净的匀质砂，粒径 0.15～0.3mm。

(3)量尺：钢板尺、钢卷尺，或采用已按式(9-27)将直径换算成构造深度作为刻度单位的专用构造深度尺。

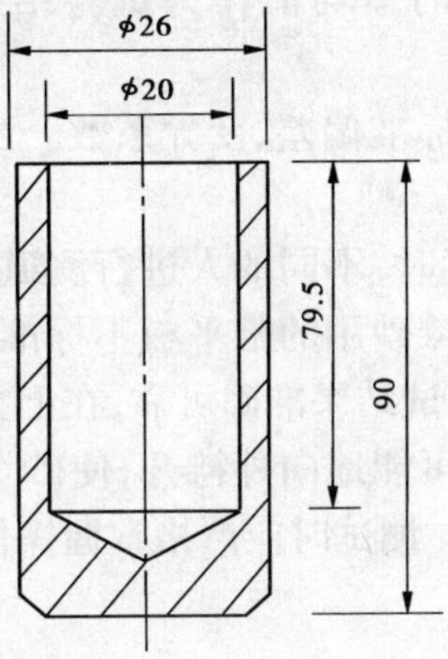

图 9-7　量砂筒(单位：mm)

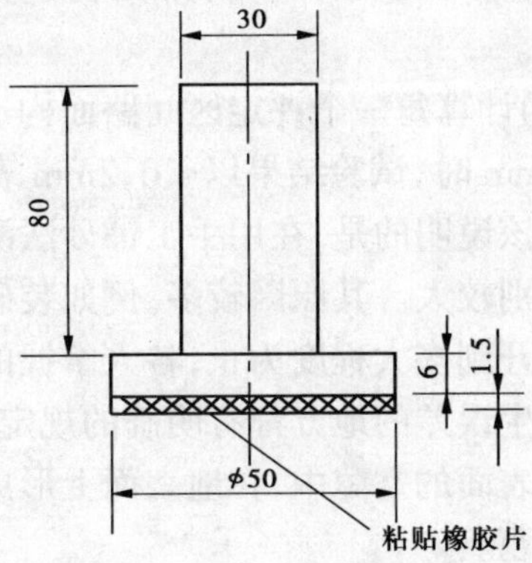

图 9-8　推平板(单位：mm)

2. 测试方法与步骤

1)准备工作

(1)量砂准备：取洁净的细砂晾干、过筛，取 0.15～0.3mm 的砂置于适当的容器中备用。量砂只能在路面上使用一次，不宜重复使用。回收砂必须经干燥、过筛处理后方可使用。

(2)对测试路段按随机取样选点的方法决定测点所在横断面位置。测点应选在行车道的轮迹带上，距路面边缘不应小于 1m。

2)试验步骤

(1)用扫帚或毛刷子将测点附近的路面清扫干净，面积不小于 30cm×30cm。

(2)用小铲装砂沿筒向筒中注满砂，手提圆筒上方，在硬质路面上轻轻地叩打 3 次，使砂密实，补足砂面用钢尺一次刮平。不可直接用量砂筒装砂，以免影响量砂密度的均匀性。

(3)将砂倒在路面上，用底面粘有橡胶片的推平板由里向外重复做摊铺运动，稍稍用力将砂细心地尽可能地向外摊开，使砂填入凹凸不平的路表面的空隙中，尽可能将砂摊成圆形，在地面上形成一薄层，并不得在表面上留有浮动余砂。注意摊铺时不可用力过大或向外推挤。

(4)用钢板尺测量所构成圆的两个垂直方向的直径，取其平均值，准确至 5mm。

(5)按以上方法，同一处平行测定不少于 3 次，3 个测点均位于轮迹带上，测点间距

3～5m。该处的测定位置以中间测点的位置表示。

3. 计算

(1)路面表面构造深度测定结果按式(9-27)计算：

$$TD = \frac{1\,000V}{\pi D^2/4} = \frac{31\,831}{D^2} \tag{9-27}$$

式中　TD——路面表面构造深度，mm；

V——砂的体积，$25cm^3$；

D——推平砂的平均直径，mm。

(2)每一处均取 3 次路面构造深度的测定结果的平均值作为试验结果，准确至 0.1mm。

(3)计算每一个评定区间路面构造深度的平均值、标准偏差、变异系数。当平均值小于 0.2mm 时，试验结果以＜0.2mm 表示。

应该说明的是，在用手工铺砂法测定路面构造深度时，不同的人进行测试，所测结果往往差别较大。其原因较多，例如装砂的方法不标准，摊砂用的推平板不标准，最主要的是砂摊开到多大程度为止，各人掌握的不一。为了使测试结果准确可靠，在上文介绍时对容易产生误差的地方都有明确的规定，且摊开时用“尽可能地向外摊开，使砂填入凹凸不平的路表面的空隙中，在地表面上形成一薄层”的提法。测试时应严格掌握操作方法中的细节问题。

(二)电动铺砂法

电动铺砂法适用于测定水泥混凝土路面表面构造深度，用以评定路面表面的宏观粗糙度及路面表面的排水性能和抗滑性能。

1. 主要仪具与材料

(1)电动铺砂仪：利用可充电的直流电源将量砂通过砂漏铺设成宽 5cm、厚度均匀一致的器具，如图 9-9 所示。

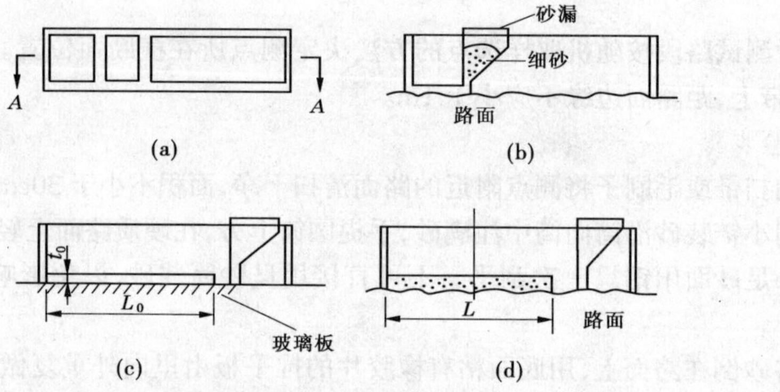

图 9-9　电动铺砂仪

(a)平面图；(b)A—A 断面；(c)标定；(d)测定

(2)量砂：足够数量的干燥、洁净的匀质砂，粒径 0.15～0.3mm。

(3)标准量筒：容积 50mL。

(4)玻璃板:面积大于铺砂器,厚5mm。

2.测试方法与步骤

1)准备工作

(1)量砂准备:取洁净的细砂,晾干、过筛,取0.15～0.3mm的砂置于适当的容器中备用。已在路面上使用过的砂如回收重复使用时应重新过筛并晾干。

(2)对测试路段按随机取样选点的方法决定测点所在横断面的位置。测点应选在行车道的轮迹带上,距路面边缘不应小于1m。

2)电动铺砂器标定

(1)将铺砂器平放在玻璃板上,将砂漏移至铺砂器端部。

(2)将灌砂漏斗口和量筒口大致齐平。通过漏斗向量筒中缓缓注入准备好的量砂至高出量筒成尖顶状,用直尺沿筒口一次刮平,其容积为50mL。

(3)将漏斗口与铺砂器砂漏上口大致齐平。将砂通过漏斗均匀倒入砂漏,漏斗前后移动,使砂的表面大致齐平,但不得用任何其他工具刮动砂。

(4)开动电动马达,使砂漏向另一端缓缓运动,量砂沿砂漏底部铺成如图9-10所示的宽5cm的带状,待砂全部漏完后停止。

(5)按图9-10,依式(9-28)由 L_1 及 L_2 的平均值决定量砂的摊铺长度 L_0,准确至1mm。

$$L_0 = (L_1 + L_2)/2 \quad (9\text{-}28)$$

(6)重复标定3次,取平均值决定 L_0,准确至1mm。

应该指出,标定应在每次测试前进行,用同一种量砂,由承担测试的同一试验员进行。

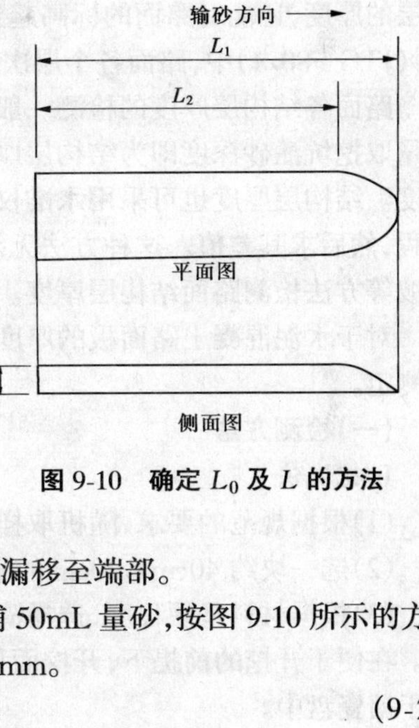

图9-10　确定 L_0 及 L 的方法

3)测试步骤

(1)将测试地点用毛刷刷净,面积大于铺砂仪。

(2)将铺砂仪沿道路纵向平稳地放在路面上,将砂漏移至端部。

(3)按2)中(2)～(5)相同的步骤,在测试地点摊铺50mL量砂,按图9-10所示的方法量取摊铺长度 L_1 及 L_2,由式(9-29)计算 L,准确至1mm。

$$L = (L_1 + L_2)/2 \quad (9\text{-}29)$$

(4)按以上方法,同一处平行测定不少于3次,3个测点均位于轮迹带上,测点间距3～5m。该处的测定位置以中间测点的位置表示。

3.计算

(1)按式(9-30)计算铺砂仪在玻璃板上摊铺的量砂厚度 t_0:

$$t_0 = \frac{V}{B \times L_0} \times 1\,000 = \frac{1\,000}{L_0} \quad (9\text{-}30)$$

式中　t_0——量砂在玻璃板上摊铺的标定厚度,mm;

V——量砂体积,50mL;

B——铺砂仪铺砂宽度,50mm;

L_0——玻璃板上 50mL 量砂摊铺的长度,mm。

(2)按式(9-31)计算路面构造深度 TD:

$$TD = \frac{L_0 - L}{L} \times t_0 = \frac{L_0 - L}{L \times L_0} \times 1\,000 \tag{9-31}$$

式中　TD——路面的构造深度,mm;

L——路面上 50mL 量砂摊铺的长度,mm。

(3)每一处均取 3 次路面构造深度的测定结果的平均值作为试验结果,准确至 0.1mm。

(4)计算每一个评定区间路面构造深度的平均值、标准偏差、变异系数。

六、结构层厚度检测方法

在路面工程中,各个层次的厚度是和道路整体强度密切相关的。只有在保证厚度的情况下,路面的各个层次及整体的强度才能得到保证。除了能保证强度外,严格控制各结构层的厚度,还能对路面的标高起到一定的控制作用,所以在《公路工程质量检验评定标准》(JTG F80/1)中,路面各个层次的厚度为关键实测项目,是一个非常重要的指标。

路面各结构层厚度的检测一般是与压实度同时进行,当用灌砂法进行压实度检查时,可量取挖坑灌砂深度即为结构层厚度。当用钻孔取样法检查压实度时,可直接量取芯样高度。结构层厚度也可采用水准仪量测法求得,即在同一测点量出结构层底面及顶面的高程,然后求其差值。这种方法无须破坏路面,测试精度高。目前,国内外也有用雷达、超声波等方法检测路面结构层厚度。

对于水泥混凝土路面板的厚度应用钻孔取样法测定;对半刚性基层的厚度可用挖坑法测定。

(一)检测方法

1.挖坑法

(1)根据规范的要求,随机取样决定钻孔检查的位置。

(2)选一块约 40cm×40cm 的平坦表面作为试验地点,用毛刷将其清扫干净。

(3)根据材料坚硬程度,选择镐、铲、凿子等适当的工具,开挖这一层材料,直至层位底面。在便于开挖的前提下,开挖面积应尽量缩小,坑洞大体呈圆形,边开挖边将材料铲出,置于搪瓷盘中。

(4)用毛刷将坑底清扫,确认为下一层的顶面。

(5)将钢板尺平放横跨于坑的两边,用另一把钢尺或卡尺等量具在坑的中部位置垂直伸至坑底,测量坑底至钢板尺的距离,即为检查层的厚度,以 cm 计,准确至 0.1cm。

2.钻孔取样法

(1)根据规范的要求,随机取样决定钻孔检查的位置。

(2)用路面取芯钻孔机钻孔,芯样的直径应为 100mm。如芯样仅供测量厚度,不做其他试验,对水泥混凝土路面板也可用直径 50mm 的钻头,对半刚性基层有可能损坏试件时,也可用直径 150mm 的钻头,但钻孔深度必须达到层厚。

(3)仔细取出芯样,清除底面灰尘,找出与下层的分界面。

(4)用钢板尺或卡尺沿圆周对称的十字方向四处量取表面至上下层界面的高度,取其平均值,即为该层的厚度,准确至 0.1cm。

(二)坑洞与钻孔填补

按下列步骤用取样层的相同材料填补试坑或钻孔:

(1)适当清理坑中残留物,钻孔时留下的积水应用棉纱吸干。

(2)对半刚性基层及水泥混凝土路面板,按相同配比用新拌的材料并用小锤压实。水泥混凝土中宜掺加少量快凝早强的外加剂。

(3)所有补坑结束时,宜比原路面略鼓出少许,用重锥或压路机压实平整。

应该说明,补填工序如有疏忽,易成为隐患而导致开裂。因此,所有挖坑、钻孔均应仔细做好。

(三)结构层厚度评定

路面厚度是关系质量和造价的重要指标。评定路段内路面结构层厚度按代表值和单个合格值的允许偏差进行评定。厚度代表值为厚度的算术平均值的下置信界限值,即:

$$x_l = \overline{x} - \frac{t_\alpha S}{\sqrt{n}} \tag{9-32}$$

式中　x_l——厚度代表值(厚度算术平均值的下置信界限),cm;

$\overline{x}$——厚度平均值,cm;

S——标准偏差,cm;

n——检测点数;

t_α——t 分布表中随测点数和保证率(或置信度)α 而变的系数,采用的保证率,高速、一级公路,基层、底基层为 99%,面层为 95%,其他公路,基层、底基层为 95%,面层为 90%。

当厚度代表值大于等于设计厚度减去代表值允许偏差时,则按单个检查值的偏差不超过单点合格值来计算合格率;当厚度代表值小于设计厚度减去代表值允许偏差时,相应分项工程评为不合格。

参考文献

[1] 中华人民共和国交通行业标准.公路路基路面现场测试规程(JTJ059—95).北京:人民交通出版社,1995

[2] 中华人民共和国交通行业标准.公路工程质量检测评定标准(JTG F80/1—2004).北京:人民交通出版社,2004

[3] 中华人民共和国交通行业标准.公路工程无机结合料稳定材料试验规程(JTJ057—94).北京:人民交通出版社,1994

[4] 徐培华,陈忠达.路基路面试验检测技术.北京:人民交通出版社,2000

[5] 孙德栋,彭波.沥青路面设计与施工技术.郑州:黄河水利出版社,2002

第十章 其他混凝土路面

第一节 钢筋混凝土路面

一、概述

钢筋混凝土路面(Reinforced Concrete Pavement,简称 RCP)是指为防止可能产生的裂缝缝隙张开,在混凝土路面板内配置有纵、横向钢筋或钢筋网的水泥混凝土路面。板内钢筋或钢筋网限制了裂缝的发展,使路面板的接缝间距延长,接缝数量减少,从而减少因接缝设置不当而产生的唧泥、错台等病害,提高了路面的耐久性和行车舒适性,同时也减少了养护费用。

当混凝土板的平面尺寸较大或形状不规则,路面结构下埋有地下设施,路桥过渡段、软土基、高填方、填挖交界路段等有可能产生不均匀沉降时,宜采用设置接缝的钢筋混凝土路面。

二、钢筋混凝土路面设计

钢筋混凝土路面的设计过程与普通混凝土路面大致相同,主要包括板厚设计、平面设计和接缝设计。不同之处在于,钢筋混凝土路面还包括配筋设计。

(一)板厚设计

钢筋混凝土板内的钢筋网能有效地控制裂缝的张开量,把开裂的板拉在一起,使板依靠断裂面上集料的嵌锁作用而保证结构强度,但它却不能增加板的抗弯强度。因此,钢筋混凝土厚度计算可按普通混凝土路面设计原理与方法进行。具体计算时,钢筋混凝土面板厚度可取普通水泥混凝土面板长度为 5m 时的板厚。

(二)平面设计

由于面板中配有钢筋,所以可以增大横向缩缝的间距。其增大的长度,应根据钢筋的价格、缩缝的数量及造价、预计季节变化时接缝的最大开裂度等进行论证后再确定。横缝间距可按下式计算:

$$L_s = 6.906 h^{\frac{1}{3}} (\rho \cdot f_{sy})^{\frac{2}{3}} \tag{10-1}$$

式中 h——钢筋混凝土面板厚度,cm;

ρ——纵向钢筋截面面积与混凝土断面面积之比;

f_{sy}——钢筋的屈服强度,MPa,可按表 10-1 选用。

纵缝间距及其他要求与普通混凝土路面相同。

表 10-1　钢筋强度和弹性模量经验参考值

钢筋种类	钢筋直径 d(mm)	屈服强度 f_{sy}(MPa)	弹性模量 E_s($\times10^5$MPa)
R235(Q235)	8～20	235	2.1
HRB335	6～50	335	2.0
HRB400	6～50	315	2.0
KL400	8～40	370	2.0

(三)配筋设计

配筋设计时,假设混凝土路面板是均质的、板与基层之间的摩擦力沿平面均匀分布,则最大拉应力将产生在混凝土板纵向或横向的中央,此处便可能产生裂缝。钢筋混凝土的配筋量就是为平衡混凝土面层收缩受限制时产生的拉力,当混凝土面层收缩时其中央两侧向内的摩阻力为一半面层混凝土的质量乘以其与基层的摩阻系数,这一摩阻力即为作用于混凝土面层中央的拉力,并假定面层断裂平均作用由钢筋承受。假设混凝土的容重取为 24kN/m^3,钢筋的容许应力取为 0.75 倍的屈服强度,则据此可导出每延米板所需的配筋量为:

$$A_s = \frac{16L_s h\mu}{f_{sy}} \qquad (10\text{-}2)$$

式中　A_s——每延米混凝土面层宽(或长)所需的钢筋面积,mm^2;

L_s——纵向钢筋时,为横缝间距,横向钢筋时,为无拉杆纵缝或自由边之间的距离,m;

h——面板厚度,mm;

f_{sy}——钢筋的屈服强度,MPa,见表 10-1;

μ——面层与基层之间的摩擦系数,基层为水泥、石灰或沥青稳定粒料时,可取 1.8,基层为无结合料的粒料时,可取 1.5。

钢筋混凝土路面的配筋率与面层平面尺寸和气候因素有关,一般为 0.1%～0.2%,最低为 0.05%,最高可达 0.25%。为使板内应力尽可能分散,宜采用小直径钢筋,且纵向和横向钢筋宜采用相同直径或其直径之差不应大于 4mm。钢筋的最小直径和最大间距应符合表 10-2 的规定。钢筋的最小间距应为集料最大粒径的 2 倍。

表 10-2　钢筋的最小直径和最大间距　（单位:mm）

钢筋种类	最小直径	纵向最大间距	横向最大间距
普通钢筋	8	150	300
螺纹钢筋	12	350	750

由于钢筋的主要作用是使裂缝密闭,故在板内的竖向位置并不太重要,但应留有足够的保护层以防锈蚀,保护层的厚度一般为 5cm。通常纵向钢筋设在面板顶面下 1/3～1/2 板厚范围内,横向钢筋位于纵向钢筋之下,边缘钢筋至纵缝或自由边的距离为 10～15cm。纵向钢筋的搭接长度宜大于 35 倍钢筋直径,搭接位置应错开,各搭接段连线与纵向钢筋

的夹角应小于 60°。

(四)接缝设计

钢筋混凝土路面横向缩缝间距一般为 6～15m。当面层板宽度不大于 9m 时,可不设纵缝,否则应按车道设置纵缝。由于钢筋混凝土路面的板长度比普通混凝土的板长度长,因而其横向缩缝缝隙的张开宽度可能比普通混凝土路面的大,因此其接缝的传荷能力将减弱。为提高接缝的传荷能力,钢筋混凝土的所有横向缩缝必须设置传力杆。

其他接缝构造同普通混凝土路面。

三、钢筋混凝土路面施工

铺筑前,应按设计图纸准确放样钢筋网设置位置,路面板块、地梁和接缝位置等。

(一)钢筋网加工、安装及其质量检验

钢筋网所采用的钢筋直径、间距,钢筋网的设置位置、尺寸、层数等应符合设计图纸的要求。钢筋网中钢筋之间连接宜采取焊接,双层钢筋网或焊接困难的单层钢筋网可采取绑扎。钢筋网的焊接和绑扎精度应符合表 10-3 的规定。搭接焊和帮条焊时钢筋的搭接长度:双面焊不小于 $5d$(钢筋直径);单面焊不小于 $10d$。钢筋绑扎搭接长度不应小于 $35d$。同一垂直断面上不能有两个焊接或绑扎接头,相邻钢筋的焊接或绑扎接头要分别错开 500mm 和 900mm 以上。连续钢筋网每隔 30m 宜采用绑扎方式安装。

表 10-3 钢筋网焊接及绑扎的允许误差 (单位:mm)

项目		焊接钢筋网及钢筋骨架允许偏差	绑扎钢筋网及钢筋骨架允许偏差
钢筋网的长和宽		±10	±10
钢筋网眼尺寸		±10	±20
钢筋骨架宽和高		±5	±5
钢筋骨架长		±10	±10
箍筋间距		±10	±20
受力钢筋	间距	±10	±10
	排距	±5	±5

此外,还可采用工厂焊接好的冷轧带肋钢筋网,其质量应满足国家相关标准的规定。钢筋直径和间距应按设计的非冷轧钢筋等强互换为冷轧带肋钢筋。

钢筋网应采用预先架设安装方式。单层钢筋网的安装,在确保精度的条件下,可采用两次摊铺、中间摆设钢筋网的安装方式。单层钢筋网的安装高度应在面板下 1/3～1/2 板厚处,外侧钢筋中心至接缝或自由边的距离不应小于 10cm,并应配置 4～6 个/m^2 焊接支架或三角架立钢筋支座,保证在混凝土拌和物堆压下钢筋网基本不下陷、不移位,经振捣可弹性恢复到设定位置。单层钢筋网不得使用砂浆或混凝土垫块架立。

钢筋网主受力钢筋应设置在弯曲应力最大的位置,单层钢筋网纵筋应安装在底部,双层钢筋网纵筋应分别安装在上层顶部、下层底部。双层钢筋网上、下层之间不应少于 4～6 个/m^2 焊接支架或环形绑扎箍筋。双层钢筋网底部可采用焊接架立钢筋或 3cm 厚混凝土垫块支撑,数量不得少于 4～6 个/m^2。安装双层钢筋网时要确保其底部到基层表面应有不小于 3cm 的保护层,顶部离面层板表面有不小于 5cm 的耐磨保护层。

在路面摊铺前,应检验绑扎或焊接安装好的钢筋网和钢筋骨架,不得有贴地、变形、移位、松脱和开焊现象,路面钢筋网及钢筋骨架的安装位置的允许偏差应符合表 10-4 的规定。

表 10-4　钢筋网安装位置的规定值及允许偏差　　　　（单位:mm）

<table>
<tr><th colspan="2">项　目</th><th>允许偏差</th></tr>
<tr><td colspan="2">受力钢筋排距</td><td>±5</td></tr>
<tr><td colspan="2">钢筋弯起点位置</td><td>20</td></tr>
<tr><td rowspan="2">箍筋、横向钢筋间距</td><td>绑扎钢筋网及钢筋骨架</td><td>±20</td></tr>
<tr><td>焊接钢筋网及钢筋骨架</td><td>±10</td></tr>
<tr><td rowspan="2">路面钢筋预埋位置</td><td>中心线位置</td><td>±5</td></tr>
<tr><td>水平高差</td><td>±3</td></tr>
<tr><td rowspan="2">钢筋保护层</td><td>距表面</td><td>±3</td></tr>
<tr><td>距底面</td><td>±3</td></tr>
</table>

(二)钢筋混凝土路面铺筑

布料前,应保护好安装架设好的钢筋网。卸料时,应卸在料斗内、布料机接料斗内或轨道摊铺机的料箱内,不得直接从运输车辆倾倒在钢筋网上,也不得倾倒在旁边的基层上。卸料后,由机械从侧边运送到摊铺位置。堆放在钢筋网上的料堆不应过高,应尽快布匀,防止将钢筋网压变形或压垮。布料时,可采用两台布料机分两次布料,在两台布料机中间摆放间断钢筋网。摊铺好的拌和物上严禁任何机械碾压。

混凝土拌和物的坍落度和施工方式相同时,钢筋混凝土面层的布料松铺高度应比普通混凝土路面的高 1cm。通常用于钢筋混凝土面层的混凝土拌和物的坍落度应比相应铺筑方式的普通混凝土路面的大 1～2cm。

钢筋混凝土面层的振捣间距应适当加密。采用插入振捣时,振捣棒间距应按纵向钢筋间距作适当调整,振捣棒组不应阻碍、碰撞和扰动钢筋。插入振捣时,不得拖行振捣棒组,应依次逐条分别振捣,并且应轻插慢提,不可猛插急提。滑模或轨道摊铺机摊铺钢筋混凝土路面时,推进速度应适当减慢,不减慢推进速度时,应提高振捣频率。混凝土拌和物的坍落度相同时,钢筋混凝土路面的振捣密实持续时间应比普通混凝土路面规定时间延长 5～10s。

钢筋混凝土路面应连续摊铺至横缝位置或钢筋网的端部,防止各种原因产生的摊铺中断。当摊铺被迫中断时,必须设置横向施工缝,纵向钢筋穿过接缝后应保持连续,并应用 1 倍数量的长度不小于 2m 的纵向钢筋作加密处理,横向施工缝距前后最近横缝的距离不应小于 5m。

此外,钢筋混凝土路面摊铺作业还应符合普通混凝土路面相应铺筑方式的有关规定。

(三)接缝施工

设接缝的钢筋混凝土路面摊铺面板时,每张钢筋网片边缘10cm处须作标记,以便准确定位切纵、横缩缝。纵、横向缩缝部位的传力杆、拉杆、钢筋网表面应采取涂防锈涂层或包裹防锈塑料套管等阻锈措施。切开的纵、横缩缝要及时填缝。

第二节 碾压混凝土路面

一、概述

碾压混凝土路面(Roller Compacted Concrete Pavement,简称RCCP)是采用沥青混凝土路面施工机械,通过强力振动和碾压共同作用的,将坍落度为零的超干硬性混凝土压实成型的一种新型混凝土路面。与传统道路混凝土相比,RCCP既具有高强、稳定和耐久等优点,又具有施工方便、开放交通早等优点,且能节约大量水泥,经济效益显著。

由于表面平整度难以达到规定要求和接缝处难以设置传力杆,碾压混凝土不宜用做高速公路或一级公路的面层,也不宜用做特重或重交通的二级公路的面层。因此,碾压混凝土路面一般只适用于二级及其以下等级的公路,也可用于服务区停车场。

二、碾压混凝土路面设计

与普通混凝土路面一样,碾压混凝土路面的设计过程包括板厚设计和平面设计。两者的区别在于因设计参数不同而引起平面构造和接缝构造上的微小差异。

(一)板厚设计

碾压混凝土路面板厚设计时,除了碾压混凝土考虑设计基准期内荷载应力累计疲劳作用的疲劳应力系数 k_f 计算方法与普通混凝土路面计算方法有所不同之外,其他设计过程完全相同。

碾压混凝土的荷载疲劳应力系数 k_f 可按下式确定:

$$k_f = N_e^{0.065} \tag{10-3}$$

式中 N_e——设计基准期内标准轴载累计作用次数。

(二)板的平面尺寸

考虑到碾压混凝土干缩性能较好,面板尺寸可与普通混凝土路面相同,也可略大,但最大不宜超过6m×8m。横向缩缝间距一般取为6~10m,在全幅摊铺时,可不设纵向缩缝。碾压混凝土路面纵向缩缝中应设拉杆。纵、横向缩缝应采用硬接缝,硬切缝和填料与普通混凝土路面相同。

在邻近构造物、小半径平曲线两端和凹形竖曲线纵坡变换处应至少各设2条胀缝。其余路段可不设置胀缝。

三、碾压混凝土路面施工

碾压混凝土路面铺筑工艺流程为:碾压混凝土拌和→运输→卸入沥青摊铺机→沥青摊铺机摊铺→打入拉杆→钢轮压路机初压→振动压路机复压→轮胎压路机终压→抗滑构

造处理→养生→切缝→填缝。

(一)拌和与运输

为使有限的水分能均匀地分散到拌和物内,应采用强制式搅拌机搅拌。进入搅拌机的原材料应准确称量,其允许误差(按质量计)不得超过表10-5的规定,并严格控制用水量。每盘投料数量为搅拌机额定数量的3/4,搅拌机投料顺序宜为细集料→水泥→粉煤灰→粗集料;进料后边搅拌边加水。为在施工中获得符合设计要求的RCC,通过现场设备的试拌试验,以确定最佳拌和时间。通常RCC拌和物的搅拌时间比一般混凝土长些,每盘搅拌时间为2~2.5min,拌和物应进行稠度测定和试件制作。

表10-5　原材料质量允许误差

品种	水泥	粗、细集料	水	外加剂	粉煤灰
允许误差	±1.0%	±3.0%	±1.0%	±2.0%	±1.0%

RCC拌和物运输宜采用自卸机动车。为避免拌和物堆积和离析,卸料时要求车箱慢慢升起并来回移动以减小落差。同时,RCC拌和物的水分在运输和操作过程中容易蒸发,车箱内壁要求保持湿润,并配置遮盖物,必要时可将预估蒸发的水分拌和时预先加到拌和物中。

(二)摊铺

RCC拌和物的摊铺是整个施工过程中的主导工序,尤其采用机械摊铺时,更要注意与拌和机和运输车的匹配,使之做到连续摊铺,以便提高表面平整度和缩短全程作业时间。碾压混凝土路面施工最好选择带自动找平系统和高密实度熨平板的大型沥青摊铺机1~2台,最大摊铺厚度可达到30cm,摊铺预压密实度可达到大于等于85%。

为避免RCC拌和物水分损失,预估装有拌和物的运输车辆能铺25m左右时,立即卸车摊铺。摊铺前应洒水湿润基层,摊铺作业应均匀、连续,摊铺过程中不得随意变换速度或停顿,摊铺速度可按式(10-4)计算确定,并宜控制在0.6~1.0m/min范围内。

$$V=\frac{MK}{60bh} \tag{10-4}$$

式中　V——摊铺速度,m/min;

M——搅拌机产量,m^3/h;

b——摊铺宽度,m;

h——成型后的路面厚度,m;

K——效率系数,一般为0.85~0.95,搅拌机为1台选低值,多台可取高值。

碾压混凝土路面铺筑松铺系数应根据混凝土配合比、施工机械由试铺确定。采用高密实度摊铺机时,松铺系数宜控制在1.05~1.15之间。摊铺时,螺旋分料器转速应与摊铺速度相适应,保证两边缘料位充足。拉杆设置应与摊铺同步进行,并根据设计间距设醒目的定位标记,保证准确打入拉杆。铺筑弯道路段时,应及时调整左右两侧分料器的转速,保证两侧供料均衡;弯道超高路面摊铺应确保超高部位供料充足。

摊铺过后,应立即对所摊铺混凝土表面进行检查,局部缺料部位,应及时补料。局部粗料集中的部位,应采用湿筛砂浆进行弥补。

RCC拌和物的摊铺操作要点：摊铺机与运输车辆卸料要配合好，防止冲撞；摊铺速度与车辆运输相匹配，避免停机；摊铺机前后操作人员要密切配合，及时进行人工找补；及时检查路面平整度、宽度和路拱横坡度。

（三）碾压

碾压工序是RCCP密实成型的关键工序。碾压机械应配有自重10～12t的振动压路机1～2台和15～25t轮胎压路机1台，用于路面碾压；1～2t小型振动压路机1台，用于边缘压实。碾压后的路面表面应平整、均匀。

RCC摊铺后应立即进行碾压，碾压段长度以30～40m为宜，蒸发率大，取小值，反之取大值。直线段碾压时，压路机应从外侧向路中心碾压；平曲线有超高路段，由低侧向高侧、自由向外碾压，压完全宽为1遍；碾压作业应均匀、速度稳定，并按初压、复压和终压三个阶段进行。初压应采用钢轮压路机或振动压路机静压，重叠量宜为1/3～1/4，初压遍数宜为2遍；复压应采用振动压路机振动碾压，重叠量宜为1/3～1/2振动碾宽度。振动压路机起步、倒车和转向均应缓慢柔顺，严禁振动压路机中途急停、急拐、紧急起步及快速倒车。复压遍数按检测达到规定压实度进行控制，一般宜为2～6遍；终压应采用轮胎压路机静压。终压遍数应以弥合表面微裂纹和消除轮迹为停压标准，一般宜为2～8遍。

初压、复压和终压作业应衔接配合、一气呵成，中间不应停顿、等候和拖延，也不得相互干扰。宜尽量缩短全部碾压作业完成时间。如有局部晒干和风干迹象，应及时喷雾。碾压后表面应及时覆盖，并洒水养生。

（四）接缝设置与施工

碾压混凝土路面横向施工缝设置形式宜采用"台阶式"，即在施工终点处设纵向斜坡，作为压路机碾压过渡段；碾压结束后，将平整度合格部位以外斜坡刨除；第二天摊铺开始，后退150～200mm切割施工缝，切割深度宜为80～100mm，将切缝外侧混凝土刨除，形成台阶；涂刷水泥浆后，纵向连接摊铺新路面，硬化后切施工缝。"台阶式"横向施工缝是碾压混凝土路面施工工艺特色，如果彻底将缝切齐，不便于插入传力杆，传荷能力较差，也不利于接头处碾压密实。上搭台阶缝有可能推挤上抬，但碾压混凝土干缩变形较小，上抬可能性比普通混凝土路面小。碾压混凝土路面不同于普通混凝土路面，其无法准确配置传力杆钢筋，采用"台阶式"横向施工缝的施工工序是不得已而为之的方式。

为了消除错台，碾压混凝土路面胀缝形式可设置为混凝土枕垫式（见图10-1）或钢板枕垫式（见图10-2）两种形式。由于在碾压混凝土路面中无法插入传力杆，因此碾压混凝

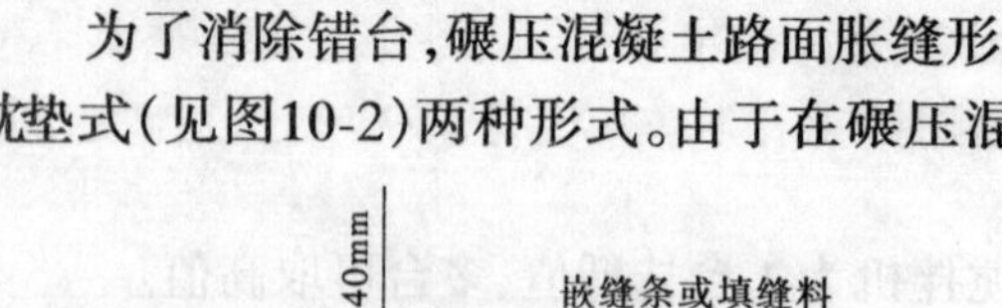

图10-1　混凝土枕垫式胀缝

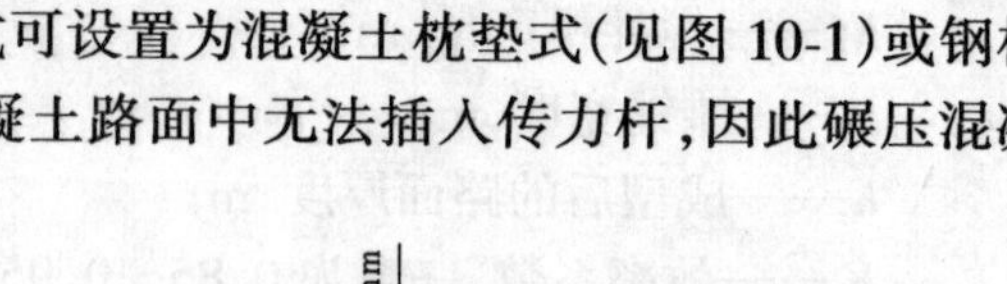

图10-2　钢板枕垫式胀缝

土可不设传力杆。但是,碾压混凝土面板在夏天高温季节向上隆起是无约束的,这样设置的胀缝实质上与普通水泥混凝土路面设置的带枕梁的隔离式胀缝相同。

第三节　连续配筋混凝土路面

一、概述

连续配筋混凝土路面(Continuously Reinforced Concrete Pavement,简称 CRCP)是指沿纵向配置连续的钢筋,除了在与其他路面交接处或邻近构造物处设置胀缝以及视施工需要设置施工缝外,不设横向缩缝的水泥混凝土路面。板内的纵向连续钢筋限制了面板因纵向收缩而产生的开裂,减少了由接缝引起的路面病害,提高了路面使用性能。

由于所用钢筋的数量多,对施工工序有较严格的要求,初期投资大。因此,连续配筋混凝土路面适用于高速公路、重载交通路面、机场道面以及旧混凝土路面加铺等场合。

二、连续配筋混凝土路面设计

与普通混凝土路面结构设计相比,连续配筋混凝土路面结构设计包括板厚设计、配筋设计和端部设计。除了根据车轮荷载作用设计路面层板厚之外,对于路面板钢筋的布置与用量以及路面端部设施的结构细节,都需要根据混凝土面层的温度变形特性进行设计计算。

(一)板厚设计

连续配筋混凝土面层内配置纵向配筋的作用是控制混凝土面板纵向收缩引起的开裂,防止缝宽度增大,即纵向钢筋只承担收缩应力,并不分担截面的弯拉应力,也就是说,连续配筋混凝土面层内配置的钢筋主要用于约束裂缝,提高路面使用性能,并不计其对路面承载能力增强的作用。因此,连续配筋混凝土路面的厚度可按照普通混凝土路面计算方法计算。

(二)配筋设计

连续配筋混凝土路面中的纵向钢筋起约束裂缝扩张、承受混凝土收缩应力的作用,而不是增加混凝土面层的抗弯拉强度。所以,纵向钢筋用量不能按照车辆荷载进行设计,而要根据裂缝间距、缝隙宽度和钢筋屈服强度三项指标要求,考虑混凝土收缩和温度变形来设计。对这三项指标,我国现行规范规定如下:

(1)为了避免或减少混凝土面层板裂缝处剥落和冲断破坏的可能性,要求横向裂缝的平均间距为 1.0~2.5m。

(2)为了避免或减少剥落和渗水的可能性,要求裂缝缝隙宽度不超过 1mm。

(3)为了避免钢筋实际承受的拉应力超过其屈服强度而发生丧失约束裂缝的能力,要求钢筋拉应力不超过钢筋屈服强度。

通常纵向钢筋的配筋率为 0.6%~0.8%。最小纵向配筋率,冰冻地区为 0.7%,一般地区为 0.6%。初拟纵向配筋率后,按上述三项要求判断配筋率是否合适。

横向配筋的目的是固定纵向钢筋,保证纵向钢筋充分发挥作用。因此,横向钢筋用量可按照钢筋混凝土路面计算方法式(10-2)计算确定,也可按照纵向钢筋用量的1/5～1/8取用。

1. 横向裂缝间距

横向裂缝间距越大,裂缝缝隙就越宽,水就越容易渗入路面结构而加快钢筋腐蚀;横向裂缝间距过小,则板块数量过多,降低车辆行驶舒适性。横向裂缝平均间距可按下列公式计算:

$$L_d = \frac{2b}{\sqrt{\frac{4k_s}{d_s E_s}(1+\varphi)}} \tag{10-5}$$

$$\varphi = \rho \frac{E_s}{E_c} \tag{10-6}$$

$$\lambda_c = \frac{f_t}{E_c(\alpha_c \Delta T + \varepsilon_{sh})} \tag{10-7}$$

式中 L_d——横向裂缝平均间距,m;

φ——钢筋刚度贡献率,(%);

ρ——配筋率,(%);

E_s——钢筋弹性模量,MPa,可参考表10-1选用;

E_c——混凝土弹性模量,MPa;

d_s——钢筋直径,mm;

k_s——黏结刚度系数,MPa/mm,可参照表10-6确定;

λ_c——混凝土温缩应力系数;

b——随系数 φ 和 λ_c 变化的系数,可查图10-3确定;

f_t——混凝土抗拉强度标准值,MPa,可参照表10-6确定;

α_c——混凝土线膨胀系数,通常取 1×10^{-5}/℃;

ΔT——设计温差,为混凝土的平均养护温度与设计最低温度之差,可近似取所在地区的日平均最高气温与最低气温之差;

ε_{sh}——连续配筋混凝土干缩应变,可参照表10-6确定。

表10-6 连续配筋混凝土纵向配筋计算参数经验参考值

混凝土强度	C30	C35	C40
混凝土抗拉强度标准值 f_t(MPa)	3.0	3.2	3.5
黏结刚度系数 k_s(MPa/mm)	30	32	34
连续配筋混凝土干缩应变 ε_{sh}	0.004 5	0.000 3	0.000 2

2. 裂缝缝隙宽度

裂缝缝隙宽度可按式(10-8)计算:

$$b_j = (\alpha_c \Delta T + \varepsilon_{sh})\lambda_b L_d \tag{10-8}$$

式中 b_j——裂缝缝隙宽度,mm;

λ_b——裂缝宽度系数，根据钢筋刚度贡献率 φ 和 b 查图 10-4 确定；

其他符号含义同前。

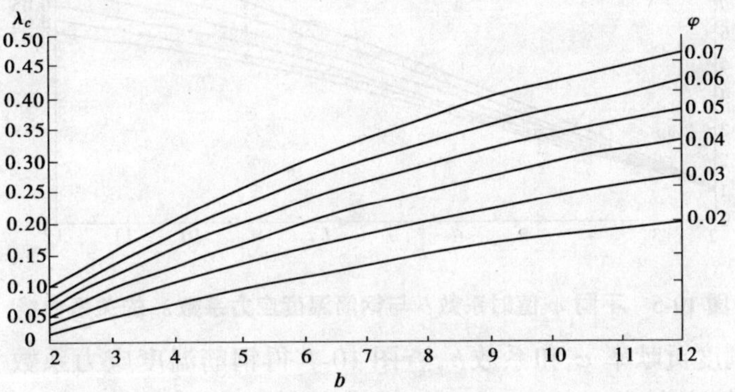

图 10-3　不同 φ 值时系数 b 与系数 λ_c 的关系曲线

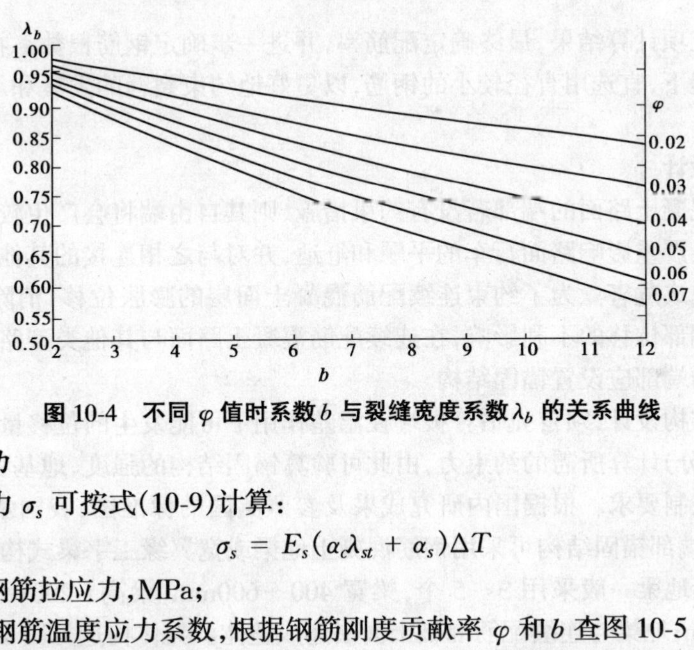

图 10-4　不同 φ 值时系数 b 与裂缝宽度系数 λ_b 的关系曲线

3. 钢筋应力

钢筋拉应力 σ_s 可按式(10-9)计算：

$$\sigma_s = E_s(\alpha_c\lambda_{st} + \alpha_s)\Delta T \tag{10-9}$$

式中　σ_s——钢筋拉应力，MPa；

λ_{st}——钢筋温度应力系数，根据钢筋刚度贡献率 φ 和 b 查图 10-5 规定；

α_s——钢筋线膨胀系数，通常取 9×10^{-6}/℃；

其他符号含义同前。

纵向配筋率 ρ 的计算步骤如下：

(1)根据公路所在地区，初步拟定配筋率 ρ。一般地区 ρ 为 0.6%～0.8%，冰冻地区 ρ 为 0.7%～0.8%；按照式(10-6)计算钢筋刚度贡献率 φ，再按式(10-7)计算混凝土温缩应力系数 λ_c，根据 φ 和 λ_c，查图 10-3 得系数 b，最后按照式(10-5)计算裂缝间距 L_d。当 $L_d>2.5$m 或 $L_d<1.0$m 时，在规定范围内增大或减小 ρ，重复上述计算至符合要求。

(2)由钢筋刚度贡献率 φ 和系数 b，查图 10-4 得裂缝宽度系数 λ_b；然后根据式(10-8)计算裂缝缝隙宽度 b_j。当 $b_j\leqslant1$mm 时，满足要求；否则应增大配筋率，重复上述计算至符合要求。

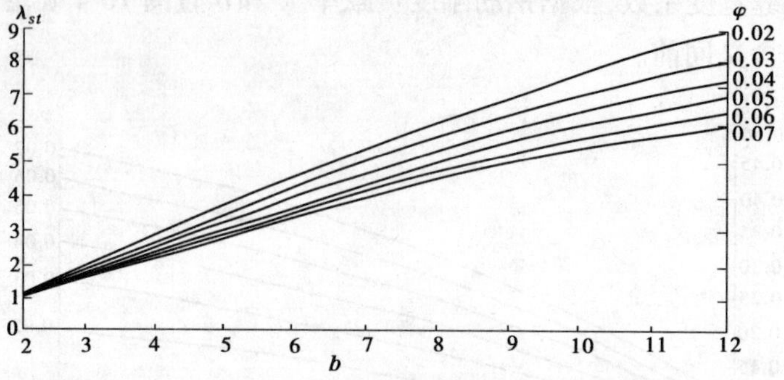

图 10-5　不同 φ 值时系数 b 与钢筋温度应力系数 λ_{st} 的关系曲线

(3)由钢筋刚度贡献率 φ 和系数 b，查图 10-5 得钢筋温度应力系数 λ_{st}；然后根据式(10-9)计算钢筋拉应力 σ_s。当 $\sigma_s \leqslant f_{sy}$ 时，满足要求；否则，应增大配筋率 ρ，重复上述计算至符合要求。

综合上述三项计算结果，最终确定配筋率，并进一步确定钢筋根数。在满足纵向钢筋间距要求的前提下，宜选用直径较小的钢筋，以更好地约束裂缝的发展和承受混凝土的收缩应力。

(三)端部设计

连续配筋混凝土路面的端部若没有约束措施，则其自由端将会产生较大的膨胀位移。端部位移过大会严重影响路面行车的平顺和舒适，并对与之相连接的其他路面、桥梁和涵洞等构造物将造成危害。为了约束连续配筋混凝土面层的膨胀位移，消除或减少连续配筋混凝土路面端部位移的不利影响，在连续配筋混凝土路面与其他类型路面或桥梁、涵洞等构造物连续的端部应设置锚固结构。

端部锚固结构设计，须首先估算板端在温差作用下可能发生的位移量，根据位移控制要求(全部或部分)计算所需的约束力，由此可验算锚固结构的强度、地基稳定性和纵向位移量是否满足控制要求。根据国内研究成果及参照英国的标准图，我国水泥混凝土路面设计规范规定，端部锚固结构可采用钢筋混凝土地梁或宽翼缘工字梁式构造等形式。

钢筋混凝土地梁一般采用 3～5 个，梁宽 400～600mm，梁高1 200～1 500mm，间距5 000～6 000mm；地梁与连续配筋混凝土面层连成整体。具体构造见图 10-6。

宽翼缘工字钢梁的底部锚入钢筋混凝土枕梁内。枕梁长度一般为3 000mm，厚度为200mm。钢梁腹板与连续配筋混凝土面层端部间填入胀缝材料。具体构造见图 10-7。

三、连续配筋混凝土路面施工

连续配筋混凝土路面施工与钢筋混凝土路面施工有关规定基本相同，减少了切缝工序，增加了设置端部锚固结构工序。

(一)钢筋布置

连续配筋混凝土路面的纵向和横向钢筋均应采用螺纹钢筋，其直径为 12～20mm。纵向钢筋应设在面板表面下 1/2～1/3 厚度范围内，横向钢筋位于纵向钢筋之下；纵向钢筋的间距不大于 250mm，小于 100mm 或集料最大粒径的 2.5 倍；横向钢筋的间距不大于

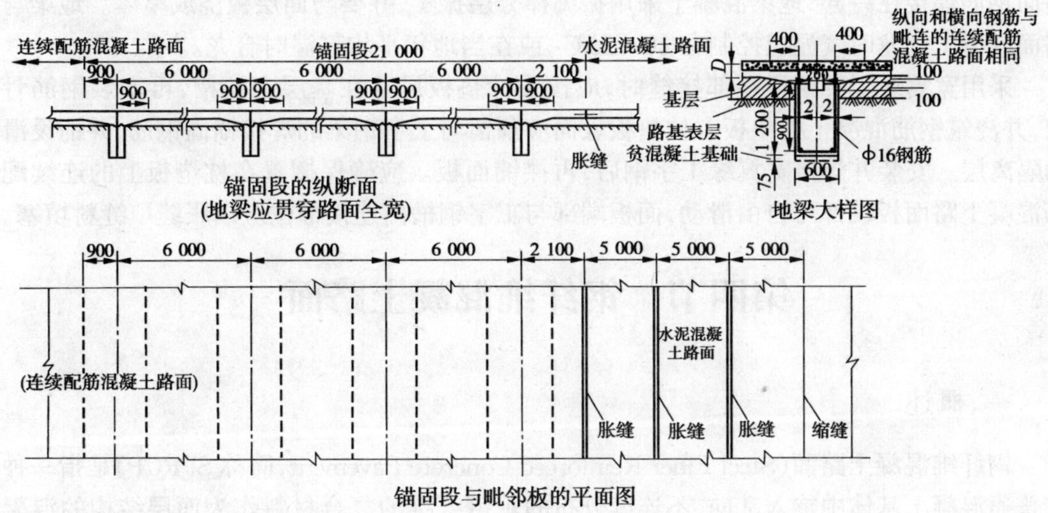

图 10-6　钢筋混凝土地梁的锚固(尺寸单位:mm)

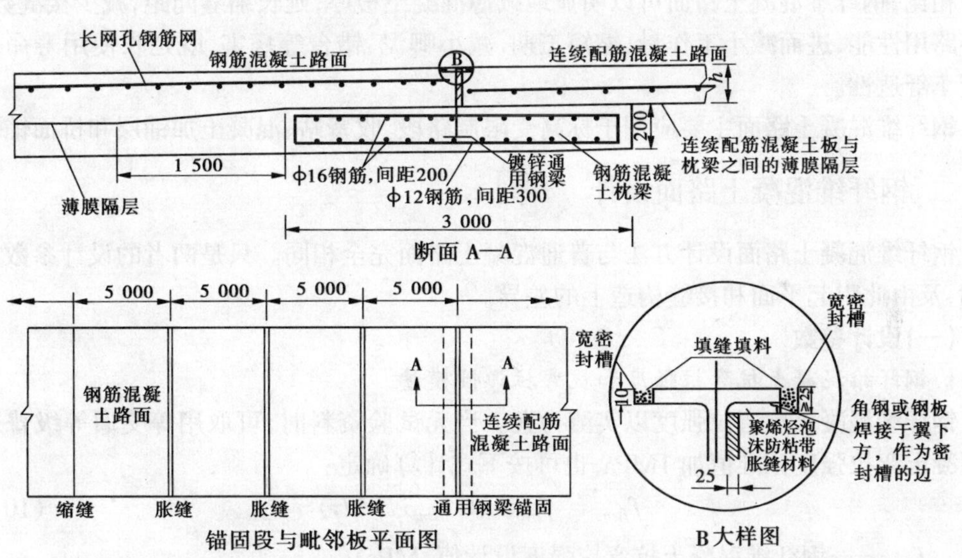

图 10-7　宽翼缘工字钢梁的锚固(尺寸单位:mm)

800mm;纵向钢筋的单面焊接长度一般不小于 10 倍钢筋直径,双面焊接一般不小于 5 倍钢筋直径。焊接位置应错开,各焊接端连线与纵向钢筋的夹角应小于 60°;边缘钢筋至纵缝或自由边的距离一般为 100～150mm。

(二)端部锚固结构施工

端部锚固结构应按设计要求施工,以确保锚固效果。采用地梁锚固时,先在锚固端按设计结构尺寸开挖地槽。开挖时应尽量避免扰动和超挖两侧基层、垫层及土基。尺寸较规则、超挖较少时,可不设侧模,否则应设侧模。拆模后应回填超挖部位并夯实路基和垫层,基层应采用贫混凝土修复。岩石路基上可直接将钢筋锚固在基岩中。地梁钢筋应与路面钢筋焊接在一起,地梁混凝土采用振捣棒分层振实,并要与面层板浇成整体。地梁与路面混凝土合龙时气温应控制在20~25℃,或在当地年平均气温时合龙。

采用宽翼缘工字钢梁端部接缝时,应按设计垫板尺寸在基层上挖槽,再安装钢筋骨架,并浇筑钢筋混凝土枕垫板。枕垫板表面应预留与工字钢梁的焊接锚固钢筋,并铺设滑动隔离层。安装并焊接宽翼缘工字钢后,再摊铺面板。应确保搁置在枕垫板上的连续配筋混凝土路面板端部可自由滑动,面板端部与工字钢槽内连接部位应以胀缝填缝料填塞。

第四节 钢纤维混凝土路面

一、概述

钢纤维混凝土路面(Steel Fiber Reinforced Concrete Pavement,简称SFRCP)是指一种在普通混凝土基体中掺入乱向、不连续分布的短钢纤维的复合材料作为面层结构的混凝土路面。这种路面具有优良的抗拉、抗弯拉、抗疲劳性能以及较好的韧性。与普通混凝土路面相比,钢纤维混凝土路面可以明显地减薄混凝土板厚,延长缩缝间距,减少接缝数量,改善路用性能,进而减小工作量,缩短工期,减小唧泥、错台等病害,既延长使用寿命又保证行车舒适性。

钢纤维混凝土路面主要应用于标高受限制路段、收费站、混凝土加铺层和桥面铺装。

二、钢纤维混凝土路面设计

钢纤维混凝土路面设计方法与普通混凝土路面完全相同。只是两者的设计参数有所不同,及由此引起平面和接缝构造上的差异。

(一)设计参数

1.钢纤维混凝土抗弯拉强度和抗弯拉弹性模量

钢纤维混凝土抗弯拉强度以实测为宜。当无试验资料时,可取用等交通等级普通水泥混凝土弯拉强度标准值加1MPa,也可按下式计算确定:

$$f_{ftm} = f_{tm}(1 + \alpha_{tm}\rho_f l_f / d_f) \tag{10-10}$$

式中 f_{ftm}——钢纤维混凝土抗弯拉强度设计值,MPa;

f_{tm}——同强度等级的素混凝土抗弯拉强度设计值,MPa,按现行《公路水泥混凝土路面设计规范》规定采用;

α_{tm}——钢纤维对抗弯拉强度的影响系数,应通过试验确定,当 $f_{tm} \leqslant 6.0$MPa时,对熔抽型钢纤维 $\alpha_{tm}=0.52$,对剪切型或熔抽型($l_f \geqslant 35$mm)钢纤维 $\alpha_{tm}=0.73$;

ρ_f——钢纤维体积率,(%);

l_f——钢纤维长度,mm;

d_f——钢纤维直径,mm。

抗弯拉弹性模量可采用同强度等级的素混凝土抗弯拉强度相应的抗弯拉弹性模量 E_{tc}。

2. 钢纤维混凝土疲劳应力系数

根据设计使用年限内汽车标准轴载累计作用次数和钢纤维体积率，钢纤维混凝土疲劳应力系数可按下式确定：

$$k_f = N_e^{0.053-0.017\rho_f \frac{l_f}{d_f}} \tag{10-11}$$

式中　k_f——设计基准期内的荷载疲劳应力系数；

N_e——设计基准期内标准轴载累计作用次数。

（二）板的平面尺寸

钢纤维混凝土路面的板长，即缩缝间距宜在 6～10m 之间，最大面板尺寸不宜超过 8m×12m。接缝构造同普通混凝土路面。

考虑我国实际路面上超载和偏载严重，强度储备不足；其次，在长期高应力强度比的疲劳荷载作用下，疲劳强度和使用寿命并非很高；三是尽管钢纤维混凝土路面允许在使用后期带裂缝工作，处在裂而不离、离而不开的状态，但是这不是正常的设计工作状态，而属于破坏状态，开裂后的钢纤维路面平整度很差，行车既不舒适，也不安全，只具路面残值，而不满足使用要求。因此，现行路面设计规范和施工规范所采用的钢纤维路面的面板尺寸比其应力的计算结果和以前教科书中都要小（最大 10m×20m），面板尺寸划分较为保守。

（三）板厚设计

钢纤维混凝土路面厚度设计时，除了考虑设计基准期内荷载应力累计疲劳作用的疲劳应力系数 k_f 计算方法与普通混凝土路面计算方法有所不同之外，其他设计过程完全相同。钢纤维混凝土的荷载疲劳应力系数 k_f 可按式(10-11)确定。

钢纤维混凝土面层厚度按钢纤维掺量确定，钢纤维体积率为 0.6%～1.0%时，其厚度为普通混凝土面层厚度的 0.65～0.75 倍。钢纤维混凝土路面的最小厚度，当特重或重交通时为 160mm，中等或轻交通时为 140mm。

三、钢纤维混凝土路面施工

钢纤维混凝土路面施工除了满足普通混凝土路面的施工要求之外，在施工的各个环节，不论是从投料、搅拌、运输还是浇筑和振捣，都要尽可能使钢纤维在混凝土基体中均匀分布，或按所要求的方向排列，以保证材料的匀质性和方向性，这是钢纤维混凝土施工中要注意的首要问题。

（一）搅拌和运输

搅拌是保证钢纤维在混凝土中均匀分布的重要环节。搅拌时要防止纤维结团、弯曲或折断，以及搅拌机因超负荷而停止运输，出料口堵塞。钢纤维混凝土最好选用水平双轴型强制式搅拌机拌和，且要求一次搅拌量不大于搅拌机额定搅拌量的 80%，以免超载，也可用自落式搅拌机。自落式搅拌机一般不会超载，但应注意投料顺序，防止纤维结团。

为了保证钢纤维混凝土质量，必须对各种材料准确计量。全部材料都按重量计，其允许偏差不得超过下列规定：水泥为±1%，粗、细集料为±3%，钢纤维为±1%，水为±1%。

投料顺序和方法与施工条件及钢纤维形状、长径比、体积率等有关，应通过施工现场实际搅拌试验确定。一般有三种方式:①先将钢纤维与干料干拌均匀,再加水湿拌;②将钢纤维以外的材料湿拌,在拌和过程中边拌边加入钢纤维,这时宜采用分散机投放钢纤维;③采用自落式搅拌机时,先投50%的砂和50%的石料与钢纤维干拌均匀,再投入水泥,其余集料和水一起湿拌均匀。为保证搅拌均匀,搅拌时间应较普通混凝土拌和时间延长。

由于钢纤维混凝土的凝结时间短、硬化快。因此,钢纤维混凝土从拌和出料、运输、浇筑至摊铺完毕的时间应符合表10-7的规定。钢纤维混凝土必须尽量加快施工速度,否则,很快会凝结导致难以摊铺。在浇筑和摊铺过程中,严禁因拌和物干涩而加水,可喷雾防止表面水分蒸发。

表10-7 钢纤维混凝土拌和物从出料到运输、铺筑完毕允许最长时间

施工气温(℃)	到运输完毕允许最长时间(h)		到铺筑完毕允许最长时间(h)	
	滑模、轨道	三辊轴机组	滑模、轨道	三辊轴机组
5～9	1.25	1.00	1.50	1.25
10～19	0.75	0.50	1.00	0.75
20～29	0.50	0.35	0.75	0.50
30～35	0.35	0.25	0.50	0.35

(二)布料与摊铺

钢纤维混凝土路面所采用的各种机械布料与摊铺方式,应保证钢纤维在混凝土路面板中分布的均匀性及结构的连续性,在一块板内的浇筑和摊铺不得中断。钢纤维混凝土路面布料松铺高度应通过试铺确定,拌和物坍落度相同时,宜比相同机械施工方式的普通混凝土路面松铺高度高10mm左右。

由于钢纤维混凝土的顶托,相同坍落度的钢纤维混凝土振实略容易些。因此,在保证振实的前提下,钢纤维混凝土拌和物宜使用较低坍落度的拌和物(见表10-8),不得使用钢纤维结团的拌和物。

表10-8 不同施工方式钢纤维混凝土坍落度

摊铺方式	滑模摊铺机	轨道摊铺机	三辊轴机组	小型机具
出机坍落度	30～50	20～40	20～30	10～30
摊铺坍落度	10～30	5～25	5～15	0～15

注:适宜摊铺的现场坍落度不应变化,出搅拌机坍落度可根据气温、运距等适度调整。

(三)振捣与整平

钢纤维混凝土路面所采用的振捣机械和振捣方式不仅应保证混凝土密实,而且还应保证钢纤维在混凝土中的均匀分布。从钢纤维混凝土路面匀质性和抗裂性考虑,已振实的面层板中,不得遗留振捣棒插振后局部无钢纤维的空洞、坑穴或沟槽。为保证边角混凝土密实,将振捣棒顺路线方向插入,使钢纤维成纵向条状集束,有利于抵抗面层内的收缩应力和温度应力以及荷载传递。振动持续时间以混凝土停止下沉、不再冒气泡并泛出水泥浆为准。

钢纤维混凝土路面的整平除应满足各级公路路面平整度要求外，从钢纤维混凝土路面运营安全性和可靠性考虑，要求整平后的钢纤维混凝土路面板表面 1～3cm 深度内还应保证钢纤维不直立、不翘头，保证路面磨损后裸露的钢纤维不扎轮胎，以保证运营的安全性。

为确保钢纤维分布的均匀性，无论采用滑模摊铺、轨道摊铺或三辊轴机组摊铺钢纤维混凝土路面，不得将振捣棒组插入面板内或在面板内拖行振捣，也不得使用人工插捣，滑模、轨道摊铺机振捣棒组底缘应严格控制在面板表面位置。采用滑模、轨道摊铺机铺筑钢纤维混凝土路面时，应采用高频或超高频振捣棒组振捣，要求振捣频率不宜低于10 000r/min。采用三辊轴机组摊铺钢纤维混凝土路面时，可采用大功率平板式振捣器振捣密实，再采用振动梁压实整平。振动梁底面应设凸棱以利表层钢纤维和粗集料压入。然后用三辊轴整平机将表面滚压平整，再用 3m 以上刮尺、刮板或抹刀纵横向精平表面，精平后的表面不得裸露钢纤维，也不应留浮浆。

(四)特殊工艺要求

为保证抗滑构造施工不对表面造成损伤及钢纤维拖出，钢纤维混凝土路面必须使用硬刻槽方式制作抗滑构造，不得使用粗麻袋、刷子和扫帚制作细观抗滑构造。

钢纤维混凝土路面的横向缩缝间距在 6～10m，钢纤维掺量较大时取大值，掺量小时取小值。钢纤维路面应先试切缝，在钢纤维不挂坏边缘时，才可允许切缝。

第十一章 旧水泥混凝土路面加铺层设计

水泥混凝土路面在使用过程中,其使用性能会随行车荷载和环境因素的作用而逐渐衰变。特别是近些年来交通量剧增,汽车轴载日益重型化以及设计、施工等方面的原因,造成了水泥混凝土路面损坏增加、路面使用品质下降,导致很多旧水泥混凝土路面行车舒适性差,车速难以提高。对于这些路面需要采取修复措施以恢复或提高其使用性能。在旧混凝土面层上铺设加铺层,是一项可在较长时期内恢复或提高路面使用性能的经济、有效的修复技术措施,也是目前对旧水泥混凝土路面进行改造的主要方式。

加铺层结构设计工作包括旧路面结构损坏状况调查与评定、加铺层方案确定、旧路面结构参数的确定以及加铺层厚度的计算。当原有路面需要提高等级时,对不符合技术标准的路段应进行线型改善,改线路段应按新建路面设计。此外,加铺层的铺筑通常是在边通车、边施工的条件下进行的,设计方案应综合考虑施工期间的交通组织管理、通行车辆对施工质量和施工工期的影响等。

第一节 路面结构性能评定

为了确定旧水泥混凝土路面对预期交通荷载的承载能力,并分析确定其剩余使用寿命,必须对旧水泥混凝土路面进行技术调查和测定,以评定其路面结构性能,以便确定需采取修复措施的路段和相应的修复方案,制定养护政策和编制养护计划,并为加铺层设计提供依据和数据。

路面结构状况和性能的调查与评定包括下述六方面内容:

(1)路面修建和养护技术资料的调查和收集,包括路面结构层组合(类型和厚度)、材料组成、接缝构造、路肩类型和结构层组合、路基和路面排水设施、养护历史(维修频率和措施)等。

(2)路面损坏状况调查,以了解路面损坏的类型、轻重程度和范围。

(3)混凝土面层的厚度和强度以及其他结构层厚度和组成材料性质的测定。

(4)进行弯沉测定,以评定和评价路面的结构性能。

(5)交通量和轴载调查,以了解路面的受载历史(已承受的标准轴载累计作用次数),并预估今后的趋势和交通要求。

(6)环境(温度和湿度状况)影响分析。

一、路面损坏状况评定

混凝土路面的损坏主要有以下四种类型:

(1)断裂类——纵向、横向、斜向、角隅和交叉裂缝。

(2)接缝损坏类——唧泥、错台、接缝碎裂、拱起、填缝料损坏等。

(3)变形类——沉陷、胀起等。

(4)材料或表层损坏类——活性集料反应病害、集料冻融裂纹、网裂和起皮、磨损和露骨等。

其中,对混凝土路面结构性能和行车舒适性影响最大的是断裂类损坏和接缝错台两种,它们是确定加铺层结构形式及其厚度设计的主要因素。因此,加铺层设计中以断板率和平均错台量两项指标来表征旧混凝土路面的损坏状况。

断板调查采用目测法进行,记录调查路段内不同轻重等级的各种断板板块数,并以断板块数占调查路段总板块数的百分率表示断板率(DBL),即:

$$DBL = (\sum_{i=1}^{n}\sum_{j=1}^{m_i} DB_{ij}W'_{ij})/BS \tag{11-1}$$

式中 DB_{ij}——第 i 类裂缝病害第 j 种轻重程度的板块数;

W'_{ij}——第 i 类裂缝病害第 j 种轻重程度的权系数,按表 11-1 确定;

BS——评定路段内的板块总数。

表 11-1　计算断板率的权系数 W'_{ij}

裂缝类型	交叉裂缝			角隅裂缝			纵、横、斜向裂缝		
轻重程度	轻	中	重	轻	中	重	轻	中	重
权系数 W'_{ij}	0.60	1.00	1.50	0.20	0.70	1.00	0.20	0.60	1.00

错台调查宜采用错台仪量测接缝两侧板边的高程差,量测点的位置在错台严重车道右侧边缘内 300mm 处,以调查路段内各条接缝高程差的平均值表示该路段的平均错台量。设备条件不具备时,亦可采用角尺进行量测,但精度难以保证。

依据调查路段内断板率和平均错台量,可以评定路面损坏状况的轻重程度等级,供确定养护和改建措施时参考。路面损坏状况分级标准见表 11-2。

表 11-2　路面损坏状况分级标准

等　级	优良	中	次	差
断板率(%)	≤5	6~10	11~20	>20
平均错台量(mm)	≤5	6~10	11~15	>15

对于断板率较低的高速公路和一级公路,应采用断板率和平均错台量两项评定指标。对于断板率较高的其他等级公路,当错台病害对行车安全和行驶质量的影响并非主要因素时,可仅采用断板率作为评定指标。

二、接缝传荷能力与板底脱空状况评定

路面表面在荷载作用下的弯沉量和弯沉曲线,反映了路面的结构特性。由于弯沉测定是一项无破坏试验,对路面结构的损害小,检测工作简便易行且测点数量多,因而被广

泛用于路面结构性能的评定，用以反算路面各结构层的模量参数，评定接缝的传荷能力，检查板底的脱空情况，并进而对路面结构的承载能力作出评价。

(一)接缝传荷能力评定

接缝是混凝土路面结构的最薄弱部位，混凝土路面的绝大多数损坏都发生在接缝附近。对于加铺层设计而言，旧面层接缝(或裂缝)处的弯沉量和弯沉差是引起加铺层出现反射裂缝的主要原因。如美国沥青协会(AI)就以接缝或裂缝处的板边平均弯沉量和弯沉差作为沥青混凝土加铺层设计的控制指标。接缝传荷系数是反映接缝边缘处相邻板传荷能力的指标。

旧混凝土路面板的接缝传荷能力和板底脱空状况采用弯沉测试法调查评定。弯沉测试宜采用落锤式弯沉仪(FWD)，也可采用梁式弯沉仪，其支点不得落在弯沉盆内。为了避免湿度和温度梯度对量测结果的影响，接缝传荷能力的测定应选择在接缝缝隙张开而板角未出现向上翘曲变形的时刻，板角弯沉测定应选择在白天正温度梯度的时段，而板中弯沉的测定则应选择在出现负温度梯度或正温度梯度很小的夜间至清晨时段进行。测定接缝传荷能力的试验荷载应接近于标准轴载的一侧轮载(50kN)。将荷载施加在邻近接缝的路面表面，实测接缝两侧边缘的弯沉量。按下式计算接缝的传荷系数：

$$k_j = \frac{l_u}{l_p} \times 100 \quad (\%) \tag{11-2}$$

式中 k_j——接缝传荷系数；

l_u——未受荷板接缝边缘处的弯沉量；

l_p——受荷板接缝边缘处的弯沉量。

依据调查路段内接缝的传荷系数测定结果，可以评定路面接缝的平均传荷能力，可作为选择加铺层结构形式和采取反射裂缝防治措施的参考依据。接缝传荷能力按传荷系数大小划分为优良、中、次、差四个等级，分级标准见表 11-3。

表 11-3 接缝传荷能力分级标准

等级	优良	中	次	差
接缝传荷系数 k_j(%)	>80	56～80	31～55	<31

(二)板底脱空检查

由唧泥引起的板底脱空，使板角隅和边缘失去部分支承，在行车荷载作用下将产生较大的弯沉和应力，最终导致加铺层损坏。

板底脱空状况的评定比较复杂，目前国内外还没有一个公认的方法。板底脱空的调查可根据路面板角隅处的多级荷载弯沉测试结果，并综合考虑唧泥和错台发展程度以及接缝传荷能力进行判别。即在板角隅处应用 FWD 进行多级荷载作用下的弯沉测试，利用测定结果点绘出荷载—弯沉关系曲线。当关系曲线的后延线与坐标线的相截点偏离坐标原点时，板底便可能存在脱空。当然，这仅是近似的估计，影响弯沉测定值的因素很多，实际评定时还应结合雨后观察唧泥现象、边缘和角隅处锤击听音等经验方法加以综合判断。

三、加铺层方案的选择

加铺层应根据使用要求及旧混凝土路面的状况，选用分离式或结合式水泥混凝土加铺结构，或沥青混凝土加铺结构，经技术经济比较后选定。具体加铺层结构类型的确定，视调查路段损坏状况评定等级和接缝传荷能力评定等级而定，原则如下：

(1)当旧混凝土路面的损坏状况和接缝传荷能力评定等级为中或次，或者新旧混凝土板的平面尺寸不同、接缝形式或位置不对应或路拱横坡不一致时，应采用分离式混凝土加铺层。

(2)当旧混凝土路面的损坏状况和接缝传荷能力评定等级为优良，路面板的平面尺寸及接缝布置合理，路拱横坡符合要求时，可采用结合式混凝土加铺层。

(3)当旧混凝土路面的损坏状况和接缝传荷能力评定等级为优良或中时，可采用沥青加铺层。

(4)当调查评定的旧混凝土路面的断板率、平均错台量和接缝传荷能力均处于差级水平，尤其是当旧路面板下出现严重唧泥、脱空或地基沉降时，对旧混凝土路面进行大面积修复后再铺筑加铺层已不是一种经济有效的技术措施。这时，应对旧面层混凝土进行破碎和压实稳定处理，并用做新建路面的底基层或垫层。破碎稳定处理既减少了大面积挖补所产生的废旧混凝土碎块对环境的不利影响，又保留了旧路面一定程度的结构完整性。

四、旧混凝土路面结构参数的确定

进行旧混凝土路面加铺层设计时，需要知道旧路面的各种结构参数，如旧混凝土面板的厚度和弯拉强度、旧混凝土的弯拉弹性模量以及旧混凝土路面基层顶面的当量回弹模量等。这也是旧混凝土路面结构评定工作的重点内容。这些参数可以通过承载板、钻孔取样、FWD 等测试手段来取得。

(一)旧混凝土面层的厚度

旧混凝土面层厚度的标准值可根据钻孔芯样的量测高度按式(11-3)计算确定。

$$h_e = \overline{h}_e - 1.04 s_h \tag{11-3}$$

式中　h_e——旧混凝土面层量测厚度的标准值，mm；

$\overline{h}_e$——旧混凝土面层量测厚度的均值，mm；

s_h——旧混凝土面层厚度量测值的标准差，mm。

(二)旧混凝土面层的弯拉强度

旧混凝土面层弯拉强度的标准值可采用钻孔芯样的劈裂试验结果按式(11-4)和式(11-5)计算确定。

$$f_r = 0.621 f_{sp} + 2.64 \tag{11-4}$$

$$f_{sp} = \overline{f}_{sp} - 1.04 S_{sp} \tag{11-5}$$

式中　f_r——旧混凝土弯拉强度标准值，MPa；

f_{sp}——旧混凝土劈裂强度标准值，MPa；

$\overline{f}_{sp}$——旧混凝土劈裂强度测定值的均值，MPa；

S_{sp}——旧混凝土劈裂强度测定值的标准差,MPa。

采用超声波和雷达设备量测混凝土强度和厚度的非破损测试方法,目前虽已在水工和建筑结构行业得到了广泛的应用,但由于混凝土面板与基层(特别是贫混凝土和无机结合料稳定类基层)材料具有类似的性质,这一非破损测试方法的实际测量精度在混凝土路面工程中还难以得到保证。所以,现在仍以传统的钻孔取芯测试法量取路面板的厚度,并在室内进行劈裂强度的试验。

(三)旧混凝土的弯拉弹性模量

旧混凝土的弯拉弹性模量标准值可按式(11-6)计算确定。

$$E_c = \frac{10^4}{0.091\,5 + \dfrac{0.963\,5}{f_r}} \tag{11-6}$$

式中　E_c——旧混凝土弯拉弹性模量标准值,MPa。

(四)旧混凝土路面基层顶面的当量回弹模量

旧混凝土面层下的基层顶面的当量回弹模量是加铺层设计的重要参数之一。面层下的基层顶面模量难以直接测到,但是混凝土路表弯沉是路面结构刚度特性的综合反映。因此,可以采用 FWD(标准荷载 100kN,承载板半径 150mm)来量测板中荷载作用下的弯沉曲线,并按弹性地基理论,用下式来反算基层顶面的当量回弹模量:

$$E_t = 100e^{(3.60+24.03w_0^{-0.057}-15.63SI^{0.222})} \tag{11-7}$$

$$SI = \frac{w_0 + w_{300} + w_{600} + w_{900}}{w_0} \tag{11-8}$$

式中　E_t——基层顶面的当量回弹模量标准值,MPa;

SI——路面结构的荷载扩散系数;

w_0——荷载中心处的弯沉量,μm;

w_{300}、w_{600}、w_{900}——距离荷载中心 300mm、600mm 和 900mm 处的弯沉量,μm。

当采用 FWD 的条件受到限制时,也可选择在清除断裂混凝土板后的基层顶面进行梁式弯沉量测定后按式(5-43)反算,或者根据基层钻芯的材料组成及性能情况依经验确定。

第二节　水泥混凝土加铺层设计

水泥混凝土加铺层可采用普通混凝土或钢纤维混凝土。具体采用何种应根据旧路面的损坏状况、接缝类型与布置方式以及原有路面的路拱坡度等条件来选择。目前,加铺层厚度设计法主要有经验法和力学分析法两种。经验法采用补足厚度缺额的概念,利用由试验验证结果建立的经验厚度关系式进行加铺层厚度设计,而力学分析法则以弹性地基板或者弹性层状体系理论解为基础,利用钻孔和弯沉测定得到的结构参数进行分析,并按混凝土路面的设计标准(疲劳断裂)确定所需厚度。

一、加铺层结构形式

按加铺层与旧水泥混凝土面层之间结合方式的不同,水泥混凝土加铺层可分为分离式、部分结合式(直接式)和结合式三种结构形式。

(一)分离式

当旧水泥混凝土路面的损坏状况和接缝传荷能力评定等级为中或次,或者新旧混凝土板的尺寸不同,接缝形式或位置不对应或路拱横坡不一致时,应采用分离式混凝土加铺层。加铺层铺筑前应更换破碎板、修补裂缝、磨平错台、压浆填封板底脱空、清除接缝中失效的填料和杂物,并重新封缝。

在旧混凝土面层与加铺层之间,应铺设一层由沥青混合料、油毡或聚乙烯组成的隔离层。隔离层主要起防止加铺层与旧面层黏结的作用,同时,需要时也可起整平层和调节横坡或标高的作用。仅用于防止黏结时,沥青混合料隔离层的厚度一般为2.5cm左右。

由于加铺层与旧面层之间设置了隔离层,旧面层的接缝和裂缝一般不会影响到加铺层而使之产生反射裂缝。因此,分离式加铺层用于损坏(开裂)较严重的混凝土路面,但旧面层有板底脱空引起的唧泥、错台损坏时,应先进行处理后再铺设隔离层。

分离式加铺层的接缝形式和位置与新建混凝土面层的要求相同。不必考虑与旧面层的接缝形式和位置相对应。相反,加铺层的接缝位置最好能与旧面层接缝相互错开1m以上,使作用在加铺层板边的荷载能下传到旧面层板的中部,从而改善加铺层的受荷条件。加铺层的厚度不宜小于18cm。

(二)部分结合(直接)式

当旧水泥混凝土路面的损坏状况和接缝传荷能力评定等级为优良,面板的平面尺寸及接缝布置合理,路拱横坡符合要求时,可采用部分结合或结合式加铺层。

在清除旧面层表面的松散碎屑、油迹或轮胎擦痕后,直接在旧面层上铺筑水泥混凝土加铺层。由于加铺层和旧面层之间存在部分黏结作用,故称之为部分结合式。这时旧面层的接缝和裂缝通常会反射到加铺层上,因而加铺层的接缝位置应与旧面层的完全对应,但接缝的形式可不必相同。旧面层如果存在进展性裂缝或者接缝或裂缝错台,则必须对这些损坏进行修复后,才能采用部分结合式加铺层。加铺层的最小厚度为12cm。

(三)结合式

结合式加铺层是通过采用冷磨,喷射高压气、高压水、钢珠或者酸蚀等方法打毛、清理旧面层表面,并在清理后的表面涂水泥浆、乳胶或者环氧等黏结剂后,铺筑混凝土加铺层使之与旧混凝土面层结合成整体。使用经验表明,上述各种清理和黏结方法中,喷射钢珠和涂水泥浆的黏结效果较好。

由于加铺层与旧面层结合成整体,旧面层的接缝和发展性裂缝都有可能反射到加铺层上来。因此,加铺层的接缝形式和位置必须与旧面层的完全对应。同时,旧面层板存在进展性裂缝或者接缝或裂缝错台时,必须对这些损坏进行修复后,才能采用结合式加铺层。结合式加铺层内可不设拉杆或传力杆,其最小厚度为2.5cm。

在加铺层铺筑的初期(前72h),加铺层与旧面层的黏结强度较低。在此期间由湿度变化引起的伸缩和翘曲变形可能在结合界面上产生较大的应力,从而破坏新旧混凝土层面的黏结。因此,为保证层间黏结良好,加铺层材料应尽量选择线膨胀系数小的石灰质集料和低水化热水泥,避免在气温过高时施工,尽可能早地进行接缝锯切(全深度),并采用湿治效果好的养生措施。

结合式加铺层与旧面层黏结成整体面层板，绕共同的中轴面弯曲。因此，其层厚较薄，疲劳弯拉应力受旧面层混凝土的弯拉强度控制。为保证实现新旧面层的黏结，施工技术和质量要求均较严格。分离式加铺层由于设置了隔离层，独立地承受荷载和温度的弯曲作用，其设计厚度受加铺层混凝土的弯拉强度控制，要求层厚较大。部分结合式的设计厚度也受加铺层混凝土的弯拉强度控制，其要求层厚处于上述两种类型之间。

二、加铺层厚度设计方法

(一)经验法

长期以来流传较广的加铺层设计经验方法，是美国陆军工程师部队(COE)为机场道面加铺层制定的设计法。这个方法采用补足厚度(也即结构承载力)缺额的概念。按现有地基的承载能力(基层顶面综合反应模量)，计算确定满足未来交通要求所需的面层厚度，而旧面层厚度与此厚度的差值便为所需补充的加铺层厚度。旧面层的厚度按面层的结构损坏情况给予不同程度的折减。加铺层与旧面层之间的结合状况对加铺层厚的影响，则利用通过试验路强化试验得到的验证关系予以确定。

按上述概念建立的水泥混凝土加铺层厚度设计公式采用下述形式：

$$h_{ov}^{n} = h_{d}^{n} - c_{r}h_{ex}^{n} \tag{11-9}$$

式中 h_{ov}——所需的加铺层设计厚度，cm；

h_{d}——按现有地基承载能力和未来交通要求，由新建混凝土路面设计方法确定的单层混凝土面层所需厚度，cm；

h_{ex}——旧混凝土面层厚度，cm；

n——随加铺层与旧面层结合状况而异的指数，对于结合式加铺层，$n=1.0$，对于部分结合式加铺层，$n=1.4$，对于分离式加铺层，$n=2$；

c_{r}——旧面层结构损坏状况指数，结构状况良好，无荷载引起的结构裂缝或有少量次要裂缝时，$c_{r}=1.0$，出现荷载引起的初始裂缝，但无进展性裂缝或者接缝或裂缝错台时，$c_{r}=0.75$，结构状况差，出现荷载引起的进展性裂缝，并伴有碎裂或者接缝或裂缝错台时，$c_{r}=0.35$。

结合式加铺层仅在旧面层结构状况良好，也即 $c_{r}=1.0$ 的情况下才能选用，并且加铺层的厚度不大，也即旧面层的承载能力不需提高很多。部分结合式加铺层的应用较结合式加铺层广，它适用于旧面层的结构损坏状况指数 c_{r} 在 0.75～1.0 的范围内，因为 c_{r} 低于 0.75 时有可能使加铺层出现反射裂缝。旧面层的结构不符合上述要求时，可以通过采取修复措施使之满足后，仍采用结合式或部分结合式。分离式加铺层通常应用于结构损坏状况指数 c_{r} 在 0.35～0.75 范围内的旧面层。

(二)力学法

我国现行规范方法将旧水泥混凝土路面上加铺新水泥混凝土结构层作为弹性地基上的双层板进行荷载应力和温度应力计算，以控制加铺层或旧面层的综合疲劳应力不超过板的抗弯拉强度为设计标准。

1. *双层板荷载应力分析*

双层板混凝土临界荷位仍为板的纵向边缘中部。标准轴载 P_s 在临界荷位处产生的上层和下层混凝土板荷载疲劳应力 σ_{pr1} 和 σ_{pr2} 分别按式(5-51)计算。对于结合式双层板仅需计算下层板的荷载疲劳应力 σ_{pr2}。其中,应力折减系数、荷载疲劳应力系数和综合系数的确定方法与单层混凝土板完全相同。

标准轴载 P_s 在临界荷位处产生的分离式双层板上层和下层混凝土板荷载应力或者结合式双层板下层板的荷载疲劳应力,按下式确定:

$$\sigma_{ps1} = 0.077 l_g^{0.60} \frac{E_{c1} h_{01}}{12 D_g} \tag{11-10}$$

$$\sigma_{ps2} = 0.077 l_g^{0.60} \frac{E_{c2}(0.5 h_{02} + k_u h_x)}{6 D_g} \tag{11-11}$$

$$h_x = \frac{E_{c1} h_{01}(h_{01} + h_{02})}{2(E_{c1} h_{01} + E_{c2} h_{02})} \tag{11-12}$$

$$D_g = \frac{E_{c1} h_{01}^3}{12} + \frac{E_{c2} h_{02}^3}{12} + \frac{E_{c1} h_{01} E_{c2} h_{02}(h_{01} + h_{02})^2}{4(E_{c1} h_{01} + E_{c2} h_{02})} k_u \tag{11-13}$$

$$l_g = 1.23\left(\frac{D_g}{E_t}\right)^{1/3} \tag{11-14}$$

式中 σ_{ps1}、σ_{ps2}——双层混凝土板上层和下层的荷载疲劳应力,MPa;

E_{c1}、E_{c2}——双层混凝土板上层和下层的弯拉弹性模量,MPa;

h_{01}、h_{02}——双层混凝土板上层和下层的厚度,cm;

k_u——层间结合系数,分离式时 $k_u = 0$,结合式时 $k_u = 1$;

h_x——下层板中面至结合式双层板中面的距离,m;

D_g——双层板的截面总刚度,MN·m;

l_g——双层板的相对刚度半径,m。

2. *双层板温度应力分析*

双层板混凝土上层和下层的温度疲劳应力 σ_{tr1} 和 σ_{tr2} 分别按式(5-52)计算。

由于分离式双层板的上层厚度和隔离层厚度之和一般大于 14cm,传到下层板内的温度梯度较小,相应温度翘曲应力也就很小,因而可不必考虑下层板的温度疲劳应力 σ_{tr2}。分离式双层板上层板的最大温度翘曲应力可按下式计算确定:

$$\sigma_{tm1} = \frac{\alpha_c E_{c1} h_{01} T_g}{2} \xi_1 B_x \tag{11-15}$$

$$\xi_1 = C_x^{0.32 - 0.81 \ln\left(\frac{h_{01} E_{c1}}{h_{02} E_{c2}} + 2.5 \frac{h_{01}}{h_{02}}\right)} \tag{11-16}$$

式中 C_x——上层板的温度翘曲应力系数,由 L/l_0 查图 5-11 确定;

B_x——上层板的温度应力系数,由 C_x 和 h_{01} 查图 5-11 确定;

ξ_1——上层板的温度应力修正系数;

其他符号含义同前。

结合式双层板上层,在轴载作用下于临界荷位时处于受压状态,在正温度梯度(板顶温度大于板底温度)作用下也处于受压状态,而负温度梯度作用下产生的温度应力较小,因而可不必考虑上层板的温度翘曲应力。结合式双层板下层板的最大温度翘曲应力可按下式计算确定:

$$\sigma_{tm2} = \frac{\alpha_c E_{c2}(h_{01} + h_{02}) T_g}{2} \xi_2 B_x \tag{11-17}$$

$$\xi_2 = 1.77 - 0.271\ln\left(\frac{E_{c1}h_{01}}{E_{c2}h_{02}} + 18\frac{E_{c1}}{E_{c2}} - 2\frac{h_{01}}{h_{02}}\right) \tag{11-18}$$

式中 B_x——下层板的温度应力系数,由 C_x 和($h_{01}+h_{02}$)查图 5-11 确定;

ξ_2——下层板的温度应力修正系数;

其余符号含义同前。

3. 加铺层厚度设计方法

我国 2002 年版设计规范采用弹性地基上等刚度单层板理论设计结合式和分离式加铺层。具体设计过程及步骤如下:

(1)调查现有混凝土面层的结构损坏状况,选择加铺层形式,确定对结构损坏的处理措施。

(2)钻取芯样,测定旧面层的厚度和劈裂强度,由经验公式确定弯拉强度和混凝土弯拉模量。

(3)在旧面层上进行弯沉测定,并根据弯沉量反算基层顶面的当量回弹模量值。

(4)拟定加铺层厚度,计算荷载疲劳应力和温度疲劳应力。

(5)分层叠加荷载疲劳应力和温度疲劳应力。分离式加铺层的加铺层和旧面层的综合应力、结合式加铺层的旧面层的综合应力应满足式(5-2)的要求,据此确定加铺层所需的厚度。

第三节 沥青加铺层设计

在旧水泥混凝土路面上加铺沥青层是一种常用的、有效的路面修复技术,它具有工期短、对交通影响小、修复后路面服务性能好等优点,国内有相当多的水泥混凝土路面采用了此类改造方案。旧混凝土路面状况、承载能力较好时,可直接加铺沥青面层,此时其主要问题是沥青加铺层中容易出现反射裂缝和在层间产生界面滑动,这对修复后路面的使用寿命影响很大。所以,当旧水泥混凝土路面的损坏状况和接缝传荷能力评定等级为优良或中时,可采用沥青加铺层。当旧路状况较差、承载能力不够,需进行补强时,一般需先加铺补强层,再加铺沥青面层。沥青加铺层铺筑前应更换破碎板、修补裂缝、磨平错台、压浆填封板底脱空、清除接缝中失效的填料和杂物,并重新封缝。

一、减缓反射裂缝的措施

在旧水泥混凝土面层上加铺沥青面层,必须要采取措施减缓反射裂缝的发生。由于旧的混凝土路面有接缝和裂缝,在接缝或裂缝附近的位移会引起接缝或裂缝上方沥青加铺层内出现应力集中,从而造成沥青加铺层对应的位置产生开裂,形成所谓反射裂缝。旧面层在接缝或裂缝附近的位移，包括由于环境温度的变化而引起的旧路面板的水平向伸缩和由于荷载作用而引起的旧路面板边缘的竖向弯沉。前者将导致接缝(或裂缝)上方的沥青加铺层内出现较集中的拉应力，后者则使接缝上方的沥青加铺层经受较大的弯拉应力和剪切应力。为了保持加铺后路面的完好，必须防止和控制这种裂缝，保持加铺层的整体性，特别是要防止水分通过裂缝进入旧混凝土板以下。

各地区的温度状况不同，各路段的交通条件和现有路面的结构状况也不相同。因此，反射裂缝的产生，有可能主要是温度原因引起的，也有可能主要是荷载作用引起的，或者是温度和荷载共同作用所造成的。对于主要由温度原因而引起反射裂缝的情况，可以采取降低加铺层与旧面层间黏附阻力以及增加加铺层弯拉强度的措施。而对于主要由荷载作用而产生反射裂缝的情况，则应采取降低接缝处板边弯沉量和弯沉差以及增加加铺层弯拉强度和剪切强度的措施。应依据加铺层段的具体情况和条件，分析出现反射裂缝的可能原因，从而有针对性地提出相应的预防或延缓措施。

当接缝传荷能力评定等级为中时，应采取措施预防或延缓旧混凝土面层上沥青加铺层反射裂缝。具体措施有以下几种：①增加沥青加铺层的厚度；②在沥青加铺层上锯切横缝；③设置裂缝缓解层；④破碎和固定旧混凝土面层；⑤设置各种夹层。

(一)增加沥青加铺层的厚度

增加沥青加铺层厚度，一方面可以减少旧面板的温度变化，并降低加铺层底面的拉应力。另一方面可增加路面结构的弯曲刚度，降低接缝处的弯沉量和弯沉差，减少加铺层的剪切应力。同时，对于较厚的加铺层来说，裂缝由加铺层底面扩展到顶面需要经历较长的距离(时间)，也即可以延长其使用寿命。

(二)在沥青加铺层上锯切横缝

在沥青加铺层上，对应旧混凝土面层的横缝位置锯切出新的横缝，并在开放交通前尽早在缝内填入封缝料，以保持接缝有效地密封，防止水或异物进入。预先锯缝，可以为释放加铺层内因温度收缩受阻而产生的拉应力提供预定的不连续断面位置，从而控制随意裂缝的出现。这种措施可以减少反射裂缝(接缝)处的边缘碎裂，但必须做好接缝的养护(有效密封)工作。同时，这种措施适用于旧路面结构状况良好(或者已对损坏板进行处理)、接缝处板边弯沉量较小的混凝土路面。

(三)设置裂缝缓解层

在沥青加铺层和旧面层之间可以设置一层由开级配沥青碎石混合料组成的裂缝缓解层(厚约 9cm)。混合料含有 25%～35%的连通孔隙，因而可提供缓解作用，使旧路面板接缝(或裂缝)处的弯沉差难以影响到沥青加铺层的上层，从而减小反射裂缝产生的可能性。

集料由坚硬、多棱角的碎石、轧制砾石或矿渣组成，美国沥青协会建议的 3 种集料级配范围列于表 11-4。沥青(针入度 40～50)的含量为 1.5%～3.0%。混合料的拌和温度为 93～121℃，拌和时间不超过 30s。采用 4～10t 的钢轮压路机碾压 1～3 遍。

旧混凝土面层的表面必须清理干净，裂缝和接缝缝隙应重新填封，破碎板块需修复。而后，在其表面进行洒黏层油处理，再铺筑开级配沥青碎石混合料。裂缝缓解层上面需铺筑密级配沥青混凝土整平层或黏结层(约 50mm)，然后再铺筑密级配沥青混凝土表面层

(约 40mm)。由于开级配沥青碎石混合料含有大量孔隙,须妥善处理表面渗入水。可以采取设置路面边缘纵向排水系统的方案,汇集和排除渗入此层内的表面水,或者将裂缝缓解层做成全宽式,使表面渗入水横向流出路堤边坡处。

表 11-4 裂缝缓解层开级配沥青混合料集料级配建议范围

类别	通过下列筛孔(mm)的百分率(%)									
	75	63	50	37.5	19.0	9.5	4.75	2.36	0.15	0.075
A	100	95~100	—	30~70	3~20	0~5	—	—	—	—
B	—	100	—	35~70	5~20	—	—	0~5	—	0~3
C	—	—	100	75~90	50~70	—	8~20	—	0~5	—

(四)破碎和固定旧混凝土面层

当旧混凝土面层的结构损坏较严重、断板率较高,对损坏板进行修复后再采取其他措施已不经济时,可以对旧路面板进行破坏和固定。应用混凝土破碎机,将面层分解成尺寸为 60~100cm 的碎块,随后用重型轮胎碾在碎块上碾压数遍,使之牢固地坐落在基层上,与基层顶面之间无空隙。由于板块尺寸减小,温度下降时的收缩位移大大减小,从而也降低了加铺层的拉应力。同时,接缝和裂缝两侧板块的弯沉量和弯沉差也随板块尺寸的减小而减小。然而,破碎大大降低了旧面层的结构刚度,使破碎混凝土层的性状处于柔性与半刚性之间。

旧面层破碎和固定后,须清除接缝和裂缝内的松散混凝土和杂物,然后摊铺沥青混合料整平层,填补所有裂缝、接缝和不平处,再在其上铺筑加铺层(黏结层和上面层)。

(五)设置夹层

在旧混凝土面层和加铺层之间设置夹层,可以使沥青加铺层底面的应力或应变因离开应力集中的接缝(或裂缝)端部而降低,同时也可改变加铺层结构(包括夹层在内)的抗拉和抗剪能力。迄今所采用的夹层种类很多,它们可分为三大类:橡胶沥青应力吸收夹层、土工织物夹层和土工格栅。

(1)橡胶沥青应力吸收夹层是一种由橡胶沥青混合料组成的高弹性低劲度软夹层,厚度为 10~50mm,模量为 10~100MPa。其作用为降低旧面层与加铺层之间的黏附阻力,使二者易于蠕动——滑移,从而减少温度下降引起的反射裂缝。同时,由于隔开了接缝(或裂缝)端部,它也可以降低加铺层底面的荷载应力。

(2)土工织物夹层,包括聚丙烯或聚酯织物和聚乙烯、聚丙烯或聚酯无纺织物。无纺织物的厚度为 0.4~4mm,模量为 10~160MPa,临界应力为 5~20MPa,临界应变为 40%~140%。织物的厚度较薄些,为 0.4~0.7mm,模量则高些,为 400~1 500MPa,临界应力和应变相应为 40~140MPa 和 8%~15%。无纺织物夹层的主要作用与橡胶沥青应力吸附夹层相似。织物由于模量稍高,可对加铺层起少量加筋作用。

(3)格栅,包括聚丙烯或聚酯土工格栅、玻璃格栅和金属格栅。土工格栅的厚度为 0.8~1.1mm,模量为 900~2 500MPa,临界应力和应变与织物相近。金属格栅的厚度为

2～4mm,模量可达到8 000～10 000MPa。刚度大的格栅夹层对于降低加铺层内因温度下降而引起的应力和应变的作用不如软夹层,但对于降低荷载产生的应力和应变的作用则远大于软夹层。采用复合式夹层(下层为应力吸收层,上层为格栅),虽然可以像软夹层那样减少温度引起的反射裂缝,但仍保留了软夹层不能降低加铺层荷载应力的缺点。

各种夹层具有不同的刚度,在减少反射裂缝方面起不同的作用。软夹层在减少温度引起的反射裂缝中可起重要作用,但在降低荷载应力方面作用不大,甚至可能会有不良影响。刚(劲)度与沥青加铺层材料相近的硬夹层,对于降低荷载产生的反射裂缝最为有效,但在减少温度引起的反射裂缝方面不如软夹层有效。因此,在选择夹层类型时,应对诱发反射裂缝的主要原因以及不同夹层减缓反射裂缝的效果进行具体分析。

在铺筑各种夹层前,应对损坏的面层进行修复,并填封所有的接缝和裂缝,需要时铺筑整平层。夹层铺筑在加铺层的底面,应与旧面层顶面有良好黏结,并与加铺层底部的沥青混合料黏附牢(织物)或紧密结合(格栅)。为此,在铺设土工织物或土工格栅时,应先在旧路面表面洒铺黏层油。而在铺设金属格栅时,先在旧路面表面洒铺稀浆封层(或者将格栅钉在旧路面上),使夹层在旧路面和加铺层界面间具有抗剪切滑移的能力,并使夹层具有抵抗向上位移的能力。铺设时,夹层材料必须密贴旧路面表面,不能出现任何皱起或者有气泡。否则,加铺层在开放交通后会很快出现裂缝和坑洞等损坏。

二、加铺层厚度设计方法

沥青加铺层设计没有统一的方法。采用厚加铺层方案时,通常应用经验法确定厚度,如美国沥青协会(AI)的弯沉法,或者美国陆军工程师部队(COE)的补足厚度缺额法等。采用将旧路面混凝土破碎和固定的方案时,可将破碎的旧路面当做基层,通过弯沉测定反算破碎层的模量后,按沥青路面设计方法确定沥青加铺层(新路面)的厚度。而采用各种夹层措施时,则须按不同夹层材料的刚(劲)度性质,分析温度和荷载作用下接(裂)缝上方沥青铺层内的拉应变和剪切应变,并按沥青混合料的疲劳强度确定所需的厚度。应变和应力分析通常采用二维(温度作用时)和三维(荷载作用时)有限元分析模型分析。

(一)美国沥青协会(AI)的弯沉法

美国沥青协会(AI)认为旧路面接缝(或裂缝)处的弯沉量和弯沉差是引起沥青加铺层开裂的主要原因,因为轴载的施加速度远高于温度变化产生的路面板伸缩位移的速率。因此,此法以控制接缝或裂缝处的板边平均弯沉量和弯沉差为设计要求,其标准为:接缝(或裂缝)两侧的板边弯沉差 $l_L - l_U = 0.05$mm;接缝(或裂缝)两侧的板边平均弯沉值 $(l_L + l_U)/2 = 0.36$mm。其中 l_L 和 l_U 相应为受荷板和非受荷板的板边弯沉值,由 80kN 轴载和贝克曼梁测定。

对于连续配筋混凝土路面,其弯沉量的控制标准为不大于 0.015mm。

铺设沥青加铺层,可以降低旧路面接缝或裂缝处的弯沉量,每厘米厚密级配沥青混凝土加铺层约可降低 2% 弯沉量(最高可达 4%～5%)。当需要降低的弯沉量过大(超过 50%)时,采用厚加铺层是不经济的。这时应采取其他措施提高接(裂)缝处的路面结构刚度,以减小旧路面的弯沉量。如板底脱空区的灌浆填封、置换损坏板、设置边缘排水系统、恢复接缝传荷装置(设传力杆)等。

沥青协会建议的沥青加铺层厚度，随旧混凝土路面板的长度和当地的年平均温差而变化，如表 11-5 所示。

表 11-5　水泥混凝土路面上沥青加铺层的选用厚度　（单位：mm）

旧混凝土路面板长度 (m)	年平均日温差 ΔT(℃)						旧混凝土路面板长度 (m)	年平均日温差 ΔT(℃)					
	17	22	28	33	39	44		17	22	28	33	39	44
3.0	100	100	100	100	100	100	10.5	100	115	150	175	215	*
4.5	100	100	100	100	100	100	12.0	100	140	175	200	*	*
6.0	100	100	100	100	125	140	13.5	115	150	190	225	*	*
7.5	100	100	100	125	150	175	15.0	125	175	215	*	*	*
9.0	100	100	125	150	175	200							

* 表示需采用其他措施，如破碎和固定旧混凝土面层或者设带排水系统的裂缝缓解层。

表 11-5 中年平均日温差为最热和最冷日的最大日最高温度与最小日最低温度差的 30 年平均值。加铺层的最小厚度为 100mm，此厚度约可降低 20% 的弯沉量，并保证接缝或裂缝上方加铺层的压实度和与旧路面的良好黏结。当所需的加铺层厚度超过 200～225mm 时，通常会引起坡度变化、重建路肩、立交净空、交通设施移置等其他方面的一些问题。因此，表中对于加铺层厚度超过这一范围时规定了须采用其他措施。对于厚度在 100～215mm 范围内的加铺层，也可结合选用其他减少反射裂缝的措施而采用较薄的加铺层厚度。

（二）美国陆军工程师部队（COE）的补足厚度缺额法

美国陆军工程师部队（COE）采用与水泥混凝土加铺层设计相同的概念——补足厚度缺额，依据强化试验的观测和分析结果，于 20 世纪 50 年代中期提出旧水泥混凝土路面上加铺沥青层的经验厚度设计公式：

$$h_{ov} = A(Fh_d - c_d h_{ex}) \tag{11-19}$$

式中　c_d——旧路面板的状况系数，含有细微的初始裂缝时，$c_d = 1$，含有多条裂缝或角隅断裂时，$c_d = 0.75$；

F——控制旧路面板在加铺后裂缝进一步发展的程度的系数，随交通和路基强度变动于 0.6～1.0 之间；

A——混凝土层厚与沥青层厚的当量转换系数，$A = 2.5$，美国联邦航空局（FAA）在 1988 年的设计手册中将系数由 2.5 提高到 3.0；

其他符号含义同前。

COE 在强化试验期间观测到，沥青加铺层下的混凝土板在荷载作用下逐渐开裂，并继续发展到板碎裂成为 0.46～0.65m^2 的小块。随后，路表弯沉随荷载作用而急剧增长，并在地基内出现剪切破坏。设计公式以未出现小于上述尺寸碎块的完全破坏为标准。为此，在公式中引入了系数 F。

(三)美国 AASHTO 经验法

美国 AASHTO 的路面设计指南也采用补足厚度缺额的概念确定沥青加铺层的厚度,但放弃了对修正系数 F 的考虑,也即不考虑加铺后旧混凝土路面板的进一步开裂。其设计公式为:

$$\begin{cases} h_{ov} = A(h_d - h_{ef}) \\ h_{ef} = c_{bj}c_{bd}c_{bf}h_{ex} \end{cases} \tag{11-20}$$

$$A = 2.2233 + 0.00153(h_d - h_{ef})^2 - 0.0604(h_d - h_{ef}) \tag{11-21}$$

式中　c_{bj}——考虑损坏接缝和裂缝是否修复的系数,加铺前已进行全厚度修补时,c_{bj} = 1,否则,按每公里未修复接缝和裂缝的数量在 0.6～1.0 范围内选择;

c_{bd}——考虑旧路面是否存在耐久性问题(耐久性裂缝或反应性集料病害)的系数,无耐久性问题时,$c_{bd}=1.0$,有耐久性裂缝但未碎裂时,$c_{bd}=0.96\sim0.99$,有少量碎裂时,$c_{bd}=0.88\sim0.95$,严重碎裂时,$c_{bd}=0.80\sim0.88$;

c_{bf}——考虑疲劳损坏程度的系数,少量横向裂缝板(<5%),$c_{bf}=0.97\sim1.0$,较多横向裂缝板(5%～15%),$c_{bf}=0.94\sim0.96$,大量横向裂缝板,$c_{bf}=0.90\sim0.93$;

A——混凝土层厚与沥青层厚的当量转换系数,它是混凝土厚度缺额的函数;

其余符号含义同前。

(四)我国规范方法

我国《公路水泥混凝土路面设计规范》(JTG D40—2002)中有关水泥混凝土路面上加铺沥青上面层的设计方法,是按沥青层的厚度对水泥混凝土路面中产生的荷载疲劳应力和温度疲劳应力进行修正,修正系数 ξ 和 ξ' 分别根据 E_c/E_t 和混凝土板厚度及 E_c 和混凝土板厚查图 11-1 得到,板内应力的验算方法与水泥混凝土路面设计过程相同。具体过程如下。

1. 荷载应力分析

有沥青上面层的混凝土板的临界荷位为板的纵向边缘中部。标准轴载 P_s 在临界荷位产生的荷载疲劳应力 σ_{pr},按式(5-51)计算确定。其中,应力折减系数、荷载疲劳应力系数和综合系数的确定方法与单层混凝土板完全相同。

标准轴载 P_s 在有沥青上面层的混凝土板临界荷位处产生的荷载应力按下式计算:

$$\sigma_{psa} = (1 - \xi h_a)\sigma_{ps} \tag{11-22}$$

式中　σ_{psa}——标准轴载 P_s 在有沥青上面层的混凝土临界荷位处产生的荷载应力,MPa;

ξ——系数,可由图 11-1 查取;

h_a——沥青上面层厚度,m;

σ_{ps}——标准轴载在无沥青上面层的混凝土板临界荷位处的荷载应力,MPa,按式(5-46)计算。

2. 温度应力分析

有沥青上面层的混凝土板临界荷位处温度疲劳应力按下式确定:

$$\sigma_{tra} = (1 + \xi' h_a)\sigma_{tr} \tag{11-23}$$

式中　σ_{tra}——有沥青上面层的混凝土板临界荷位处温度疲劳应力，MPa；

ξ'——系数，可由图 11-2 查取；

σ_{tr}——无沥青上面层时混凝土板在临界荷位处的温度疲劳应力，MPa，按式(5-52)计算确定，其中，计算混凝土板最大温度翘曲应力 σ_{tm} 时，其最大温度梯度 T_g 值须考虑沥青上面层厚度的影响，按表 11-6 取值。

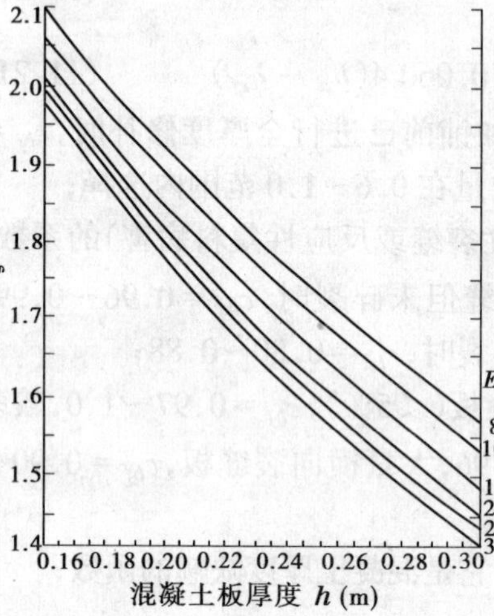

图 11-1　系数 ξ 图

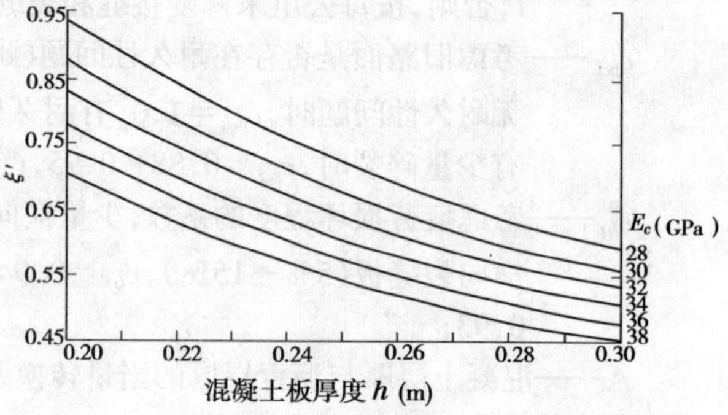

图 11-2　系数 ξ′图

表 11-6　有沥青上面层的混凝土板的最大温度梯度值 T_g　　(单位：℃/m)

H_a(m)	公路自然区划			
	Ⅱ、Ⅴ	Ⅲ	Ⅳ、Ⅵ	Ⅶ
0	83~88	90~95	86~92	93~98
0.04	58~62	62~67	60~65	66~70
0.08	40~43	46~48	43~49	47~50
0.12	28~30	30~32	29~31	31~33

3. 沥青加铺层厚度设计

沥青加铺层的主要作用是提高路面的表面使用功能，对降低旧混凝土板荷载应力的效果很有限。分析表明，增加 40mm 沥青加铺层方可减少 10mm 的混凝土下路面。而加铺层下的旧混凝土路面仍起关键的承载作用，旧混凝土板的应力和混凝土的弯拉强度起控制作用。因此，沥青加铺层厚度的计算方法，基本上同普通混凝土一致，先根据公路等级拟定沥青加铺层厚度。计算时，先求无沥青加铺层时的混凝土板的应力，之后再考虑沥青加铺层的影响，从而得到有沥青加铺层的混凝土板的荷载应力和温度应力，并检验荷载和温度综合疲劳应力是否满足式(5-2)的要求，据此确定加铺层所需的厚度。

第四节　加铺层路面排水设计

排水设计是路面设计最重要的因素之一，一旦有自由水进入路面结构，就可能引起路面破坏。在进行旧水泥混凝土路面加铺层设计时，必须做好排水设计。对于地表或地下排水不良的路段，应采取措施改善或增设地表或地下排水设施；对于旧路面结构内部排水不良的路段，增设边缘纵向排水系统，以便将旧混凝土路面—基层—路肩界面处积滞的自由水排离出路面结构，以保证加铺层的使用寿命。

当雨水滞留在沥青加铺层内时，会使沥青从集料表面剥落，降低沥青混合料的强度和模量，容易产生松散、坑槽等损坏；雨水通过沥青加铺层和混凝土板的接缝滞留在半刚性基层顶面时，会在行车荷载作用下对半刚性基层顶面产生冲刷作用，将基层的细料以灰浆的形式泵唧到路面表面，使混凝土板局部脱空失去支撑而受力恶化，产生错台和断裂，并导致沥青加铺层的破坏；雨水一旦浸入土基，会使土基强度和路面整体承载力显著下降，导致更严重的路面结构性破坏。

对于旧水泥混凝土路面加铺沥青路面这种路面结构来说，水的进入也同样是路面产生破坏的主要原因之一，因此必须对此加以重视。预防水对路面的损害有两种方案：一是在沥青加铺层下设置排水系统，二是在加铺层下设置下封层。具体方案和步骤如下：

(1)恢复路面横坡。由于车辆荷载的反复作用和路基的沉陷，原有公路的路面横坡大都较小，有的路段甚至出现路基边缘比路中心高的情况。对所有路面横坡小于2%的路段，应增设一定厚度的调整层进行调整，使沥青加铺层底面横坡≥2%，以便于路面水迅速排出。

(2)喷洒透层沥青。在基层顶面喷洒足够数量的透层沥青，以保护基层不使雨水透入和增强上下层间的黏结。

(3)设置防水下封层。在铺筑沥青加铺层前设置防水层。下封层可采用针入度不大于70的优质沥青，沥青用量不少于2.3kg/m^2，也可采用喷洒单层沥青表面处治作为防水层。其材料的规格和用量都应该符合单层沥青表面处治的要求。

(4)设置排水底面层。采用3.5～4.0cm厚的多孔隙沥青混合料做路面结构的底面层，可以较迅速地排出进入路面结构层的雨水。多孔隙沥青混合料的孔隙率应不小于20%。在潮湿多雨的地区，多孔隙沥青混合料宜采用改性沥青。为提高沥青和矿料的黏结力，可以采用1.5%～2%消石灰粉或2%的水泥代替等量的矿粉加入矿料中。

(5)减小沥青路面的渗透性。在设计沥青路面，特别是表面层时，应采用孔隙率小于5%的密级配沥青混合料，以减小雨水的渗入量。SMA路面具有孔隙率小、表面构造深度大、黏结力强、抗变形能力大等优点，是一种理想的沥青加铺层路面。

此外，还应对其硬路肩进行处理，主要目的是恢复路肩内纵、横向排水设施，使渗入路面结构的雨水迅速排出路基。可沿路面纵向，在路面边缘开挖20cm宽的沟槽，沟槽底面比路面的防水下封层低10cm左右，在沟槽底部和外侧铺设一层土工布，将ϕ10cm的排水渗管放入沟槽内，再向槽内填充粒径4cm的碎石，形成纵向盲沟。然后再在路线凹曲线底部每隔30～50m设置槽向排水管，排出渗入盲沟内的雨水。

为便于路表水的迅速流出，路肩的横坡不应小于3%。

如果路肩强度不足，还要采用挖除一定厚度的原路肩，回填半刚性材料的方法进行补强处理，以保护路面结构。

参考文献

[1] 水泥混凝土路面养护维修手册编写组. 水泥混凝土路面养护维修手册. 北京：人民交通出版社，2003